高等院校土建类专业“互联网+”创新规划教材

# 建筑工程施工组织与管理

## （第3版）

主　编　余群舟　　宋协清
副主编　刘元珍　　刘小芳
参　编　李红民　　褚劲松

北京大学出版社
PEKING UNIVERSITY PRESS

## 内容简介

本书全面介绍了建筑工程施工组织与管理的理论和方法，并列举了实际工程应用案例，主要内容包括施工组织概论、流水施工原理、网络计划技术、施工进度计划的控制与应用、施工组织总设计、单位工程施工组织设计、施工管理、施工组织设计实例及 BIM 与施工组织管理简介。

本书可以作为高等学校土木工程和工程管理专业的教材，也可以作为工程施工管理人员的参考用书，还可以作为土建类执业资格考试人员的备考用书。


**图书在版编目(CIP)数据**

建筑工程施工组织与管理/余群舟，宋协清主编．—3 版．—北京：北京大学出版社，2020.9

高等院校土建类专业“互联网+”创新规划教材

ISBN 978-7-301-31569-9

Ⅰ.①建… Ⅱ.①余… ②宋… Ⅲ.①建筑工程—施工组织—高等学校—教材 ②建筑工程—施工管理—高等学校—教材 Ⅳ.①TU7

中国版本图书馆 CIP 数据核字(2020)第 156717 号

**书　　名**　建筑工程施工组织与管理（第 3 版）
JIANZHU GONGCHENG SHIGONG ZUZHI YU GUANLI (DI-SAN BAN)

**著作责任者**　余群舟　宋协清　主编

**策划编辑**　吴　迪　卢　东

**责任编辑**　吴　迪

**数字编辑**　蒙俞材

**标准书号**　ISBN 978-7-301-31569-9

**出版发行**　北京大学出版社

**地　　址**　北京市海淀区成府路 205 号　100871

**网　　址**　http://www.pup.cn　新浪微博：@北京大学出版社

**电子邮箱**　编辑部 pup6@pup.cn　总编室 zpup@pup.cn

**电　　话**　邮购部 010-62752015　发行部 010-62750672　编辑部 010-62750667

**印 刷 者**　天津中印联印务有限公司

**经 销 者**　新华书店

787 毫米×1092 毫米　16 开本　18.5 印张　444 千字

2006 年 1 月第 1 版　2012 年 2 月第 2 版

2020 年 9 月第 3 版　2025 年 1 月第 5 次印刷（总第 23 次印刷）

**定　　价**　48.00 元


---

第3版

建筑工程施工组织与管理是土木工程和工程管理专业的一门主要专业课。本课程的主要任务是研究如何将投入到项目施工中的各种资源（包括人力、材料、机械、施工方法及资金等）合理地组织起来，使项目施工能有条不紊地进行，从而实现施工项目既定的质量、成本、工期和安全目标，取得良好的经济效益。通过对本课程进行系统学习，学生可以培养综合运用施工组织与管理知识解决实际问题的能力，为将来从事施工管理工作打下良好的基础。

本书系统介绍了施工组织设计的有关概念、编制的内容和方法，重点介绍了流水施工原理和网络计划技术在施工组织中的应用，并结合理论给出相应的实例分析，理论与实践相结合，通俗易懂，方便学生学习。将目前项目施工中较为关注的施工安全生产、文明施工及环境保护等组织管理问题的相关内容单独列为一章，是本书的一个特色。同时，编写内容与执业资格考试内容相结合，方便相关工程技术人员备考，是本书的另一个特色。

本书自2012年出版第2版以来，有关使用院校反映良好。随着近年来国家关于建设工程的新政策、新法规的不断出台，一些新的规范、规程陆续颁布实施，为了更好地开展教学，适应学生学习的要求，我们对本书进行了第二次修订。

【资源索引】

这次修订主要做了以下工作。

（1）增补了新颁布实施的《建筑工程施工质量验收统一标准》（GB 50300—2013）、《工程网络计划技术规程》（JGJ/T 121—2015）等相关内容。

（2）新增了一章“BIM与施工组织管理简介”。

（3）通过二维码提供50多个视频资源，便于学生巩固重要知识点、扩充相关知识。

(4) 有针对性地增加了习题类型和数量。

(5) 对文字表达进行斟酌，使其更加正确和规范。

本次修订工作主要由华中科技大学的余群舟完成。广联达科技股份有限公司工程教育事业部为本书提供了数字建筑、智能建造相关内容的素材。本次修订中保留了第2版教材的主要内容，同时也参考了相关专家和学者的著作，在此对前两版的参编人员及各位专家和学者表示感谢!

对于本书存在的不足和差错，欢迎同行批评指正。对使用本书、关注本书以及提出修改意见的同行们表示诚挚感谢。

编 者

2020年5月

# 目 录

# 第1章 施工组织概论

## 教学目标

本章主要讲述施工组织的基本知识。通过本章学习，学生应达到以下目标。

（1）掌握建筑产品及其生产特点、施工组织设计的概念与种类。

（2）熟悉基本建设程序及建设项目的组成。

（3）了解组织施工应做的准备工作及收集的资料。

## 教学要求

| 知识要点 | 能力要求 | 相关知识 |
| --- | --- | --- |
| 建设项目的分类与基本建设程序 | （1）掌握建筑项目的不同分类标准<br>（2）熟悉基本建设程序及每个阶段的任务 | （1）项目的概念<br>（2）可行性研究的内容 |
| 建设项目的组成 | （1）理解单位工程、分部工程、分项工程、检验批的概念<br>（2）掌握概念之间的关系 | （1）质量验收标准<br>（2）建筑物的构造 |
| 建筑产品及其生产的特点 | （1）理解建筑产品及其生产的特点<br>（2）理解建筑产品特点与其生产特点的关系 | （1）对建筑的认识<br>（2）建筑产品生产与一般工业产品生产的不同特点 |
| 施工组织设计、组织施工 | （1）掌握施工组织设计的概念<br>（2）熟悉施工组织设计的分类<br>（3）理解施工组织设计类别与项目构成的关系<br>（4）掌握组织施工的原则及收集的资料 | （1）建设项目的组成<br>（2）施工技术基本知识 |

**基本概念**

建设项目、单位工程、分部工程、分项工程、施工组织与施工组织设计

**引例**

某一个建设项目，共有10栋12层的单体住宅建筑。甲施工单位通过投标取得该项目的施工任务，甲施工单位组建项目经理部准备开展施工工作。根据该项目的特点，项目组编写项目施工组织设计方案并编制相应的资源计划。试写出项目经理部编写该项目的施工组织设计应收集的基础资料。同时结合施工单位的管理现状与该项目的特点，项目经理部计划编写施工组织设计与作业设计，试写出施工组织设计与作业设计包括的主要内容。

# 1.1 基本建设程序概述

## 1.1.1 基本建设的含义及分类

1. 基本建设的含义

基本建设是国民经济各部门、各单位新增固定资产的一项综合性的经济活动，通过新建、扩建、改建、迁建和恢复（重建）工程等投资活动来完成。

基本建设是国民经济的组成部分。国民经济各部门都有基本建设经济活动，包括建设项目的投资决策，建设布局，技术决策，环保、工艺流程的确定，设备选型，生产准备以及对工程建设项目的规划、勘察、设计和施工等活动。

基本建设的具体作用表现在：为国民经济各部门提供生产能力；影响和改变各产业部门内部、各部门之间的构成和比例关系；使全国生产力的配置更趋合理；用先进的技术改造国民经济；为社会提供住宅、文化设施、市政设施等；为解决社会重大问题提供物质基础。

2. 基本建设的分类

从全社会角度来看，基本建设是由多个建设项目组成的。建设项目一般是指在一个总体设计范围内，由一个或几个工程项目组成，在经济上实行独立核算，行政上实行独立管理，并具有法人资格的建设单位。凡属于总体进行建设的主体工程和附属配套工程、供水供电工程等，均应作为一个工程建设项目，不能将其按地区或施工承包单位划分为若干个工程建设项目。

建设项目可以按不同标准分类。

(1) 按建设性质分类

建设项目按建设性质可分为新建项目、扩建项目、改建项目、迁建项目和恢复（重建）项目。

① 新建项目：指根据国民经济和社会发展的近远期规划，按照规定的程序立项，从无到有的建设项目。

② 扩建项目：指企业为扩大生产能力或新增效益而增建的生产车间或工程项目，以

及事业和行政单位增建业务用房等。

③ 改建项目：指为了提高生产效率，改变产品方向，提高产品质量以及综合利用原材料等而对原有固定资产或工艺流程进行技术改造的工程项目。

④ 迁建项目：指现有企业、事业单位为改变生产布局、考虑自身的发展前景或出于环境保护等其他特殊要求，搬迁到其他地点进行建设的项目。

⑤ 恢复（重建）项目：指原固定资产因自然灾害或人为灾害等原因已全部或部分报废，又在原地投资重新建设的项目。

建设项目按其性质分为上述五类，一个建设项目只能有一种性质，在项目按总体设计全部建成之前，其建设性质是始终不变的。

(2) 按投资作用分类

建设项目按其投资在国民经济各部门中的作用，分为生产性建设项目和非生产性建设项目。

① 生产性建设项目：指直接用于物质生产或直接为物质生产服务的建设项目，包括工业建设、农业建设、基础设施建设、商业建设等。

② 非生产性建设项目：指用于满足人民物质和文化、福利需要的建设项目和非物质生产部门的建设项目，包括办公用房、居住建筑、公共建筑、其他建设等。

(3) 按建设项目生产能力规模或投资额分类

按照国家规定的标准，建设项目分为大型、中型、小型三类。

对于工业项目来说，建设项目按项目的设计生产能力规模或投资额划分。其划分项目等级的原则是，按批准的可行性研究报告（或初步设计）所确定的总设计能力或投资额的大小，依据国家规定进行分类：生产单一产品的项目，一般以产品的设计生产能力划分；生产多种产品的项目，一般按照其主要产品的设计生产能力划分；产品分类较多，不易分清主次，难以按产品的设计能力划分时，按其投资额划分。

按生产能力规模划分的建设项目，以国家对各行各业的具体规定作为标准；**按投资额划分的建设项目，能源、交通、原材料部门投资额达到5000万元以上为大中型建设项目，其他部门和非工业建设项目投资额达到3000万元以上为大中型建设项目。**

对于非工业项目，建设项目按项目的经济效益或投资额划分。

## 1.1.2 基本建设程序

【建设项目基本建设程序】

基本建设程序是建设项目从策划、决策、设计、施工、竣工验收到投入生产或交付使用的整个建设过程中，各项工作必须遵循的先后工作次序。基本建设程序是经过大量实践工作所总结出来的工程建设过程中客观规律的反映，是工程项目科学决策和顺利进行的重要保证。按照我国现行规定，一般大中型工程项目的基本建设程序可以分为以下几个阶段，如图1.1所示。

### 1. 项目建议书阶段

项目建议书是由建设单位提出的要求建设某一项目的建议性文件，是对工程项目建设轮廓的设想。项目建议书的主要作用是推荐一个项目，论述其建设的必要性、建设条件的

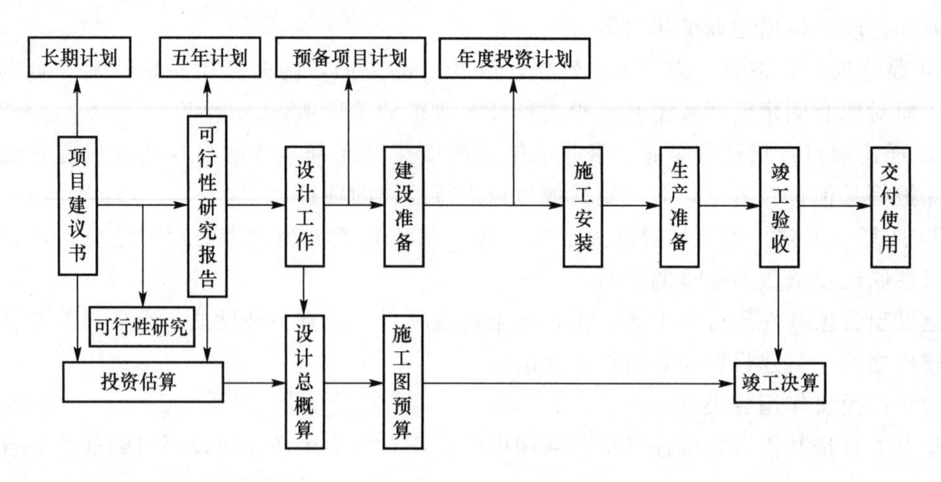


图 1.1　大中型工程项目的基本建设程序

可行性和获利的可能性。根据国民经济中长期发展规划和产业政策，由审批部门审批，并据此开展可行性研究工作。

项目建议书的内容视项目的不同而有繁有简，但一般应包括以下几方面内容。

① 建设项目提出的必要性和依据。

② 产品方案、拟建规模和建设地点的初步设想。

③ 资源情况、建设条件、协作关系等的初步分析。

④ 投资估算和资金筹措设想。

⑤ 经济效益和社会效益初步估计。

【项目建议书】

项目建议书按要求编制完成后，应根据建设规模分别报送有关部门审批。项目建议书经审批后，就可以进行详细的可行性研究工作了，但并不表示项目非上不可，项目建议书并不是项目的最终决策。

2. 可行性研究报告阶段

可行性研究的主要作用是对项目在技术上是否可行和经济上是否合理进行科学的分析和论证，在评估论证的基础上，由审批部门对项目进行审批。经批准的可行性研究报告是进行初步设计的依据。可行性研究报告的主要内容因项目性质不同而有所不同，但一般应包括以下内容。

① 项目的背景和依据。

② 需求预测及拟建规模、产品方案、市场预测和确定依据。

③ 技术工艺、主要设备和建设标准。

④ 资源、原料、动力、运输、供水及公用设施情况。

⑤ 建厂条件、建设地点、厂区布置方案、占地面积。

⑥ 项目设计方案及协作配套条件。

【可行性分析报告】

⑦ 环境保护、规划、抗震、防洪等方面的要求及相应措施。

⑧ 建设工期和实施进度。

⑨ 生产组织、劳动定员和人员培训。

⑩ 投资估算和资金筹措方案。

⑪ 财务评价。

⑫ 经济评价和社会效益分析。

### 3. 设计工作阶段

设计工作是对拟建工程的实施在技术上和经济上所进行的全面而详尽的安排，即建设单位委托设计单位，按照可行性研究报告的有关要求，按建设单位提出的技术、功能、质量等要求来对拟建工程进行图纸方面的详细说明。它是基本建设计划的具体化，同时也是组织施工的依据。按我国现行规定，对于重大工程项目要进行三阶段设计：初步设计、技术设计和施工图设计。中小型项目可按两阶段设计进行：初步设计和施工图设计。有的工程技术较复杂时，可把初步设计的内容适当加深到扩大初步设计。

① 初步设计是根据批准的可行性研究报告和比较准确的设计基础资料所做的具体实施方案，目的是阐明在指定的地点、时间和投资控制数额内，拟建工程在技术上的可能性和经济上的合理性，并通过对工程项目所做出的基本技术经济规定，编制项目总概算。

② 技术设计是根据初步设计和更详细的调查研究资料，进一步解决初步设计中的重大技术问题，如工艺流程、建筑结构、设备选型及数量确定等，并修正总概算。

③ 施工图设计是根据批准的扩大初步设计或技术设计的要求，结合现场实际情况，完整地表现建筑物外形、内部空间分割、结构体系、构造状况以及建筑群的组成和周围环境的配合。它还包括各种运输、通信、管道系统、建筑设备的设计。在工艺方面，应具体确定各种设备的型号、规格及各种非标准设备的制造加工过程。在施工图设计阶段应编制施工图预算。

### 4. 建设准备阶段

工程项目在开工前要切实做好各项准备工作，其主要内容包括以下几方面。

① 征地、拆迁和场地平整。

② 完成施工用水、电、路等畅通工作。

③ 组织设备、材料订货。

④ 准备必要的施工图纸。

⑤ 组织施工招标，择优选定施工单位。

### 5. 施工安装阶段

工程项目经批准开工建设，项目即进入了施工阶段。项目新开工时间，是指工程建设项目设计文件中规定的任何一项永久性工程第一次正式破土动工的开始日期。

施工安装活动应按照工程设计要求、施工合同条款及施工组织设计，在保证工程质量、工期、成本、安全、环保等目标的前提下进行，达到竣工验收标准后，由施工单位移交给建设单位。

### 6. 生产准备阶段

对于生产性工程建设项目而言，生产准备是项目投产前由建设单位进行的一项重要工作。它是衔接建设和生产的桥梁，是项目建设转入生产经营的必要条件。

生产准备工作的内容根据项目或企业的不同，其要求也各不相同，但一般应包括以下内容。

① 招收和培训生产人员。

② 组织准备。

③ 技术准备。

④ 物资准备。

7. 竣工验收阶段

当工程项目按设计文件的规定内容和施工图纸的要求建完后，便可组织验收。竣工验收是工程建设过程的最后一环，是投资成果转入生产或使用的标志，也是全面考核基本建设成果、检验设计和工程质量的重要步骤。

## 1.1.3 建设项目的组成

根据《建筑工程施工质量验收统一标准》(GB 50300—2013)规定，工程建设项目可分为单位工程、分部工程、分项工程和检验批。

1. 单位工程

具备独立施工条件并能形成独立使用功能的建筑物及构筑物为一个单位工程。工业建设项目(如各个独立的生产车间、实验大楼等)、民用建设项目(如学校的教学楼、食堂、图书馆等)都可以称为一个单位工程。单位工程是工程建设项目的组成部分，一个工程建设项目有时可以仅包括一个单位工程，也可以包括许多单位工程。从施工的角度看，单位工程就是一个独立的交工系统，在工程建设项目总体施工部署和管理目标的指导下，形成自身的项目管理方案和目标，按其投资和质量的要求，如期建成交付生产和使用。对于建设规模较大的单位工程，还可将其能形成独立使用功能的部分划分为若干子单位工程。

由于单位工程的施工条件具有相对的独立性，因此，一般要单独组织施工和竣工验收。单位工程体现了工程建设项目的主要建设内容，是新增生产能力或工程效益的基础。

2. 分部工程

分部工程是按单位工程的专业性质、建筑部位划分的，是单位工程的进一步分解。一般工业与民用建筑可划分为地基与基础工程、主体结构工程、装饰装修工程、屋面工程，其相应的建筑设备安装工程由给水、排水及采暖、建筑电气、通风与空调工程、电梯安装工程等组成。

当分部工程较大或较复杂时，可按材料种类、施工特点、施工程序、专业系统及类别等划分为若干子分部工程。例如，主体结构又可分为混凝土结构、砌体结构、钢结构、木结构等子分部工程。

3. 分项工程

分项工程是分部工程的组成部分，一般是按主要工种、材料、施工工艺、设备类别等进行划分，如模板工程、钢筋工程、混凝土工程、砖砌体工程等。分项工程既是建筑施工生产活动的基础，也是计量工程用工用料和机械台班消耗的基本单元。分项工程既有其作业活动的独立性，又有相互联系、相互制约的整体性。

4. 检验批

分项工程可由一个或若干检验批组成，检验批可根据施工及质量控制和专业验收需要按楼层、施工段、变形缝等进行划分。

# 1.2 建筑产品及其生产的特点

建筑产品是建筑施工的最终成果，建筑产品多种多样，但归纳起来有体形庞大、整体难分、不能移动等特点，这些特点决定了建筑产品生产与一般的工业产品生产不同，只有对建筑产品及其生产的特点进行研究，才能更好地组织建筑产品的生产，保证产品的质量。

## 1.2.1 建筑产品的特点

与一般工业产品相比，建筑产品具有自己的特点。

1. 建筑产品的固定性

建筑产品是按照使用要求在固定地点兴建的，建筑产品的基础与作为地基的土地直接联系，因而建筑产品在建造中和建成后是不能移动的，建筑产品建在哪里，就在哪里发挥作用。在有些情况下，一些建筑产品本身就是土地不可分割的一部分，如油气田、桥梁、地铁、水库等。而一般的工业产品，如空调、汽车等，在工厂生产完成后，在市场中流通买卖，生产是固定的，产品是流动的。**固定性是建筑产品与一般工业产品的最大区别。**

2. 建筑产品的多样性

建筑产品一般是由设计和施工部门根据建设单位（业主）的委托，按特定的要求进行设计和施工。由于对建筑产品的功能要求多种多样，因而对每一建筑产品的结构、造型、空间分割、设备配置、内外装饰都有具体要求。即使功能要求相同，建筑类型相同，但由于地形、地质等自然条件不同以及交通运输、材料供应等社会条件不同，在建造时，施工组织、施工方法也存在差异。**建筑产品的这种多样性特点决定了建筑产品不能像一般工业产品那样进行批量生产。**

3. 建筑产品体积庞大

建筑产品是生产与生活的场所，要在其内部布置各种生产与生活必需的设备与用具，因而与其他工业产品相比，建筑产品体积庞大，占有广阔的空间，排他性很强。因其体积庞大，建筑产品对城市的形成影响很大，城市必须控制建筑区位、面积、层高、层数、密度等，建筑必须服从城市规划的要求。

4. 建筑产品的高值性

能够发挥投资效用的任一项建筑产品，在其生产过程中耗用了大量的材料、人力、机械及其他资源，不仅实物形体庞大，而且造价高昂，动辄数百万、数千万、数亿元人民币，特大工程项目的工程造价可达数十亿、百亿元人民币。建筑产品的高值性也使其工程造价关系到各方面的重大经济利益，同时也会对宏观经济产生重大影响。

## 1.2.2 建筑产品生产的特点

1. 建筑产品生产的流动性

建筑产品生产的流动性有以下两层含义。

① 由于建筑产品是在固定地点建造的，生产者和生产设备要随着建筑物建造地点的变更而流动，相应材料、附属生产加工企业、生产和生活设施也经常迁移，使建筑生产费用增加。同时，由于建筑产品生产现场和规模都不固定，需求变化大，要求建筑产品生产者在生产时遵循弹性组织原则。

② 由于建筑产品固定在土地上，与土地相连，在生产过程中，产品固定不动，人、材料、机械设备围绕着建筑产品移动，要从一个施工段移到另一个施工段，从房屋的一个部位转移到另一个部位。许多不同的工种，在同一对象上进行作业时，不可避免地会产生施工空间和时间上的矛盾。这就要求进行周密的施工组织设计，使流动的人、机、物等互相协调配合，做到连续、均衡施工。

2. 建筑产品生产的单件性

建筑产品的多样性决定了建筑产品生产的单件性。每项建筑产品都是按照建设单位的要求进行设计与施工，都有其相应的功能、规模和结构特点，所以工程内容和实物形态都具有个别性、差异性。而工程所处的地区、地段不同更增强了建筑产品的差异性，同一类型工程或标准设计，在不同的地区、季节及现场条件下，施工准备工作、施工工艺和施工方法不尽相同，所以建筑产品只能是单件生产，而不能按通用定型的施工方案重复生产。这一特点就要求施工组织设计编制者考虑设计要求、工程特点、工程条件等因素，制定出可行的施工组织方案。

3. 建筑产品的生产过程具有综合性

建筑产品的生产首先由勘察单位进行勘测，设计单位设计，建设单位进行施工准备，建安工程施工单位进行施工，最后经过竣工验收交付使用。所以建安工程施工单位在生产过程中，要和业主、金融机构、设计单位、监理单位、材料供应部门、分包等单位配合协作。由于建筑产品的生产过程复杂，协作单位多，是一个特殊的生产过程，这就决定了其生产过程具有很强的综合性。

4. 建筑产品生产受外部环境影响较大

建筑产品体积庞大，使建筑产品不具备在室内生产的条件，一般都要求露天作业，其生产受到风、霜、雨、雪、温度等气候条件的影响；建筑产品的固定性决定了其生产过程会受到工程地质、水文条件变化的影响，以及地理条件和地域资源的影响。这些外部影响对工程进度、工程质量、建造成本等都有很大影响。这一特点要求建筑产品生产者提前进行原始资料调查，制订合理的季节性施工措施、质量保证措施、安全保证措施等，科学组织施工，使生产有序进行。

5. 建筑产品的生产过程具有连续性

建筑产品不像其他许多工业产品一样可以分解为若干部分同时生产，而必须在同一固定场地上按严格程序连续生产，上一道工序未完成，下一道工序不能进行。建筑产品是持续不断的劳动过程的成果，只有生产过程完成，才能发挥其生产能力或使用价值。一个建设工程项目从立项到投产使用要经历五个阶段，即设计前的准备阶段（包括项目的可行性研究和立项）、设计阶段、施工阶段、使用前准备阶段（包括竣工验收和试运行）和保修阶段。这是一个不可间断的、完整的周期性生产过程，它要求在生产过程中各阶段、各环节、各项工作必须有条不紊地组织起来，在时间上不间断，在空间上不脱节。要求生产过程的各项工作必须合理组织、统筹安排，遵守施工程序，按照合理的施工顺序科学地组织施工。

6. 建筑产品的生产周期长

建筑产品的体积庞大决定了建筑产品生产周期长，有的建筑项目，少则 1～2 年，多则 3～4 年、5～6 年，甚至 10 年以上。因此它必须长期大量占用和消耗人力、物力和财力，要到整个生产周期完结，才能出产品。故应科学地组织建筑生产，不断缩短生产周期，尽快提高投资效果。

由上可知，建筑产品与其他工业产品相比，有其独具的一系列技术经济特点，现代建筑施工已成为一项十分复杂的生产活动，这就对施工组织与管理工作提出了更高的要求，表现在以下方面。

① 建筑产品的固定性和生产的流动性，构成了建筑施工中空间上的分布与时间上的排列的主要矛盾。建筑产品体积庞大和高值性的特点，决定了在建筑施工中要投入大量的生产要素（劳动力、材料、机械等），同时为了迅速完成施工任务，在保证材料、物资供应的前提下，最好有尽可能多的工人和机械同时进行生产。而建筑产品的固定性又决定了在建筑生产过程中，各种工人和机械只能在同一场所的不同时间，或在同一时间的不同场所进行生产活动。要顺利进行施工，就必须正确处理这一主要矛盾。在编制施工组织设计时要通盘考虑，优化施工组织，合理组织平行、交叉、流水作业，使生产要素按一定的顺序、数量和比例投入，使所有的工人、机械各得其所，各尽其能，实现时间、空间的最佳利用，以达到连续、均衡施工。

② 建筑产品具有多样性和复杂性，每一个建筑物或建筑群的施工准备工作、施工工艺方法、施工现场布置等均不相同。因此在编制施工组织设计时必须根据施工对象的特点和规模、地质水文、气候、机械设备、材料供应等客观条件，从运用先进技术、提高经济效益出发，做到技术和经济统一，选择合理的施工方案。

③ 建筑施工的生产周期长、综合性强、技术间歇性强、露天作业多、受自然条件影响大、工程性质复杂等特点，进一步增加了建筑施工中矛盾的复杂性，这就要求施工组织设计要考虑全面，事先制订相应的技术、质量、安全、节约等保证措施，避免质量安全事故，确保安全生产。

另外，在建筑施工中，需要组织各种专业的建筑施工单位和不同工种的工人，组织数量众多的各类建筑材料、制品和构配件的生产、运输、储存和供应工作，组织各种施工机械设备的供应、维修和保养工作。同时，还要组织好施工临时供水、供电、供热、供气以及安排生产和生活所需的各种临时设施。其间的协作配合关系十分复杂。这要求在编制施工组织设计时要照顾施工的各个方面和各个阶段的衔接配合问题，合理安排资源供应，精心规划施工平面布置，合理部署施工现场，实现文明施工，降低工程成本，发挥投资效益。

总之，由于建筑产品及其生产的特点，要求每个工程开工之前，根据工程的特点和要求，结合工程施工的条件和程序，编制出拟建工程的施工组织设计。建筑施工组织设计应按照基本建设程序和客观的施工规律的要求，从施工全局出发，研究施工过程中带有全局性的问题。施工组织设计包括确定开工前的各项准备工作，选择施工方案，安排劳动力和各种技术物资的组织与供应，安排施工进度以及规划和布置现场等。施工组织设计用以全面安排和正确指导施工的顺利进行，达到工期短、质量优、成本低的目标。

# 1.3 施工组织设计

## 1.3.1 施工组织设计的概念及作用

1. 施工组织设计的概念

施工组织设计是规划和指导拟建工程从施工准备到竣工验收全过程的综合性的技术经济文件，是对拟建工程在人力和物力、时间和空间、技术和组织等方面所做的全面合理的安排。作为指导拟建工程项目的全局性文件，施工组织设计既要体现拟建工程的设计和使用要求，又要符合建筑施工的客观规律。它应尽量适应施工过程的复杂性和具体施工项目的特殊性，通过科学、经济、合理的规划安排，使工程项目能够连续、均衡、协调地进行施工，满足工程项目对工期、质量、投资方面的各项要求。

2. 施工组织设计的作用

施工组织设计是用以指导施工组织与管理、施工准备与实施、施工控制与协调、资源的配置与使用等全面性的技术经济文件，是对施工活动的全过程进行科学管理的重要手段。其作用具体表现在以下几个方面。

① 施工组织设计是施工准备工作的重要组成部分，同时又是做好施工准备工作的依据和保证。

② 施工组织设计是根据工程各种具体条件拟定的施工方案、施工顺序、劳动组织和技术组织措施等，是指导开展紧凑、有序施工活动的技术依据。

③ 施工组织设计所提出的各项资源需要量计划，直接为组织材料、机械、设备、劳动力需要量的供应和使用提供数据。

④ 通过编制施工组织设计，可以合理利用和安排为施工服务的各项临时设施，可以合理部署施工现场，确保文明施工、安全施工。

⑤ 通过编制施工组织设计，可以将工程的设计与施工、技术与经济、施工全局性规

律与局部性规律、土建施工与设备安装、各部门之间、各专业之间有机结合，统一协调。

⑥ 通过编制施工组织设计，可分析施工中的风险和矛盾，及时研究解决问题的对策、措施，从而提高施工的预见性，减少盲目性。

⑦ 施工组织设计是统筹安排施工企业生产的投入与产出过程的关键和依据。工程产品的生产和其他工业产品的生产一样，都是按要求投入生产要素，通过一定的生产过程，而后生产出成品，而中间转换的过程离不开管理。施工企业也是如此，从承接工程任务开始到竣工验收、交付使用为止的全部施工过程的计划、组织和控制的基础就是科学的施工组织设计。

⑧ 施工组织设计可以指导投标与签订工程承包合同，并作为投标书的内容和合同文件的一部分。

## 1.3.2 施工组织设计的分类

施工组织设计是一个总的概念，根据工程项目的类别、工程规模、编制阶段、编制对象和范围的不同，在编制的深度和广度上也有所不同。

### 1. 按施工组织设计阶段和作用的不同分类

根据工程施工组织设计阶段和作用的不同，工程施工组织设计可以划分为两类：一类是投标前编制的施工组织设计（简称标前设计），另一类是签订工程承包合同后编制的施工组织设计（简称标后设计）。两类施工组织设计的特点和区别见表1-1。

表1-1 两类施工组织设计的特点和区别

| 种　类 | 服务范围 | 编制时间 | 编制者 | 主要特征 | 追求主要目标 |
|---|---|---|---|---|---|
| 标前设计 | 投标与签约 | 投标书编制前 | 经营管理层 | 规划性 | 中标和经济效益 |
| 标后设计 | 施工准备至验收 | 签约后开工前 | 项目管理层 | 作业性 | 施工效率和效益 |

### 2. 按施工组织设计的工程对象分类

按施工组织设计的工程对象范围分类，工程施工组织设计可分为施工组织总设计、单位工程施工组织设计及分部（分项）工程施工组织设计。

（1）施工组织总设计

施工组织总设计是以整个建设项目或民用建筑群为对象编制的，用以指导整个工程项目施工全过程的各项施工活动的全局性、控制性文件。它是对整个建设项目的全面规划，涉及范围较广，内容比较概括。施工组织总设计一般在初步设计或扩大初步设计被批准之后，由总承包企业的总工程师负责，会同建设、设计和分包单位共同编制。

施工组织总设计用于确定建设总工期、各单位工程开展的顺序及工期、主要工程的施工方案、各种物资的供需计划、全工地性暂设工程及准备工作、施工现场的布置等工作，同时也是施工单位编制年度施工计划和单位工程施工组织设计的依据。

（2）单位工程施工组织设计

单位工程施工组织设计是以一个单位工程（一个建筑物或构筑物，一个交工系统）为编制对象，用以指导其施工全过程的各项施工活动的局部性、指导性文件。它是施工单位年度施工计划和施工组织总设计的具体化，用以直接指导单位工程的施工活动，是施工单位编制作业计划和制订季、月、旬施工计划的依据。单位工程施工组织设计一般在施工图设计完成后，在拟建工程开工之前，由工程项目的技术负责人负责编制。单位工程施工组织设计，根据工程规模、技术复杂程度不同，其编制内容的深度和广度也有所不同。对于简单单位工程，施工组织设计一般只编制施工方案并附以施工进度计划表和施工现场平面布置图。

(3) 分部（分项）工程施工组织设计

**分部（分项）工程施工组织设计**也称分部（分项）工程施工作业设计。它是以分部（分项）工程为编制对象，用以具体实施其分部（分项）工程施工全过程的各项施工活动的技术、经济和组织的实施性文件。一般对于工程规模大、技术复杂、施工难度大或采用新工艺、新技术施工的建筑物或构筑物，在编制单位工程施工组织设计之后，常需对某些重要的又缺乏经验的分部（分项）工程再深入编制专业工程的具体施工设计。例如，深基础工程、大型结构安装工程、高层钢筋混凝土主体结构工程、大体积混凝土施工、预应力混凝土工程、爆破、冬雨期施工、地下防水工程等。分部（分项）工程作业设计一般在单位工程施工组织设计确定了施工方案后，由施工队（组）技术人员负责编制，其内容具体、详细、可操作性强，是直接指导分部（分项）工程施工的依据。

施工组织总设计、单位工程施工组织设计和分部（分项）工程施工组织设计，是组织同一工程项目施工而编制的不同广度、深度和作用的三个层次的技术经济管理文件。

# 1.4 组织施工的原则及准备

## 1.4.1 组织施工的原则

### 1. 贯彻执行基本建设各项制度，坚持基本建设程序

我国关于基本建设的制度：对建设项目必须实行严格的审批制度、施工许可制度、从业资格管理制度、招标投标制度、总承包制度、合同制度、工程监理制度、建筑安全生产管理制度、工程质量责任制度、竣工验收制度等。这些制度为建立和完善建筑市场的运行机制、加强建筑活动的实施与管理提供了重要的法律依据，必须认真贯彻执行。

建设程序，是指建设项目从决策、设计、施工到竣工验收整个建设过程中的各个阶段及其先后顺序。各个阶段有着不容分割的联系，但不同的阶段有不同的内容，既不能相互代替，也不许颠倒或跳跃。实践证明，凡是坚持建设程序，基本建设就能顺利进行，就能充分发挥投资的经济效益；反之，违背了建设程序，就会造成施工混乱，影响质量、进度和成本，甚至给建设工作带来严重的危害。因此，坚持建设程序，是工程建设顺利进行的有力保证。

### 2. 严格遵守国家和合同规定的工程竣工及交付使用期限

对于总工期较长的大型建设项目，应根据生产或使用的需要，安排分期分批建设、投

产或交付使用，以期早日发挥建设投资的经济效益。在确定分期分批施工的项目时，必须注意使每期交工的项目可以独立地发挥效用，即主要项目同有关的辅助项目应同时完工，可以立即交付使用。

### 3. 合理安排施工程序和顺序

建筑产品的特点之一是产品的固定性，这使得建筑施工各阶段工作始终在同一场地上进行。没有前一段的工作，后一段的工作就不可能进行，即使它们之间交叉搭接地进行，也必须严格遵守一定的程序和顺序。施工程序和顺序反映客观规律的要求，其安排应符合施工工艺，满足技术要求，有利于组织立体交叉、平行流水作业，有利于对后续工程施工创造良好的条件，有利于充分利用空间、争取时间。

### 4. 采用先进的施工技术，科学确定施工方案

先进的施工技术是提高劳动生产率、改善工程质量、加快施工进度、降低工程成本的主要途径。在选择施工方案时，要积极采用新材料、新设备、新工艺和新技术，努力为新结构的推行创造条件；要注意结合工程特点和现场条件，使技术的先进适用性和经济合理性相结合，还要符合施工验收规范、操作规程的要求和遵守有关防火、保安及环卫等规定，确保工程质量和施工安全。

### 5. 采用流水施工方法和网络计划技术安排进度计划

在编制施工进度计划时，应从实际出发，采用流水施工方法组织均衡施工，以达到合理使用资源、充分利用空间、争取时间的目的。

网络计划技术是当代计划管理的有效方法，采用网络计划技术编制施工进度计划，可使计划逻辑严密、层次清晰、关键问题明确，同时便于对计划方案进行优化、控制和调整，并有利于信息化技术在计划管理中的应用。

### 6. 贯彻工厂预制和现场预制相结合的方针，提高建筑工业化程度

建筑技术进步的重要标志之一是建筑工业化，在制订施工方案时必须注意根据地区条件和构件性质，通过技术经济比较，恰当地选择预制方案或现场浇筑方案。确定预制方案时，应贯彻工厂预制与现场预制相结合的方针，努力提高建筑工业化程度，但不能盲目追求装配化程度的提高。

### 7. 充分发挥机械效能，提高机械化程度

机械化施工可加快工程进度，减轻劳动强度，提高劳动生产率。为此，在选择施工机械时，应充分发挥机械的效能，并使主导工程的大型机械（如土方机械、吊装机械）能连续作业，以减少机械台班费用；同时，还应使大型机械与中小型机械相结合，机械化与半机械化相结合，扩大机械化施工范围，实现施工综合机械化，以提高机械化施工程度。

### 8. 加强季节性施工措施，确保全年连续施工

为了确保全年连续施工，减少季节性施工的技术措施费用，在组织施工时，应充分了解当地的气象条件和水文地质条件。尽量避免把土方工程、地下工程、水下工程安排在雨期和洪水期施工，把混凝土现浇结构安排在冬期施工；高空作业、结构吊装则应避免在风

季施工。对于那些必须在冬雨期施工的项目，应采用相应的技术措施，既要确保全年连续施工、均衡施工，更要确保工程质量和施工安全。

9. 合理地部署施工现场，尽可能地减少暂设工程

在编制施工组织设计及现场组织施工时，应精心进行施工总平面布置图的规划，合理部署施工现场，节约施工用地；尽量利用正式工程、原有建筑物及已有设施，以减少各种临时设施；尽量利用当地资源，合理安排运输、装卸与储存作业，减少物资运输量，避免二次搬运。

## 1.4.2 施工准备工作

施工准备工作是为拟建工程的施工创造必要的技术、物资条件，统筹安排施工力量和部署施工现场，确保工程施工顺利进行。它是建设程序中的重要环节，不仅存在于开工之前，而且贯穿于整个施工过程。

现代的建筑施工是一项十分复杂的生产活动，不但需要耗用大量人力、物力，还要处理各种复杂的技术问题，也需要协调各种协作配合关系。如果事先缺乏统筹安排和准备，势必会造成某种混乱，使施工无法正常进行。而全面细致地做好施工准备工作，对于调动各方面的积极因素，合理组织人力、物力，加快施工进度，提高工程质量，节约建设资金，提高经济效益，都起着重要的作用。

1. 施工准备工作的基本任务

① 取得工程施工的法律依据包括城市规划、环卫、交通、电力、消防、市政、公用事业等部门批准的法律文件。

② 通过调查研究，分析并掌握工程特点、要求和关键环节。

③ 调查分析施工地区的自然条件、技术经济条件和社会生活条件。

④ 从计划、技术、物资、劳动力、设备、组织、场地等方面为施工创造必备的条件，以保证工程顺利开工和连续进行。

⑤ 预测可能发生的变化，提出应变措施，做好应变准备。

2. 施工准备工作的内容

一般工程的施工准备工作内容可归纳为六部分。

(1) 调查收集原始资料

本部分内容将在1.4.3节中详细阐述，此处不再赘述。

(2) 技术资料准备

本部分主要内容包括熟悉和会审图纸，编制施工预算，编制施工组织设计。

(3) 施工现场准备

本部分主要内容包括清除障碍物，做好“三通一平”，测量放线，搭设临时设施。

(4) 物资准备

本部分主要内容包括主要材料的准备，地方材料的准备，模板、脚手架的准备，施工机械、机具的准备。

（5）施工人员、组织准备

本部分主要内容包括研究施工项目组织管理模式，组建项目经理部；规划施工力量的集结与任务安排，建立健全质量管理体系和各项管理制度；完善技术检测措施；落实分包单位，审查分包单位资质，签订分包合同。

（6）季节施工准备

本部分主要内容包括拟订和落实冬雨期施工措施。

每项工程施工准备工作的内容，视该工程本身及其具备的条件而有所不同。只有按照施工项目的规划来确定准备工作的内容，并拟订具体的、分阶段的施工准备工作实施计划，才能充分地为施工创造一切必要的条件。

### 3. 施工准备工作的分类

（1）按工程所处施工阶段分类

施工准备按工程所处施工阶段可分为开工前的施工准备和工程作业条件的施工准备。

① 开工前的施工准备是指在拟建工程正式开工前所进行的一切施工准备，目的是为工程正式开工创造必要的施工条件。它带有全局性和总体性。没有这个阶段，工程不能顺利开工，更不能连续施工。

② 工程作业条件的施工准备是指开工之后，为某一单位工程、某个施工阶段或某个分部（分项）工程所做的施工准备工作。它带有局部性和经常性。一般来说，冬雨期施工准备都属于这种施工准备。

（2）按准备工作范围分类

按准备工作范围分类，施工准备可分为全场性施工准备、单位工程施工条件准备、分部（分项）工程作业条件准备。

① 全场性施工准备是以整个建设项目或建筑群为对象所进行的统一部署的施工准备工作。它不仅要为全场性的施工活动创造有利条件，而且要兼顾单位工程施工条件的准备。

② 单位工程施工条件准备是以一个建筑物或构筑物为施工对象而进行的施工条件准备，不仅为该单位工程在开工前做好一切准备，而且要为分部（分项）工程的作业条件做好施工准备工作。

当单位工程的施工准备工作完成，具备开工条件后，项目经理部应申请开工，递交开工报告，报企业领导审批后方可开工。实行建设监理的工程，企业还应将开工报告送监理工程师审批，由监理工程师签发开工通知书，在限定时间内开工，不得拖延。

单位工程应具备的开工条件如下。

A. 施工图纸已经会审并有记录。

B. 施工组织设计已经审核批准并已进行交底。

C. 施工图预算和施工预算已经编制并审定。

D. 施工合同已签订，施工执照已经审批办好。

E. 现场障碍物已清除。

F. 场地已平整，施工道路、水源、电源已接通，排水沟渠畅通，能满足施工需要。

G. 材料、构件、半成品和生产设备等已经落实并能陆续进场，保证连续施工的需要。

H. 各种临时设施已经搭设，能满足施工和生活的需要。

I. 施工机械、设备的安排已落实，先期使用的已运入现场、已试运转并能正常使用

J. 劳动力安排已经落实，可以按时进场。

K. 现场安全守则、安全宣传牌已建立，安全、防火的必要设施已具备。

③ 分部（分项）工程作业条件准备：以一个分部（分项）工程为施工对象而进行的作业条件准备。由于对某些施工难度大、技术复杂的分部（分项）工程，需要单独编制施工作业设计，应对其所采用的施工工艺、材料、机械、设备及安全防护设施等分别进行准备。

## 1.4.3 施工现场原始资料的调查

原始资料是工程设计及施工组织设计的重要依据之一。原始资料的调查主要是对工程条件、工程环境特点和施工条件等施工技术与组织的基础资料进行调查，以此作为施工准备工作的依据。原始资料调查工作应有计划、有目的地进行，且事先要拟定明确、详细的调查提纲。调查的范围、内容、要求等，应根据拟建工程的规模、性质、复杂程度、工期及对当地熟悉和了解程度而定。

原始资料调查内容一般包括建设场址勘察和技术经济资料调查。

### 1. 建设场址勘察

建设场址勘察主要是了解建设地点的地形、地貌、地质、水文、气象以及场址周围环境和障碍物情况等，勘察结果一般可作为确定施工方法和技术措施的依据。

(1) 地形、地貌勘察

这项调查要求提供工程的建设规划图、区域地形图（1/10000～1/25000）、工程位置地形图（1/1000～1/2000）、该地区城市规划图、水准点及控制桩的位置、现场地形地貌特征、勘察高程及高差等。对地形简单的施工现场，一般采用目测和步测；对场地地形复杂的施工现场，可用测量仪器进行观测，也可向规划部门、建设单位、勘察单位等进行调查。这些资料可作为选择施工用地、布置施工总平面布置图、场地平整及土方量计算、了解障碍物及其数量的依据。

(2) 工程地质勘察

工程地质勘察的目的是查明建设地区的工程地质条件和特征，包括地层构造、土层的类别及厚度、土的性质、承载力及地震级别等。

站在施工单位的角度，在编制施工组织设计进行施工管理过程中，主要查看建设单位提供的工程地质勘察报告，施工中碰到特殊地质情况时才进行补勘。工程地质勘察应提供的资料：钻孔布置图；工程地质剖面图；土层类别、厚度；土壤物理力学指标，包括天然含水量、孔隙比、塑性指数、渗透系数、压缩试验及地基土强度等；地层的稳定性、断层滑块、流砂；最大冻结深度等。

(3) 水文地质勘察

水文地质勘察所提供的资料主要有以下两方面。

① 地下水文资料：地下水最高、最低水位及时间，包括水的流速、流向、流量；地

下水的水质分析及化学成分分析；地下水对基础有无冲刷、侵蚀影响等。所提供的资料有助于选择基础施工方案、选择降水方法以及拟定防止侵蚀性介质的措施。

② 地面水文资料：临近江河湖泊至工地的距离，洪水、平水、枯水期的水位、流量及航道深度，水质分析，最大、最小冻结深度及结冻时间等。调查目的在于为确定临时给水方案、施工运输方式提供依据。

(4) 气象资料的调查

气象资料一般可向当地气象部门进行调查，调查资料作为确定冬雨期施工措施的依据。气象资料包括以下几方面。

① 降雨、降水资料：全年降雨量、降雪量，一日最大降雨量，雨期起止日期，年雷暴日数等。

② 气温资料：年平均、最高、最低气温，最冷、最热月的逐月平均温度。

③ 风向资料：主导风向、风速、风的频率；大于或等于8级风全年天数，并应将风向资料绘成风玫瑰图。

(5) 周围环境及障碍物的调查

这项调查的调查对象包括施工区域现有建筑物、构筑物、沟渠、水井、树木、土堆、电力架空线路、地下沟道、人防工程、上下水管道、埋地电缆、煤气及天然气管道、枯井等。

这些资料要通过实地踏勘，并向建设单位、设计单位等调查取得，可作为布置现场施工平面的依据。

### 2. 技术经济资料调查

技术经济资料调查目的是查明建设地区地方工业、资源、交通运输、动力资源、生活福利设施等地区经济因素，获取建设地区技术经济条件资料，以便在施工组织中尽可能利用地方资源为工程建设服务，同时也可作为选择施工方法和确定费用的依据。

(1) 建设地区的能源调查

能源一般指水源、电源、气源等。能源资料可向当地城建、电力、电信部门及建设单位等进行调查，主要用作选择施工用临时供水、供电和供气的方式，提供经济分析比较的依据。调查的主要内容：施工现场用水与当地水源连接的可能性、供水距离、接管距离、地点、水压、水质及水费等资料；利用当地排水设施排水的可能性、排水距离、去向等；可供施工使用的电源位置、引入工地的路径和条件，可以满足的容量、电压及电费；建设单位、施工单位自有的发变电设备、供电能力；冬期施工时附近蒸汽的供应量、接管条件和价格；建设单位自有的供热能力；当地或建设单位可以提供的煤气、压缩空气、氧气的能力和它们至工地的距离等。

(2) 建设地区的交通调查

交通运输方式一般有铁路、公路、水路、航空等。交通资料可向当地铁路、交通运输和民航等管理局的业务部门进行调查。收集交通运输资料的目的是调查主要材料及构件运输通道的情况，包括道路、街巷、途经的桥涵宽度、高度，允许载重量和转弯半径限制等资料。有超长、超高、超宽或超重的大型构件、大型起重机械和生产工艺设备需整体运输时还要调查沿途架空电线、天桥的高度，并与有关部门商议避免大件运输对正常交通产生干扰的路线、时间及解决措施。所收集资料主要用作组织施工运输业务、选择运输方式、提供经济分析比较的依据。

(3) 主要材料及设备的情况调查

这项调查的主要内容包括三大材料(钢材、木材和水泥),商品混凝土,施工中使用的大中型施工机械设备等的供应能力、质量、价格等情况。

(4) 建筑基地情况调查

这项调查的主要内容有调查建设地区附近有无建筑机械化基地、机械租赁站及修配厂,有无金属结构及配件加工厂,有无商品混凝土搅拌站和预制构件厂等。这些资料可用做确定构配件、半成品及成品等货源的加工供应方式、运输计划和规划临时设施。

(5) 社会劳动力和生活设施情况

这项调查的主要内容包括当地能提供的劳动力人数、技术水平、来源和生活安排,建设地区已有的可供施工期间使用的房屋情况,当地主副食、日用品供应、文化教育、消防治安、医疗单位的基本情况以及能为施工提供的支援能力。这些资料是制订劳动力安排计划、建立职工生活基地、确定临时设施的依据。

(6) 参加施工的各单位能力调查

这项调查的主要内容包括施工企业的资质等级、技术装备、管理水平、施工经验、社会信誉等有关情况。这些资料可作为了解总、分包单位的技术及管理水平、选择分包单位的依据。

在编制施工组织设计时,为弥补原始资料的不足,有时还可借助一些相关的参考资料作为编制依据,如冬雨期参考资料、机械台班产量参考指标、施工工期参考指标等。这些参考资料可利用现有的施工定额、施工手册、施工组织设计实例或通过平时施工实践活动来获得。

## 本章小结

通过本章学习,学生可以了解基本建设的概念和内容、基本建设程序及其相互间关系、建筑产品及其生产的特点,加深认识施工组织的复杂性和编制施工组织设计的必要性,施工组织设计是有效组织施工实现项目目标的重要技术经济文件,本章详细阐述了施工组织设计的概念、分类与作用,以及组织施工的基本原则与内容。

## 习题

一、单项选择题

1. 建筑产品的固定性由(　　)所确定。

A. 建筑生产的特点　　B. 经营管理的特点

C. 建筑产品本身的特点　　D. 建筑产品的生产全过程

2. 施工的最后一个阶段,也是全面考核设计和施工质量的重要环节,即(　　)。

A. 施工规划　　B. 组织施工　　C. 回访保修　　D. 竣工验收。

3. 一项工程的施工准备工作应在开工前及早开始，并（　　）。

A. 在拟建工程开工前全部完成　　B. 在单位工程开始前完成

C. 贯穿于整个施工过程　　D. 在单项工程开始前完成

4. 在各种施工组织设计中，可作为指导全局性施工的技术、经济纲要的是（　　）。

A. 施工组织总设计　　B. 单项工程施工组织设计

C. 分部工程作业设计　　D. 单位工程施工组织设计

5. 施工组织设计的核心内容是（　　）。

A. 施工顺序　　B. 质量保证措施　　C. 施工方案　　D. 资源供应计划

6. 单位工程施工组织设计应由（　　）负责编制。

A. 建设单位　　B. 监理单位　　C. 分包单位　　D. 施工单位

## 二、多项选择题

1. 土木工程生产的单件性特点是由于其产品的（　　）决定的。

A. 固定性　　B. 多样性　　C. 庞大性　　D. 复杂性　　E. 投资大

2. 施工准备工作通常包括（　　）等几个方面。

A. 技术准备　　B. 物资准备　　C. 管理准备

D. 施工场外准备　E. 劳动组织准备

3. 按施工准备工作的范围不同，工程项目施工准备工作分为（　　）。

A. 开工前的施工准备　　B. 各施工阶段前的施工准备

C. 全场性施工准备　　D. 单位工程施工条件准备

E. 分部（项）工程作业条件准备

4. 施工组织总设计是以（　　）为对象编制的，是指导全面性施工的技术、经济纲要。

A. 施工过程　　B. 单项工程　　C. 建设项目　　D. 单位工程　　E. 群体工程

5. 各种施工组织设计的主要内容包括（　　）。

A. 施工现场财务管理制度　　B. 施工承包合同

C. 施工现场平面布置图　　D. 施工进度计划　　E. 施工方案

## 三、简答题

1. 什么是基本建设程序？它有哪些主要阶段？为什么要坚持基本建设程序？

2. 建筑产品及其生产具有哪些特点？

3. 简述建设项目的组成。

4. 简述建筑工程施工组织设计的作用。

5. 施工组织设计有几种类型？其基本内容有哪些？

6. 编制施工组织设计需要哪些原始资料？在组织施工中如何利用这些资料？

# 第2章 流水施工原理

本章主要讲述流水施工原理的相关内容。通过本章学习，学生应达到以下目标。

(1) 掌握流水施工参数及确定、组织流水施工的基本方式及应用。

(2) 熟悉组织施工的方式及流水施工的概念、分类和表达方式。

(3) 了解流水施工的评价方法。

| 知识要点 | 能力要求 | 相关知识 |
|---|---|---|
| 组织施工的基本方式 | (1) 掌握顺序施工、平行施工、流水施工的概念与特点<br>(2) 掌握三种组织施工方式之间的关系 | (1) 施工工艺过程<br>(2) 工艺逻辑关系与组织逻辑关系 |
| 流水施工的基本参数及确定与计算 | (1) 掌握施工段、施工层、流水节拍、流水步距、技术间歇时间、组织间歇时间与工期的概念<br>(2) 掌握施工段划分的原则、流水节拍的计算 | (1) 劳动定额基本知识，施工逻辑关系<br>(2) 建筑工艺及建筑构造，如变形缝的设置等 |
| 流水施工的基本组织方式 | (1) 掌握等节奏流水、成倍数节拍流水和无节奏流水的概念<br>(2) 掌握等节奏流水步距的确定及工期计算公式<br>(3) 掌握成倍数节拍流水步距的确定及工期计算公式<br>(4) 掌握无节奏流水步距的确定及工期计算公式<br>(5) 熟悉流水进度计划表的绘制 | (1) 施工工艺过程<br>(2) 流水施工参数的概念及确定 |
| 流水施工组织方案的评价 | (1) 熟悉稳定系数和劳动力动态系数的概念<br>(2) 熟悉稳定系数和劳动力动态系数的计算<br>(3) 了解评价方法与标准 | (1) 施工投入资源的概念<br>(2) 资源均衡投入的概念<br>(3) 施工资源投入与进度之间的关系特点 |

**基本概念**

顺序施工、平行施工、流水施工、工作面、施工段、施工层、流水节拍、流水步距、间歇时间、有节奏流水、成倍数流水、无节奏流水

**引例**

建设项目组织施工的基本方式有三种：顺序施工、平行施工和流水施工。理论上流水施工最为理想，为了组织流水施工，应将施工对象划分为若干施工区段，并确定某一施工段的分项工程的流水节拍。如某工程组织施工，划分成Ⅰ、Ⅱ、Ⅲ三个施工段，有四个施工过程，其施工顺序为 A→B→C→D，其流水节拍如表 2-1 所示，工作 B 和工作 C 之间的技术间歇为 2 天，试组织该项目的流水施工，确定工期并绘制进度计划图表。

表 2-1 某施工流水节拍

| 施工过程 | 施工段及流水节拍 | | |
|---|---|---|---|
| | Ⅰ | Ⅱ | Ⅲ |
| A | 4 | 4 | 3 |
| B | 3 | 2 | 3 |
| C | 5 | 3 | 2 |
| D | 1 | 2 | 1 |

# 2.1 流水施工的基本概念

## 2.1.1 组织施工的基本方式

建设项目组织施工的基本方式有三种：顺序施工、平行施工和流水施工，这三种方式各有特点，适用的范围各异。我们将围绕下面的案例对三种施工方式进行简单讨论。

**【案例】** 有三栋同类型建筑的基础工程施工，每一栋的施工过程和工作时间如表 2-2 所示，其施工顺序为 A→B→C→D。不考虑资源条件的限制，试组织此基础工程施工。

表 2-2 某基础工程施工资料

| 序号 | 施工过程 | 工作时间/天 |
|---|---|---|
| 1 | 开挖基槽（A） | 3 |
| 2 | 混凝土垫层（B） | 2 |
| 3 | 砌砖基础（C） | 3 |
| 4 | 回填土（D） | 2 |

## 2.1.2 顺序施工

1. 顺序施工的组织思路

(1) 组织思路一

将这三栋建筑物的基础一栋一栋施工，一栋完成后另一栋再施工，按照这样的方式组织施工，其具体安排如图 2.1 所示。由图 2.1 可知工期为 30 天，每天只有一个作业队伍施工，劳动力投入较少，其他资源投入强度不大。

| 序号 | 施工过程 | 工作时间/天 | 施工进度计划/天 | | | | | | | | | |
|---|---|---|---|---|---|---|---|---|---|---|---|---|
| | | | 3 | 6 | 9 | 12 | 15 | 18 | 21 | 24 | 27 | 30 |
| 1 | 开挖基槽 | 3 | Ⅰ | | | Ⅱ | | | | Ⅲ | | |
| 2 | 混凝土垫层 | 2 | | Ⅰ | | | Ⅱ | | | Ⅲ | | |
| 3 | 砌砖基础 | 3 | | Ⅰ | | | | Ⅱ | | | Ⅲ | |
| 4 | 回填土 | 2 | | | Ⅰ | | | | Ⅱ | | | Ⅲ |

图 2.1 顺序施工安排一

(2) 组织思路二

对这三栋建筑物基础施工，组织每个施工过程的专业队伍连续施工，一个施工过程完成后，另一个施工队伍才进场，按照这样的方式组织施工，其具体安排如图 2.2 所示。由图 2.2 可知工期也为 30 天，每天只有一个作业队伍施工，劳动力投入较少，其他资源投入强度不大。

| 序号 | 施工过程 | 工作时间/天 | 施工进度计划/天 | | | | | | | | | |
|---|---|---|---|---|---|---|---|---|---|---|---|---|
| | | | 3 | 6 | 9 | 12 | 15 | 18 | 21 | 24 | 27 | 30 |
| 1 | 开挖基槽 | 3 | Ⅰ | Ⅱ | Ⅲ | | | | | | | |
| 2 | 混凝土垫层 | 2 | | | | Ⅰ Ⅱ | Ⅲ | | | | | |
| 3 | 砌砖基础 | 3 | | | | | | Ⅰ | Ⅱ | Ⅲ | | |
| 4 | 回填土 | 2 | | | | | | | | | Ⅰ Ⅱ | Ⅲ |

图 2.2 顺序施工安排二

第一种思路是以建筑产品为单元依次按顺序组织施工，因而同一施工过程的队伍工作是间断的，有窝工现象发生。第二种思路是以施工过程为单元依次按顺序组织施工，作业队伍是连续的，这样组织施工的方式就是顺序施工或依次施工。

2. 顺序施工的特征

顺序施工也称依次施工，是按照建筑工程内部各分项、分部工程内在的联系和必须遵循的施工顺序，不考虑后续施工过程在时间上和空间上的相互搭接，而依照顺序组织施工的方式。顺序施工往往是前一个施工过程完成后，下一个施工过程才开始，一个工程全部完成后，另一个工程的施工才开始。

顺序施工的特点是同时投入的劳动资源较少，组织简单，材料供应单一；但劳动生产率低，工期较长，难以在短期内提供较多的产品，不能适应大型工程的施工。

## 2.1.3 平行施工

1. 平行施工的组织思路

在案例的三栋建筑物基础施工的每个施工过程中组织三个相应的专业队伍，同时施工，齐头并进，同时完工。按照这样的方式组织施工，其具体安排如图 2.3 所示。由图 2.3 可知工期为 10 天，每天均有三个队伍作业，劳动力投入大，这样组织施工的方式就是平行施工。

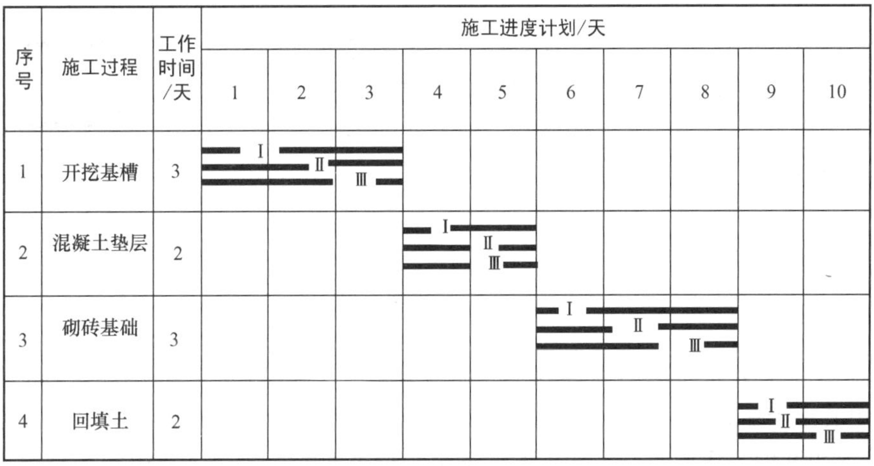

| 序号 | 施工过程 | 工作时间/天 | 施工进度计划/天 | | | | | | | | | |
|---|---|---|---|---|---|---|---|---|---|---|---|---|
| | | | 1 | 2 | 3 | 4 | 5 | 6 | 7 | 8 | 9 | 10 |
| 1 | 开挖基槽 | 3 | Ⅰ | Ⅱ | Ⅲ | | | | | | | |
| 2 | 混凝土垫层 | 2 | | | | Ⅰ | Ⅱ Ⅲ | | | | | |
| 3 | 砌砖基础 | 3 | | | | | | Ⅰ | Ⅱ | Ⅲ | | |
| 4 | 回填土 | 2 | | | | | | | | | Ⅰ Ⅱ | Ⅲ |

注: Ⅰ、Ⅱ、Ⅲ为栋数

图 2.3 平行施工进度安排

2. 平行施工的特征

平行施工是将一个工作范围内的相同施工过程同时组织施工，完成以后再同时进行下一个施工过程的施工方式。平行施工的特点是最大限度地利用了作业空间（工作面），工期最短，但在同一时间内需提供的相同劳动资源成倍增加，这给实际施工带来一定的难度。因此，只有在工程规模较大或工期较紧的情况下采用平行施工才是合理的。

## 2.1.4 流水施工

1. 流水施工的组织思路

在案例的同一个施工过程组织一个专业队伍在三栋建筑物基础上顺序施工，如挖土方组织一个挖土队伍，第一栋挖完挖第二栋，第二栋挖完挖第三栋，保证作业队伍连续施工，不出现窝工现象。不同的施工过程组织专业队伍尽量搭接平行施工，即充分利用上一施工工程的队伍作业完成留出的工作面，尽早组织平行施工。按照这种方式组织施工，其具体安排如图 2.4 所示。由图 2.4 可知工期为 18 天，介于顺序施工和平行施工之间，各专业队伍依次施工，没有窝工现象，不同的施工专业队伍充分利用空间（工作面）平行施工，这样的施工方式就是流水施工。

| 序号 | 施工过程 | 工作时间/天 | 施工进度计划/天 | | | | | | | | | | | | | | | | | |
|---|---|---|---|---|---|---|---|---|---|---|---|---|---|---|---|---|---|---|---|---|
| | | | 1 | 2 | 3 | 4 | 5 | 6 | 7 | 8 | 9 | 10 | 11 | 12 | 13 | 14 | 15 | 16 | 17 | 18 |
| 1 | 开挖基槽 | 3 | | Ⅰ | | | Ⅱ | | | Ⅲ | | | | | | | | | | |
| 2 | 混凝土垫层 | 2 | | | | | | Ⅰ | | Ⅱ | | Ⅲ | | | | | | | | |
| 3 | 砌砖基础 | 3 | | | | | | | | | Ⅰ | | | Ⅱ | | | Ⅲ | | | |
| 4 | 回填土 | 2 | | | | | | | | | | | | | Ⅰ | | Ⅱ | | Ⅲ | |

注：Ⅰ、Ⅱ、Ⅲ为栋数

图 2.4 流水施工进度安排

2. 流水施工的特征

流水施工是把若干个同类型建筑或一栋建筑在平面上划分成若干个施工区段（施工段），组织若干个在施工工艺上有密切联系的专业班组相继进行施工，依次在各施工区段上重复完成相同的工作内容，不同的专业队伍利用不同的工作面尽量组织平行施工的施工组织方式。

流水施工综合了顺序施工和平行施工的优点，是建筑施工中最合理、最科学的一种组织方式。

## 2.1.5 三种施工组织方式的比较

由上面分析知，顺序施工、平行施工和流水施工是组织施工的三种基本方式，其特点及适用的范围不尽相同，三者的比较见表 2-3。

表 2-3 三种施工组织方式的比较

| 方式 | 工期 | 资源投入 | 评价 | 适用范围 |
|---|---|---|---|---|
| 顺序施工 | 最长 | 投入强度低 | 劳动力投入少，资源投入不集中，有利于组织工作。现场管理工作相对简单，可能会产生窝工现象 | 规模较小、工作面有限的工程适用 |
| 平行施工 | 最短 | 投入强度最大 | 资源投入集中，现场组织管理复杂，不能实现专业化生产 | 工程工期紧迫，资源有充分的保证及工作面允许的情况下可采用 |
| 流水施工 | 较短，介于顺序施工与平行施工之间 | 投入连续均衡 | 结合了顺序施工与平行施工的优点，作业队伍连续，充分利用工作面，是较理想的组织施工方式 | 一般项目均可适用 |

## 2.1.6 流水施工及特点

【Project横道图绘制】

### 1. 流水施工的表达

流水施工的表示方法，一般有横道图、垂直图表和网络图三种，其中最直观且易于接受的是横道图。

横道图即甘特图（Gantt Chart），是建筑工程中安排施工进度计划和组织流水施工时常用的一种表达方式，横道图的形式如图 2.1～图 2.4 所示。

（1）横道图的形式

横道图中的横向表示时间进度，纵向表示施工过程或专业施工队编号。图中的横道线条的长度表示计划中的各项工作（施工过程、工序或分部工程、工程项目等）的作业持续时间。图中的横道线条所处的位置表示各项工作的作业开始时刻和结束时刻及它们之间相互配合的关系，横道线上的序号（如Ⅰ、Ⅱ、Ⅲ）等表示施工项目或施工段号。

（2）横道图的特点

① 能够清楚地表达各项工作的开始时间、结束时间和持续时间，计划内容排列整齐有序，形象直观。

② 能够按计划和单位时间统计各种资源的需求量。

③ 使用方便，制作简单，易于掌握。

④ 不容易分辨计划内部工作之间的逻辑关系，一项工作的变动对其他工作或整个计划的影响不能清晰地反映出来。

⑤ 不能表达各项工作间的重要性，计划任务的内在矛盾和关键工作不能直接从图中反映出来。

### 2. 流水施工的特点

建筑生产流水施工的实质：由生产作业队伍并配备一定的机械设备，沿着建筑的水平方向或垂直方向，用一定数量的材料在各施工段上进行生产，使最后完成的产品成为建筑物的一部分，再转移到另一个施工段上去进行同样的工作，所空出的工作面由下一施工过程的生产作业队伍采用相同形式继续进行生产。如此不间断进行确保了各施工过程生产的连续性、均衡性和节奏性。

建筑生产的流水施工有如下主要特点。

① 生产工人和生产设备从一个施工段转移到另一施工段，代替了建筑产品的流动。

② 建筑生产的流水施工既在建筑物的水平方向流动（平面流水），又沿建筑物的垂直方向流动（层间流水）。

③ 在同一施工段上，各施工过程保持了顺序施工的特点，不同施工过程在不同的施工段上又最大限度地保持了平行施工的特点。

④ 同一施工过程保持了连续施工的特点，不同施工过程在同一施工段上尽可能保持连续施工。

⑤ 单位时间内生产资源的供应和消耗基本较均衡。

3. 流水施工的经济性

流水施工的连续性和均衡性方便了各种生产资源的组织，使施工企业的生产能力可以得到充分的发挥，使劳动力、机械设备得到合理的安排和使用，提高了生产的经济效果，具体归纳为以下几点。

① 便于施工中的组织与管理。流水施工的均衡性，避免了施工期间劳动力和其他资源使用过分集中，有利于资源的组织。

② 施工工期比较理想。流水施工的连续性，保证各专业队伍连续施工，减少了间歇时间，充分利用工作面，可以缩短工期。

③ 有利于提高劳动生产率。流水施工实现了专业化的生产，为工人提高技术水平、改进操作方法以及革新生产工具创造了有利条件，因而改善了工作的劳动条件，促进了劳动生产率的不断提高。

④ 有利于提高工程质量。专业化的施工提高了工人的专业技术水平和熟练程度，为全面推行质量管理创造了条件，有利于保证和提高工程质量。

⑤ 能有效降低工程成本。工期缩短、劳动生产率提高、资源供应均衡，以及各专业施工队连续均衡作业，减少了临时设施数量，从而可以节约人工费、机械使用费、材料费和施工管理费等相关费用，有效地降低了工程成本。

## 2.2 流水施工的基本参数

### 2.2.1 概述

流水施工参数是影响流水施工组织节奏和效果的重要因素，是用以表示流水施工在工艺流程、时间安排及空间布局方面开展状态的参数。在施工组织设计中，一般把流水施工参数分为三类，即工艺参数、空间参数和时间参数。流水施工参数分类如图 2.5 所示。

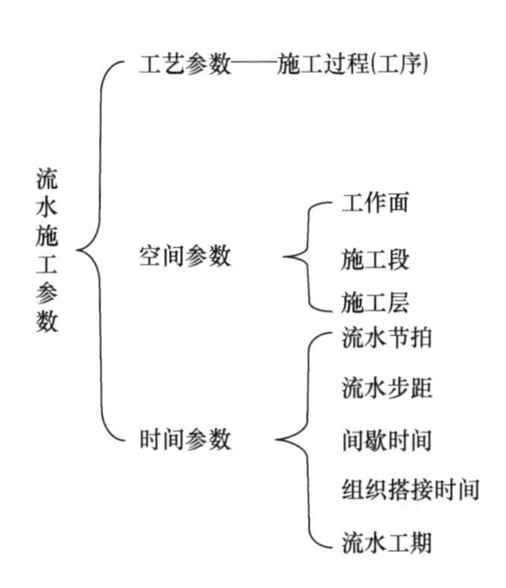


图 2.5　流水施工参数分类

## 2.2.2 工艺参数

1. 含义

工艺参数是指一组流水过程中所包含的施工过程（工序）数。任何一个建筑工程都由许多施工过程组成。每一个施工过程的完成，都必须消耗一定量的劳动力、建筑材料，需有建筑设备、机械相配合，并且需消耗一定的时间和占有一定范围的工作面。因此施工过程（工序）是流水施工中最主要的参数，其数量和工程量的多少是计算其他流水参数的依据。

2. 施工过程数量的确定

施工过程所包含的施工内容，既可以是分项工程或者分部工程，也可以是单位工程或者单项工程。施工过程数量用 $n$ 来表示，它的多少与建筑的复杂程度及施工工艺等因素有关。

依据工艺性质不同，施工过程可以分为以下三类。

① 制备类施工过程。制备类施工过程是指为加工建筑成品、半成品或为提高建筑产品的加工能力而形成的施工过程，如钢筋的成形、构配件的预制及砂浆和混凝土的制备过程。

② 运输类施工过程。运输类施工过程是指把建筑材料、成品、半成品和设备等运输到工地或施工操作地点而形成的施工过程。

③ 砌筑安装类施工过程。砌筑安装类施工过程是指在施工对象的空间上，进行建筑产品最终加工而形成的施工过程，如砌筑工程、浇筑混凝土工程、安装工程和装饰工程等施工过程。

在组织施工现场流水施工时，砌筑安装类施工过程占主要地位，直接影响工期的长短，因此必须列入施工进度计划表。

由于制备类施工过程和运输类施工过程一般不占有施工对象的工作面，不影响工期，因此一般不列入流水施工进度计划表。

## 2.2.3 空间参数

空间参数是指在组织流水施工时，用以表达流水施工在空间上开展状态的参数，主要包括工作面、施工段和施工层。

1. 工作面

工作面是指安排专业工人进行操作或者布置机械设备进行施工所需的活动空间。工作面根据专业工种的计划产量定额和安全施工技术规程确定，反映了工人操作、机械运转在空间布置上的具体要求。

在施工作业时，无论是人工还是机械都需有一个最佳的工作面，才能发挥其最佳效率。最佳工作面对应安排的施工人数和机械数是最多的。它决定了某个专业队伍的人数及机械数的上限，直接影响某个工序的作业时间，因而工作面的确定是否合理直接关系到作业效率和作业时间。表 2－4 列出了主要专业工种的工作面的参考数据。

表 2－4 主要专业工种的工作面的参考数据

| 工作项目 | 每个技工的工作面 | 说明 |
| --- | --- | --- |
| 砖基础 | 7.6m/人 | 以 1 砖半计，2 砖乘以 0.8，3 砖乘以 0.5 |
| 砌砖墙 | 8.5m/人 | 以 1 砖半计，2 砖乘以 0.71，3 砖乘以 0.57 |
| 砌毛石墙基 | 3.0m/人 | 以 60cm 计 |
| 砌毛石墙 | 3.3m/人 | 以 60cm 计 |
| 浇筑混凝土柱、墙基础 | 8.0$m^3$/人 | 机拌、机捣 |
| 浇筑混凝土设备基础 | 7.0$m^3$/人 | 机拌、机捣 |
| 现浇钢筋混凝土柱 | 2.5$m^3$/人 | 机拌、机捣 |
| 现浇钢筋混凝土梁 | 3.2$m^3$/人 | 机拌、机捣 |
| 现浇钢筋混凝土墙 | 5.0$m^3$/人 | 机拌、机捣 |
| 现浇钢筋混凝土楼板 | 5.3$m^3$/人 | 机拌、机捣 |
| 预制钢筋混凝土柱 | 3.6$m^3$/人 | 机拌、机捣 |
| 预制钢筋混凝土梁 | 3.6$m^3$/人 | 机拌、机捣 |
| 预制钢筋混凝土屋架 | 2.7$m^3$/人 | 机拌、机捣 |
| 预制钢筋混凝土平板、空心板 | 1.9$m^3$/人 | 机拌、机捣 |
| 预制钢筋混凝土大型屋面板 | 2.6$m^3$/人 | 机拌、机捣 |
| 浇筑混凝土地坪及面层 | 40.0$m^2$/人 | 机拌、机捣 |
| 外墙抹灰 | 16.0$m^2$/人 | |
| 内墙抹灰 | 18.5$m^2$/人 | |

续表

| 工作项目 | 每个技工的工作面 | 说明 |
| --- | --- | --- |
| 做卷材屋面 | 18.5m²/人 | |
| 做防水水泥砂浆屋面 | 16.0m²/人 | |
| 门窗安装 | 11.0m²/人 | |

2. 施工段

(1) 施工段的概念

施工段是指将施工对象在平面上划分为若干个劳动量大致相等的施工区段。在流水施工中，用 $m$ 来表示施工段的数目。

(2) 划分施工段的原则

划分施工段可以为组织流水施工提供必要的空间条件。其作用在于某一施工过程能集中施工力量，迅速完成一个施工段上的工作内容，及早空出工作面为下一施工过程提前施工创造条件，从而保证不同的施工过程能同时在不同的工作面上进行。

在同一时间内，一个施工段只容纳一个专业施工队施工，不同的专业施工队在不同的施工段上平行作业，所以，施工段数量的多少将直接影响流水施工的效果。合理划分施工段，一般应遵循以下原则。

① 各施工段的劳动量基本相等，以保证流水施工的连续性、均衡性和有节奏性，各施工段劳动量相差不宜超过10%～15%。

② 应满足专业工种对工作面的空间要求，以发挥人工、机械的生产作业效率，因而施工段不宜过多，最理想的情况是平面上的施工段数与施工过程数相等。

③ 有利于结构的整体性，施工段的界限应尽量与结构的变形缝一致。

④ 当施工对象有层间关系且分层又分段时，划分施工段数尽量满足式 (2-1) 的要求。

$$A \cdot m \geqslant n \tag{2-1}$$

式中：$A$——参加流水施工的同类型建筑的栋数；

$m$——每栋建筑平面上所划分的施工段数；

$n$——参加流水施工的施工过程数或作业班组总数。

当 $A \cdot m = n$ 时，每一施工过程或作业班组既能保证连续施工，又能使所划分的施工段不至空闲，是最理想的情况，有条件时应尽量采用。

当 $A \cdot m > n$ 时，每一施工过程或作业班组能保证连续施工，但所划分的施工段会出现空闲，这种情况也是允许的。实际施工时，有时为满足某些施工过程技术间歇的要求，有意让工作面空闲一段时间反而更趋合理。

当 $A \cdot m < n$ 时，每一施工过程或作业班组虽能保证连续施工，但施工过程或作业班组不能连续施工而会出现窝工现象，一般情况下应尽量避免。但有时当施工对象规模较小，确实不可能划分较多的施工段时，可与同工地或同一部门内的其他相似的工程组织成大流水，以保证施工队伍连续作业，不出现窝工现象。

3. 施工层

对于多层的建筑物、构筑物，应既分施工段，又分施工层。

施工层是指为组织多层建筑物的竖向流水施工，将建筑物划分为在垂直方向上的若干区段，用 $r$ 来表示施工层的数目。通常以建筑物的结构层作为施工层，有时为方便施工，也可以按一定高度划分一个施工层，例如，单层工业厂房砌筑工程一般按 1.2～1.4m（即一步脚手架的高度）划分为一个施工层。

## 2.2.4 时间参数

【流水节拍】

### 1. 流水节拍

(1) 定义

流水节拍是指一个施工过程（或作业队伍）在一个施工段上作业持续的时间，用 $t$ 表示，其大小受到投入的劳动力、机械及供应量的影响，也受到施工段大小的影响。

(2) 流水节拍的计算

① 根据资源的实际投入量计算流水节拍，其计算式如下。

$$t_i=\frac{Q_i}{S_i\cdot R_i\cdot a}=\frac{Q_i\cdot Z_i}{R_i\cdot a}=\frac{P_i}{R_i\cdot a} \tag{2-2}$$

式中：$t_i$——流水节拍；

$Q_i$——施工过程在一个施工段上的工程量；

$S_i$——完成该施工过程的产量定额；

$Z_i$——完成该施工过程的时间定额；

$R_i$——参与该施工过程的工人数或施工机械台数；

$P_i$——该施工过程在一个施工段上的劳动量；

$a$——每天工作班次。

**【例 2.1】** 某土方工程施工，工程量为 352.94m³，分三个施工段，采用人工开挖，每段的工程量相等，每班工人数为 15 人，一个工作班次挖土，已知劳动定额为 0.51 工日/m³，试求该土方施工的流水节拍。

**【解】** 由 $t=\frac{Q\cdot Z}{a\cdot R\cdot m}$ 得，$t=\frac{352.94\times 0.51}{1\times 15\times 3}=4$(天)，该土方施工的流水节拍为 4 天。

② 根据施工工期确定流水节拍。流水节拍的大小对工期有直接影响，通常在施工段数不变的情况下，流水节拍越小，工期就越短。当施工工期受到限制时，应从工期要求反求流水节拍，然后用式（2-2）求得所需的人数或机械数，同时检查最小工作面是否满足要求及人工、机械供应的可行性。若检查发现按某一流水节拍计算的人工数或机械数不能满足要求，供应不足，则可延长工期从而加大流水节拍以减少人工、机械的需求量，并满足实际的资源限制条件。若工期不能延长则可增加资源供应量或采取一天多班次作业以满足要求。

【流水步距】

### 2. 流水步距

(1) 定义

流水步距指两相邻施工过程（或作业队伍）先后投入流水施工的时间间隔，一般用 $k$ 表示。

(2) 确定流水步距应考虑的因素

流水步距应根据施工工艺、流水形式和施工条件来确定，并且在确定流水步距时应尽量满足以下要求。

① 始终保持两相邻施工过程间的顺序施工，即在一个施工段上，前一施工过程完成后，下一施工过程方能开始。

② 任何作业班组在各施工段上必须保持连续施工。

③ 前后两施工过程的施工作业应能最大限度地组织平行施工。

3. 间歇时间

(1) 技术间歇时间

在流水施工中，除了考虑两相邻施工过程间的正常流水步距外，有时应根据施工工艺的要求考虑工艺间合理的技术间歇时间（$t_g$）。如混凝土浇筑完成后应养护一段时间后才能进行下一道工艺，这段养护时间即为技术间歇时间，它的存在会使工期延长。

(2) 组织间歇时间

组织间歇时间（$t_z$）是指施工中由于考虑施工组织的要求，两相邻的施工过程在规定的流水步距以外增加必要的时间间隔，以便施工人员对前一施工过程进行检查验收，并为后续施工过程做出必要的技术准备工作等。如基础混凝土浇筑并养护后，施工人员必须进行主体结构轴线位置的弹线等。

4. 组织搭接时间

组织搭接时间（$t_d$）是指施工中由于考虑组织措施等原因，在可能的情况下，后续施工过程在规定的流水步距以内提前进入该施工段进行施工，这样工期可进一步缩短，施工更趋合理。

5. 流水工期

流水工期（$T$）是指一个流水施工中，从第一个施工过程（或作业班组）开始进入流水施工，到最后一个施工过程（或作业班组）施工结束所需的全部时间。

# 2.3 流水施工的基本组织方式

为了适应不同施工项目施工组织的特点和进度计划安排的要求，根据流水施工的特点可以将流水施工分成不同的种类进行分析和研究。

## 2.3.1 流水施工的分类

1. 按流水施工的组织范围划分

(1) 分项工程流水施工

【流水施工视频】

分项工程流水施工又称内部流水施工，是指组织分项工程或专业工种内部的流水施工。由一个专业施工队依次在各个施工段上进行流水作业。如浇筑混凝土这一分项工程内部组织的流水施工。分项工程流水施工是范围最小的流水施工。

(2) 分部工程流水施工

分部工程流水施工又称专业流水施工，是指组织分部工程中各分项工程之间的流水施工，由几个专业施工队各自连续地完成各个施工段的施工任务，施工队之间流水作业。

(3) 单位工程流水施工

单位工程流水施工又称综合流水施工，是指组织单位工程中各分部工程之间的流水施工。

(4) 群体工程流水施工

群体工程流水施工又称大流水施工，是指组织群体工程中各单项工程或单位工程之间的流水施工。

2. 按照施工工程的分解程度划分

(1) 彻底分解流水施工

彻底分解流水施工是指将工程对象分解为若干施工过程，每一施工过程对应的专业施工队均由单一工种的工人及机械设备组成。采用这种组织方式，其特点在于各专业施工队任务明确，专业性强，便于熟练施工，能够提高工作效率，保证工程质量。但由于分工较细，对每个专业施工队的协调配合要求较高，给施工管理增加了一定的难度。

(2) 局部分解流水施工

局部分解流水施工是指划分施工过程时，考虑专业工种的合理搭配或专业施工队的构成，将其中部分的施工过程不彻底分解而交给多工种协调组成的专业施工队来完成施工。局部分解流水施工适用于工作量较小的分部工程。

3. 按照流水施工的节奏特征划分

根据流水施工的节奏特征，流水施工可划分为有节奏流水施工和无节奏流水施工，有节奏流水施工又可分为等节拍流水施工和异节拍流水施工，其分类关系及组织流水方式如图 2.6 所示。

【如何通过流水节拍计算工期】

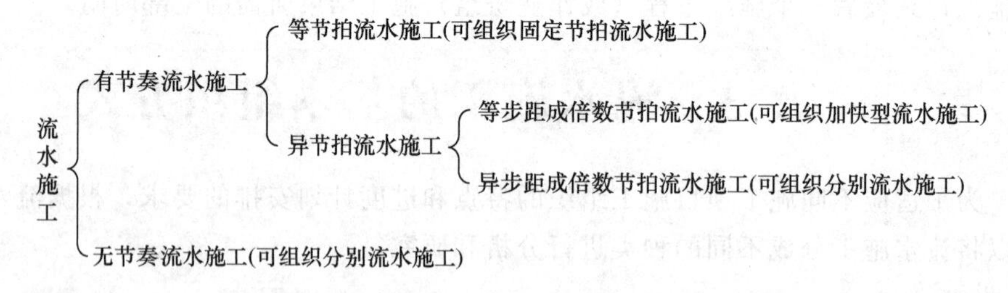


图 2.6 按照流水施工的节奏特征分类

## 2.3.2 固定节拍流水施工

1. 固定节拍流水施工的定义及组织特点

(1) 概念

固定节拍流水施工指参与流水施工的施工过程流水节拍彼此相等的流水施工组织方

式，即同一施工过程在不同的施工段上流水节拍相等，不同的施工过程在同一施工段上的流水节拍也相等的流水施工方式。

(2) 组织特点

① 各个施工过程在各个施工段上的流水节拍彼此相等。

② 各施工过程之间的流水步距彼此相等，且等于流水节拍，即 $k=t$。

③ 每个施工过程在每个施工段上均由一个专业施工队独立完成作业，即专业施工队数目 $n'$ 等于施工过程数 $n$。

④ 各个施工过程的施工速度相等，均等于 $mt$。

2. 固定节拍流水施工工期

(1) 举例说明

**【例 2.2】** 有一基础工程施工，分成三个施工段，即 $m=3$，有四个施工过程，即 $n=4$，且施工顺序为 A→B→C→D，各施工过程的流水节拍均为 2 天，即 $t_A=t_B=t_C=t_D=2$，试组织流水施工并计算工期。

**【解】** 由已知条件可知，各施工过程的流水节拍均相等，可以组织固定节拍流水施工，流水步距 $k=t=2$（天）。

施工进度计划横道图如图 2.7 所示。由图 2.7 可知，本示例工期为 12 天，其组成可分为两部分，一部分为各施工过程的流水步距之和 $\sum k_{ij}=(4-1)\times 2=6$（天），另一部分为最后一施工队伍作业持续的时间，即 $t_n=3\times 2=6$（天）。

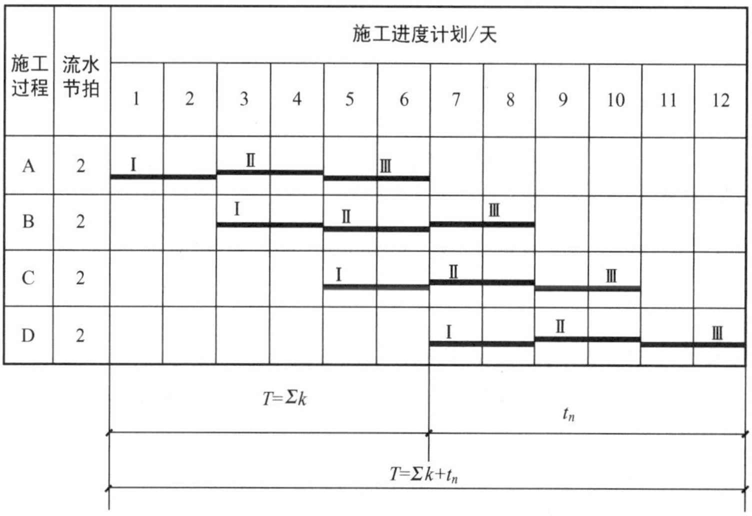

| 施工过程 | 流水节拍 | 施工进度计划/天 | | | | | | | | | | | |
|---|---|---|---|---|---|---|---|---|---|---|---|---|---|
| | | 1 | 2 | 3 | 4 | 5 | 6 | 7 | 8 | 9 | 10 | 11 | 12 |
| A | 2 | Ⅰ | | Ⅱ | | | Ⅲ | | | | | | |
| B | 2 | | | Ⅰ | | Ⅱ | | | Ⅲ | | | | |
| C | 2 | | | | | Ⅰ | | Ⅱ | | | Ⅲ | | |
| D | 2 | | | | | | | Ⅰ | | Ⅱ | | | Ⅲ |

$T=\Sigma k$　　$t_n$

$T=\Sigma k+t_n$

图 2.7　施工进度计划

(2) 工期计算公式

① 不分层施工情况：由例 2.2 知，固定节拍流水施工工期公式为

$$T=\sum k_{ij}+t_n \tag{2-3}$$

式中：$T$——流水工期；

$\sum k_{ij}$ ——参加流水的各施工过程（或作业班组）流水步距之和，且 $\sum k_{ij} = (n-1)k$；

$t_n$ ——最后一个施工过程作业持续时间，$t_n = mt$。

根据固定节拍流水施工的特征，并考虑施工中的间歇时间及搭接情况，可以将式（2-3）改写成一般形式。

$$T = \sum k_{ij} + t_n + \sum t_g + \sum t_z - \sum t_d = (n-1)k + mt + \sum t_g + \sum t_z - \sum t_d$$

即

$$T = (m+n-1)k + \sum t_g + \sum t_z - \sum t_d \tag{2-4}$$

式中：$T$——不分层施工时固定节拍流水施工的工期；

$m$——施工段数；

$k$——流水步距；

$\sum t_g$、$\sum t_z$、$\sum t_d$ ——技术间歇时间、组织间歇时间、组织搭接时间之和。

② 分层施工情况：当分层进行流水施工时，为了保证在跨越施工层时，专业施工队能连续施工而不产生窝工现象，施工段数目的最小值 $m_{min}$应满足以下要求。

a. 无技术间歇时间和组织间歇时间时，$m_{min} = n$。

b. 有技术间歇时间和组织间歇时间时，为保证专业施工队连续施工，应取 $m>n$，此时，每层施工段空闲数为 $m-n$，每层空闲时间为（$m-n$）·$t$=（$m-n$）·$k$。

若一个楼层内各施工过程的技术间歇时间和组织间歇时间之和为 $Z$，楼层间的技术间歇时间和组织间歇时间之和为 $C$，当为保证专业施工队连续施工，有

$$(m-n) \cdot k = Z + C$$

由此，可得出每层的施工段数目 $m_{min}$ 应满足：

$$m_{min} = n + \frac{Z + C - \sum t_d}{k} \tag{2-5}$$

式中：$k$——流水步距；

$Z$——施工层内各施工过程间的技术间歇时间和组织间歇时间之和，即 $Z = \sum t_g + \sum t_z$；

$C$——施工层间的技术间歇时间和组织间歇时间之和。

如果每层的 $Z$ 并不均等，各层间的 $C$ 也不均等时，应取各层中最大的 $Z$ 和 $C$，那么式（2-5）可改为

$$m_{min} = n + \frac{Z_{max} + C_{max} - \sum t_d}{k} \tag{2-6}$$

分施工层组织固定节拍流水施工时，其流水施工工期可按式（2-7）计算，即

$$T = (A \cdot r \cdot m + n - 1)t + \sum t_g + \sum t_z - \sum t_d \tag{2-7}$$

式中：$A$——参加流水施工的同类型建筑的栋数；

$r$——每栋建筑的施工层数；

$m$——每栋建筑每一层划分的施工段数；

$n$——参加流水的施工过程（或作业班组）数；

$t$——流水节拍，$t = k$；

$k$——流水步距。

**【例 2.3】** 某一基础施工的有关参数如表 2－5 所示，划分成四个施工段，试组织固定节拍流水施工（要求以劳动量最大的施工过程来确定流水节拍）。

表 2－5 某基础工程有关参数

| 序号 | 施工过程 | 总工程量 | 劳动定额 | 说明 |
|---|---|---|---|---|
| 1 | 挖土、垫层 | 460m³ | 0.51 工日/m³ | 1. 基础总长度为 370m 左右。<br>2. 砌砖的技工与普工的比例为 2∶1，技工所需的最小工作面为 7.6m/人 |
| 2 | 绑扎钢筋 | 10.5t | 7.80 工日/t | |
| 3 | 浇基础混凝土 | 150m³ | 0.83 工日/m³ | |
| 4 | 砖基础及回填土 | 180m³ | 1.45 工日/m³ | |

**【解】**（1）计算各施工过程的劳动量

劳动量按式（2－8）计算：

$$p_i = \frac{Q_i}{S_i} = Q \cdot Z_i \qquad (2-8)$$

式中各参数的意义同式（2－2）。

挖土及垫层施工过程在一个工段上的劳动量为 $p_1 = \frac{Q_1}{m} \cdot Z_1 = \frac{460}{4} \times 0.51 = 59$（工日），其他各施工过程在一个施工段上的劳动量如图 2.8 所示。

（2）确定主要施工过程的工人数和流水节拍

从计算可知，“砖基础及回填土”这一施工过程的劳动量最大，应按该施工过程确定流水节拍。由于基础的总长度决定了所能安排技术工人的最多人数，根据已知条件可求出该施工过程可安排的最多工人数。

$$R_4 = \frac{370}{4 \times 7.6} \div 2 \times (2+1) = 18\text{（人）}$$

由此即可求得该施工过程的流水节拍为

$$t_4 = \frac{P_4}{R_4} = \frac{65}{18} = 3.6\text{（天）}$$

流水节拍应尽量取整数，为使实际安排的劳动量与计算所得劳动量误差最小，最后应根据实际安排的流水节拍 4 天来求得相应的工人数，同时应检查最小工作面的要求。

（3）确定其他施工过程的工人数

根据等节拍流水的特点可知其他施工过程的流水节拍也应等于 4 天，由此可得其他施工过程所需的工人数，如“挖土、垫层”的人工数为

$$R_1 = \frac{P_1}{t_i} = \frac{59}{4} = 15\text{（人）}$$

其他施工过程的工人数如图 2.8 所示。

（4）求该流水施工的工期

$$T = (m+n-1)k = (4+4-1) \times 4 = 28\text{（天）}$$

(5) 检查各施工过程的最小劳动组合或最小工作面要求，并绘出流水施工进度计划表，如图 2.8 所示，图中一、二、三、四表示的是四个施工段

| 序号 | 施工过程 | 劳动量/工日 | 工人数/人 | 流水节拍/天 | 施工进度计划/天 | | | | | | |
|---|---|---|---|---|---|---|---|---|---|---|---|
| | | | | | 4 | 8 | 12 | 16 | 20 | 24 | 28 |
| 1 | 挖土、垫层 | 59 | 15 | 4 | 一 | 二 | 三 | 四 | | | |
| 2 | 绑扎钢筋 | 20 | 5 | 4 | | 一 | 二 | 三 | 四 | | |
| 3 | 浇筑混凝土 | 31 | 8 | 4 | | | 一 | 二 | 三 | 四 | |
| 4 | 基础及回填土 | 65 | 18 | 4 | | | | 一 | 二 | 三 | 四 |

图 2.8　某基础工程等节拍流水施工进度计划表

## 2.3.3 成倍数节拍流水施工

1. 概念及特征

(1) 成倍数节拍流水施工的含义

在异节拍流水施工中，当同一施工过程在各个施工段上的流水节拍不相等但它们之间有最大公约数，即为某一数的不同整数倍时，每个施工过程均按其节拍的倍数关系，组织相应数目的专业队伍，充分利用工作面即可组织等步距成倍数节拍流水施工。

(2) 组织特点

① 同一施工过程在各个施工段上的流水节拍彼此相等，不同施工过程在同一施工段上的流水节拍之间存在一个最大公约数。

② 各专业施工队之间的流水步距彼此相等，且等于流水节拍的最大公约数 $k$。

③ 专业施工队总数目 $n'$ 大于施工过程数 $n$。

2. 组织过程及工期计算

(1) 组织过程

**【例 2.4】** 某工程施工（不分层），分三个施工段，即 $m=3$，有三个施工过程，即 $n=3$，其顺序为 A→B→C，每个工序的流水节拍为 $t_A=2$（天），$t_B=4$（天），$t_C=2$（天），试组织该工程施工并求工期。

**【解】** 由 $t_A=2$（天），$t_B=4$（天），$t_C=2$（天）知，各施工过程的流水节拍不完全相等，但有最大公约数 2，故可以组织成倍数节拍流水施工。

① 求流水步距 $k$

$k$=最大公约数，由已知条件求得最大公约数为 2，即 $k=2$（天）。

② 求各专业队伍数，即

$$b_i = \frac{t_i}{k} \tag{2-9}$$

式中：$t_i$——第 $i$ 施工过程的流水节拍；

$k$——流水步距（最大公约数）；

$b_i$——第 $i$ 个施工过程的专业队伍数。

$$b_A = \frac{2}{2} = 1\text{（个）}$$

$$b_B = \frac{4}{2} = 2\text{（个）}$$

$$b_C = \frac{2}{2} = 1\text{（个）}$$

所以，专业队伍总数 $n' = \sum b_i = 1 + 2 + 1 = 4$(个)。

③ 按照有四个队伍参与流水施工，其步距均为 2 天组织施工，绘制进度计划表，如图 2.9 所示。

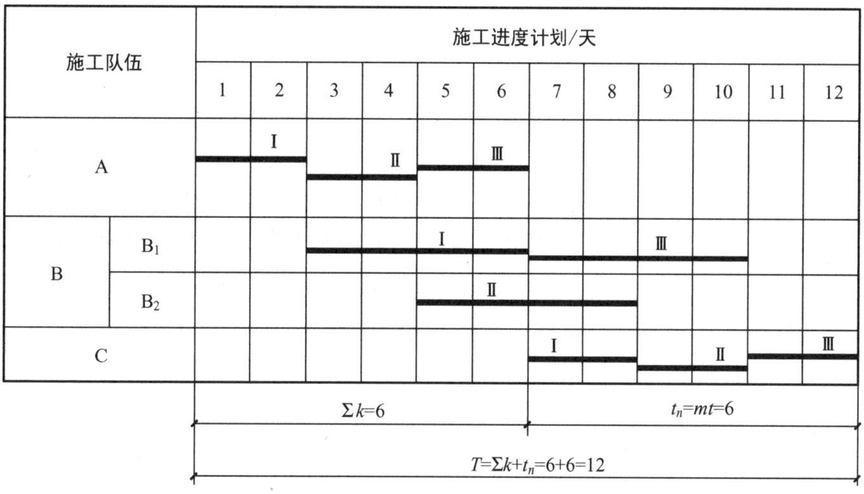

| 施工队伍 | | 施工进度计划/天 | | | | | | | | | | | |
|---|---|---|---|---|---|---|---|---|---|---|---|---|---|
| | | 1 | 2 | 3 | 4 | 5 | 6 | 7 | 8 | 9 | 10 | 11 | 12 |
| A | | | Ⅰ | | Ⅱ | | Ⅲ | | | | | | |
| B | $B_1$ | | | | | Ⅰ | | | | Ⅲ | | | |
| | $B_2$ | | | | | | Ⅱ | | | | | | |
| C | | | | | | | | Ⅰ | | | Ⅱ | | Ⅲ |

$\Sigma k=6$　　$t_n=mt=6$

$T=\Sigma k+t_n=6+6=12$

图 2.9　成倍数流水施工进度计划表

由图 2.9 可知，总工期为 12 天，由两个部分构成，一部分为各专业队伍的流水步距之和，即 $\sum k = 2+2+2 = 6$（天），另一部分为最后一个作业队伍持续的时间 $t_n = 3\times 2 = 6$（天），两部分之和 $T = \sum k + t_n = 6+6 = 12$（天），即为该成倍数节拍流水施工的工期。

（2）工期计算公式

① 不分层施工：由例 2.4 知，不分层施工时，成倍数节拍流水施工的工期计算公式为

$$T = \sum k + t_n \tag{2-10}$$

式中：$T$——流水工期；

$\sum k$——各流水施工队伍的流水步距之和，$\sum k = (n'-1)k$，$n'$ 为流水施工队伍数，$k$ 为流水步距的最大公约数；

$t_n$——最后一个投入施工的作业队伍完成任务的持续时间，$t_n = m\cdot k$。

考虑成倍数节拍流水施工的特点及施工中可能有技术间歇时间、组织间歇时间和组织搭接时间，将式（2－10）改写成

$$T=(m+n'-1)k+\sum t_z+\sum t_g-\sum t_d \quad (2-11)$$

式中：$\sum t_z$ ——组织间歇时间之和；

$\sum t_g$ ——技术间歇时间之和；

$\sum t_d$ ——组织搭接时间之和；

其他符号含义同式（2－10）。

② 分层施工：将式（2－11）改写成

$$T=(A\cdot m\cdot r+n'-1)k+\sum t_d+\sum t_z-\sum t_g \quad (2-12)$$

式中：$A$——参与流水的房屋栋数；

$r$——某栋的施工层数；

$n'$ ——参与流水的施工队伍数；

其他符号同式（2－11）。

**【例 2.5】** 某两层现浇钢筋混凝土结构工程，施工分为安装模板、绑扎钢筋和浇筑混凝土三个施工过程。已知每个施工过程在每层每个施工段上的流水节拍分别为 $t_{模}=2$(天)，$t_{扎}=2$(天)，$t_{浇}=1$(天)。当安装模板施工队转移到第二结构层的第一施工段时，需待第一层第一施工段的混凝土养护一天后才能进行施工。在保证各施工队连续施工的条件下，试安排流水施工，并绘制流水施工进度计划表。

**【解】** 根据工程特点，按成倍数节拍流水施工方式组织流水施工。

(1) 确定流水步距，即

$$k=最大公约数\{221\}=1(天)$$

(2) 计算专业施工队数目，即

$$b_{模}=2/1=2\ (个),\quad b_{扎}=2/1=2\ (个),\quad b_{浇}=1/1=1\ (个)$$

计算专业施工队总数目，即

$$n'=\sum_{j=1}^{3}b^j=2+2+1=5(个)$$

(3) 确定每层的施工段数目，即

$$m_{min}=n'+\frac{Z_{max}+C_{max}-\sum t_d}{k}$$

$$=5+1/1=6(段)$$

(4) 计算工期，即

$$T=(m\cdot r+n'-1)\cdot k$$

$$=(6\times 2+5-1)\times 1=16(天)$$

(5) 绘制流水施工进度计划表，如图 2.10 所示。

| 施工层数 | 施工过程 | 专业工作对号 | 施工进度计划/天 | | | | | | | | | | | | | | | |
|---|---|---|---|---|---|---|---|---|---|---|---|---|---|---|---|---|
| | | | 1 | 2 | 3 | 4 | 5 | 6 | 7 | 8 | 9 | 10 | 11 | 12 | 13 | 14 | 15 | 16 |
| 一 | 安装模板 | Ia | ① | | ③ | | ⑤ | | | | | | | | | | | |
| | | Ib | | ② | | ④ | | ⑥ | | | | | | | | | | |
| | 绑扎钢筋 | IIa | | | ① | | ③ | | | ⑤ | | | | | | | | |
| | | IIb | | | | ② | | ④ | | ⑥ | | | | | | | | |
| | 浇筑混凝土 | IIIa | | | | | ① | ② | ③ | ④ | ⑤ | ⑥ | | | | | | |
| 二 | 安装模板 | Ia | | | | | | | ① | | ③ | | ⑤ | | | | | |
| | | Ib | | | | | | | | ② | | ④ | | ⑥ | | | | |
| | 绑扎钢筋 | IIa | | | | | | | | | ① | | ③ | | ⑤ | | | |
| | | IIb | | | | | | | | | | ② | | ④ | | ⑥ | | |
| | 浇筑混凝土 | IIa | | | | | | | | | | | ① | ② | ③ | ④ | ⑤ | ⑥ |

图 2.10 成倍数节拍流水施工进度计划表

## 2.3.4 分别流水施工

### 1. 概念及特征

(1) 概念

分别流水施工是指同一施工过程在各施工段上的流水节拍不全相等，不同的施工过程之间流水节拍也不相等，在这样的条件下组织施工的方式称为分别流水施工，也称为无节奏流水施工。这种组织施工的方式，在进度安排上比较自由、灵活，是实际工程组织施工最普遍、最常用的一种方法。

(2) 组织特点

① 各个施工过程在各个施工段上的流水节拍彼此不等，也无特定规律。

② 所有施工过程之间的流水步距彼此不全等，流水步距与流水节拍的大小及相邻施工过程的相应施工段节拍差有关。

③ 每个施工过程在每个施工段上均由一个专业施工队独立完成作业，即专业施工队数目 $n'$ 等于施工过程数 $n$。

(4) 为了满足流水施工中作业队伍的连续性，在组织施工时，确定流水步距是关键。

### 2. 分别流水施工的组织

(1) 组织示例

**【例 2.6】** 某项目施工（不分层），分三个施工段，四个施工过程，施工顺序为 A→B

→C→D，每个施工过程在不同的施工段上的流水节拍见表 2-6，试组织流水施工。

表 2-6　流水节拍资料

| 施工过程 | 施工段及流水节拍 | | |
|---|---|---|---|
| | Ⅰ | Ⅱ | Ⅲ |
| A | 1 | 2 | 1 |
| B | 2 | 3 | 3 |
| C | 2 | 2 | 3 |
| D | 1 | 3 | 2 |

**【解】** 根据所给资料知：各施工过程在不同的施工段上流水节拍不相等，故可组织分别流水施工。在满足组织流水施工时施工队伍连续施工，不同的施工队伍尽量平行搭接施工的原则下，尝试绘制分别流水施工进度计划表，如图 2.11 所示。

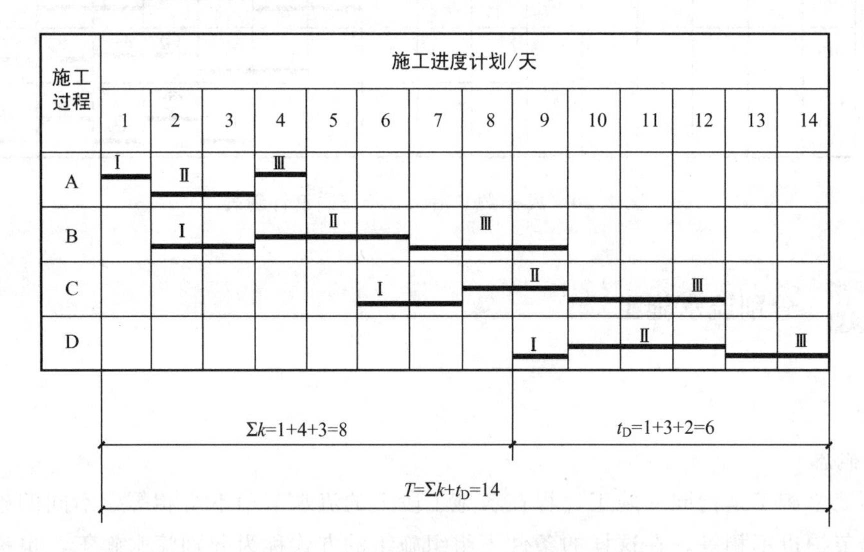


图 2.11　分别流水施工进度计划表

由图 2.11 可知，该施工满足了各类专业施工队伍连续作业且没有窝工现象发生，其工期可分为两个部分，第一部分是各施工过程间流水步距之和，即

$$\sum k = k_{AB} + k_{BC} + k_{CD} = 1 + 4 + 3 = 8\text{(天)}$$

另一部分为最后一个施工过程的作业队伍作业持续时间 $t_D = 1+3+2 = 6$(天)，工期为 14 天，由此可见组织分别流水最关键的一步是确定各施工过程（作业队伍）间的流水步距。

(2) 流水步距的确定

在组织分别流水施工中确定流水步距最简单、最常用的方法就是用潘特考夫斯基法，此法又称为"累加数列错位相差取最大差法"，具体步骤如下。

① 将各施工过程在不同施工段上的流水节拍进行累加，形成数列。

② 将相邻两施工过程形成的数列的错位相减，形成差数列。

③ 取相减差数列的最大值，即为相邻两施工过程的流水步距。

【例 2.7】 求例 2.6 中 $k_{AB}$、$k_{BC}$、$k_{CD}$。

【解】 求 $k_{AB}$：

$$\begin{array}{rrrr} 1, & 3, & 4 & \\ - & 2, & 5, & 8 \\ \hline 1, & 1, & -1, & -8 \end{array} \qquad k_{AB}=\max\{1,1,-1,-8\}=1$$

求 $k_{BC}$：

$$\begin{array}{rrrr} 2, & 5, & 8 & \\ - & 2, & 4, & 7 \\ \hline 2, & 3, & 4, & -7 \end{array} \qquad k_{BC}=\max\{2,3,4,-7\}=4$$

求 $k_{CD}$：

$$\begin{array}{rrrr} 2, & 4, & 7 & \\ - & 1, & 4, & 6 \\ \hline 2, & 3, & 3, & -6 \end{array} \qquad k_{CD}=\max\{2,3,3,-6\}=3$$

用这种方法计算的各施工过程间的流水步距与图 2.11 中尝试安排得到的流水步距是一致的。

(3) 工期计算

由例 2.6 分析知，分别流水施工的工期公式为

$$T=\sum k+t_n+\sum t_g+\sum t_z-\sum t_d \qquad (2-13)$$

式中：$T$ ——分别流水施工工期；

$\sum k$ ——各流水步距之和；

$t_n$ ——最后一个作业队伍持续时间；

其他符号含义同式 (2-11)。

(4) 分别流水施工组织示例

【例 2.8】 某项目施工（不分层），分三个施工段，即 $m=3$，四个施工过程，工艺顺序为 A→B→C→D，流水节拍见表 2-7，B 与 C 间有技术间歇时间 $t_{BC}=2$（天），试组织该流水施工，并求工期。

表 2-7 流水节拍

| 施工过程 | 施工段及流水节拍 | | |
|---|---|---|---|
| | Ⅰ | Ⅱ | Ⅲ |
| A | 2 | 3 | 2 |
| B | 2 | 1 | 2 |
| C | 3 | 2 | 2 |
| D | 1 | 3 | 1 |

【解】 根据流水节拍的特点可能以组织分别流水施工。

① 求流水步距 $k$。

求 $k_{AB}$：

$$
\begin{array}{r}
2,\ 5,\ 7\phantom{,\ -5} \\
-\quad 2,\ 4,\ \ 5 \\
\hline
2,\ 3,\ 4,\ -5
\end{array}
$$

$$k_{AB}=4$$

求 $k_{BC}$：

$$
\begin{array}{r}
2,\ 3,\ 5\phantom{,\ -7} \\
-\quad 3,\ 5,\ \ 7 \\
\hline
2,\ 0,\ 0,\ -7
\end{array}
$$

$$k_{BC}=2$$

求：$k_{CD}$：

$$
\begin{array}{r}
3,\ 5,\ 7\phantom{,\ -5} \\
-\quad 1,\ 4,\ \ 5 \\
\hline
3,\ 4,\ 3,\ -5
\end{array}
$$

$$k_{CD}=4$$

② 求工期 $T$。

$$T=\sum k+t_n+t_g=(4+2+4)+5+2=17\text{（天）}$$

③ 绘制流水施工进度计划表，如图 2.12 所示。

| 施工过程 | 施工进度计划/天 | | | | | | | | | | | | | | | | |
|---|---|---|---|---|---|---|---|---|---|---|---|---|---|---|---|---|---|
| | 1 | 2 | 3 | 4 | 5 | 6 | 7 | 8 | 9 | 10 | 11 | 12 | 13 | 14 | 15 | 16 | 17 |
| A | | | | | | | | | | | | | | | | | |
| B | | | | | | | | | | | | | | | | | |
| C | | | | | | | | | | | | | | | | | |
| D | | | | | | | | | | | | | | | | | |

图 2.12 流水施工进度计划表

# 2.4 流水施工组织方案的评价

根据施工项目的不同可以组织不同的流水施工方案，每种方案的效果可能不同，这就需要结合具体工程对所确定的流水方案进行评价，以确定最优方案。

## 2.4.1 评价指标

在满足工期的要求下，主要通过稳定系数（$k_1$）和劳动力动态系数（$k_2$）两个指标来评价流水作业方案。

流水作业的进展一般分为三个阶段，如图 2.13 所示。

展开阶段：各工作队相继投入施工，工人人数按阶梯状增加。

稳定阶段：各工作队同时工作，工人人数保持不变。

结束阶段：各工作队相继退出，工人人数按阶梯状减少。

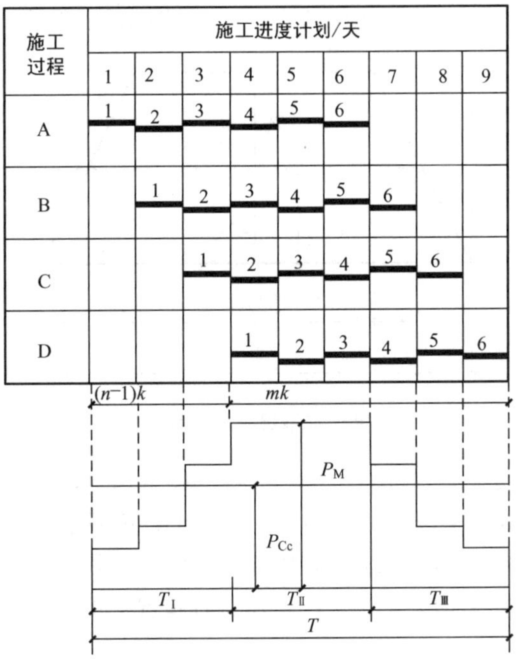

| 施工过程 | 施工进度计划/天 | | | | | | | | |
|---|---|---|---|---|---|---|---|---|---|
| | 1 | 2 | 3 | 4 | 5 | 6 | 7 | 8 | 9 |
| A | 1 | 2 | 3 | 4 | 5 | 6 | | | |
| B | | 1 | 2 | 3 | 4 | 5 | 6 | | |
| C | | | 1 | 2 | 3 | 4 | 5 | 6 | |
| D | | | | 1 | 2 | 3 | 4 | 5 | 6 |

$(n-1)k$　$mk$　$P_M$　$P_{Cc}$　$T_Ⅰ$　$T_Ⅱ$　$T_Ⅲ$　$T$

图 2.13　流水施工分析图

流水作业稳定系数 $k_1$ 计算式为

$$k_1 = \frac{T_Ⅱ}{T} \tag{2-14}$$

式中：$T_Ⅱ$ ——流水稳定阶段的工期；

$T$——总工期。

劳动力动态系数 $k_2$ 是最大工人数与平均工人数的比值，计算式为

$$k_2 = \frac{P_M}{P_C} \tag{2-15}$$

式中：$P_M$——最大工人数；

$P_C$——平均人工数。

当组织固定节拍流水或成倍数节拍流水施工时，由图 2.13 知，$T_Ⅰ = T_Ⅲ$，故

$$k_1 = \frac{T_Ⅱ}{T} = \frac{T - 2T_Ⅰ}{T} = \frac{(m+n-1)k - 2(n-1)k}{(m+n-1)k} = \frac{m-n+1}{m+n-1}$$

即

$$k_1 = \frac{m-n+1}{m+n-1} \tag{2-16}$$

式中：$m$——施工段数；

$n$——施工过程数或作业队伍数。

## 2.4.2 流水施工组织评价方法

组织不同方案的流水施工，可以出现三种流水施工的情况。

① 第一种情况：$T_{Ⅰ} > 0$，$T_{Ⅱ} > 0$，$T_{Ⅲ} > 0$，如图 2.14 所示。

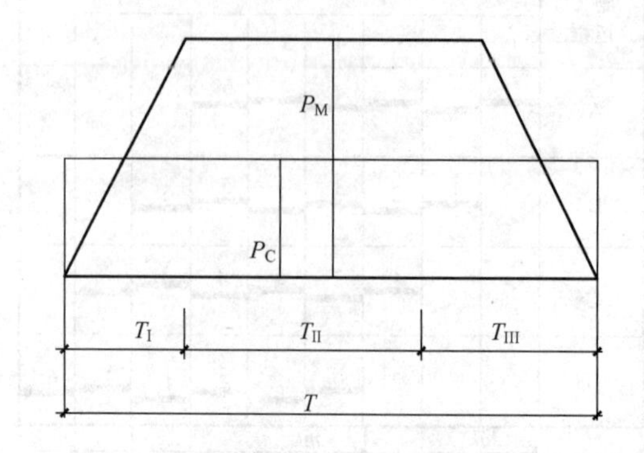


图 2.14　第一种情况下的劳动力动态曲线

在这种情况下，由式（2-14）、式（2-15）知，$k_1 < 1$，$k_2 < 2$。当组织固定节拍或成倍数节拍流水施工时，这种情况在 $m > n-1$ 时产生，这种组织方式充分显示了流水施工的实质，劳动力均衡，施工队伍连续，是最经济的组织方案。

② 第二种情况：$T_{Ⅰ} > 0$，$T_{Ⅱ} = 0$，$T_{Ⅲ} > 0$，这种情况的劳动力动态曲线如图 2.15 所示。

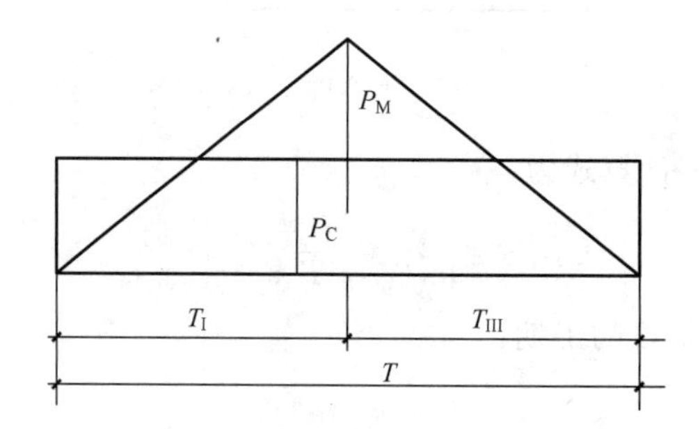


图 2.15　第二种情况下的劳动力动态曲线

这种组织方案下，由式（2-14）和式（2-15）知，$k_1 = 0$，$k_2 = 2$，当最后一个作业队伍投入施工时，第一个作业队伍正好结束工作退出，因此劳动变化较大。当组织固定节拍或成倍数节拍流水作业时，在 $m = n-1$ 时产生，即在施工过程数比划分的施工数多一个时产生。

③ 第三种情况：$T_{Ⅰ} > 0$，$T_{Ⅱ} < 0$，$T_{Ⅲ} > 0$，这种情况下的劳动力动态曲线如图 2.16 所示。

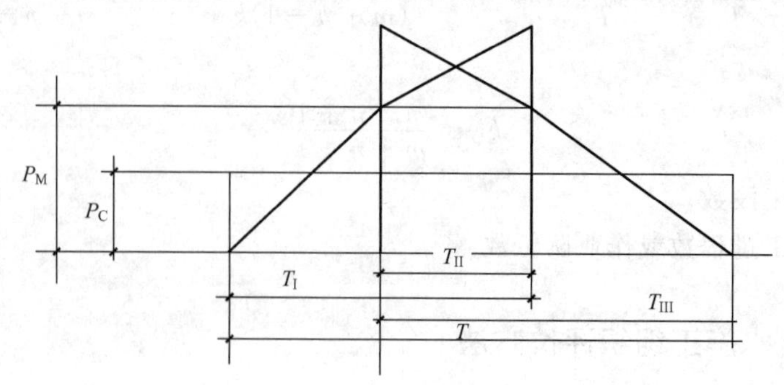


图 2.16　第三种情况下的劳动力动态曲线

这种情况是当最后一个作业队伍投入施工以前，第一个作业队伍已结束工作退出。当组织固定或成倍数节拍流水作业时，这种情况在 $m<n-1$ 时产生。这种情况下，劳动力变化频繁。这里 $T_{\mathrm{II}}$ 在形式上看是稳定阶段，在这个时期内，工人人数虽然不变，但成员在不断地变化，因而在实质上不能认为是稳定阶段。

在这种情况下，有

$$k_1=\frac{T_{\mathrm{II}}}{T}=\frac{T-(T_{\mathrm{I}}+T_{\mathrm{III}})}{T}<0$$

$$k_2 \geqslant 1$$

根据流水作业的进展情况，$k_1$ 和 $k_2$ 的变化范围是 $-1 \leqslant k_1 \leqslant 1$，$1 \leqslant k_2 \leqslant 2$，当这两个系数都趋近于1时，这样的流水作业组织方案是最好的。

# 2.5 流水施工组织程序及实例

## 2.5.1 流水施工组织程序

合理组织流水施工，就是要结合各个工程的不同特点，根据实际工程的施工条件和施工内容，合理确定流水施工的各项参数。通常按照下列工作程序进行。

1. 确定施工顺序，划分施工过程

组织一个施工阶段的流水施工时，往往可按施工顺序划分成许多个分项工程。例如，基础工程施工阶段可划分成挖土、钢筋混凝土基础、砌筑砖基础、防潮层和回填土等分项工程。其中有些分项工程仍是由多工种组成的，如钢筋混凝土分项工程由模板、钢筋和混凝土三部分组成，这些分项工程仍有一定的综合性，由此组织的流水施工具有一定的控制作用。

组织某些多工种组成的分项工程流水施工时，往往按专业工种划分成若干个由专业工种（专业班组）进行施工的施工过程，如安装模板、绑扎钢筋、浇筑混凝土等，然后组织这些专业班组的流水施工。此时，施工活动的划分比较彻底，每个施工过程都具有相对的独立性（各工种不同），彼此之间又具有依附和制约性（施工顺序和施工工艺），这样组织的流水施工具有一定的实用意义。

由前述可知，参加流水的施工过程的多少对流水施工的组织影响很大，组织流水施工是不可能的，也没有必要将所有分项工程都组织进去。每一个施工阶段总有几个对工程施工有直接影响的主导施工过程，首先将这些主导施工过程确定下来组织成流水施工，其他施工过程则可根据实际情况与主导施工过程合并。所谓主导施工过程，是指那些对工期有直接影响，能为后续施工过程提供工作面的施工过程。例如，在混合结构主体施工阶段，砌墙和吊装楼板就是主导施工过程。在实际施工中，还应根据施工进度计划作用的不同、分部（分项）工程施工工艺的不同来确定主导施工过程。

施工过程数目 $n$ 主要依据工程的性质和复杂程度、所采用的施工方案、对建设工期的要求等因素确定。为了合理组织流水施工，施工过程数目 $n$ 要确定得适当，施工过程划分得过粗或过细，都达不到好的流水效果。

2. 确定施工层，划分施工段

为了合理组织流水施工，需要按建筑的空间情况和施工过程的工艺要求，确定施工层数量 $r$，以便于在平面上和空间上组织连续均衡的流水施工。划分施工层时，要求结合工程的具体情况，主要根据建筑物的高度和楼层来确定。例如，砌筑工程的施工高度一般为1.2m，所以可按1.2m划分，而室内抹灰、木装饰、油漆和水电安装等，可按结构楼层划分施工层。

合理划分施工段的原则详见2.2.3节内容，为了保证专业队伍不仅能在本层各施工段上连续作业，而且在转入下一个施工层的施工段上施工也能连续作业，则施工段数目 $m$ 必须满足式（2-1）的要求。若组织多层固定节拍或成倍数节拍流水，同时考虑相关间歇时间时，施工段数目的确定应满足式（2-5）的要求。无层间关系或无施工层时可以不受此限制。

3. 确定施工过程的流水节拍

施工过程的流水节拍可按式（2-2）进行计算。流水节拍的大小对工期影响较大，从式（2-2）中可知，减小流水节拍最有效的方法是提高劳动效率（即增大产量定额 $S_i$ 或减小时间定额 $Z_i$）。增加工人数（$R_i$）也是一种方法，但工人数增加到一定程度必然会达到最小工作面，此时的流水节拍即为最小的流水节拍，正常情况下不可能再缩短。同样，根据最小劳动组合可确定最大的流水节拍。据此，就可确定完成该施工过程最多可安排和至少应安排的工人数。然后根据现有条件和施工要求确定合适的人数，以求得流水节拍，该流水节拍总是在最大流水节拍和最小流水节拍之间。

4. 确定流水方式及专业队伍数

根据计算出的各个施工过程的流水节拍的特征、施工工期要求和资源供应条件，确定流水施工的组织方式，究竟是固定节拍流水施工或成倍数节拍流水施工，还是分别流水施工。

根据确定的流水施工组织方式，得出各个施工过程的专业施工队伍数。

5. 确定流水步距

流水步距可根据流水形式来确定。流水步距的大小对工期影响也较大，在可能的情况下组织搭接施工也是缩短流水步距的一种方法。在某些流水施工过程中（不等节拍流水施工）增大那些流水节拍较小的一般施工过程的流水节拍，或将次要施工组织成间断施工，反而能缩短流水步距，有时还能使施工更合理。

6. 组织流水施工，计算工期

按照不同的流水施工组织方式的特点及相关时间参数计算流水施工的工期。根据流水施工原理和各施工段及施工工艺间的关系组织形成整个工程完整的流水施工，并绘制出流水施工进度计划表。

## 2.5.2 流水施工组织实例

1. 工程概况及施工条件

某三层工业厂房，其主体结构为现浇钢筋混凝土框架。框架全部由 6m×6m 的单元构成。横向为 3 个单元，纵向为 21 个单元，划分为三个温度区段。

施工工期：2.5 个月，施工时平均气温 15℃。

劳动力：木工不得超过 25 人，混凝土与钢筋工可以根据计划要求配备。

机械设备：400L 混凝土搅拌机两台，混凝土振捣器、卷扬机可以根据计划要求配备。

2. 施工方案

模板采用定型钢模板，常规支模方法，混凝土为半干硬性，坍落度为 1～3cm，采用 400L 混凝土搅拌机搅拌，振捣器捣固，双轮车运输；垂直运输采用钢管井架。楼梯部分与框架配合，同时施工。

3. 流水施工组织

(1) 计算工程量与劳动量

本工程每层、每个温度区段的模板、钢筋、混凝土的工程量根据施工图计算；采用定额根据劳动定额手册及本工地工人实际生产率确定，劳动量由确定的时间定额和计算的工程量进行计算。时间定额、计算的工程量和劳动量汇总列表，如表 2-8 所示。

表 2-8　某现浇钢筋混凝土框架工业厂房工程量与劳动量

| 结构部位 | 分项工程名称 | | 单位 | 采用时间定额/(工日/产品单位) | 每层、每个温度区段的工程量与劳动量 | | | | | |
|---|---|---|---|---|---|---|---|---|---|---|
| | | | | | 工程量 | | | 劳动量/工日 | | |
| | | | | | 一层 | 二层 | 三层 | 一层 | 二层 | 三层 |
| 框架 | 支模板 | 柱 | $m^2$ | 0.0833 | 332 | 311 | 311 | 27.7 | 25.9 | 25.9 |
| | | 梁 | $m^2$ | 0.08 | 698 | 698 | 720 | 55.8 | 55.8 | 57.6 |
| | | 板 | $m^2$ | 0.04 | 554 | 554 | 528 | 22.2 | 22.2 | 23.3 |
| | 绑扎钢筋 | 柱 | t | 2.38 | 5.45 | 5.15 | 5.15 | 13.0 | 12.3 | 12.3 |
| | | 梁 | t | 2.86 | 9.80 | 9.80 | 10.10 | 28.0 | 28.0 | 28.9 |
| | | 板 | t | 4.00 | 6.40 | 6.40 | 6.73 | 25.6 | 25.6 | 26.6 |
| | 浇筑混凝土 | 柱 | $m^3$ | 1.47 | 46.1 | 43.1 | 43.1 | 67.8 | 63.4 | 63.4 |
| | | 梁板 | $m^3$ | 0.78 | 156.2 | 156.2 | 156.2 | 12.24 | 122.4 | 124.0 |
| 楼梯 | 支模板 | | $m^2$ | 0.16 | 34.8 | 34.8 | | 5.1 | 5.1 | |
| | 绑扎钢筋 | | t | 5.56 | 0.45 | 0.45 | | 2.5 | 2.5 | |
| | 浇筑混凝土 | | $m^3$ | 2.21 | 6.6 | 6.6 | | 14.6 | 14.6 | |

(2) 划分施工过程

本工程框架部分采用的施工顺序：绑扎柱钢筋→支柱模板→支主梁模板→支次梁模板→支板模板→绑扎梁钢筋→绑扎板钢筋→浇筑混凝土→浇筑梁、板混凝土。

根据施工顺序，按专业工作队的组织进行合并，划分为四个施工过程：①绑扎钢筋；②支模板；③绑扎梁、板钢筋；④浇筑混凝土。

各施工过程中均包括楼梯间部分。

(3) 划分施工段及确定流水节拍

本工程考虑以下两种方案。

**【方案一】**

由于本工程三个温度区段大小一致，各层构造基本相同，各施工过程劳动量相差均在15%以内，所以首先考虑采用全等节拍或成倍数节拍流水方式来组织。

① 划分施工段。

考虑到有利于结构的整体性，利用温度缝作为分界线，最理想的情况是每层划分为三段，但是，为了保证各工人队组在各层连续施工，按全等节拍组织流水作业，每层最少段数应按式（2-5）计算，即

$$m_{\min} = n + \frac{Z + C - \sum t_{\mathrm{d}}}{k}$$

式中，$n=4$，$k=t$，$C=1.5$（天）(根据气温条件，混凝土强度达 $12\mathrm{kg/cm^2}$，需要36小时)，$Z=0$，$\sum t_{\mathrm{d}} = t$（只考虑绑扎柱钢筋和支模板之间可以搭接施工，其他工序因为要保证施工时不相互干扰，所以不能搭接。取最大搭接时为 $t$）。

代入上式得

$$m_{\min} = 4 + \frac{1.5}{t} - \frac{t}{t} = 3 + \frac{1.5}{t}$$

则有 $m_{\min} > 3$，其中 $\frac{1.5}{t} > 0$。

所以，每层划分为三个施工段不能保证工人队组在层间连续施工。根据该工程的结构特征，确定每层划分为六个施工段，将每个温度区段分为两段。

② 确定流水节拍。

第一步是根据要求，按固定节拍流水工期公式，粗略地估算流水节拍。

根据式（2-7)，不考虑间歇时间与搭接时间，流水节拍可以按照式（2-17）初步确定。

$$t = \frac{T}{n + r \cdot m - 1} = \frac{60}{4 + 3 \times 6 - 1} = 2.86\text{(天)} \tag{2-17}$$

式中，$T=60$（天）(规定工期为2.5个月，每月按25个工作日计算，工期为62.5个工作日，考虑留有调整余地，因此，该分部工程工期定为60天（工作日)。取半班的倍数，流水节拍可选用3天或2.5天。

第二步是资源供应校核。

表2-7中各分项工程所对应的每个温度区段的劳动量按施工过程汇总，并将每层每个施工段的劳动量列于表2-9中。

表 2-9　各施工过程每段需要劳动量

| 施工过程 | 需要劳动量/工日 | | | 附注 |
|---|---|---|---|---|
| | 一层 | 二层 | 三层 | |
| 绑扎柱钢筋 | 6.5 | 6.2 | 6.2 | |
| 支模板 | 55.4 | 54.5 | 53.4 | 包括楼梯 |
| 绑扎梁板钢筋 | 28.1 | 28.1 | 27.9 | 包括楼梯 |
| 浇筑混凝土 | 102.4 | 100.2 | 93.7 | 包括楼梯 |

从表 2-9 中看出，浇筑混凝土和支模板两个施工过程用工最大，应着重考虑。

① 浇筑混凝土的校核。根据表 2-7 中工程量的数据，浇筑混凝土量最多的施工段的工程量为（46.1＋156.2＋6.6）/2＝104.45（$m^3$），而每台 400L 混凝土搅拌机搅拌半干硬性混凝土的生产率为 $36m^3$/台班，故需要台班数为

$$\frac{104.45}{36}=2.9\text{（台班）}$$

选用两台混凝土搅拌机，取流水节拍为 2.5 天，则实有能力为 5 台班，满足要求。

需要工人人数：表 2-8 中浇筑混凝土需要劳动量最大的施工段的劳动量为 102.4 工日，则每天的工人人数为

$$\frac{102.4}{2.5}=40.96\text{（人）}$$

根据劳动定额知，现浇混凝土采用机械搅拌、机械捣固的方式，混凝土工中包括原材料及混凝土运输工人在内，小组人数至少 20 人。本方案混凝土工取 40 人，分 2 个小组，可以满足要求。

② 支模板的校核。由表 2-8 中支模板的劳动量计算木工人数，流水节拍仍取 2.5 天（框架结构支模板包括柱、梁、板模板，根据经验一般需要 2～3 天），则支模板的人数为

$$\frac{55.4}{2.5}=22.2\text{（人）}$$

由劳动定额知，支模板工作要求工人小组一般为 5～6 人。本方案木工工作队取 24 人，分 4 个小组进行施工。满足规定的木工人数条件。

③ 绑扎钢筋的校核。绑扎梁板钢筋的钢筋工人数，由表 2-8 中劳动量计算，流水节拍也取 2.5 天，则人数为

$$\frac{28.1}{2.5}=11.2\text{（人）}$$

由劳动定额知，绑扎梁板钢筋工作要求工人小组一般为 3～4 人。本方案钢筋工工作队取 12 人，分 3 个小组进行施工。

由表 2-8 知绑扎柱钢筋所需劳动量为 6.5 个工日，但是由劳动定额知，绑扎柱钢筋工作要求工人小组至少需要 5 人。若流水节拍仍取 2.5 天，则每班只需 2.6 人，无法完成绑扎柱钢筋工作。若每天工人人数取 5 人，则实际需要的时间为

$$\frac{6.5}{5}=1.3\text{（天）}$$

取绑扎柱钢筋流水节拍为 1.5 天。显然，此方案已不是全等节拍流水。在实际设计

中，个别施工过程不满足是常见的，在这种情况下，技术人员应该根据实际情况进行调整。

第三步是校核各施工过程的工作面。

本工程各施工过程的工人队组在施工段上无过分拥挤情况，校核从略。

**【方案二】**

本方案按主导施工过程连续施工的分别流水方式组织施工。由于该工程各施工过程中，支模板比较复杂，劳动量较大，且工人人数受限制，因此选用支模板为主导施工过程。

① 划分施工段。

按温度区段，每层划分为3段。

② 确定流水节拍。

第一步是确定主导施工过程支模板的流水节拍与校核。

本工程要求工期为2.5个月（62.5个工作日），各层总段数为9段，取流水节拍为6天，则木工人数为$\frac{55.4\times 2}{6}=18.5$(人)（本方案分为3段，表2-8中支模板的劳动量要扩大一倍，浇筑混凝土、绑扎钢筋的劳动力量也同样扩大一倍）。

这里取18人，分3个小组进行施工。

第二步是确定其他施工过程的流水节拍。

① 浇筑混凝土流水节拍的确定与校核。每段浇筑混凝土需要的台班数为$\frac{104.45\times 2}{36}=5.8$(台班)，这里取102人，分为三班，每班34人，各为一个小组进行施工。

② 绑扎钢筋流水节拍的确定与校核。

绑扎梁板钢筋可取与支模板的流水节拍相同为6天，则每天工作人数为$\frac{28.1\times 2}{6}=9.4$(人)，这里取10人，分2个小组进行施工。绑扎柱钢筋仍取5人，其流水节拍为$\frac{6.5\times 2}{5}=2.6$(天)，取3天。

第三步是校核各施工过程的工作面。

本工程各施工过程的工人队组在施工段上无过分拥挤情况，校核从略。

③ 绘制流水进度图表。

方案一的流水进度计划表如图2.17所示。

方案二的流水进度计划表如图2.18所示。

④ 检查与调整。

劳动力、机械数量已在确定流水节拍时满足了限定的条件，这里主要检查工期与技术间歇时间是否满足要求。在分部工程流水作业中一般不作资源需要量均衡性的检查与调整。

调整后的方案一：从图2.17看出，总工期为51.5个工作日，层间技术间歇时间为6天，满足要求。

调整后的方案二：从图2.18看出，总工期为65个工作日，稍大于要求工期，基本符合要求；层间技术间歇时间只有1天，即混凝土强度尚未达到12kg/cm$^2$，不允许在其上层绑扎柱钢筋，必须进行调整。

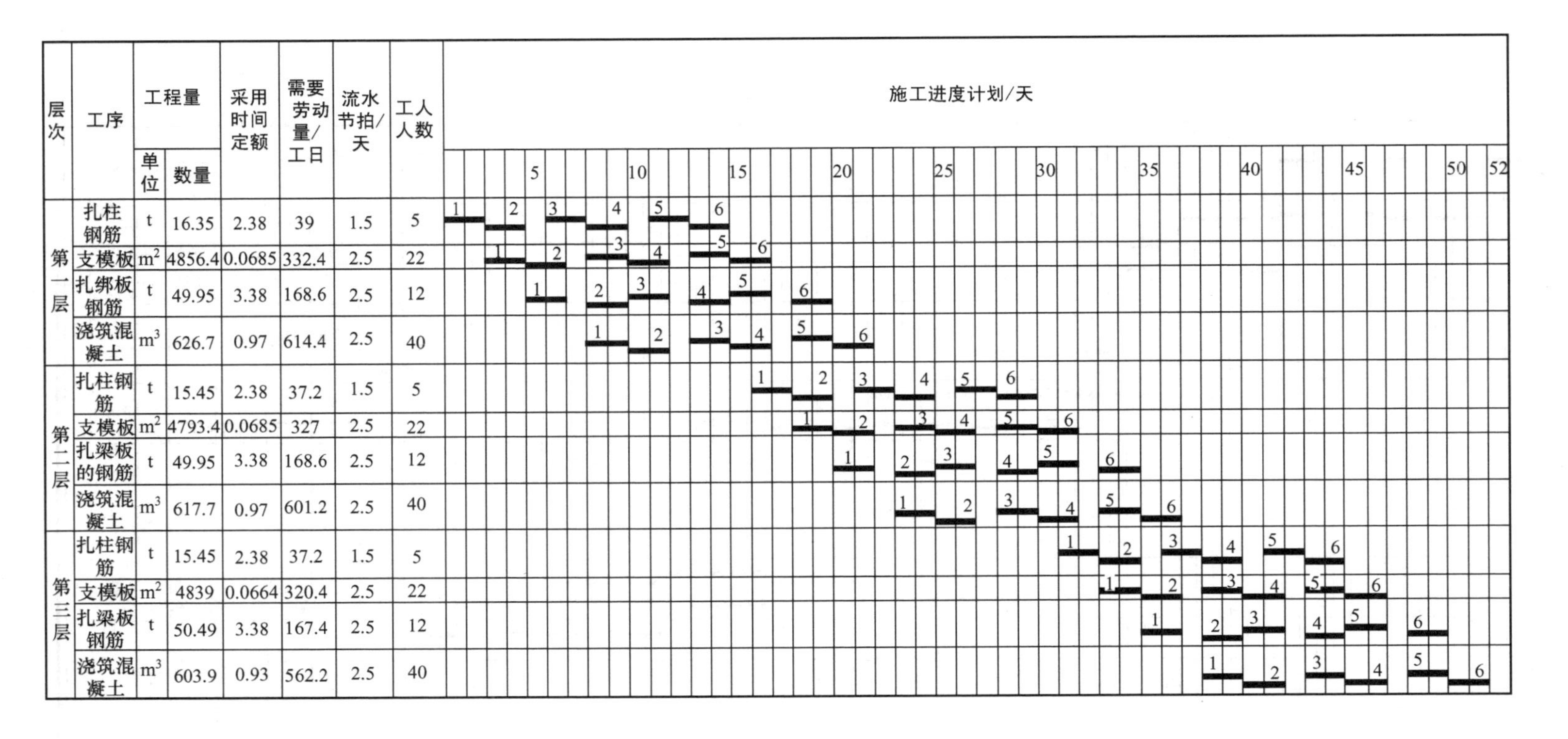

| 层次 | 工序 | 工程量 单位 | 工程量 数量 | 采用时间定额 | 需要劳动量/工日 | 流水节拍/天 | 工人人数 |
|---|---|---|---|---|---|---|---|
| 第一层 | 扎柱钢筋 | t | 16.35 | 2.38 | 39 | 1.5 | 5 |
| | 支模板 | $m^2$ | 4856.4 | 0.0685 | 332.4 | 2.5 | 22 |
| | 扎绑板钢筋 | t | 49.95 | 3.38 | 168.6 | 2.5 | 12 |
| | 浇筑混凝土 | $m^3$ | 626.7 | 0.97 | 614.4 | 2.5 | 40 |
| 第二层 | 扎柱钢筋 | t | 15.45 | 2.38 | 37.2 | 1.5 | 5 |
| | 支模板 | $m^2$ | 4793.4 | 0.0685 | 327 | 2.5 | 22 |
| | 扎梁板的钢筋 | t | 49.95 | 3.38 | 168.6 | 2.5 | 12 |
| | 浇筑混凝土 | $m^3$ | 617.7 | 0.97 | 601.2 | 2.5 | 40 |
| 第三层 | 扎柱钢筋 | t | 15.45 | 2.38 | 37.2 | 1.5 | 5 |
| | 支模板 | $m^2$ | 4839 | 0.0664 | 320.4 | 2.5 | 22 |
| | 扎梁板钢筋 | t | 50.49 | 3.38 | 167.4 | 2.5 | 12 |
| | 浇筑混凝土 | $m^3$ | 603.9 | 0.93 | 562.2 | 2.5 | 40 |



图2.17　方案一的流水进度计划表

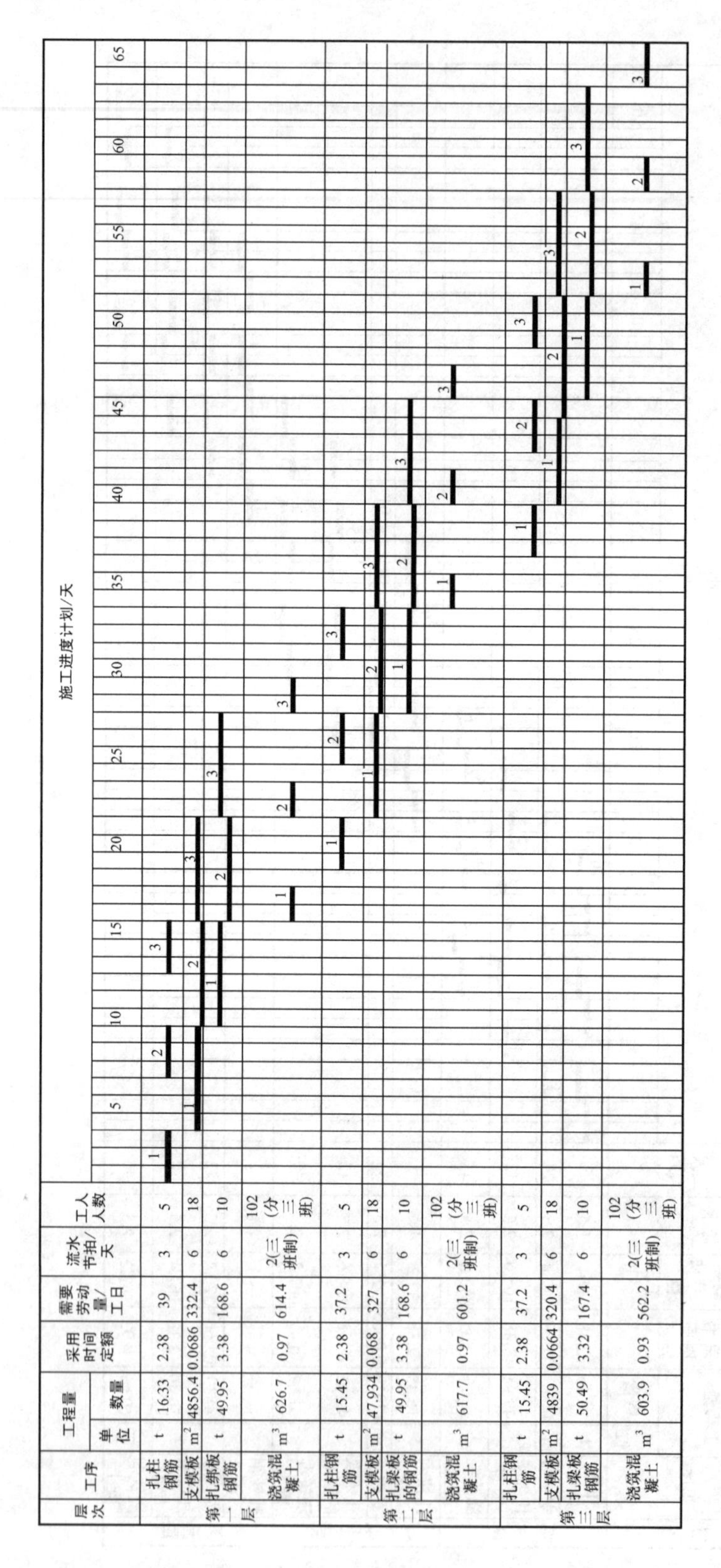

| 层次 | 工序 | 工程量 | | 采用时间定额 | 需要劳动量/工日 | 流水节拍/天 | 工人人数 | 施工进度计划/天 |
|---|---|---|---|---|---|---|---|---|
| | | 单位 | 数量 | | | | | |
| 第一层 | 扎柱钢筋 | t | 16.33 | 2.38 | 39 | 3 | 5 | |
| | 支模板 | $m^2$ | 4856.4 | 0.0686 | 332.4 | 6 | 18 | |
| | 扎梁板钢筋 | t | 49.95 | 3.38 | 168.6 | 6 | 10 | |
| | 浇筑混凝土 | $m^3$ | 626.7 | 0.97 | 614.4 | 2(三班制) | 102(分三班) | |
| 第二层 | 扎柱钢筋 | t | 15.45 | 2.38 | 37.2 | 3 | 5 | |
| | 支模板 | $m^2$ | 47.934 | 0.068 | 327 | 6 | 18 | |
| | 扎梁板的钢筋 | t | 49.95 | 3.38 | 168.6 | 6 | 10 | |
| | 浇筑混凝土 | $m^3$ | 617.7 | 0.97 | 601.2 | 2(三班制) | 102(分三班) | |
| 第三层 | 扎柱钢筋 | t | 15.45 | 2.38 | 37.2 | 3 | 5 | |
| | 支模板 | $m^2$ | 4839 | 0.0664 | 320.4 | 6 | 18 | |
| | 扎梁板钢筋 | t | 50.49 | 3.32 | 167.4 | 6 | 10 | |
| | 浇筑混凝土 | $m^3$ | 603.9 | 0.93 | 562.2 | 2(三班制) | 102(分三班) | |

图2.18 方案二的流水进度计划表

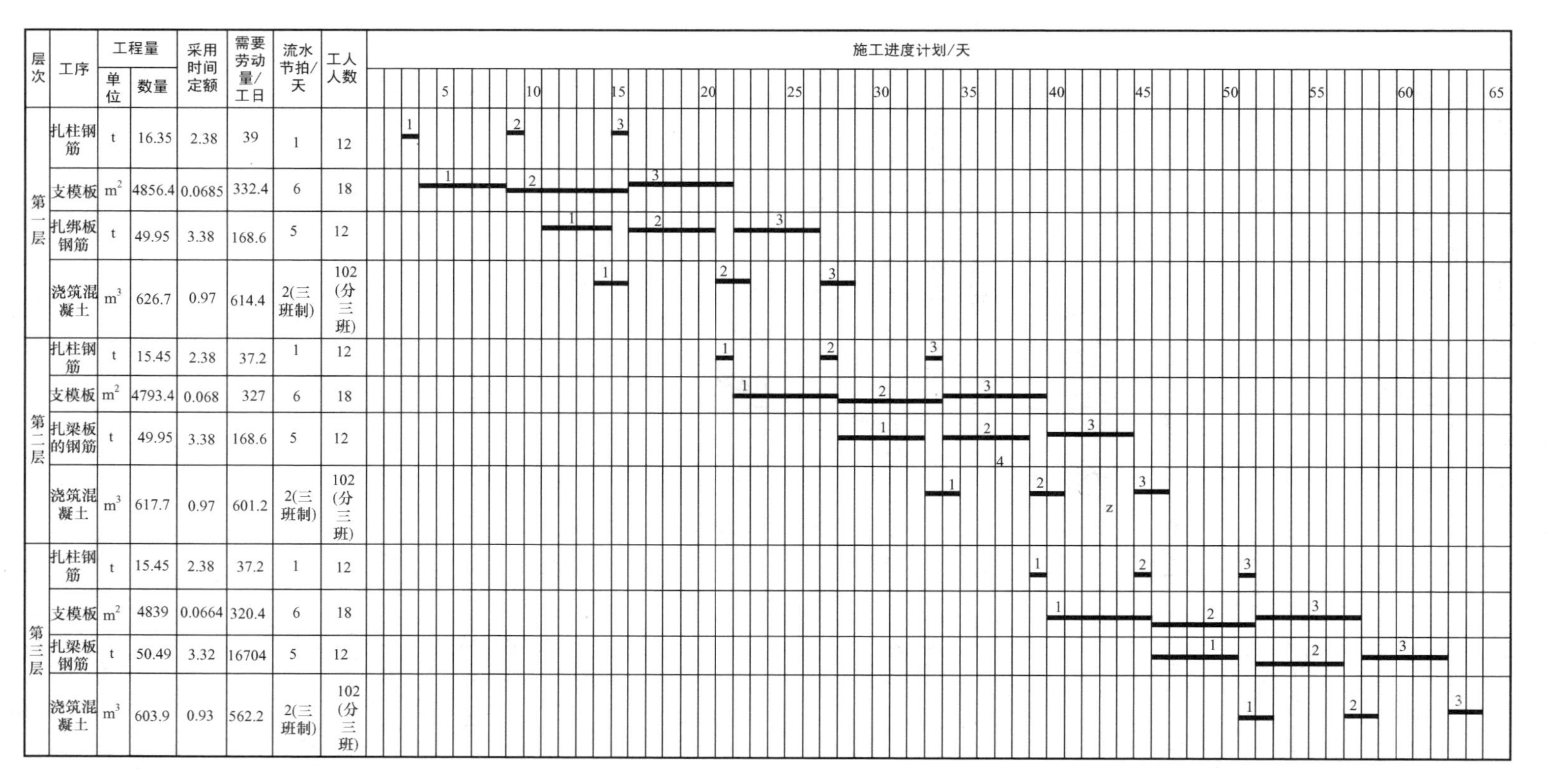

| 层次 | 工序 | 工程量 | | 采用时间定额 | 需要劳动量/工日 | 流水节拍/天 | 工人人数 | 施工进度计划/天 |
|---|---|---|---|---|---|---|---|---|
| | | 单位 | 数量 | | | | | |
| 第一层 | 扎柱钢筋 | t | 16.35 | 2.38 | 39 | 1 | 12 | |
| | 支模板 | $m^2$ | 4856.4 | 0.0685 | 332.4 | 6 | 18 | |
| | 扎绑板钢筋 | t | 49.95 | 3.38 | 168.6 | 5 | 12 | |
| | 浇筑混凝土 | $m^3$ | 626.7 | 0.97 | 614.4 | 2(三班制) | 102(分三班) | |
| 第二层 | 扎柱钢筋 | t | 15.45 | 2.38 | 37.2 | 1 | 12 | |
| | 支模板 | $m^2$ | 4793.4 | 0.068 | 327 | 6 | 18 | |
| | 扎梁板的钢筋 | t | 49.95 | 3.38 | 168.6 | 5 | 12 | |
| | 浇筑混凝土 | $m^3$ | 617.7 | 0.97 | 601.2 | 2(三班制) | 102(分三班) | |
| 第三层 | 扎柱钢筋 | t | 15.45 | 2.38 | 37.2 | 1 | 12 | |
| | 支模板 | $m^2$ | 4839 | 0.0664 | 320.4 | 6 | 18 | |
| | 扎梁板钢筋 | t | 50.49 | 3.32 | 16704 | 5 | 12 | |
| | 浇筑混凝土 | $m^3$ | 603.9 | 0.93 | 562.2 | 2(三班制) | 102(分三班) | |

图2.19　调整后的方案二流水进度计划表

调整：调整的方法很多，本方案最易行的调整方法是使支模板与绑扎柱钢筋搭接半天（或1天），则可使浇筑混凝土提前相应的时间，满足层间技术间歇时间要求。

图2.19所示为另一种调整方案。该方案的特点：绑扎柱钢筋与绑扎梁板钢筋由同个工作队完成（如图2.19中箭头方向表示），使绑扎柱钢筋与绑扎梁板钢筋在不同的施工段上交替连续施工。调整后的方案层间技术间歇时间为4天，满足要求。

将调整后的方案二（图2.19）和调整后的方案一（图2.17）进行比较，前者的主要优点：结构的整体性较好；工人工作面较宽敞，易于组织；钢筋工基本上能连续施工。前者不如后者之处：工期较长（但接近要求工期）；混凝土工人数量较多，又采用三班制，增加夜班施工费。

根据以上分析，本工程采用调整后的方案二。

## 本章小结

本章主要介绍了组织施工的方式、概念与特点，流水施工参数及计算方法；重点介绍了组织流水施工的等节奏流水、成倍数节拍流水和无节奏流水施工的概念、组织方法及工期确定公式；介绍了流水施工的评价方法；并结合案例介绍了流水施工的基本步骤与方法。

## 习　题

一、单项选择题

1. 组织流水施工时，用来表达流水施工的工艺参数通常包括（　　）。

A. 工作面、施工段数、施工层

B. 施工过程、流水强度

C. 流水节拍、流水步距和流水工期（组织、技术间歇时间与提前插入时间）

D. 施工过程数、专业工作队

2. 某分项工程实物工程量为1500$m^3$，有三个施工段，该分项工程人工产量定额为5$m^3$/工日，计划安排两班制施工，每班10人，完成该分项工程，则其持续时间为（　　）天。

A. 5　　B. 10　　C. 15　　D. 30

3. 无节奏流水施工流水步距的求解方法为（　　）。

A. 累加数列求和错位相减取小值法

B. 累加数列求和错位相加取小值法

C. 累加数列求和错位相减取大值法

D. 累加数列求和对应相减取大值法

4. 某流水施工的有关资料如下表2-10所示，则该流水属于（　　）。

A. 等节奏流水　　B. 无节奏流水　　C. 有节奏流水　　D. 异节奏流水

表 2-10 某流水施工流水节拍

| 施工过程 | 施工段及流水节拍 | | |
|---|---|---|---|
| | Ⅰ | Ⅱ | Ⅲ |
| A | 2 | 2 | 2 |
| B | 3 | 3 | 2 |
| C | 2 | 2 | 2 |

二、多项选择题

1. 流水施工组织方式的主要特点有（　　）。

A. 工期长

B. 资源供应比较均衡

C. 尽可能利用工作面

D. 主要工种专业工作队能连续施工、专业化施工

E. 施工现场管理科学合理

2. 下列关于流水施工的表述正确的有（　　）。

A. 流水节拍表明流水施工的速度和节奏性，流水节拍大，其流水速度快，节奏感强

B. 流水节拍决定着单位时间的资源供应量

C. 流水节拍是区别流水施工组织方式的特征参数

D. 确定流水步距时，一般应要求各施工过程的专业工作队投入施工后尽可能保持连续作业

E. 等步距异节奏流水施工就是加快成倍数节拍流水施工，异步距异节奏流水施工就是一般成倍数节拍流水施工

3. 施工段划分的原则有（　　）。

A. 同一专业工作队在各个施工段上的劳动量应大致相等

B. 每个施工段内要有足够的工作面，以保证相应数量的工人、主导施工机械的生产效率，满足合理劳动组织的要求

C. 施工段的界限应尽可能与结构界限相吻合

D. 施工段的数目要满足合理组织流水施工的要求

E. 每个施工段要有足够的工作面，以满足同一施工段内组织多个专业工作队同时施工的要求

4. 某分部工程采用加快型成倍数节拍施工组织方式，按 A→B→C→D 顺序施工，划分成三个施工段，其流水节拍分别为 4、2、6、2 天，工作 B 和工作 C 之间的技术间歇时间为 2 天，则（　　）。

A. 流水工期为 18 天

B. 流水工期为 20 天

C. 各专业工作队之间流水步距为 2 天

D. 专业工作队数为 7 个

E. 专业工作队数为 4 个

三、简答题

1. 组织施工的方式有哪几种？各有什么特点？

2. 什么是流水施工？流水施工的组织形式有哪几种？

3. 列举流水施工的参数并解释其含义。

4. 流水施工的工期如何确定？各流水参数对工期有何影响？

5. 组织成倍数节拍流水施工的条件是什么？其流水步距如何确定？

6. 无节奏流水施工的流水步距如何确定？

7. 简述流水施工方案的评价方法。

8. 简述组织流水施工的步骤。

四、计算题

1. 试组织某分部工程的流水施工，划分施工段，绘制进度计划表并确定工期。

已知各施工过程的流水节拍有以下三种情况。

(1) $t_1=t_2=t_3=3$（天）；

(2) $t_1=2$（天），$t_2=4$（天），$t_3=2$（天）；

(3) $t_1=2$（天），$t_2=3$（天），$t_3=5$（天）。

2. 有两栋同类型的建筑基础施工，每栋有三个主导施工过程，即挖土 $t_1=3$（天），砖基础 $t_2=6$（天），回填土 $t_3=3$（天）。

(1) 试组织两栋建筑基础施工阶段的流水施工，确定每栋基础最少划分的施工段数并说明原因。

(2) 试计算流水工期，绘出流水施工进度计划表。

3. 某工程项目由开挖基槽、混凝土垫层、砌砖基础和回填土四个施工过程组成，该工程在平面上划分四个施工段。各施工过程的流水节拍如表 2-11 所示。垫层施工完成后应养护 2 天。试编制该工程的流水施工方案并绘制进度图表。

表 2-11 各施工过程的流水节拍

| 施工过程 | 施工段及流水节拍 | | | |
|---|---|---|---|---|
| | Ⅰ | Ⅱ | Ⅲ | Ⅳ |
| 开挖基槽 | 3 | 4 | 3 | 4 |
| 混凝土垫层 | 2 | 1 | 2 | 1 |
| 砌砖基础 | 3 | 2 | 2 | 3 |
| 回填土 | 2 | 2 | 1 | 2 |

4. 试绘制某二层现浇混凝土楼盖的流水施工进度计划表。

已知：框架平面尺寸为 18m×144m，沿长度方向每隔 48m 设一道伸缩缝。各施工过程的流水节拍为支模板 4 天，扎钢筋 2 天，浇筑混凝土 2 天，层间技术间歇时间 2 天。

# 第3章 网络计划技术

## 教学目标

本章主要讲述网络计划技术的基本理论和方法。通过本章学习，学生应达到以下目标。

(1) 熟悉双代号网络图的构成，工作之间常见的逻辑关系。

(2) 掌握双代号网络图的绘制。

(3) 掌握双代号网络计划中工作计算法、标号法和时标网络计划，熟悉双代号网络计划的节点计算法。

(4) 熟悉单代号网络计划时间参数的计算。

(5) 了解单代号搭接网络计划的基本知识。

(6) 熟悉工期优化和费用优化，了解资源优化。

(7) 熟悉网络计划与流水施工安排进度计划本质的不同。

## 教学要求

| 知识要点 | 能力要求 | 相关知识 |
| --- | --- | --- |
| 网络计划的基本概念 | (1) 理解网络计划的概念<br>(2) 熟悉双代号网络图的组成 | (1) 网络计划的基本原理<br>(2) 双代号网络图<br>(3) 逻辑关系与虚工作 |
| 网络图的绘制 | 熟悉双代号网络图绘制规则 | 双代号网络图绘制规则 |
| 网络计划的编制 | (1) 掌握双代号网络计划中工作计算法<br>(2) 掌握双代号网络计划中标号法<br>(3) 掌握时标网络计划<br>(4) 熟悉双代号网络计划的节点计算法 | (1) 网络计划时间参数<br>(2) 关键工作<br>(3) 关键线路<br>(4) 关键节点 |
| 单代号网络计划 | 熟悉单代号网络计划时间参数的计算 | (1) 关键线路<br>(2) 时间间隔 |
| 单代号搭接网络计划的基本知识 | 熟悉单代号搭接网络计划的基本知识 | (1) 搭接关系<br>(2) 时距<br>(3) 关键线路 |

续表

| 知识要点 | 能力要求 | 相关知识 |
|---|---|---|
| 网络计划的优化 | (1) 熟悉工期优化和费用优化<br>(2) 了解资源优化 | (1) 工期优化<br>(2) 费用优化<br>(3) 资源优化 |
| 流水施工与网络计划安排进度计划的比较 | 熟悉流水施工与网络计划安排进度计划的不同 | (1) 流水施工的核心<br>(2) 网络计划的核心 |

**基本概念**

网络图、网络计划、双代号网络图、逻辑关系、虚工作；关键工作、关键线路、关键节点；时标；单代号网络计划、时间间隔；单代号搭接网络计划、搭接关系、时距；工期优化、费用优化、资源优化

**引例**

某工程的各分项工程逻辑关系及作业时间见表3-1，试编制该工程项目施工的双代号网络计划，计算各项工作的六个时间参数，并绘制时标网络计划。

表3-1 某工程的各分项工程逻辑关系及作业时间

| 工作 | A | B | C | D | E | F | G | H | I | J | K |
|---|---|---|---|---|---|---|---|---|---|---|---|
| 持续时间 | 22 | 10 | 13 | 8 | 15 | 17 | 15 | 6 | 11 | 12 | 20 |
| 紧前工作 | — | — | B、E | A、C、H | — | B、E | E | F、G | F、G | A、C、I、H | F、G |

【网络计划概述】

# 3.1 网络计划概述

网络计划技术是20世纪50年代后期发展起来的一种科学管理方法。编制网络计划首先应熟悉网络计划的基本原理、网络计划的分类、网络图的基本知识与网络计划的基本概念等内容。

## 3.1.1 网络计划的基本原理

工程组织施工中，常用的进度计划表达形式有两种：流水横道图计划与网络计划。流水横道图计划的优点是编制容易、简单、明了、直观、易懂。因为有时间坐标，各项工作的施工起讫时间、作业持续时间、工作进度、总工期及流水作业的情况等都表示得清楚明确，一目了然，对人力和资源的计算也便于据图叠加。其主要缺点是不能明确地反映出各项工作之间错综复杂的逻辑关系，不便于各工作提前或拖延的影响分析及动态控制，不能明确反映出影响工期的关键工作和关键线路，不便于进度控制人员抓住主要矛盾，不能反映出非关键工作所具有的机动时间，看不到计划的潜力所在，特别是不便于计算机的利用。这些缺点对改进和加强施工管理工作是不利的。

网络计划能够明确地反映出各项工作之间错综复杂的逻辑关系，通过网络计划时间参数的计算，可以找出关键工作和关键线路；通过网络计划时间参数的计算，可以明确各项工作的机动时间；网络计划可以利用计算机进行计算。

网络计划的基本原理：第一，应用网络图的形式来表达一项工程中各项工作之间错综复杂的相互关系及其先后顺序；第二，通过计算找出计划中的关键工作及关键线路；第三，通过不断地改进网络计划，寻求最优方案并付诸实施；第四，在计划执行过程中进行有效的监测和控制，以合理使用资源，优质、高效、低耗地完成预定的工作。

建设工程施工项目网络计划安排的流程：调查、研究确定施工顺序及施工工作组成；理顺施工工作的先后关系并用网络图表示；计算或计划施工工作所需持续时间；制订网络计划；不断优化、控制、调整。因此网络计划技术是一种科学的动态控制方法。

## 3.1.2 网络计划的分类

### 1. 按性质分类

根据工作、工作之间的逻辑关系以及工作持续时间是否确定的性质，网络计划可分为肯定型网络计划和非肯定型网络计划。

(1) 肯定型网络计划 (Deterministic Network)

工作、工作之间的逻辑关系以及工作持续时间都肯定的网络计划称肯定型网络计划。肯定型网络计划包括关键线路法和搭接网络计划法。

① 关键线路法 (Critical Path Method，CPM)：网络计划中所有工作都必须按既定的逻辑关系全部完成，且对每项工作只给定一个肯定的持续时间的网络计划技术称关键线路法，如图 3.1 所示。

② 搭接网络计划法 (Multi-dependency Network Method)：网络计划中，前后工作之间可能有多种顺序关系的肯定型网络计划称搭接网络计划法，如图 3.2 所示。

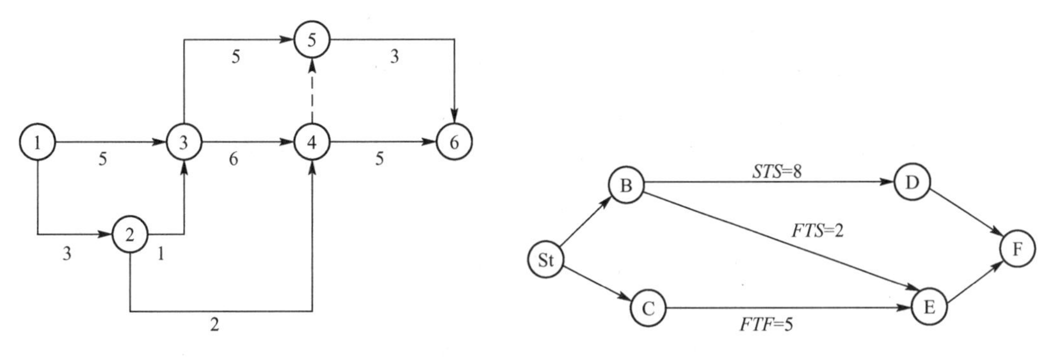


图 3.1 某关键线路法

图 3.2 某搭接网络计划图

(2) 非肯定型网络计划 (Undeterministic Network)

工作、工作之间的逻辑关系和工作持续时间三者中任一项或多项不肯定的网络计划称为非肯定型网络计划。非肯定型网络计划包括计划评审技术、图示评审技术、决策网络计划法和风险评审技术。

① 计划评审技术(Program Evaluation and Review Technique，PERT)：计划中所有工作都必须按既定的逻辑关系全部完成，但工作的持续时间不肯定，应进行时间参数估算，并对按期完成任务的可能性做出评价的网络计划技术称计划评审技术。

② 图示评审技术(Graphical Evaluation and Review Technique，GERT)：计划中工作和工作之间的逻辑关系都具有不肯定性质，且工作持续时间也不肯定，而按随机变量进行分析的网络计划技术称为图示评审技术。

③ 决策网络(Decision Network，DN)计划法：计划中某些工作是否进行，要依据紧前工作执行结果做决策，并估计相应的任务完成时间及其实现概率的网络计划技术为决策网络计划法。

④ 风险评审技术(Venture Evaluation and Review Technique，VERT)：对工作、工作之间的逻辑关系和工作持续时间都不肯定的计划，可同时就费用、时间、效能三方面进行综合分析并对可能发生的风险进行概率估计的网络计划技术为风险评审技术。

#### 2. 按目标分类

按计划目标的数量，网络计划可分为单目标网络计划和多目标网络计划。

(1) 单目标网络计划(Single-destination Network)

只有一个终点节点的网络计划称为单目标网络计划。

(2) 多目标网络计划(Multi-destination Network)

终点节点不止一个的网络计划称为多目标网络计划。

#### 3. 按层次分类

根据网络计划的工程对象不同和使用范围大小，网络计划可分为分级网络计划、总网络计划和局部网络计划。

(1) 分级网络计划(Hierarchical Network)

根据不同管理层次的需要而编制的范围大小不同、详略程度不同的网络计划称为分级网络计划。

(2) 总网络计划(Major Network)

以整个计划任务为对象编制的网络计划称为总网络计划。

(3) 局部网络计划(Sub Network)

以计划任务的某一部分为对象编制的网络计划称为局部网络计划。

#### 4. 按表达方式分类

根据计划时间的表达不同，网络计划可分为时标网络计划和非时标网络计划。

(1) 时标网络计划(Time-coordinate Network)

以时间坐标为尺度绘制的网络计划称为时标网络计划，如图 3.3 所示。

(2) 非时标网络计划(Nontime-coordinate Network)

不按时间坐标绘制的网络计划称为非时标网络计划，如图 3.1 所示。

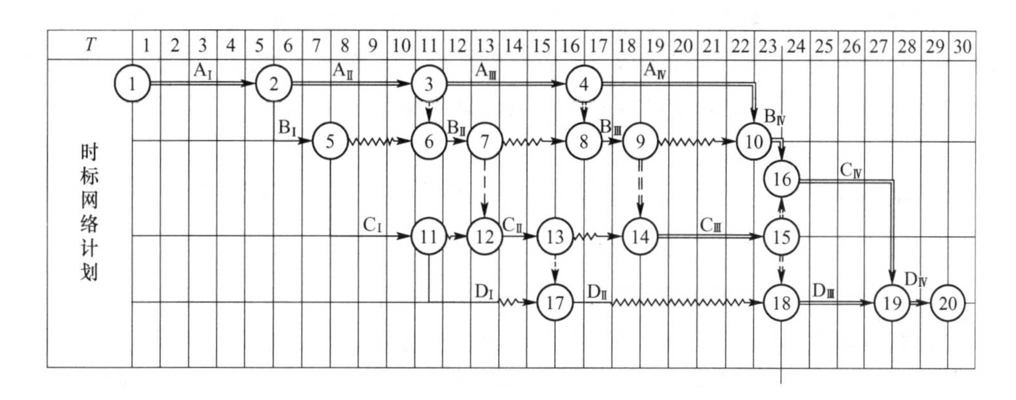


图 3.3　某时标网络计划

## 3.1.3 双代号网络图

网络图是由箭线和节点组成，用来表示工作流程的有向、有序的网状图。网络图按节点和箭线所代表的含义不同，可分为双代号网络图和单代号网络图，其中，双代号网络图在我国建筑行业应用较多。

双代号网络图由若干表示工作的箭线和节点组成，其中每一项工作都用一根箭线和箭线两端的两个节点来表示，箭线两端节点的号码代表该箭线所表示的工作，“双代号”的名称由此而来（如图 3.1 即为双代号网络图）。双代号网络图的三个基本要素为箭线、节点和线路。

1. 箭线

在双代号网络图中，一条箭线与其两端的节点表示一项工作。箭线表达的内容有以下几个方面。

① 一条箭线表示一项工作或一个施工过程。根据网络计划的性质和作用的不同，工作既可以是一个简单的施工过程，如挖土、垫层、支模板、绑扎钢筋、浇筑混凝土等分项工程或者基础工程、主体工程、装修工程等分部工程，也可以是一项复杂的工程任务，如教学楼土建工程中的单位工程或者教学楼工程等单项工程。如何确定一项工作的范围取决于所绘制的网络计划的控制性或指导性作用。

② 一条箭线表示一项工作所消耗的时间。一般而言，每项工作的完成都要消耗一定的时间和资源，如砌砖墙、绑扎钢筋、浇筑混凝土等；也存在只消耗时间而不消耗资源的工作，如混凝土养护、砂浆找平层干燥等技术间歇，有时可以作为一项工作考虑。双代号网络图的工作名称或代号写在箭线上方，完成该工作的持续时间写在箭线的下方，如图 3.4 所示。

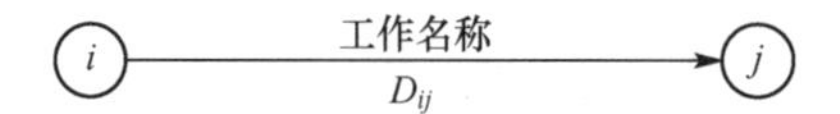


图 3.4　双代号工作表示方法

③ 在无时间坐标的网络图中，箭线的长度不代表时间的长短，原则上讲，画图时箭线的形状怎么画都行，箭线可以画成直线、折线或斜线，但不得中断。箭线尽可能以水平直线为主且必须满足网络图的绘制规则。在有时间坐标的网络图中，其箭线的长度必须根据完成该项工作所需时间长短绘制。

④ 箭线的方向表示工作进行的方向，箭尾表示工作的开始，箭头表示工作的结束。

2. 节点

网络图中箭线端部的圆圈或其他形状的封闭图形就是节点。在双代号网络图中，它表示工作之间的逻辑关系。节点表达的内容有以下几个方面。

① 节点表示前面工作结束和后面工作开始的瞬间，所以节点不需要消耗时间和资源。

② 箭线的箭尾节点表示该工作的开始，箭线的箭头节点表示该工作的结束。

③ 根据节点在网络图中的位置不同，可以将节点分为起点节点、终点节点和中间节点。起点节点是网络图的第一个节点，表示一项任务的开始。终点节点是网络图的最后一个节点，表示一项任务的完成。除起点节点和终点节点以外的节点称为中间节点，中间节点具有双重的含义，既是前面工作的箭头节点，也是后面工作的箭尾节点。如图 3.1 所示，①号节点为起点节点；⑥号节点为终点节点；②号节点表示 1－2 工作的结束，也表示 2－3 工作、2－4 工作的开始。

3. 线路

网络图中从起始节点开始，沿箭线方向连续通过一系列箭线和节点，最后到达终点节点的通路称为线路，图 3.1 所示的网络计划中有①→③→⑤→⑥、①→③→④→⑤→⑥、①→③→④→⑥、①→②→③→⑤→⑥、①→②→③→④→⑤→⑥、①→②→③→④→⑥、①→②→④→⑤→⑥、①→②→④→⑥ 8 条线路。

## 3.1.4 网络图中常见的工作逻辑关系及其表示方法

网络图中常见的工作逻辑关系及其表示方法见表 3－2。

表 3－2 网络图中常见的工作逻辑关系及其表示方法

| 序号 | 工作之间的逻辑关系 | 网络图中的表示方法 |
|---|---|---|
| 1 | A 完成后进行 B 和 C | 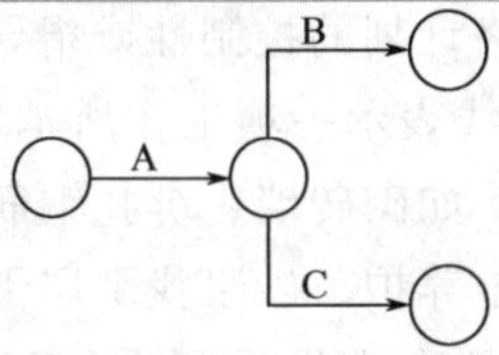 |
| 2 | A、B 均完成后进行 C | 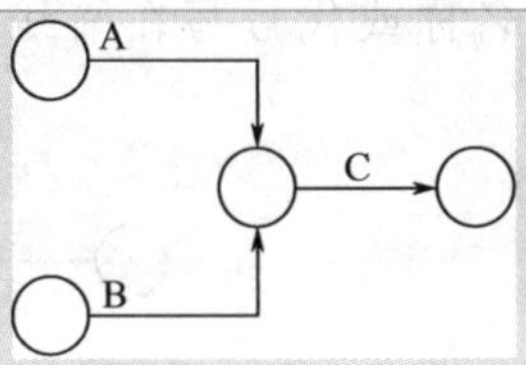 |

续表

| 序号 | 工作之间的逻辑关系 | 网络图中的表示方法 |
| --- | --- | --- |
| 3 | A、B 均完成后同时进行 C 和 D | 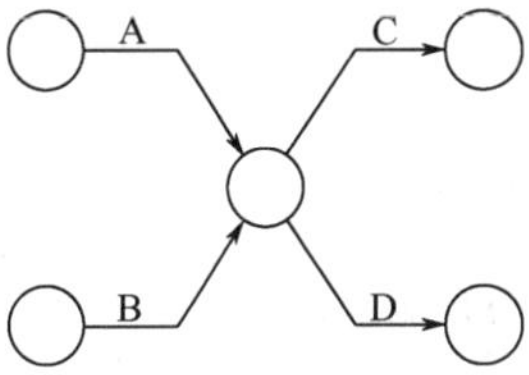 A B C D |
| 4 | A 完成后进行 C<br>A、B 均完成后进行 D | 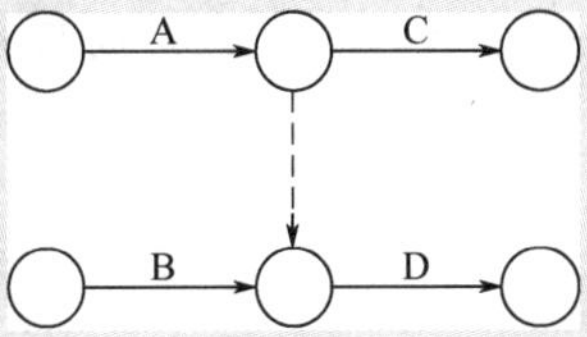 A C B D |
| 5 | A、B 均完成后进行 D，A、B、C 均完成后进行 E，D、E 均完成后进行 F | 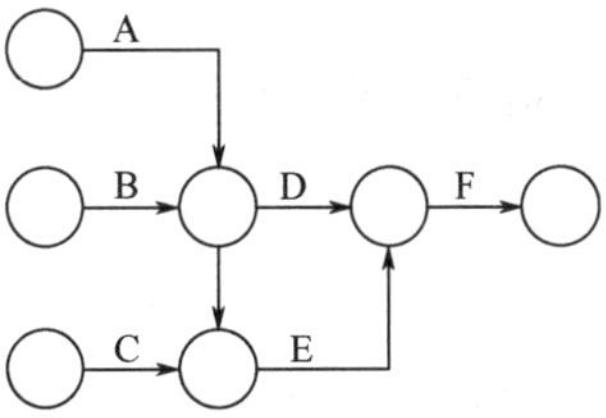 A B D F C E |
| 6 | A、B 均完成后进行 C，B、D 均完成后进行 E | 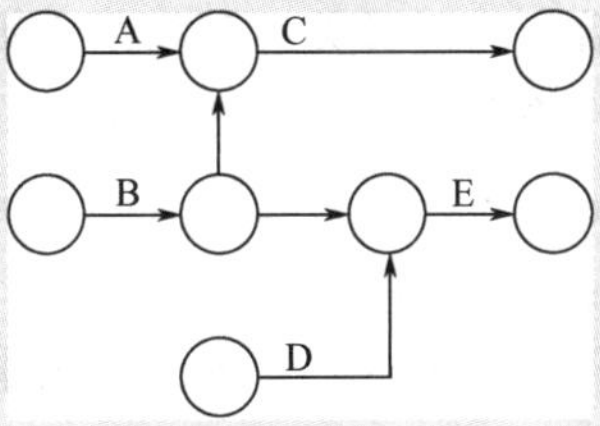 A C B E D |
| 7 | A、B、C 均完成后进行 D，B、C 均完成后进行 E | 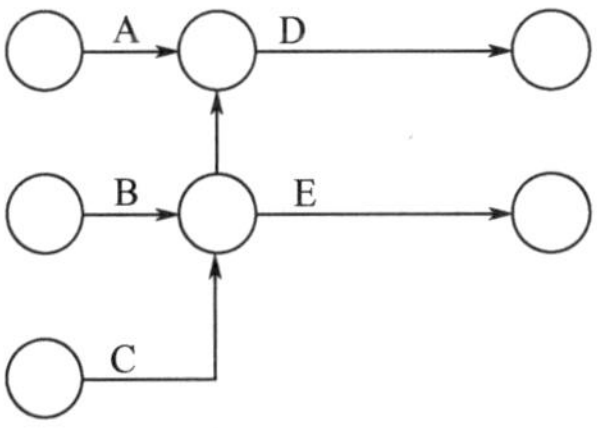 A D B E C |
| 8 | A 完成后进行 C，A、B 均完成后进行 D，B 完成后进行 E | 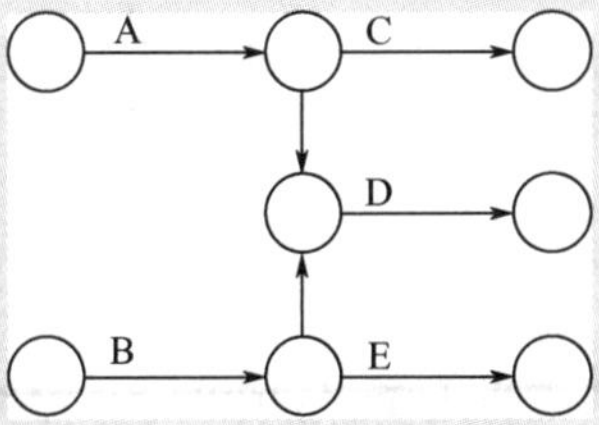 A C D B E |

续表

| 序号 | 工作之间的逻辑关系 | 网络图中的表示方法 |
| --- | --- | --- |
| 9 | A、B 两项工作分成三个施工段，分段流水施工。<br>$A_1$ 完成后进行 $A_2$、$B_1$，$A_2$ 完成后进行 $A_3$、$B_2$，$A_2$、$B_1$ 完成后进行 $B_2$，$A_3$、$B_2$ 完成后进行 $B_3$ | 有两种表示方法<br>$A_1$ $A_2$ $A_3$ $B_1$ $B_2$ $B_3$<br>$A_1$ $B_1$ $A_2$ $B_2$ $A_3$ $B_3$ |

## 3.1.5 网络计划的基本概念

【关键线路和非关键线路】

1. 逻辑关系（Logical Relations）

逻辑关系是指工作进行时客观上存在的一种相互制约或者相互依赖的关系，即工作之间的先后顺序关系。在表示工程施工计划的网络图中，根据施工工艺和施工组织的要求，逻辑关系包括工艺逻辑关系和组织逻辑关系。逻辑关系应正确反映各项工作之间的相互依赖、相互制约关系，这也是网络图与横道图的最大不同之处。各工作之间的逻辑关系表示是否正确，是网络图能否反映实际情况的关键，也是网络计划实施的重要依据。

（1）工艺逻辑关系（Process Logical Relation）

工艺逻辑关系是生产性工作之间由工艺技术决定的，非生产性工作之间由程序决定的先后顺序关系。如图 3.5（a）所示，槽 1→垫 1→基 1→填 1 和槽 2→垫 2→基 2→填 2 为工艺逻辑关系。

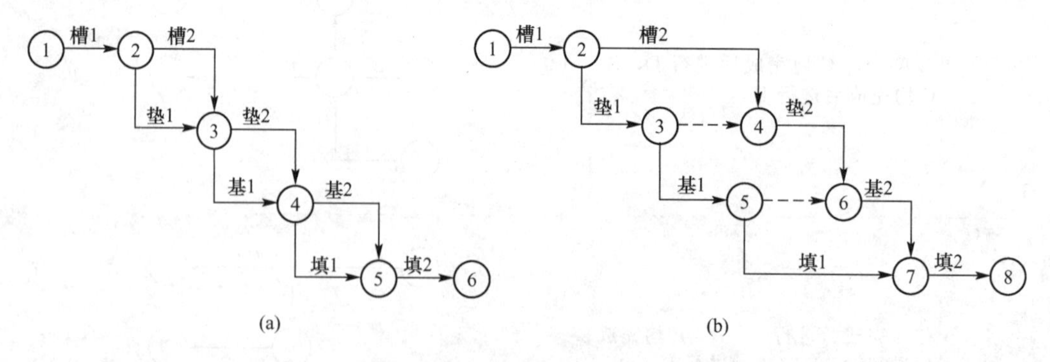


图 3.5　虚工作的作用

（2）组织逻辑关系（Organizational Logical Relation）

组织逻辑关系是工作之间由于组织安排需要或资源调配需要而规定的先后顺序关系。

如图 3.5（b）所示，槽 1→槽 2、垫 1→垫 2、基 1→基 2、填 1→填 2 为组织逻辑关系。

2. 虚工作

虚工作不是一项具体的工作，它既不消耗时间，也不消耗资源，在双代号网络图中仅表示一种逻辑关系。虚工作常用的表示方法如图 3.6 所示。

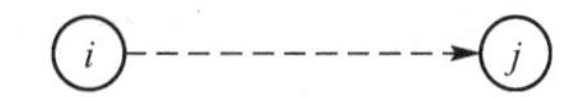


图 3.6 虚工作的表示方法

虚工作在双代号网络图中具有特殊的作用，如基础工程开挖，施工过程依次为开挖基槽、混凝土垫层、砌砖基础、回填土四个施工过程，施工段数为二。如图 3.5 所示，图 3.5（a）是张错误的网络图，该图表明：③号节点表示第二施工段的挖槽（槽 2）与第一施工段的墙基（基 1）有逻辑关系；同样④号节点表明第二施工段的垫层（垫 2）与第一施工段的回填土（填 1）有逻辑关系。事实上，槽 2 与基 1、垫 2 与填 1 均没有逻辑关系。在此，为了正确表达这种逻辑关系引入虚工作，形成如图 3.5（b）示的网络图，图 3.5（b）正确表达了工作之间的逻辑关系。

3. 工作的先后关系与中间节点的双重性

（1）紧前工作（Front Closely Activity）

紧前工作是紧排在本工作（被研究的工作）之前的工作。

（2）紧后工作（Back Closely Activity）

紧后工作是紧排在本工作之后的工作。

（3）平行工作（Concurrent Activity）

与本工作同时进行的工作称为平行工作。

（4）先行工作（Preceding Activity）

自起点节点至本工作之前各条线路上的所有工作称为先行工作。

（5）后续工作（Succeeding Activity）

本工作之后至终点节点各条线路上的所有工作称为后续工作。

（6）起始工作（Start Activity）

没有紧前工作的工作称为起始工作。

（7）结束工作（End Activity）

没有紧后工作的工作称为结束工作。

如图 3.7 所示，$i-j$ 工作为本工作，$h-i$ 工作为 $i-j$ 工作的紧前工作，$j-k$ 工作为 $i-j$ 工作的紧后工作，$i-j$ 工作之前的所有工作为先行工作，$i-j$ 工作之后的所有工作为后续工作。

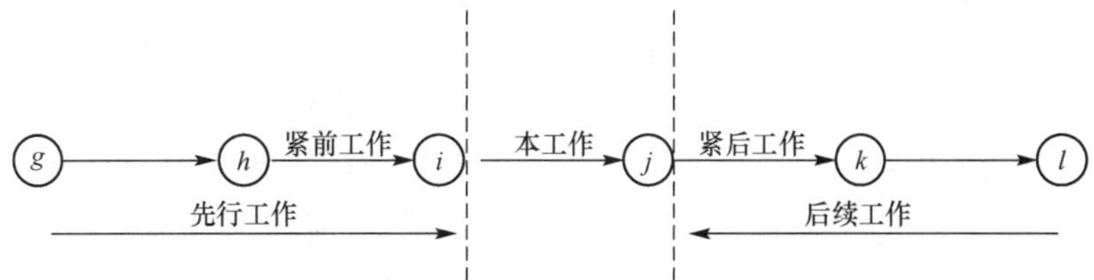


图 3.7 工作的先后关系

4. 关键线路与关键工作

(1) 关键线路和非关键线路

在关键线路法(CPM)(含双代号网络图)中,线路上总持续时间最长的线路为关键线路,如图 3.1 中的线路①→③→④→⑥总持续时间最长,即为关键线路。关键线路是控制的重点线路。关键线路用双线或红线标示,关键线路的总持续时间就是网络计划的工期。在网络计划中,至少有一条关键线路,而且在计划执行过程中,关键线路还会发生转移。

不是关键线路的线路为非关键线路。如图 3.1 所示,线路①→②→③→④→⑤→⑥、①→②→③→④→⑥、①→②→③→⑤→⑥、①→②→④→⑤→⑥和①→②→④→⑥均为非关键线路。

(2) 关键工作和非关键工作

关键线路上的工作称为关键工作,是施工中的重点控制对象,关键工作的实际进度拖后一定会对总工期产生影响。不是关键工作的就是非关键工作。非关键工作有一定的机动时间。

非关键线路上至少有一个工作是非关键工作,有可能有关键工作,也可能没有关键工作。

如图 3.1 中的①→③、③→④、④→⑥等是关键工作,①→②、②→③、③→⑤、②→④、⑤→⑥等是非关键工作。

【双代号网络图】

## 3.2 双代号网络计划

双代号网络图是反映各工作之间先后顺序的网状图,是双代号网络计划的基础。双代号网络图应按规则进行绘制。

网络计划是在网络图上加注各项工作的时间参数而成的进度计划。双代号网络计划的编制和时间参数的计算常采用工作计算法、节点计算法、标号法和时标网络计划。

### 3.2.1 双代号网络图的绘制

【双代号网络图的绘制】

1. 双代号网络图的绘制规则

① 网络图应正确反映各工作之间的逻辑关系。

② 网络图严禁出现循环回路,如图 3.8 所示,②→③→⑤→④→②为循环回路。如果出现循环回路,会造成逻辑关系混乱,工作会进入死循环,使工作无法按顺序进行。

③ 网络图严禁出现双向箭头或无向箭头的连线,如图 3.9 所示。这样无法确定工作流程。

④ 网络图严禁出现没有箭头或箭尾节点的箭线,如图 3.9 所示。

⑤ 双代号网络图中,一项工作只能有唯一的一条箭线和相应的一对节点编号,箭尾的节点编号应小于箭头节点编号;不允许出现代号相同的箭线。图 3.10 (a) 是错误的画法,①→②工作既代表 A 工作,又代表 B 工作。为了区分 A 工作和 B 工作,采用虚工作,分别表示 A 工作和 B 工作,图 3.10 (b) 是正确的画法。

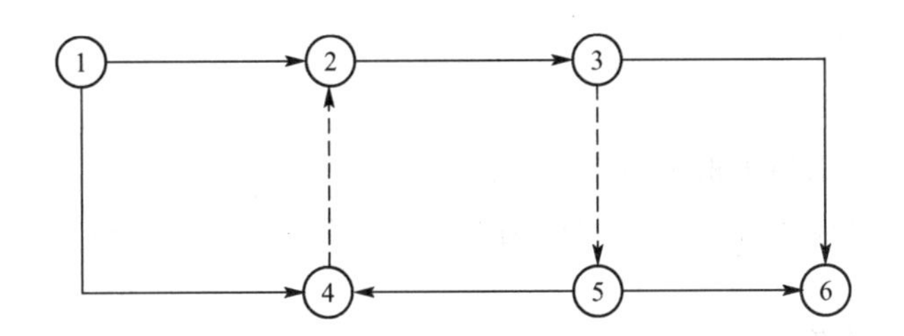


图 3.8　有循环回路的错误网络

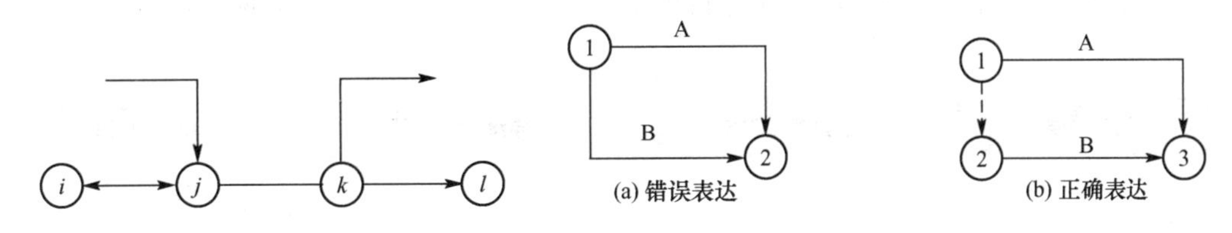


图 3.9　网络图的错误画法

图 3.10　虚工作的断开作用

⑥ 在绘制网络图时，应尽可能地避免箭线交叉，如不可能避免时，应采用过桥法或指向法，如图 3.11 所示。

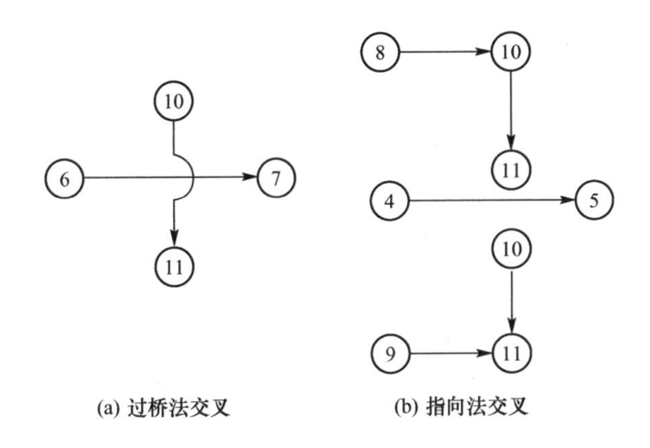


图 3.11　过桥法交叉与指向法交叉

⑦ 双代号网络图中的某些节点有多条外向箭线或多条内向箭线时，为使图面清楚，可采用母线法，如图 3.12 所示。

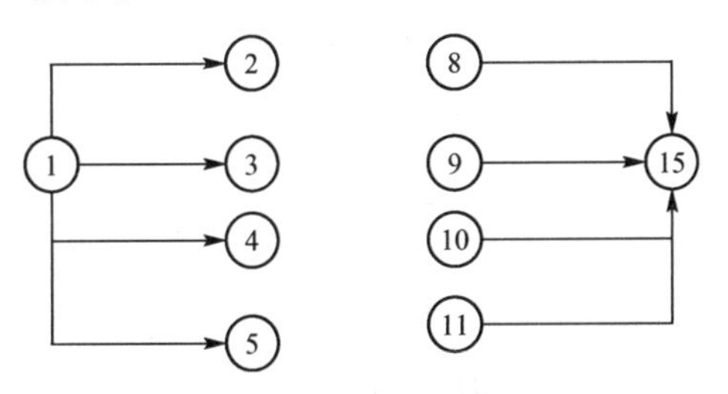


图 3.12　母线法

⑧ 网络图中，只允许有一个起始节点和一个终点节点。

⑨ 一条箭线上箭尾节点编号小于箭头节点编号。

2. 双代号网络图的绘制方法

(1) 绘制步骤

① 编制各工作之间的逻辑关系表。

② 按逻辑关系表连接各工作之间的箭线，绘制网络图的草图，注意逻辑关系的正确和虚工作的正确使用。

③ 整理成正式网络图。

(2) 双代号网络图绘制实例

**【例 3.1】** 已知某工程各项工作逻辑关系见表 3-3，试绘制双代号网络图。

表 3-3　某工程各项工作逻辑关系

| 工作代号 | 紧前工作 | 持续时间/周 | 紧后工作 |
|---|---|---|---|
| A | — | 3 | B、C、D |
| B | A | 2 | E |
| C | A | 6 | F |
| D | A | 5 | G |
| E | B | 3 | H |
| F | C | 2 | H |
| G | D | 7 | J |
| H | E、F | 4 | I |
| I | H | 5 | K |
| J | G | 4 | K |
| K | I、J | 7 | — |

**【解】** ① 根据逻辑关系绘制网络图草图，如图 3.13 所示。

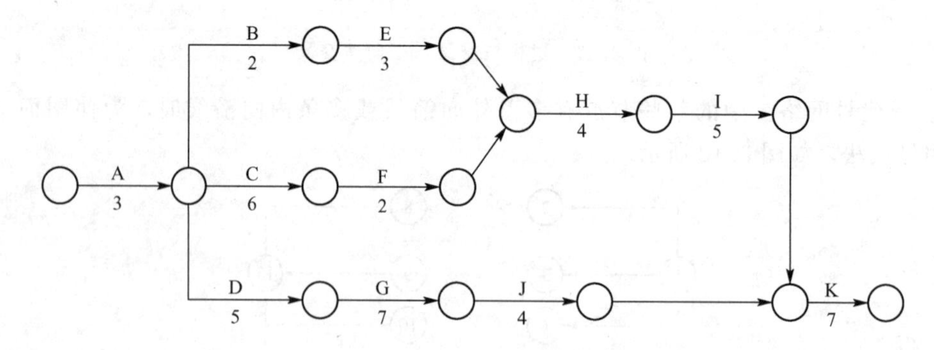


图 3.13　网络图草图

② 整理成正式网络图：去掉多余的节点，横平竖直，节点编号从小到大，如图 3.14 所示。

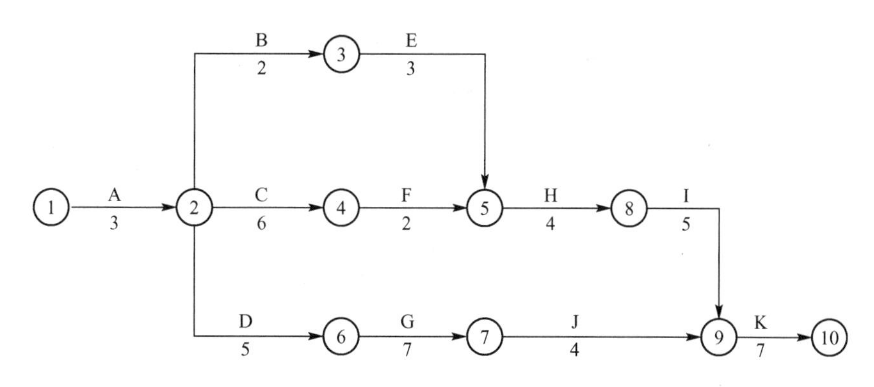


图 3.14 正式网络图

## 3.2.2 双代号网络计划时间参数

网络计划是在网络图上加注各项工作的时间参数而成的进度计划，是一种进度安排的定量分析。

### 1. 网络计划时间参数计算的目的

(1) 通过计算时间参数，可以确定工期。

(2) 通过计算时间参数，可以确定关键线路、关键工作、非关键线路和非关键工作。

(3) 通过计算时间参数，可以确定非关键工作的机动时间（时差）。

### 2. 网络计划的时间参数

(1) 工作最早时间参数

最早时间参数表明本工作与紧前工作的关系，如果本工作要提前，不能提前到紧前工作未完成之前，这样就整个网络图而言，最早时间参数受到开始节点的制约，计算时，从开始节点出发，顺着箭线用加法。

① 最早开始时间：在紧前工作约束下，工作有可能开始的最早时刻。

② 最早完成时间：在紧前工作约束下，工作有可能完成的最早时刻。

(2) 工作最迟时间参数

最迟时间参数表明本工作与紧后工作的关系，如果本工作要推迟，不能推迟到紧后工作最迟必须开始之后，这样就整个网络图而言，最迟时间参数受到紧后工作和结束节点的制约，计算时从结束节点出发，逆着箭线用减法。

① 最迟开始时间：在不影响任务按期完成或要求的条件下，工作最迟必须开始的时刻。

② 最迟完成时间：在不影响任务按期完成或要求的条件下，工作最迟必须完成的时刻，如图 3.15 所示 $i-j$ 工作的工作范围，并反映最早时间参数和最迟时间参数。

(3) 时差

① 总时差：不影响紧后工作最迟开始时间所具有的机动时间，或不影响工期前提下的机动时间。

② 自由时差：在不影响紧后工作最早开始时间的前提下工作所具有的机动时间。

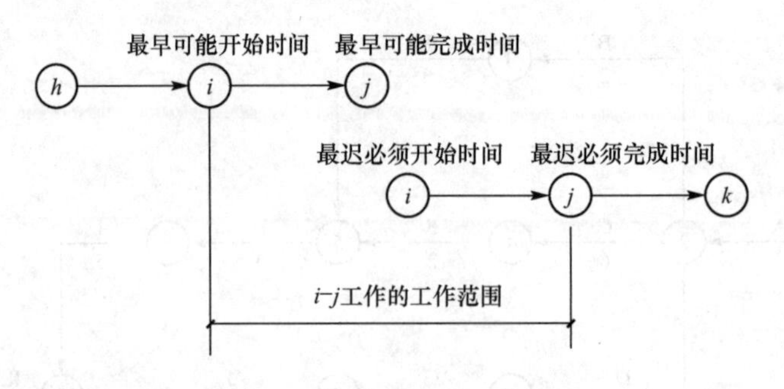


图 3.15　$i-j$ 工作的工作范围

(4) 工期

工期是指完成一项任务所需要的时间。在网络计划中，工期一般有以下三种。

① 计算工期：根据网络计划计算而得的工期，用 $T_c$ 表示。

② 要求工期：根据上级主管部门或建设单位的要求而定的工期，用 $T_r$ 表示。

③ 计划工期：根据要求工期和计算工期所确定的作为实施目标的工期，用 $T_p$ 表示。

a. 当规定了要求工期时，计划工期不应超过要求工期，即

$$T_p \leqslant T_r \tag{3-1}$$

b. 当未规定要求工期时，可使计划工期等于计算工期，即

$$T_p = T_c \tag{3-2}$$

3. 工作时间参数的表示

① 最早可能开始时间：$ES_{i-j}$。

② 最早可能完成时间：$EF_{i-j}$。

③ 最迟必须开始时间：$LS_{i-j}$。

④ 最迟必须完成时间：$LF_{i-j}$。

⑤ 总时差：$TF_{i-j}$。

⑥ 自由时差：$FF_{i-j}$。

⑦ 工作持续的时间：$D_{i-j}$。

如图 3.16 所示，反映 $i-j$ 工作的时间参数。

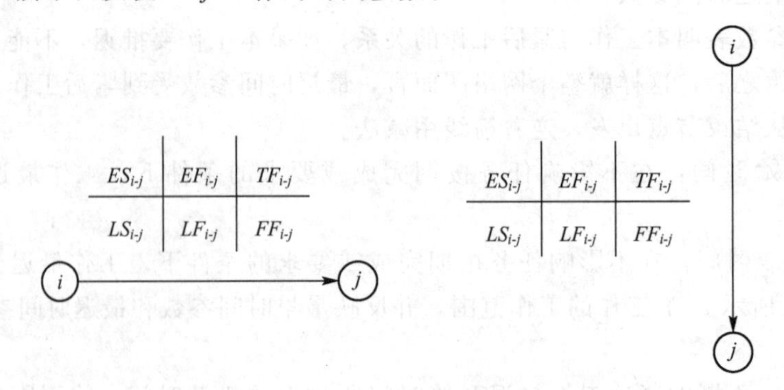


图 3.16　工作时间参数的表示

## 3.2.3 工作计算法

工作计算法就是以网络计划中的工作为对象，直接计算各项工作的时间参数。

下面以图 3.17 所示的网络计划为例说明双代号网络计划各项工作时间基数的具体计算步骤。

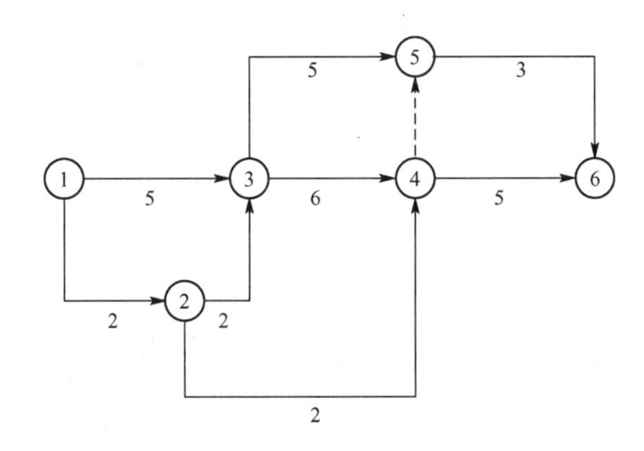


图 3.17 双代号网络计划

### 1. 计算各工作的最早开始时间和最早完成时间 $ES_{i-j}$ 和 $EF_{i-j}$

最早时间参数表明本工作（本工作为计算研究的对象）与紧前工作的关系，如果本工作需要提前，则不能提前到紧前工作未完成之前，这样就整个网络图而言，最早时间参数受到开始节点的制约。因而计算顺序为由起始节点开始顺着箭线方向算至终点节点，用加法。

(1) 计算各工作的最早时间 $ES_{i-j}$ 有 3 种情况

① 从起点节点出发（无紧前工作）的工作：其最早开始时间为零，即

$$ES_{i-j}=0 \tag{3-3}$$

② 当工作只有一项紧前工作时，该工作最早开始时间应为其紧前工作的最早完成时间，即

$$ES_{i-j} = EF_{h-i} \tag{3-4}$$

式中：工作 $h-i$ 为工作 $i-j$ 的紧前工作。

③ 当工作有若干项紧前工作时，该工作的最早开始时间应为其所有紧前工作的最早完成时间的最大值，即

$$ES_{i-j} = \max[EF_{a-i}, EF_{b-i}, EF_{c-i}] \tag{3-5}$$

式中：工作 $a-i$、$b-i$、$c-i$ 均为工作 $i-j$ 的紧前工作。

(2) 计算各工作最早完成时间

工作最早完成时间为工作 $i-j$ 的最早开始时间加其作业时间，即

$$EF_{i-j}=ES_{i-j}+D_{i-j} \tag{3-6}$$

在图 3.17 所示的网络图中，各工作最早开始时间和最早完成时间计算如下。

$ES_{1\text{-}2}=ES_{1\text{-}3}=0$，$EF_{1\text{-}2}=ES_{1\text{-}2}+D_{1\text{-}2}=0+2=2$，

$EF_{1\text{-}3}=ES_{1\text{-}3}+D_{1\text{-}3}=0+5=5$，$ES_{2\text{-}3}=EF_{1\text{-}2}=2$，$ES_{2\text{-}4}=EF_{1\text{-}2}=2$，

$EF_{2\text{-}3}=ES_{2\text{-}3}+D_{2\text{-}3}=2+2=4$，$EF_{2\text{-}4}=ES_{2\text{-}4}+D_{2\text{-}4}=2+2=4$，

$ES_{3\text{-}4}=ES_{3\text{-}5}=\max[EF_{1\text{-}3},EF_{2\text{-}3}]=\max[5,4]=5$；

$EF_{3\text{-}4}=ES_{3\text{-}4}+D_{3\text{-}4}=5+6=11$，$EF_{3\text{-}5}=ES_{3\text{-}5}+D_{3\text{-}5}=5+5=10$，

$ES_{4\text{-}5}=ES_{4\text{-}6}=\max[EF_{3\text{-}4},EF_{2\text{-}4}]=\max[11,4]=11$；

$EF_{4\text{-}5}=ES_{4\text{-}5}+D_{4\text{-}5}=11+0=11$，$EF_{4\text{-}6}=ES_{4\text{-}6}+D_{4\text{-}6}=11+5=16$，

$ES_{5\text{-}6}=\max[EF_{3\text{-}5},EF_{4\text{-}5}]=\max[10,11]=11$，$EF_{5\text{-}6}=ES_{5\text{-}6}+D_{5\text{-}6}=11+3=14$

各工作最早开始时间和最早完成时间的计算结果如图 3.18 所示。

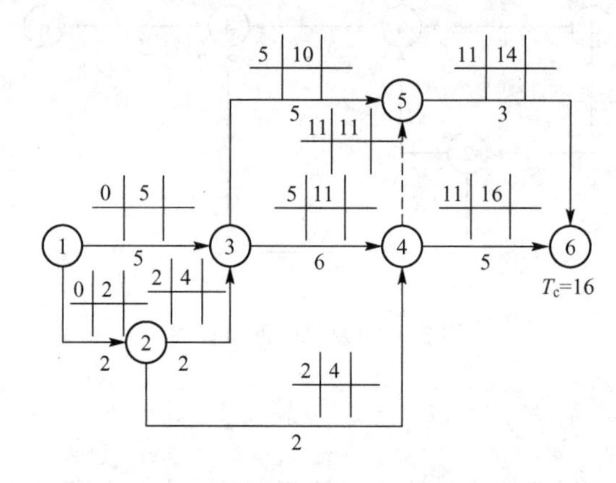


图 3.18　某网络计划最早时间的计算结果

2. 确定网络计划的计划工期

网络计划的计划工期应按式（3-1）或式（3-2）确定。在本例中，假设未规定要求工期时，网络计划的计划工期应等于计算工期，即以网络计划的终点节点为完成节点的各个工作的最早完成时间的最大值。如图 3.18 所示，网络计划的计划工期为

$$T_p=T_c=\max[EF_{5-6},EF_{4-6}]=\max[14,16]=16$$

3. 计算最迟时间参数 $LF_{i\text{-}j}$ 和 $LS_{i\text{-}j}$

最迟时间参数表明本工作与紧后工作的关系，如果本工作要推迟，则不能推迟到紧后工作最迟必须开始之后，这样就整个网络图而言，最迟时间参数受到紧后工作和结束节点的制约。因而计算顺序为由终点节点开始逆着箭线方向算至起始节点，用减法。

(1) 计算各工作最迟完成时间 $LF_{i\text{-}j}$ 有 3 种情况

① 对所有进入终点节点的没有紧后工作的工作，最迟完成时间为

$$LF_{i\text{-}j}=T_p \tag{3-7}$$

② 当工作只有一项紧后工作时，该工作最迟完成时间应当为其紧后工作的最迟开始时间，即

$$LF_{i\text{-}j}=LS_{j\text{-}k} \tag{3-8}$$

式中：工作 $j-k$ 为工作 $i-j$ 的紧后工作。

③ 当工作有若干项紧后工作时

$$LF_{i\text{-}j} = \min[LS_{j\text{-}k}, LS_{j\text{-}l}, LS_{j\text{-}m}] \tag{3-9}$$

式中：工作 $j-k$、$j-l$、$j-m$ 均为工作 $i-j$ 的紧后工作。

(2) 计算各工作的最迟开始时间

$$LS_{i\text{-}j} = LF_{i\text{-}j} - D_{i\text{-}j} \tag{3-10}$$

在图 3.17 所示的网络图中，各工作的最迟完成时间和最迟开始时间计算如下。

$LF_{4\text{-}6} = LF_{5\text{-}6} = T_c = 16$，$LS_{4\text{-}6} = LF_{4\text{-}6} - D_{4\text{-}6} = 16 - 5 = 11$，

$LS_{5\text{-}6} = LF_{5\text{-}6} - D_{5\text{-}6} = 16 - 3 = 13$，

$LF_{3\text{-}5} = LF_{4\text{-}5} = LS_{5\text{-}6} = 13$，$LS_{3\text{-}5} = LF_{3\text{-}5} - D_{3\text{-}5} = 13 - 5 = 8$，

$LS_{4\text{-}5} = LF_{4\text{-}5} - D_{4\text{-}5} = 13 - 0 = 13$，

$LF_{3\text{-}4} = \min[LS_{4\text{-}5}, LS_{4\text{-}6}] = \min[13, 11] = 11$；

$LS_{3\text{-}4} = LF_{3\text{-}4} - D_{3\text{-}4} = 11 - 6 = 5$

$LF_{2\text{-}3} = \min[LS_{3\text{-}4}, LS_{3\text{-}5}] = \min[5, 8] = 5$；

$LS_{2\text{-}3} = LF_{2\text{-}3} - D_{2\text{-}3} = 5 - 2 = 3$，

$LF_{2\text{-}4} = \min[LS_{4\text{-}5}, LS_{4\text{-}6}] = \min[13, 11] = 11$；

$LS_{2\text{-}4} = LF_{2\text{-}4} - D_{2\text{-}4} = 11 - 2 = 9$，

$LF_{1\text{-}3} = \min[LS_{3\text{-}4}, LS_{3\text{-}5}] = \min[5, 8] = 5$；

$LS_{1\text{-}3} = LF_{1\text{-}3} - D_{1\text{-}3} = 5 - 5 = 0$，

$LF_{1\text{-}2} = \min[LS_{2\text{-}3}, LS_{2\text{-}4}] = \min[3, 9] = 3$；

$LS_{1\text{-}2} = LF_{1\text{-}2} - D_{1\text{-}2} = 3 - 2 = 1$

各工作的最迟完成时间和最迟开始时间的计算结果如图 3.19 所示。

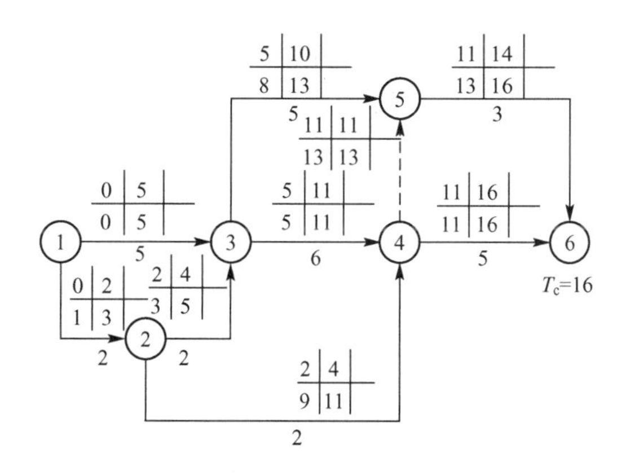


图 3.19 某网络计划最迟时间的计算结果

### 4. 工作总时差的计算

(1) 总时差的计算方法

在图 3.20 中，工作 $i-j$ 的工作范围为 $LF_{i\text{-}j} - ES_{i\text{-}j}$，则总时差的计算公式为

$$\begin{aligned} TF_{i\text{-}j} &= \text{工作范围} - D_{i\text{-}j} = LF_{i\text{-}j} - ES_{i\text{-}j} - D_{i\text{-}j} \\ &= LF_{i\text{-}j} - EF_{i\text{-}j} \text{ 或 } LS_{i\text{-}j} - ES_{i\text{-}j} \end{aligned} \tag{3-11}$$

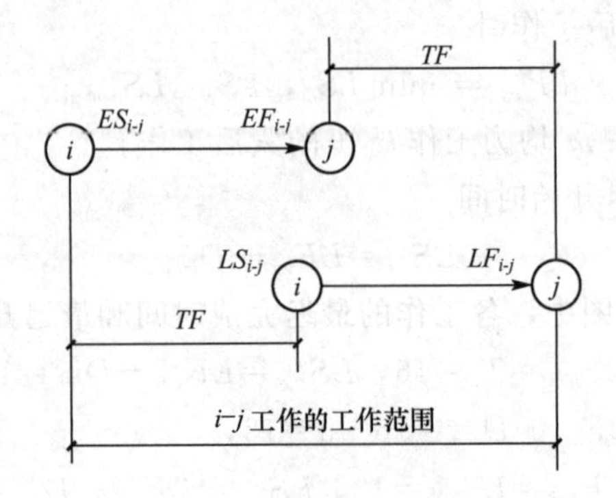


图 3.20　总时差计算简图

在图 3.17 中，部分工作的总时差计算如下，总时差计算结果如图 3.21 所示。

$$TF_{1\text{-}2}=LS_{1\text{-}2}-ES_{1\text{-}2}=LF_{1\text{-}2}-EF_{1\text{-}2}=1,$$
$$TF_{1\text{-}3}=LS_{1\text{-}3}-ES_{1\text{-}3}=LF_{1\text{-}3}-EF_{1\text{-}3}=0,$$
$$TF_{4\text{-}5}=LS_{4\text{-}5}-ES_{4\text{-}5}=LF_{4\text{-}5}-EF_{4\text{-}5}=2$$

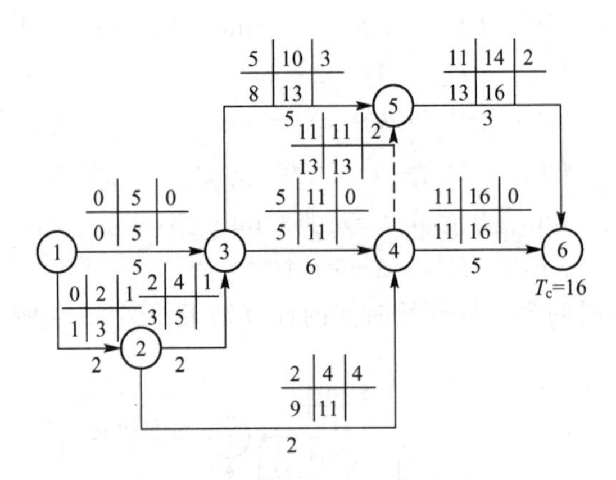


图 3.21　总时差的计算结果

(2) 关于总时差的讨论

① 关键工作的确定。根据 $T_p$ 与 $T_c$ 的大小关系，关键工作的总时差可能出现 3 种情况。

当 $T_p = T_c$ 时，关键工作的 $TF = 0$；

当 $T_p > T_c$ 时，关键工作的 $TF$ 均大于 0；

当 $T_p < T_c$ 时，关键工作的 $TF$ 有可能出现负值。

关键工作是施工过程中重点控制对象，根据 $T_p$ 与 $T_c$ 的大小关系及总时差的计算公式，总时差最小的工作为关键工作，因此关键工作的判断有四种可能：总时差最小的工作；当 $T_p = T_c$ 时，$TF = 0$ 的工作；$LF - EF$ 差值最小的工作；$LS - ES$ 差值最小的工作。

如图 3.21 中，当 $T_p = T_c$ 时，关键工作的 $TF = 0$，即工作①→③、工作③→④、工作④→⑥等是关键工作。

② 关键线路的确定。

a. 在双代号网络图中，关键工作的连线为关键线路。

b. 在双代号网络图中，当 $T_P = T_C$ 时，$TF=0$ 的工作相连的线路为关键线路。

c. 在双代号网络图中，总时间持续最长的线路是关键线路，其数值为计算工期。

如图 3.21 中，关键线路为①→③→④→⑥。

③ 关键线路随着条件变化会转移。

a. 定性分析：关键工作拖延，则工期拖延。因此，关键工作是重点控制对象。

b. 定量分析：关键工作拖延时间即为工期拖延时间，但关键工作提前，则工期提前时间不大于该提前值。如关键工作拖延 10 天，则工期延长 10 天；关键工作提前 10 天，则工期提前不大于 10 天。因为可能有非关键工作上升为关键工作。

c. 关键线路的条数：网络计划至少有一条关键线路，也可能有多条关键线路。随着工作时间的变化，关键线路也会发生变化。

5. 自由时差的计算

(1) 自由时差的计算公式

根据自由时差概念，不影响紧后工作最早开始的前提下，工作 $i-j$ 的工作范围如图 3.22 所示。

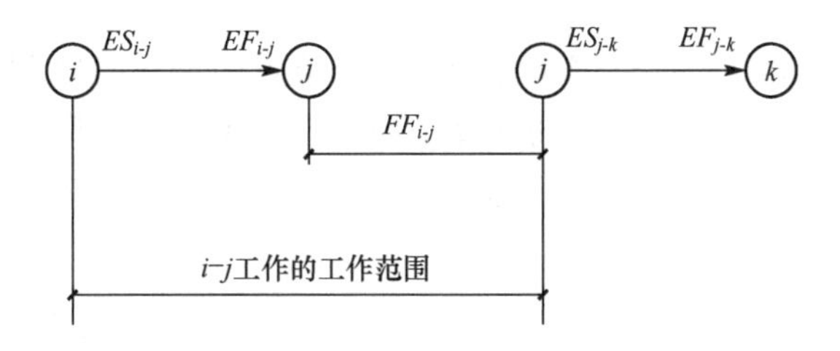


图 3.22 自由时差计算简图

因此，自由时差的计算公式为

$$FF_{i-j} = ES_{j-k} - EF_{i-j} \tag{3-12}$$

(当无紧后工作时 $FF_{i-n} = T_p - EF_{i-n}$)

$$FF_{1-2} = ES_{2-3} - EF_{1-2} = 2 - 2 = 0,$$
$$FF_{1-3} = ES_{3-4} - EF_{1-3} = 5 - 5 = 0,$$
$$FF_{2-3} = ES_{3-4} - EF_{2-3} = 5 - 4 = 1,$$
$$FF_{4-5} = ES_{5-6} - EF_{4-5} = 11 - 11 = 0,$$
$$FF_{4-6} = T_p - EF_{4-6} = T_c - EF_{4-6} = 16 - 16 = 0,$$
$$FF_{5-6} = T_p - EF_{5-6} = T_c - EF_{5-6} = 16 - 14 = 2$$

各工作自由时差的计算结果如图 3.23 所示。

(2) 自由时差的性质

① 自由时差是线路总时差的分配，一般自由时差小于等于总时差，即

$$FF_{i-j} \leqslant TF_{i-j} \tag{3-13}$$

② 在一般情况下，非关键线路上诸工作的自由时差之和等于该线路上可供利用的总时差的最大值。如图 3.23 中，非关键线路①→②→④→⑥上可供利用的总时差为 7，被 1-2 工作利用 0，被 2-4 工作利用 7。

③ 自由时差可由本工作利用，不属于线路所共有。

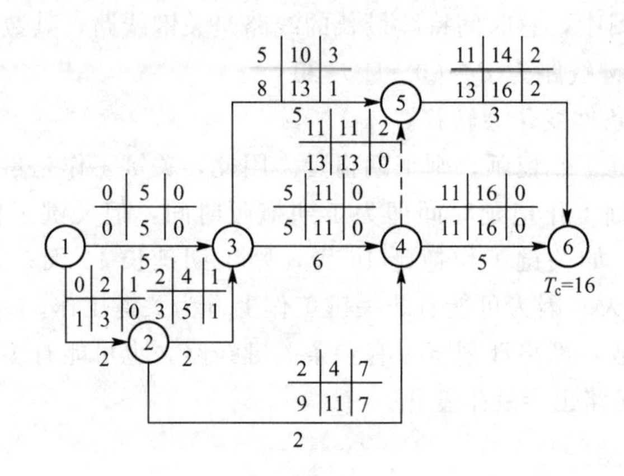

图 3.23　自由时差的计算结果

## 3.2.4　节点计算法

所谓节点计算法，就是先计算网络计划中各个节点的最早时间和最迟时间，然后据此计算各项工作的时间参数和网络计划的计算工期。计算中，一般用 $ET_i$ 表示 $i$ 节点的最早时间，用 $LT_i$ 表示 $i$ 节点的最迟时间，标注方法如图 3.24（a）所示。

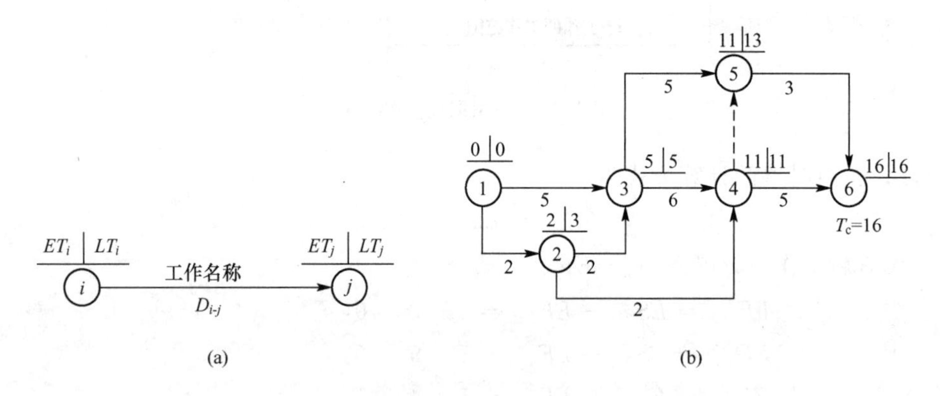


图 3.24　双代号网络计划节点计算法

1. 计算步骤

(1) 计算节点的最早时间

节点最早时间的计算应从网络计划的起点节点开始，顺着箭线方向依次进行，其计算步骤如下。

① 网络计划起点节点，如未规定最早时间，则其值等于零，即

$$ET_1 = 0 \tag{3-14}$$

② 其他节点的最早时间等于所有箭头指向该节点工作的始节点最早时间加上其作业时间的最大值，即

$$ET_j = \max[ET_i + D_{i\text{-}j}] \tag{3-15}$$

如图 3.24（b）所示的网络计划中各节点最早时间计算如下。

$$ET_1 = 0,$$

$$ET_2 = ET_1 + D_{1-2} = 0 + 2 = 2,$$

$$ET_3 = \max\begin{bmatrix} ET_1 + D_{1-3} \\ ET_2 + D_{2-3} \end{bmatrix} = \max\begin{bmatrix} 0+5 \\ 2+2 \end{bmatrix} = 5,$$

$$ET_4 = \max\begin{bmatrix} ET_3 + D_{3-4} \\ ET_2 + D_{2-4} \end{bmatrix} = \max\begin{bmatrix} 5+6 \\ 2+2 \end{bmatrix} = 11,$$

$$ET_5 = \max\begin{bmatrix} ET_3 + D_{3-5} \\ ET_4 + D_{4-5} \end{bmatrix} = \max\begin{bmatrix} 5+5 \\ 11+0 \end{bmatrix} = 11,$$

$$ET_6 = \max\begin{bmatrix} ET_4 + D_{4-6} \\ ET_5 + D_{5-6} \end{bmatrix} = \max\begin{bmatrix} 11+5 \\ 11+3 \end{bmatrix} = 16$$

（2）确定计算工期与计划工期

网络计划的计算工期等于网络计划终点节点的最早时间，若未规定要求工期，网络计划的计划工期应等于计算工期，即

$$T_p = T_c = ET_n \tag{3-16}$$

如图 3.24（b）所示，$T_p = T_c = ET_n = 16$。

（3）计算节点的最迟时间

① 网络计划终点节点的最迟时间等于网络计划的计划工期，即

$$LT_n = T_p \tag{3-17}$$

② 其他节点的最迟时间为该节点紧后工作的结束节点的最迟时间减去该工作作业时间的最小值，即

$$LT_i = \min\ [LT_j - D_{i-j}] \tag{3-18}$$

如图 3.24（b）所示的网络计划中各节点最迟时间计算如下。

$$LT_6 = T_p = T_c = 16,$$

$$LT_5 = LT_6 - D_{5-6} = 16 - 3 = 13,$$

$$LT_4 = \min\begin{bmatrix} LT_6 - D_{4-6} \\ LT_5 - D_{4-5} \end{bmatrix} = \min\begin{bmatrix} 16-5 \\ 13-0 \end{bmatrix} = 11,$$

$$LT_3 = \min\begin{bmatrix} LT_4 - D_{3-4} \\ LT_5 - D_{3-5} \end{bmatrix} = \min\begin{bmatrix} 11-6 \\ 13-5 \end{bmatrix} = 15,$$

$$LT_2 = \min\begin{bmatrix} LT_3 - D_{2-3} \\ LT_4 - D_{2-4} \end{bmatrix} = \min\begin{bmatrix} 5-2 \\ 11-2 \end{bmatrix} = 3,$$

$$LT_1 = \min\begin{bmatrix} LT_2 - D_{1-2} \\ LT_3 - D_{1-3} \end{bmatrix} = \min\begin{bmatrix} 3-2 \\ 5-5 \end{bmatrix} = 0$$

### 2. 关键节点与关键线路

（1）关键节点

在双代号网络计划中，关键线路上的节点称为关键节点。关键节点的最迟时间与最早时间的差值最小。当计划工期与计算工期相等时，关键节点的最迟时间必然等于最早

时间。

如图 3.24 (b) 所示，关键节点有①、③、④和⑥四个节点，它们的最迟时间必然等于最早时间。

(2) 关键工作

关键工作两端的节点必为关键节点，但两端为关键节点的工作不一定是关键工作。当计划工期与计算工期相等时，利用关键节点判别关键工作时，必须满足 $ET_i + D_{i\text{-}j} = ET_j$ 或 $LT_i + D_{i\text{-}j} = LT_j$，否则该工作就不是关键工作。

如图 3.24 (b) 所示，工作①→③、工作③→④、工作④→⑥等均是关键工作。

(3) 关键线路

双代号网络计划中，由关键工作组成的线路一定为关键线路。如图 3.24 (b) 所示，线路①→③→④→⑥为关键线路。

由关键节点连成的线路不一定是关键线路，但关键线路上的节点必然为关键节点。如图 3.25 所示某工程网络计划节点法，关键节点有①、③、④和⑥四个节点，关键工作有工作1-3、工作 3-4、工作 4-6，关键线路为①→③→④→⑥。工作 3-6 的两个节点均为关键节点，但工作 3-6 不是关键工作，线路①→③→⑥ (由关键节点组成的线路) 也不是关键线路。

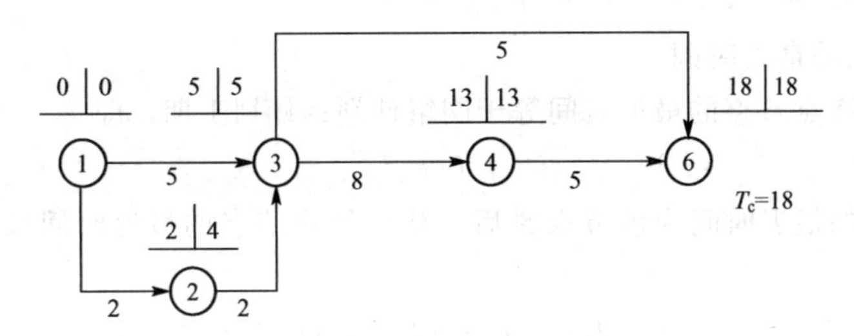


图 3.25 某工程网络计划节点法

3. 工作时间参数的计算

工作计算法能够表明各项工作的 6 个时间参数，节点计算法能够表明各节点的最早时间和最迟时间。各项工作的 6 个时间参数与节点的最早时间、最迟时间以及工作的持续时间有关。根据节点的最早时间和最迟时间能够判定工作的 6 个时间参数。

① 工作的最早开始时间等于该工作开始节点的最早时间，即

$$ES_{i\text{-}j} = ET_i \tag{3-19}$$

图 3.24 (b) 中，工作 1-2 和工作 4-6 的最早时间分别为

$$ES_{1\text{-}2} = ET_1 = 0, ES_{4\text{-}6} = ET_4 = 11$$

② 工作的最早完成时间等于该工作开始节点的最早时间与其持续时间之和，即

$$EF_{i\text{-}j} = ET_i + D_{i\text{-}j} \tag{3-20}$$

图 3.24 (b) 中，工作 1-2 和工作 4-6 的最早时间分别为

$$EF_{1\text{-}2} = ET_1 + D_{1\text{-}2} = 0 + 2 = 2,$$

$$EF_{4\text{-}6} = ET_4 + D_{4\text{-}6} = 11 + 5 = 16$$

③ 工作的最迟完成时间等于该工作完成节点的最迟时间，即

$$LF_{i\text{-}j} = LT_j \tag{3-21}$$

图 3.24（b）中，工作 1－2 和工作 4－6 的最迟完成时间分别为

$$LF_{1\text{-}2} = LT_2 = 3,$$

$$LF_{4\text{-}6} = LT_6 = 16$$

④ 工作的最迟开始时间等于该工作完成节点的最迟时间与其持续时间之差，即

$$LS_{i\text{-}j} = LT_j - D_{i\text{-}j} \tag{3-22}$$

图 3.24（b）中，工作 1－2 和工作 4－6 的最迟开始时间分别为

$$LS_{1\text{-}2} = LT_2 - D_{1\text{-}2} = 3 - 2 = 1,$$

$$LS_{4\text{-}6} = LT_6 - D_{4\text{-}6} = 16 - 5 = 11$$

⑤ 工作的总时差等于其工作时间范围减去其作业时间，即

$$TF_{i\text{-}j} = LT_j - ET_i - D_{i\text{-}j} \tag{3-23}$$

图 3.24（b）中，工作 1－2 和工作 4－6 的总时差分别为

$$TF_{1\text{-}2} = LT_2 - ET_1 - D_{1\text{-}2} = 3 - 0 - 2 = 1,$$

$$TF_{4\text{-}6} = LT_6 - ET_4 - D_{4\text{-}6} = 16 - 11 - 5 = 0$$

⑥ 工作的自由时差等于其终节点与始节点最早时间差值减去其作业时间，即

$$FF_{i\text{-}j} = ET_j - ET_i - D_{i\text{-}j} \tag{3-24}$$

图 3.24（b）中，工作 1－2 和工作 4－6 的自由时差分别为

$$FF_{1\text{-}2} = ET_2 - ET_1 - D_{1\text{-}2} = 2 - 0 - 2 = 0,$$

$$FF_{4\text{-}6} = ET_6 - ET_4 - D_{4\text{-}6} = 16 - 11 - 5 = 0$$

## 3.2.5 标号法

### 1. 标号法的基本原理

标号法是一种可以快速确定计算工期和关键线路的方法，是工程中应用非常广泛的一种方法。它利用节点计算法的基本原理，对网络计划中的每一个节点进行标号，然后利用标号值（节点的最早时间）确定网络计划的计算工期和关键线路。

### 2. 标号法工作的步骤

标号法工作的步骤如下。

① 从开始节点出发，顺着箭线方向用加法计算节点的最早时间，并标明节点时间的计算值及其来源节点号。

② 终点节点最早时间值为计算工期。

③ 从终点节点出发，依源节点号反跟踪到开始节点的线路为关键线路。

### 3. 举例

**【例 3.2】** 如图 3.26 所示网络计划，请用标号法计算各个节点时间参数。

**【解】** 节点的标号值计算如下

$$ET_1 = 0,\ ET_2 = ET_1 + D_{1\text{-}2} = 0 + 5 = 5,\ ET_3 = \max\begin{bmatrix} ET_1 + D_{1\text{-}3} \\ ET_2 + D_{2\text{-}3} \end{bmatrix} = \max\begin{bmatrix} 0+4 \\ 5+3 \end{bmatrix} = 8$$

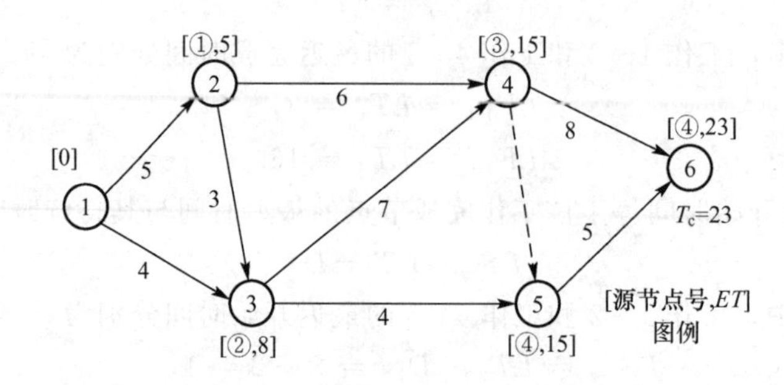


图 3.26　双代号网络计划标号法

依次类推 $ET_6=23$，则计算工期 $T_c=ET_6=23$。

图 3.26 中，②节点的最早时间为 5，其计算来源为①节点，因而标号为［①，5］；④节点的最早时间为 15，其计算来源为③节点，因而标为［③，15］，其他类推。

确定关键线路：从终点节点出发，依源节点号反跟踪到开始节点的线路为关键线路，如图 3.26 所示，①→②→③→④→⑥为关键线路。

## 3.2.6 时标网络计划

一般网络计划不带时标，工作持续时间由箭线下方标注的数字说明，而与箭线本身长短无关，这种非时标网络计划看起来不太直观，不能一目了然地在网络计划图上直接反映各项工作的开始时间和完成时间，同时不能按天统计资源，编制资源需用量计划。

双代号时标网络计划（简称时标网络计划）是以时间坐标为尺度编制的网络计划，该网络计划既具有一般网络计划的优点，又具有横道图计划直观、易懂的优点，在网络计划基础上引入横道图，清晰地把时间参数直观地表达出来，同时表明网络计划中各工作之间的逻辑关系。

### 1. 时标网络计划绘制的一般规定

（1）时标网络计划必须以水平时间坐标为尺度表示工作时间。时标的时间单位应根据需要在编制网络计划之前确定，可为小时、天、周、月或季等。

（2）时标网络计划应以实箭线表示工作，以虚线表示虚工作，以波形线表示工作的自由时差。

（3）时标网络计划中所有符号在时间坐标上的水平投影位置，都必须与其时间参数相对应。节点中心必须对应相应的时标位置。虚工作必须以垂直方向的虚箭线表示，自由时差用波形线表示。

### 2. 时标网络计划的绘制方法

时标网络计划一般按最早时间编制，其绘制方法有间接绘制法和直接绘制法。

（1）时标网络计划的间接绘制法

所谓间接绘制法，是指先根据无时标的网络计划草图计算其时间参数并确定关键线路，然后在时标网络计划表中进行绘制。在绘制时应先将所有节点按其最早时间定位在时标网络计划表中的相应位置，然后用规定线型（实箭线和虚箭线）按比例绘出工作和虚工作。当某些工作箭线的长度不足以到达该工作的完成节点时，必须用波形线补足，箭头应画在与该工作完成节点的连接处。

（2）时标网络计划的直接绘制法

直接绘制法是不计算网络计划时间参数，直接在时间坐标上进行绘制的方法。其绘制步骤和方法可归为如下绘图口诀："时间长短坐标限，曲直斜平利相连，画完箭线画节点，节点画完补波线。"

① 时间长短坐标限：箭线的长度代表具体的施工持续时间，受到时间坐标的制约。

② 曲直斜平利相连：箭线的表达方式可以是直线、折线或斜线等，但布图应合理，直观清晰，尽量横平竖直。

③ 画完箭线画节点：工作的开始节点必须在该工作的全部紧前工作都画完后，定位在这些紧前工作全部完成的时间刻度上。

④ 节点画完补波线：某些工作的箭线长度不足以达到其完成节点时，用波形线补足，箭头指向与位置不变。

如图 3.17 所示的一般网络计划，根据绘图口诀及绘制要求，按最早时间参数不经计算直接绘制的时标网络计划如图 3.27 所示。

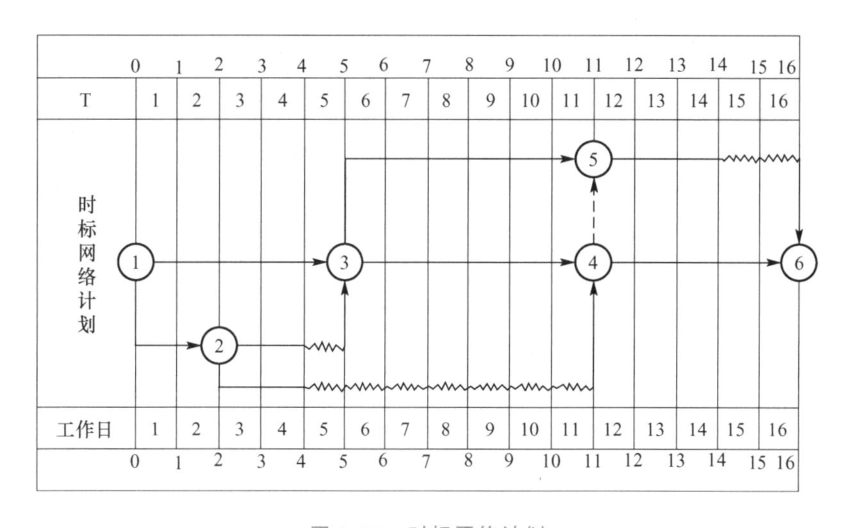


图 3.27 时标网络计划

3. 时标网络计划的识读

（1）最早时间参数

① 最早开始时间

$$ES_{i\text{-}j} = ET_i \tag{3-25}$$

开始节点或箭尾节点所在位置对应的坐标值，表示最早开始时间。

② 最早完成时间

$$EF_{i\text{-}j} = ES_{i\text{-}j} + D_{i\text{-}j} \tag{3-26}$$

用实线右端坐标值表示最早完成时间。若实箭线抵达箭头节点（右端节点），则最早完成时间就是箭头节点（右端节点）中心的时标值；若实箭线达不到箭头节点（右端节点），则其最早完成时间就是实箭线右端末端所对应的时标值。

（2）计算工期

$$T_c = ET_n \quad (3-27)$$

终点节点所在位置与起点节点所在位置的时标值之差表示计算工期。

（3）自由时差 $FF_{i\text{-}j}$

波形线的水平投影长度表示自由时差的数值。

（4）总时差

总时差识读从右向左，逆着箭线，其值等于本工作的自由时差加上其各紧后工作的总时差的最小值。计算公式如下

$$TF_{i\text{-}j} = FF_{i\text{-}j} + \min\left[TF_{j\text{-}k},\ TF_{j\text{-}l},\ TF_{j\text{-}m}\right] \quad (3-28)$$

式中：$TF_{j\text{-}k}$、$TF_{j\text{-}l}$、$TF_{j\text{-}m}$表示工作$i-j$的各紧后工作的总时差。

各工作的时间参数识读如图 3.28 所示。

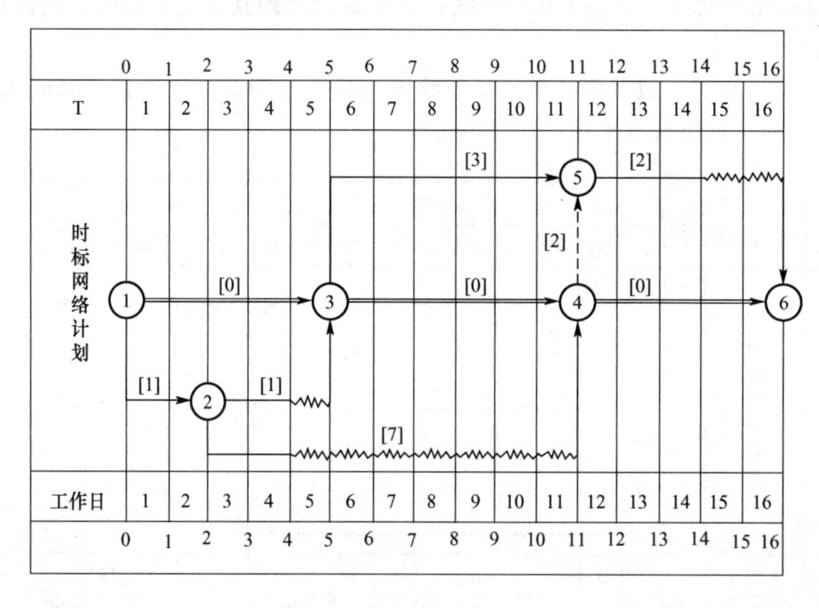


图 3.28 时标网络计划识读

（5）关键线路

自终点节点逆着箭线方向或朝着起点节点箭线方向观察，自始至终不出现波形线的线路为关键线路，图 3.28 中，关键线路为①→③→④→⑥。

（6）最迟时间参数

① 最迟开始时间

$$LS_{i\text{-}j} = ES_{i\text{-}j} + TF_{i\text{-}j} \quad (3-29)$$

② 最迟完成时间

$$LF_{i\text{-}j} = EF_{i\text{-}j} + TF_{i\text{-}j} = LS_{i\text{-}j} + D_{i\text{-}j} \quad (3-30)$$

图 3.27 所示的时标网络计划各参数的识读见表 3-4。

表 3-4 时标网络计划各参数的识读

| 工作 | 参数 | | | | | |
|---|---|---|---|---|---|---|
| | ES | EF | FF | TF | LS | LF |
| 1-3 | 0 | 5 | 0 | 0 | 0 | 5 |
| 1-2 | 0 | 2 | 0 | 1 | 1 | 3 |
| 2-3 | 2 | 4 | 1 | 1 | 3 | 5 |
| 2-4 | 2 | 4 | 7 | 7 | 9 | 11 |
| 3-4 | 5 | 11 | 0 | 0 | 5 | 11 |
| 3-5 | 5 | 10 | 1 | 3 | 8 | 13 |
| 4-5 | 11 | 11 | 0 | 2 | 13 | 13 |
| 4-6 | 11 | 16 | 0 | 0 | 11 | 16 |
| 5-6 | 11 | 14 | 2 | 2 | 13 | 16 |

# 3.3 单代号网络计划

单代号网络计划是以节点及其编号表示工作的一种网络计划，在工程中应用也较为广泛。

## 3.3.1 单代号网络图的绘制

### 1. 单代号网络图的基本概念

单代号网络图是以节点及其编号表示工作，以箭线表示工作之间逻辑关系的网络图，如图 3.29 为某一单代号网络计划。它是网络计划的另一种表达方法，包括的要素有以下几方面。

(1) 箭线

单代号网络图中，箭线表示紧邻工作之间的逻辑关系。箭线应画成水平直线、折线或斜线。单代号网络图中不设虚箭线，箭线的箭尾节点编号应小于箭头节点的编号。箭线水平投影的方向应自左向右，表达工作的进行方向，如图 3.29 (a) 所示。

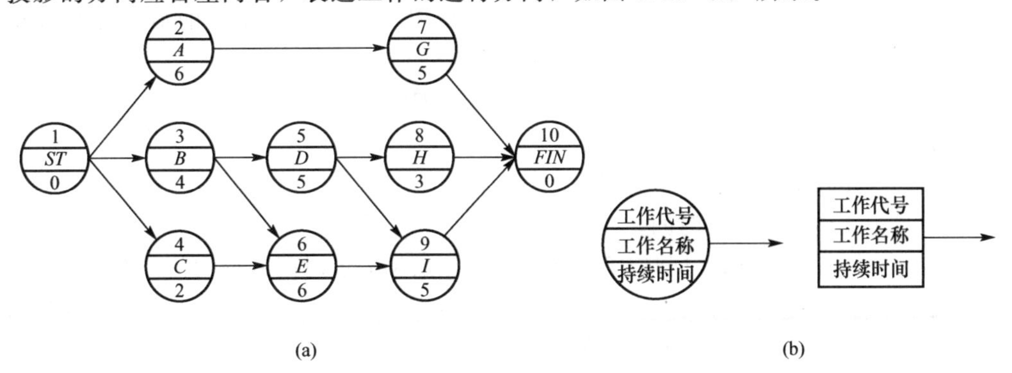


图 3.29 单代号网络图

（2）节点

单代号网络图中，每一个节点表示一项工作，用圆圈或矩形表示。节点所表示的工作名称、持续时间和工作代号等应标注在节点内，如图 3.29（b）所示。节点必须编号，此编号即该工作的代号，由于代号只有一个，故称“单代号”。节点编号严禁重复，一项工作只能有唯一的一个节点和唯一的一个编号。

2. 单代号网络图的绘制

绘制单代号网络图需遵循以下规则。

① 单代号网络图必须正确表述已定的逻辑关系。

② 单代号网络图中，严禁出现循环回路。

③ 单代号网络图中，严禁出现双向箭头或无箭头的连线。

④ 单代号网络图中，严禁出现没有箭尾节点的箭线和没有箭头节点的箭线。

⑤ 绘制网络图时，箭线不宜交叉，当交叉不可避免时，可采用过桥法和指向法绘制。

⑥ 单代号网络图只应有一个起点节点和一个终点节点。当网络图中有多项起点节点或多项终点节点时，应在网络图的两端分别设置一项虚工作，作为该网络图的起点节点和终点节点。

## 3.3.2 单代号网络计划时间参数的计算

【单代号网络计划图六个时间参数的计算】

1. 单代号网络计划时间参数的计算步骤

单代号网络计划与双代号网络计划只是表现形式不同，它们所表达的内容则完全一样。工作的各时间参数的表示如图 3.30 所示。

图 3.30 时间参数表示

（1）计算工作的最早开始时间和最早完成时间

工作最早开始时间和最早完成时间的计算应从网络计划的起点节点开始，顺着箭线方向按节点编号从小到大的顺序依次进行。

① 网络计划起点节点所代表的工作，其最早开始时间未规定时取值为零，即

$$ES_1=0$$

② 工作的最早完成时间应等于本工作的最早开始时间与其持续时间之和，即

$$EF_i=ES_i+D_i \tag{3-31}$$

式中：$EF_i$——工作 $i$ 的最早完成时间；

$ES_i$——工作 $i$ 的最早开始时间；

$D_i$——工作 $i$ 的持续时间。

③ 其他工作的最早开始时间应等于其紧前工作最早完成时间的最大值，即

$$ES_j=\max\left[EF_i\right] \tag{3-32}$$

式中：$ES_j$ ——工作 $j$ 的最早开始时间；

$EF_i$ ——工作 $j$ 的紧前工作 $i$ 的最早完成时间。

④ 网络计划的计算工期等于其终点节点所代表的工作的最早完成时间，即

$$T_c = EF_n \tag{3-33}$$

式中：$EF_n$ ——终点节点 $n$ 的最早完成时间。

（2）计算相邻两项工作之间的时间间隔

相邻两项工作之间的时间间隔是指其紧后工作的最早开始时间与本工作最早完成时间的差值，即

$$LAG_{i,j} = ES_j - EF_i \tag{3-34}$$

式中：$LAG_{i,j}$——工作 $i$ 与其紧后工作 $j$ 之间的时间间隔；

$ES_j$——工作 $i$ 的紧后工作 $j$ 的最早开始时间；

$EF_i$——工作 $i$ 的最早完成时间。

（3）确定网络计划的计划工期

网络计划的计算工期 $T_c = EF_n$。假设未规定要求工期，则其计划工期等于计算工期。

（4）计算工作的总时差

工作总时差的计算应从网络计划的终点节点开始，逆着箭线方向按节点编号从大到小的顺序依次进行。

① 网络计划终点节点 $n$ 所代表的工作的总时差应等于计划工期与计算工期之差，即

$$TF_n = T_p - T_c \tag{3-35}$$

当计划工期等于计算工期时，该工作的总时差为零。

② 其他工作的总时差应等于本工作与其各紧后工作之间的时间间隔加该紧后工作的总时差所得之和的最小值，即

$$TF_i = \min\left[LAG_{i,j} + TF_j\right] \tag{3-36}$$

式中：$TF_i$ ——工作 $i$ 的总时差；

$LAG_{i,j}$——工作 $i$ 与其紧后工作 $j$ 之间的时间间隔；

$TF_j$—— 工作 $i$ 的紧后工作 $j$ 的总时差。

（5）计算工作的自由时差

① 网络计划终点节点 $n$ 所代表工作的自由时差等于计划工期与本工作的最早完成时间之差，即

$$FF_n = T_p - EF_n \tag{3-37}$$

式中：$FF_n$——终点节点 $n$ 所代表的工作的自由时差；

$T_p$——网络计划的计划工期；

$EF_n$ ——终点节点 $n$ 所代表的工作的最早完成时间。

② 其他工作的自由时差等于本工作与其紧后工作之间时间间隔的最小值，即

$$TF_i = \min\left[LAG_{i,j}\right] \tag{3-38}$$

（6）计算工作的最迟完成时间和最迟开始时间

工作的最迟完成时间和最迟开始时间的计算根据总时差计算。

① 工作的最迟完成时间等于本工作的最早完成时间与其总时差之和，即

$$LF_i = EF_i + TF_i \tag{3-39}$$

② 工作的最迟开始时间等于本工作最早开始时间与其总时差之和，即

$$LS_i = ES_i + TF_i \tag{3-40}$$

2. 单代号网络计划关键线路的确定

(1) 利用关键工作确定关键线路

如前所述，总时差最小的工作为关键工作。将这些关键工作相连，并保证相邻两项关键工作之间的时间间隔为零而构成的线路就是关键线路。

(2) 利用相邻两项工作之间的时间间隔确定关键线路

从网络计划的终点节点开始，逆着箭线方向依次找出相邻两项工作之间时间间隔为零的线路就是关键线路。

(3) 利用总持续时间确定关键线路

在肯定型网络计划中，线路上工作总持续时间最长的线路为关键线路。

3. 计算示例

**【例 3.3】** 试计算图 3.31 所示单代号网络计划的时间参数。

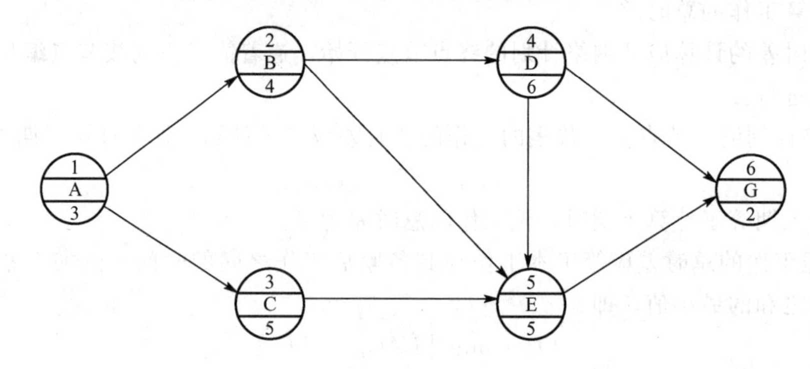


图 3.31 单代号网络图

**【解】** 计算结果如图 3.32 所示，现对其计算步骤及具体方法说明如下。

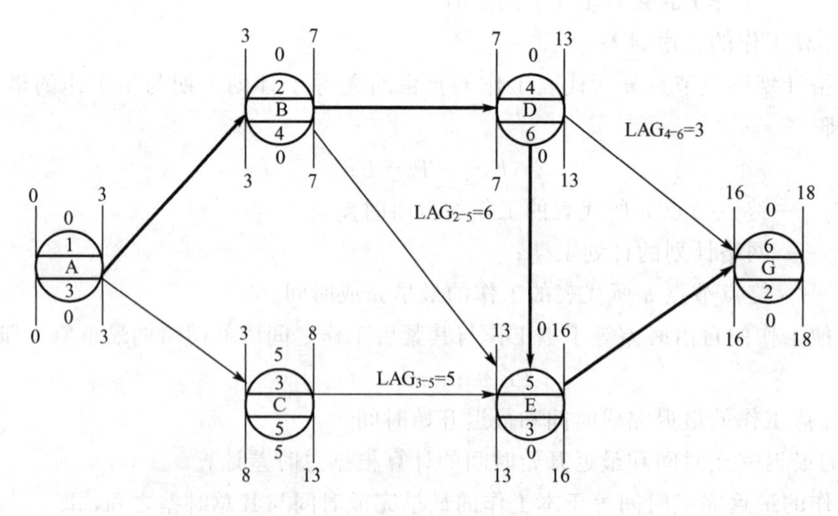


图 3.32 单代号网络计划

(1) 计算工作最早开始时间和最早完成

工作的最早开始时间从网络图的起点节点开始，顺着箭线，用加法。因起点节点的最早开始时间未规定，故 $ES_1 = 0$。

工作的最早完成时间应等于本工作的最早开始时间与其持续时间之和，因此 $EF_1 = ES_1 + D_1 = 0 + 3 = 3$。

其他工作最早开始时间是其各紧前工作的最早完成时间的最大值。

(2) 计算网络计划的工期

按 $T_c = EF_n$ 计算，计算工期 $T_c = EF_6 = 18$。

(3) 计算各工作之间的时间间隔

按 $LAG_{i,j} = ES_j - EF_i$ 计算如图3.32所示，未标注的工作之间的时间间隔为0，计算过程如下。

$$LAG_{1,2} = ES_2 - EF_1 = 3 - 3 = 0,$$
$$LAG_{1,3} = ES_3 - EF_1 = 3 - 3 = 0,$$
$$LAG_{2,4} = ES_4 - EF_2 = 7 - 7 = 0,$$
$$LAG_{2,5} = ES_5 - EF_2 = 13 - 7 = 6,$$
$$LAG_{3,5} = ES_5 - EF_3 = 13 - 8 = 5,$$
$$LAG_{4,5} = ES_5 - EF_4 = 13 - 13 = 0,$$
$$LAG_{4,6} = ES_6 - EF_4 = 16 - 13 = 3,$$
$$LAG_{5,6} = ES_6 - EF_5 = 16 - 16 = 0$$

(4) 计算总时差

终点节点所代表的工作的总时差按 $TF_n = T_p - T_c$ 考虑，没有规定，认为 $T_p = T_c = 18$，则 $TF_6 = 0$。其他工作总时差按公式 $TF_i = \min[LAG_{i,j} + TF_j]$ 计算，其结果如下。

$$TF_5 = LAG_{5,6} + TF_6 = 0 + 0 = 0,$$
$$TF_4 = \min\begin{bmatrix} LAG_{4,5} + TF_5 \\ LAG_{4,6} + TF_6 \end{bmatrix} = \min\begin{bmatrix} 0+0 \\ 3+0 \end{bmatrix} = 0,$$
$$TF_3 = LAG_{3,5} + TF_5 = 5 + 0 = 5,$$
$$TF_2 = \min\begin{bmatrix} LAG_{2,4} + TF_4 \\ LAG_{2,5} + TF_5 \end{bmatrix} = \min\begin{bmatrix} 0+0 \\ 6+0 \end{bmatrix} = 0,$$
$$TF_1 = \min\begin{bmatrix} LAG_{1,2} + TF_2 \\ LAG_{1,3} + TF_3 \end{bmatrix} = \min\begin{bmatrix} 0+0 \\ 0+5 \end{bmatrix} = 0$$

(5) 计算自由时差

最后节点自由时差按 $FF_n = T_p - EF_n$ 计算得 $FF_6 = 0$。

其他工作自由时差按 $TF_i = \min[LAG_{i,j}]$ 计算，其结果如下。

$$FF_1 = \min\begin{bmatrix} LAG_{1,2} \\ LAG_{1,3} \end{bmatrix} = \min\begin{bmatrix} 0 \\ 0 \end{bmatrix} = 0$$
$$FF_2 = \min\begin{bmatrix} LAG_{2,4} \\ LAG_{2,5} \end{bmatrix} = \min\begin{bmatrix} 0 \\ 6 \end{bmatrix} = 0$$
$$FF_3 = LAG_{3,5} = 5$$
$$FF_4 = \min\begin{bmatrix} LAG_{4,5} \\ LAG_{4,6} \end{bmatrix} = \min\begin{bmatrix} 0 \\ 3 \end{bmatrix} = 0$$
$$FF_5 = LAG_{5,6} = 0$$

(6) 工作最迟开始和最迟完成时间的计算

$$
\begin{aligned}
&ES_1 = 0, LS_1 = ES_1 + TF_1 = 0 + 0 = 0,\\
&EF_1 = 3, LF_1 = EF_1 + TF_1 = 3 + 0 = 3,\\
&ES_2 = 3, LS_2 = ES_2 + TF_2 = 3 + 0 = 3,\\
&EF_2 = 7, LF_2 = 7,\\
&ES_3 = 3, LS_3 = ES_3 + TF_3 = 3 + 5 = 8,\\
&EF_3 = 8, LF_3 = 13,\\
&ES_4 = 7, LS_4 = ES_4 + TF_4 = 7 + 0 = 7,\\
&EF_4 = 13, LF_4 = 13,\\
&ES_5 = 13, LS_5 = ES_5 + TF_5 = 13 + 0 = 13,\\
&EF_5 = 16, LF_5 = 16,\\
&ES_6 = 16, LS_6 = ES_6 + TF_6 = 16 + 0 = 16,\\
&EF_6 = 18, LF_6 = 18
\end{aligned}
$$

(7) 关键工作和关键线路的确定

当无规定时，认为网络计算工期与计划工期相等，这样总时差为零的工作为关键工作。如图3.32所示关键工作有A、B、D、E、G工作。将这些关键工作相连，并保证相邻两项关键工作之间的时间间隔为零而构成的线路就是关键线路，即线路Ⓐ→Ⓑ→Ⓓ→Ⓔ→Ⓖ为关键线路。本例关键线路用黑粗线表示。仅仅由这些关键工作相连的线路，不保证相邻两项关键工作之间的时间间隔为零，不一定是关键线路，如线路Ⓐ→Ⓑ→Ⓓ→Ⓖ和线路Ⓐ→Ⓑ→Ⓔ→Ⓖ均不是关键线路。因此，在单代号网络计划中，关键工作相连的线路并不一定是关键线路。

关键线路按相邻工作之间时间间隔为零的连线确定，则关键线路为Ⓐ→Ⓑ→Ⓓ→Ⓔ→Ⓖ。

在单代号网络计划中，线路上工作总持续时间最长的线路为关键线路，即其总持续时间为18，即网络计算工期。

### 3.3.3 单代号网络图与双代号网络图的比较

① 单代号网络图绘制比较方便，节点表示工作，箭线表示逻辑关系，没有虚工作，而双代号网络图用箭线表示工作，可能有虚工作。在这一点上，绘制单代号网络图比绘制双代号网络图简单。

② 单代号网络图具有便于说明、容易被非专业人员所理解和易于修改的优点，这对于推广应用统筹法编制工程进度计划，进行全面的科学管理是非常重要的。

③ 用双代号网络图表示工程进度比用单代号网络图更为形象，特别是在应用带时标网络图中。

④ 双代号网络计划应用计算机进行程序化计算和优化更为简便，这是因为双代号网络图中用两个代号代表一项工作，可直接反映其紧前或紧后工作的关系。而单代号网络图必须按工作逐个列出其紧前、紧后工作关系，这在计算机中需占用更多的存储单元。

由于单代号网络图和双代号网络图有上述各自的优缺点，故在不同的情况下，两种表示法表现的繁简程度是不同的。在有些情况下，应用单代号表示法较为简单，而在另外情况下，使用双代号表示法则更为清楚。因此，单代号网络图和双代号网络图是两种互为补充、各具特色的表现方法。

⑤ 单代号网络图与双代号网络图均属于网络计划，能够明确地反映出各项工作之间错综复杂的逻辑关系。通过网络计划时间参数的计算，可以找出关键工作和关键线路，明确各项工作的机动时间。网络计划可以利用计算机进行计算。

单代号网络图与双代号网络图的比较见表3-5。

表3-5　单代号网络图与双代号网络图的比较

| 比较项目 | 网络图 | |
|---|---|---|
| | 单代号网络图 | 双代号网络图 |
| 箭线 | 表示逻辑关系及工作顺序 | 表示工作及工作流向 |
| 节点 | 表示工作 | 表示工作的开始、结束瞬间 |
| 虚工作 | 无 | 可能有 |
| 虚拟节点 | 可能有虚拟开始节点、虚拟结束节点 | 无 |
| 逻辑关系 | 反映 | 反映 |
| 关键线路 | 总持续时间最长的线路 | 总持续时间最长的线路 |
| | 关键工作的连线且相邻关键工作时间间隔为零的线路 | 关键工作相连的线路 |

# 3.4　单代号搭接网络计划

## 3.4.1　单代号网络搭接关系

双代号网络计划和单代号网络计划所表达的工作之间的逻辑关系称为衔接关系，即只有当其紧前工作全部完成之后，本工作才能开始，紧前工作的完成是工作的开始条件。但是在工程建设实践中，有许多工作的开始并不是以其紧前工作的完成为条件，只要其紧前工作开始一段时间后，即可进行本工作，而不需要等其紧前工作全部完成之后再开始，工作之间的这种关系称为搭接关系。

为了简单、直接地表达工作之间的搭接关系，使网络计划的编制得到简化，便出现了搭接网络计划。搭接网络计划一般采用单代号网络图的表示方法，即以节点表示工作，以节点之间的箭线表示工作之间的逻辑关系和搭接关系。

在搭接网络计划中，工作之间的搭接关系是由相邻两项工作之间的不同时距决定的。所谓时距，就是在搭接网络计划中相邻两项工作之间的时间差值。

1. 结束到开始（*FTS*）搭接关系

从结束到开始的搭接关系如图3.33（a）所示，这种搭接关系在网络计划中的表示方式及部分时间参数如图 3.33（b）所示。

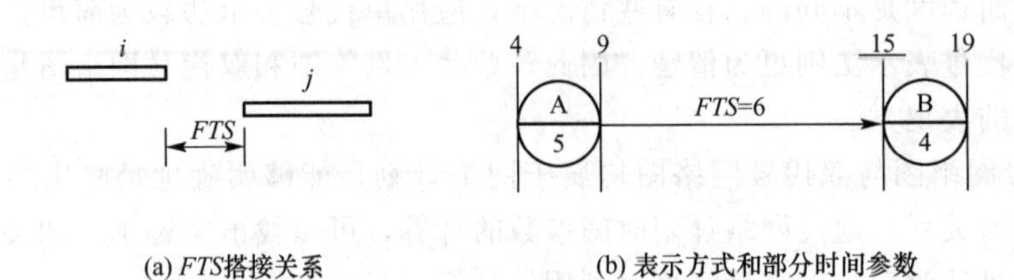


(a) FTS搭接关系　　(b) 表示方式和部分时间参数

图 3.33　FTS 搭接关系及表示方式和部分时间参数

例如，在修堤坝时，一定要等土堤自然沉降后才能护坡，筑土堤与修护坡之间的等待自然沉降时间就是 FTS 时距。

当 FTS 时距为零时，说明本工作与其紧后工作之间紧密衔接。当网络计划中所有相邻工作只有 FTS 一种搭接关系且其时距均为零时，整个搭接网络计划就成为单代号网络计划。

2. 开始到开始（STS）搭接关系

从开始到开始的搭接关系如图 3.34（a）所示，这种搭接关系在网络计划中的表示方式及部分时间参数如图 3.34（b）所示。

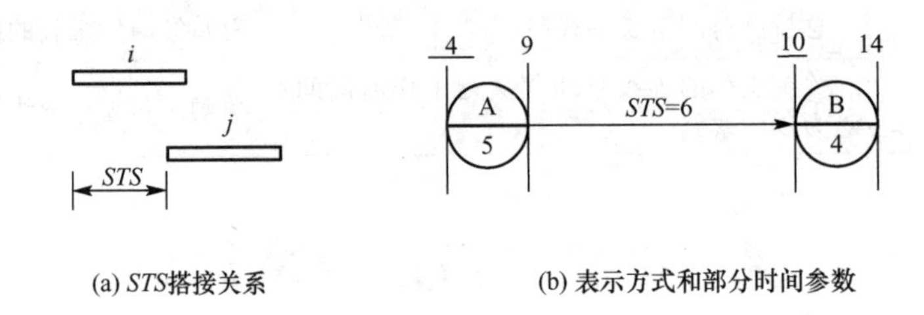


(a) STS搭接关系　　(b) 表示方式和部分时间参数

图 3.34　STS 搭接关系及表示方式和部分时间参数

例如，在道路工程中，当路基铺设工作开始一段时间为路面浇筑工作创造一定条件之后，路面浇筑工作即开始，路基铺设工作的开始时间与路面浇筑工作的开始时间之间的差值就是 STS 时距。

3. 结束到结束（FTF）搭接关系

从结束到结束的搭接关系如图 3.35（a）所示，这种搭接关系在网络计划中的表示方式和部分时间参数如图 3.35（b）所示。

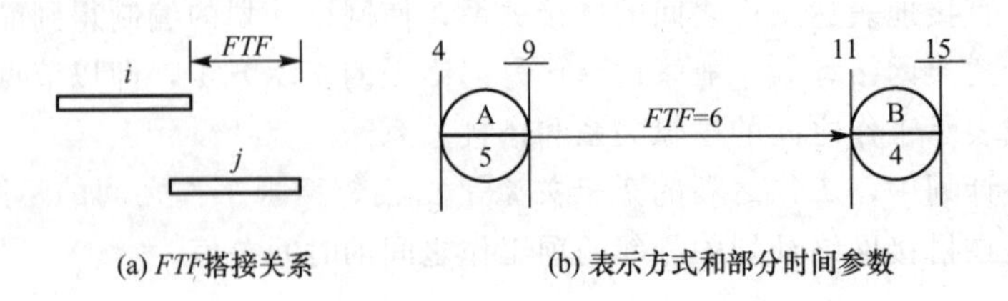


(a) FTF搭接关系　　(b) 表示方式和部分时间参数

图 3.35　FTF 搭接关系及表示方式和部分时间参数

例如，在前述道路工程中，如果路基铺设工作的进展速度小于路面浇筑工作的进展速度，必须考虑为路面浇筑工作留有充分的工作面；否则，路面浇筑工作就将因没有工作面而无法进行。路基铺设工作的完成时间与路面浇筑工作的完成时间的差值就是 $FTF$ 时距。

4. 开始到结束（STF）搭接关系

从开始到结束的搭接关系如图 3.36（a）所示，这种搭接关系在网络计划中的表示方式和部分时间参数如图 3.36（b）所示。

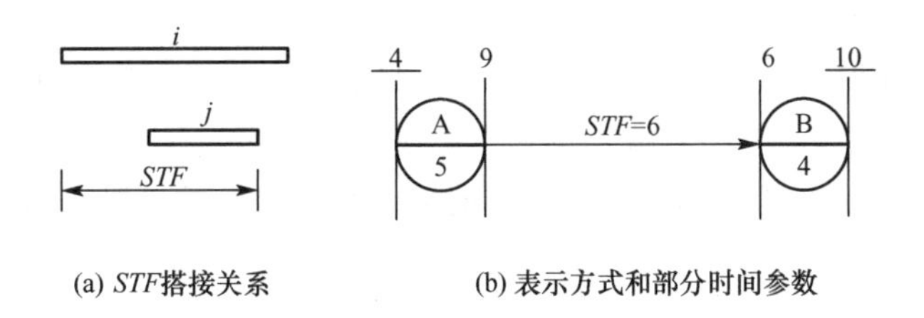


图 3.36　*STF* 搭接关系及表示方式和部分时间参数

5. 混合搭接关系

在搭接网络计划中，除上述四种基本搭接关系外，相邻两项工作之间有时还会同时出现两种以上的基本搭接关系。例如，工作 $i$ 和工作 $j$ 之间可能同时存在 $STS$ 时距和 $FTF$ 时距等，其表示方式和部分时间参数如图 3.37 所示。

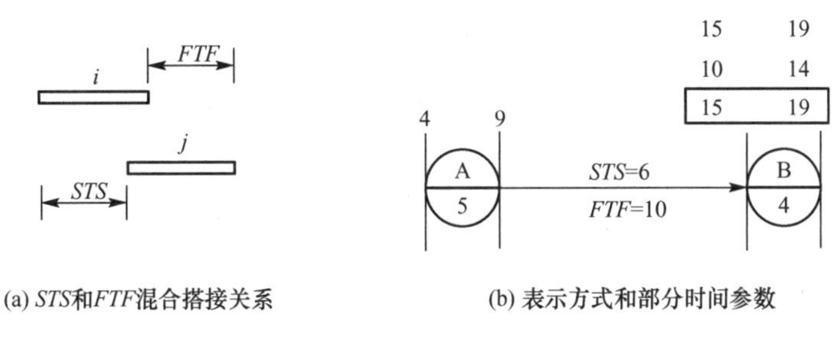


图 3.37　*STS* 和 *FTF* 混合搭接关系及表示方式和部分时间参数

## 3.4.2 单代号搭接网络计划时间参数的计算

单代号搭接网络计划时间参数的计算与单代号网络计划时间参数的计算原理基本相同。现以图 3.38 所示单代号搭接网络计划为例，说明其计算方法。

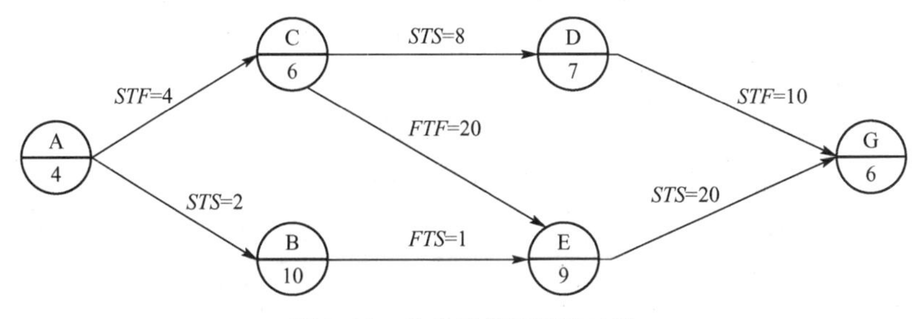


图 3.38　单代号搭接网络计划

1. 工作的最早开始时间和最早完成时间的计算

工作最早开始时间和完成时间的计算应从网络计划的起点节点开始，顺着箭线方向依次进行。

① 在单代号搭接网格计划中，起点节点一般都代表虚拟工作，故其最早开始时间和最早完成时间均为零，即 $ES_S = EF_S = 0$。

② 凡是与网络计划起点节点相联系的工作，其最早开始时间为零。例如，在本例中，工作 A 的最早开始时间就应等于零，即 $ES_A = 0$。

③ 凡是与网络计划起点节点相联系的工作，其最早完成时间应等于其早开始时间与持续时间之和。例如，在本例中，工作 A 的最早完成时间为 $EF_A = ES_A + D_A = 0 + 4 = 4$。

④ 其他工作的最早开始时间和最早完成时间应根据时距按下列公式计算。

A. 相邻时距为 $FTS$ 时，

$$ES_j = EF_i + FTS_{i,j} \tag{3-41}$$

B. 相邻时距为 $STS$ 时，

$$ES_j = ES_i + STS_{i,j} \tag{3-42}$$

C. 相邻时距为 $FTF$ 时，

$$EF_j = EF_i + FTF_{i,j} \tag{3-43}$$

D. 相邻时距为 $STF$ 时，

$$EF_j = ES_j + STF_{i,j} \tag{3-44}$$

$$EF_j = ES_j + D_j \tag{3-45}$$

$$ES_j = EF_j - D_j \tag{3-46}$$

式中：$ES_i$ ——工作 $i$ 的最早开始时间；

$ES_j$ ——工作 $i$ 紧后工作 $j$ 的最早开始时间；

$EF_i$ ——工作 $i$ 的最早完成时间；

$EF_j$ ——工作 $i$ 紧后工作 $j$ 的最早完成时间；

$D_j$ ——工作 $j$ 的持续时间；

$FTS_{i,j}$ ——工作 $i$ 与工作 $j$ 之间完成到开始的时距；

$STS_{i,j}$ ——工作 $i$ 与工作 $j$ 之间开始到开始的时距；

$FTF_{i,j}$ ——工作 $i$ 与工作 $j$ 之间完成到完成的时距；

$STF_{i,j}$ ——工作 $i$ 与工作 $j$ 之间开始到完成的时距。

例如，在本例中：

① 工作 B 的最早开始时间根据式（3-42）得，$ES_B = ES_A + STS_{A,B} = 0 + 2 = 2$。

其最早完成时间根据式（3-45）得，$EF_B = ES_B + D_B = 2 + 10 = 12$。

② 工作 C 的最早完成时间根据式（3-44）得，$EF_C = ES_A + STF_{A,C} = 0 + 4 = 4$。

其最早开始时间根据式（3-46）得，$ES_C = EF_C - D_C = 4 - 6 = -2$。

工作 C 的最早开始时间出现负值，显然是不合理的。为此，应虚拟一个起始节点 S（其持续时间为零），应将工作 C 与虚拟工作 S（起始节点）用虚箭线相连，同时也应将原起始节点工作 A 与虚拟工作 S（起始节点）用虚箭线相连，如图 3.39 所示。重新计算得工作 C 的最早开始时间和最早完成时间得 $ES_C = 0$，$EF_C = ES_C + D_C = 0 + 6 = 6$。其他类推，工作最早开始时间和最早完成时间的计算结果如图 3.39 所示。

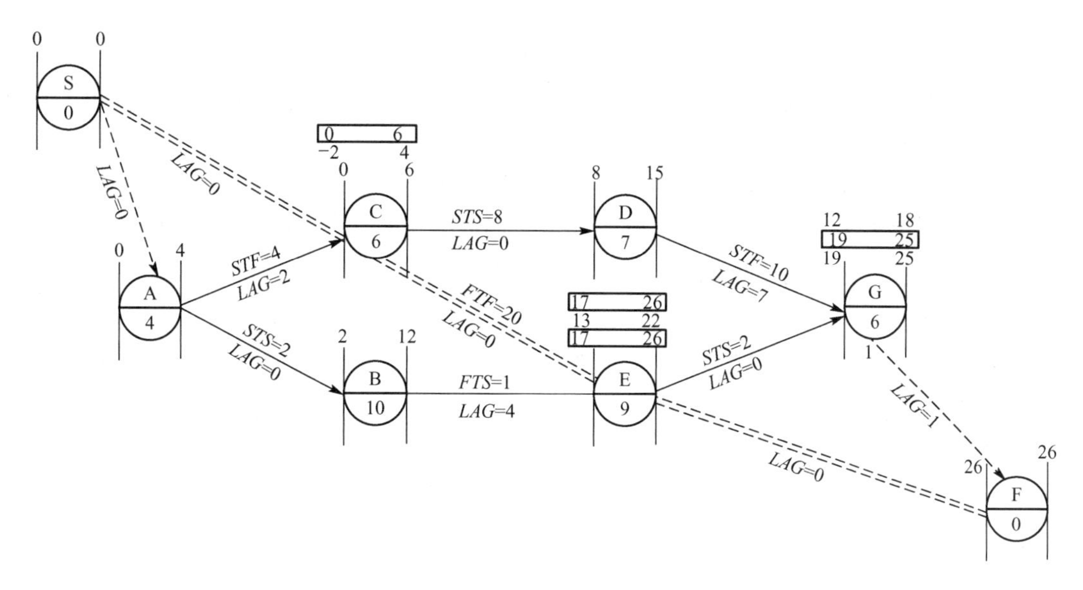


图 3.39 工作最早开始时间和最早完成时间计算图

2. 工期的确定

终点节点所代表的工作，一般来说，其最早完成时间与其他各节点的最早完成时间相比较，若为最大值，则该最大值为网络计划的计算工期。但是，在搭接网络计划中，搭接关系决定工期的工作不一定是最后进行的工作。当终点节点所代表的工作的最早完成时间与其他各节点的最早完成时间相比较，若某中间节点的最早完成时间为最大值，则该最大值为网络计划的计算工期。为此，应虚拟一终点节点 F（其持续时间为零），应将最早完成时间为最大值的工作与虚拟工作 F（终点节点）用虚箭线相连，同时应将原终点节点工作与虚拟工作 F（终点节点）用虚箭线相连。

例如，在本例中，由于工作 E 的最早完成时间 26 最大，故网络计划的计算工期是由工作 E 的最早完成时间决定的。为此，应将工作 E 与虚拟工作 F（终点节点）用虚箭线相连，同时应将原终点节点工作 G 与虚拟工作 F（终点节点）用虚箭线相连，于是得到工作 F 的最早开始时间和最早完成时间为 $ES_F = EF_F = \max[25,26] = 26$。

该网络计划的计算工期为 26，计算结果如图 3.39 所示。

3. 相邻两项工作之间的时间间隔的计算

由于相邻两项工作之间的搭接关系不同，其时间间隔的计算方法也有所不同。

(1) 搭接关系为结束到开始（$FTS$）时的时间间隔

如果在搭接网络计划中出现 $ES_j > (EF_i + FTS_{i,j})$ 的情况，则说明在工作 $i$ 和工作 $j$ 之间存在时间隔 $LAG_{i,j}$。

$$LAG_{i,j} = ES_j - (EF_i + FTS_{i,j}) = ES_j - EF_i - FTS_{i,j} \tag{3-47}$$

(2) 搭接关系为开始到开始（$STS$）时的时间间隔

如果在搭接网络计出现 $ES_j > (ES_i + STS_{i,j})$ 的情况，则说明在工作 $i$ 和工作 $j$ 之间

存在时间间隔 $LAG_{i,j}$。

$$LAG_{i,j} = ES_j - (ES_i + STS_{i,j}) = ES_j - ES_i - STS_{i,j} \tag{3-48}$$

(3) 搭接关系为结束到结束 (FTF) 时的时间间隔

如果在搭接网格计划中出现 $EF_j > (EF_i + FTF_{i,j})$ 的情况，则说明在工作 $i$ 和工作 $j$ 之间存在时间间隔 $LAG_{i,j}$。

$$L.AG_{i,j} = EF_j - (EF_i + FTF_{i,j}) = EF_j - EF_i - FTF_{i,j} \tag{3-49}$$

(4) 搭接关系为开始到结束 (STF) 时的时间间隔

如果在搭接网络计划中出现 $EF_j > (ES_i + STF_{i,j})$ 的情况，则说明在工作 $i$ 和工作 $j$ 之间存在时间间隔 $LAG_{i,j}$。

$$LAG_{i,j} = EF_j - (ES_i + STF_{i,j}) = EF_j - ES_i - STF_{i,j} \tag{3-50}$$

(5) 混合搭接关系时的时间间隔

当相邻两项工作之间存在两种时距及以上的搭接关系时，应分别计算时间间隔，然后取其中的最小值，即

$$LAG_{i,j} = \min\begin{bmatrix} ES_j - EF_j - FTS_{i,j} \\ ES_j - ES_i - STS_{i,j} \\ EF_j - EF_i - FTF_{i,j} \\ EF_j - ES_j - STF_{i,j} \end{bmatrix} \tag{3-51}$$

根据上述计算公式即可计算出本例中相邻两项工作之间的时间间隔，其结果如图 3.39 中箭线下方数字所示。

4. 关键线路的确定

与简单的单代号网络计划一样，可以利用相邻两项工作之间的时间间隔来判定关键线路，即从搭接网络计划的终点节点开始，逆着箭线方向依次找出相邻两项工作之间时间间隔为零的线路就是关键线路。同样从搭接网络计划的起点节点开始，顺着箭线方向依次找出相邻两项工作之间时间间隔为零的线路就是关键线路。因此可以归纳为所有相邻两项工作之间时间间隔均为零的线路就是关键线路。在搭接网络计划中，由于搭接关系的存在，线路上工作总持续时间最长的线路不一定为关键线路。

关键线路上的工作即为关键工作，关键工作的总时差最小。在搭接网络计划中，全部由关键工作相连组成的线路不一定为关键线路，只有同时保证相邻两项关键工作之间的时间间隔为零而构成的线路才是关键线路。

例如，在本例中，线路 S-C-E-F 为关键线路，关键工作是工作 C 和工作 E，而工作 S 和工作 F 为虚拟工作，它们的总时差均为零。

5. 自由时差的计算

搭接网络计划中工作的自由时差可以利用式 (3-37) 和式 (3-38) 计算，其结果如图 3.40 所示。

6. 总时差的计算

搭接网络计划中工作的总时差可以利用式 (3-35) 和式 (3-36) 计算，其结果如图 3.41 所示。

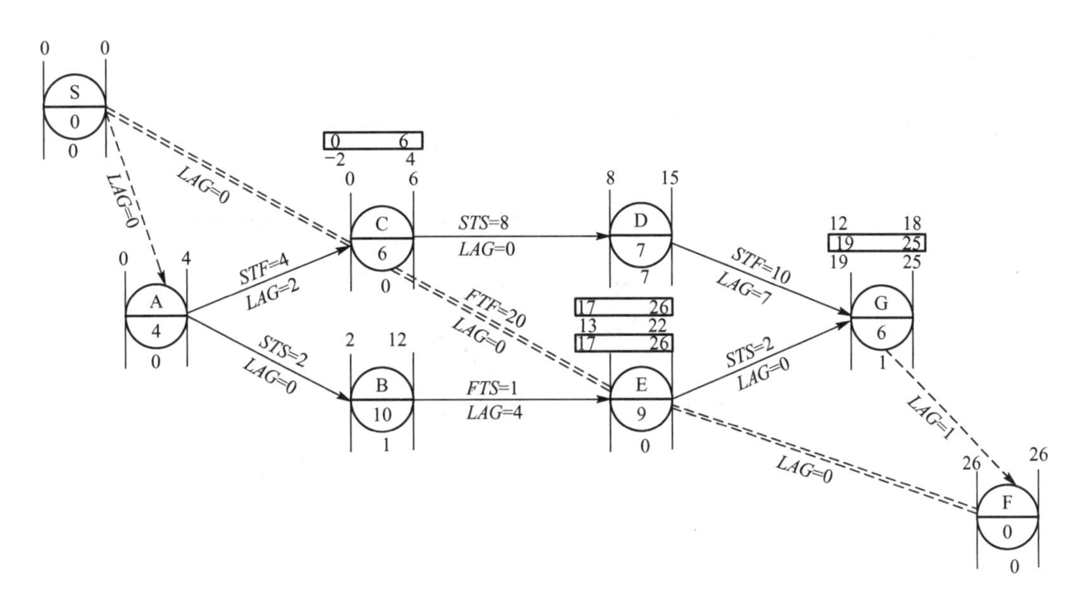


图 3.40 自由时差计算

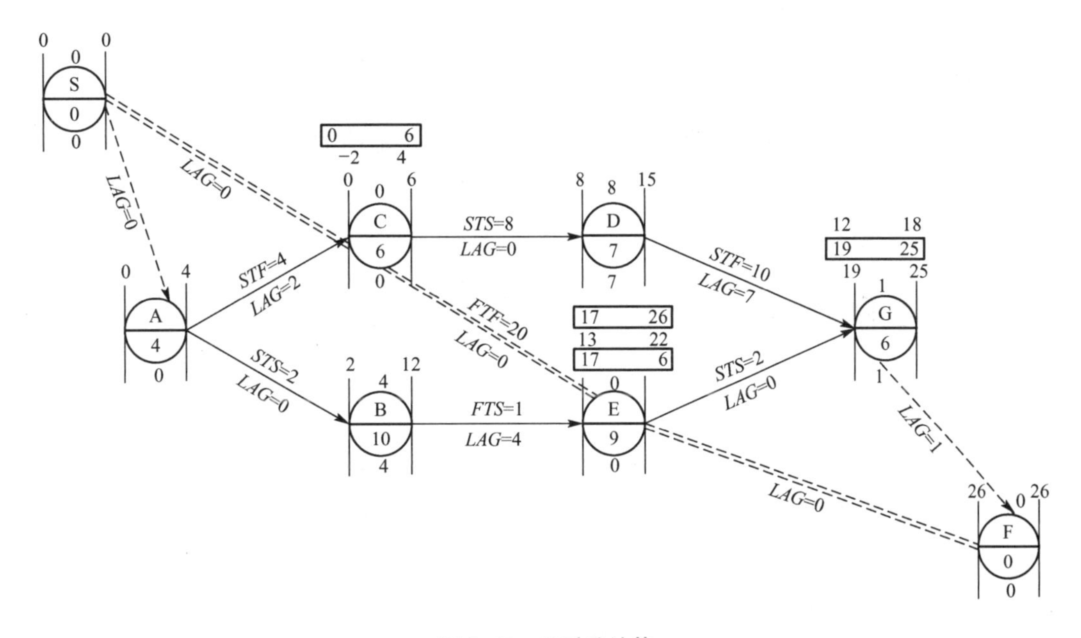


图 3.41 总时差计算

7. 工作的最迟开始时间和最迟完成时间的计算

工作的最迟开始时间和最迟完成时间可以利用式（3－39）和式（3－40）计算，其结果如图 3.42 所示。

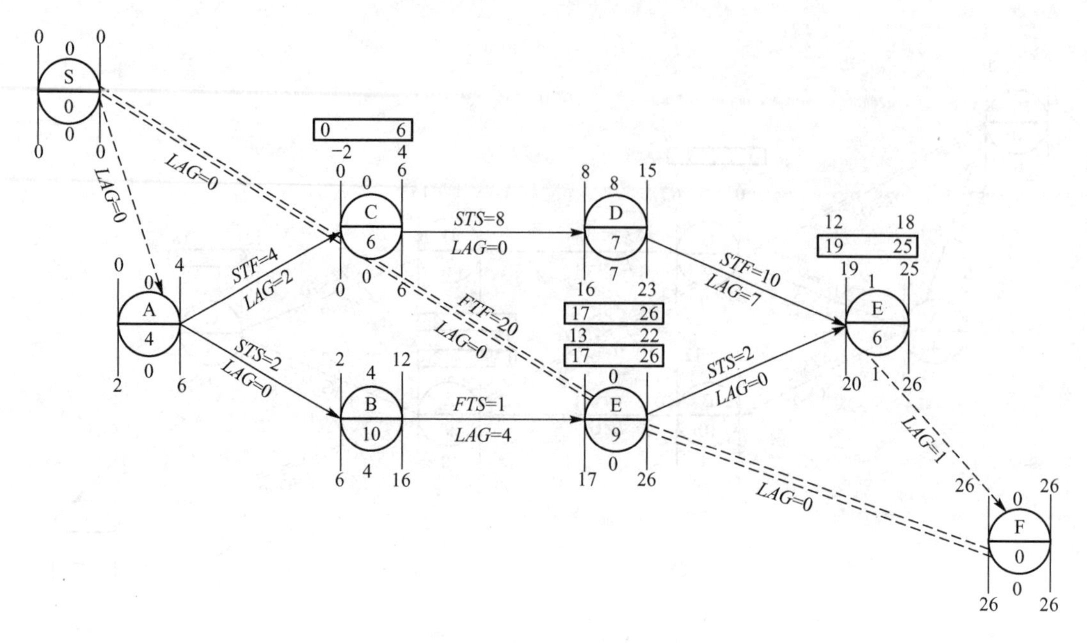


图 3.42 工作的最迟开始时间和最迟完成时间计算

【网络计划的优化】

# 3.5 网络计划的优化

网络计划的优化，就是在满足既定的约束条件下，按某一目标，通过不断调整寻求最优网络计划方案的过程。

网络计划优化包括工期优化、费用优化和资源优化。

## 3.5.1 工期优化

1. 概念

工期优化是指网络计划的计算工期不满足要求工期时，通过压缩关键工作的持续时间以满足要求工期的过程，若仍不能满足要求，需调整方案或重新审定要求工期。

2. 压缩关键工作考虑的因素

① 压缩对质量、安全影响不大的工作。

② 压缩有充足备用资源的工作。

③ 压缩增加费用最少的工作，即压缩直接费用率或赶工费用率或优选系数最小的工作。

3. 压缩方法

① 当只有一条关键线路时，在其他情况均能保证的条件下，压缩直接费用率或赶工费用率或优选系数最小的关键工作。

② 当有多条关键线路时，应同时压缩各条关键线路相同的数值，压缩直接费用率或赶工费用率或优选系数组合最小者。

③ 由于压缩过程中非关键线路可能转为关键线路，切忌压缩“一步到位”。

4. 举例

**【例 3.4】** 某施工网络计划在⑤节点之前已延迟 15 天，施工网络计划如图 3.43 所示。为保证原工期，试进行工期优化（图中箭线上部的数字表示压缩一天增加的费用率，单位为元/天；下部括号外的数字表示工作正常作业时间；括号内的数字表示工作极限作业时间）。

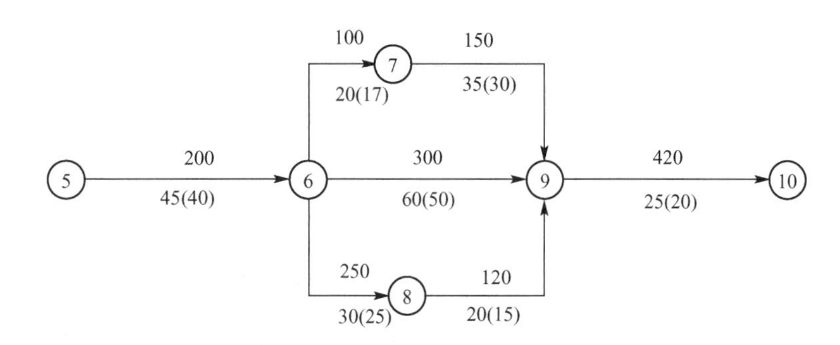


图 3.43 某施工网络计划

**【解】** (1) 找关键线路

在原正常持续时间状态下，关键线路如图 3.44 中的双线所示。

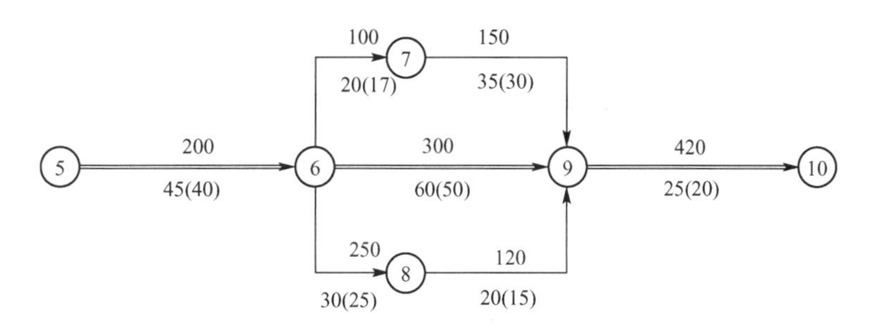


图 3.44 正常持续时间的网络计划

(2) 压缩关键线路上关键工作持续时间

图 3.44 所示网络计划只有一条关键线路时，应压缩直接费用率最小的工作。

① 第一次压缩：压缩⑤→⑥工作 5 天，由于考虑压缩的关键工作⑤→⑥、⑥→⑨、⑨→⑩直接费用率分别为 200 元/天、300 元/天、420 元/天，所以选择压缩⑤→⑥工作直接费增加 200×5=1000（元），得到如图 3.45 所示的新计划，有一条关键线路，工期仍拖延 10 天，故应进一步压缩。

② 第二次压缩：关键线路为⑤→⑥→⑨→⑩，由于⑤→⑥工作不能再压缩，只能选择压缩关键工作⑥→⑨工作或⑨→⑩工作。压缩⑥→⑨工作和⑨→⑩工作的直接费用率分

别为 300 元/天、420 元/天，所以应压缩⑥→⑨工作 5 天，直接费增加 300×5＝1500（元）。得到如图 3.46 所示的网络计划，有两条关键线路，此时工期仍拖延 5 天，故应进一步压缩。

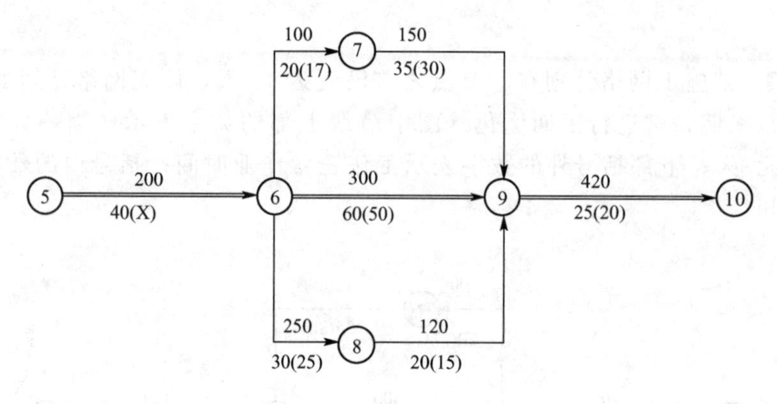


图 3.45　第一次压缩后的网络计划

③ 第三次压缩：当第二次压缩后计划变成⑤→⑥→⑦→⑨→⑩、⑤→⑥→⑨→⑩两条关键线路，应同时压缩组合直接费用率最小的工作。所以，应在同时压缩⑥→⑦和⑥→⑨、同时压缩⑦→⑨和⑥→⑨与压缩⑨→⑩工作三种方案中选择。上述三种方案压缩时组合直接费用率分别为 400 元/天、450 元/天和 420 元/天，因而第三次压缩选择同时压缩⑥→⑦和⑥→⑨的工作 3 天，直接费增加 400×3＝1200（元）。如图 3.47 所示，网络计划仍有两条关键线路不变。工期仍拖延 2 天，需继续压缩。

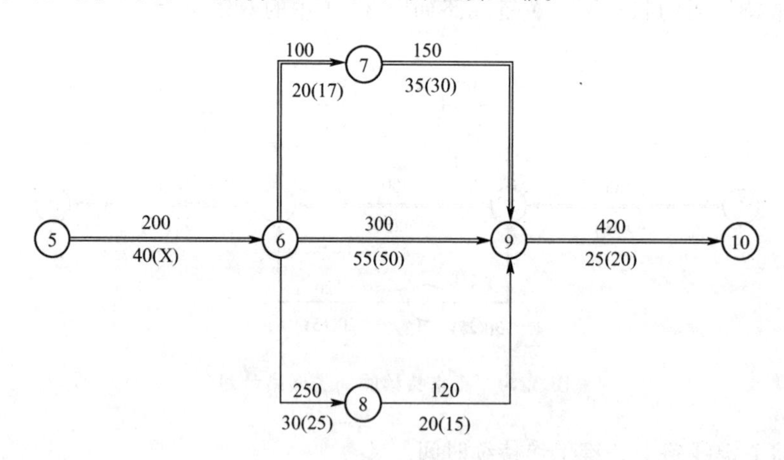


图 3.46　第二次压缩后的网络计划

④ 第四次压缩：由于⑥→⑦工作不能再压缩，所以选择同时压缩⑦→⑨和⑥→⑨与仅压缩⑨→⑩两种情况，同时压缩⑦→⑨和⑥→⑨工作，直接费用率为 450 元/天，仅压缩⑨→⑩直接费用率为 420 元/天，所以选择压缩⑨→⑩工作 2 天，如图 3.48 所示，共赶工 15 天，可以保证原工期。直接费增加 420×2＝840（元），为保证原工期，直接费共增加 4540 元。

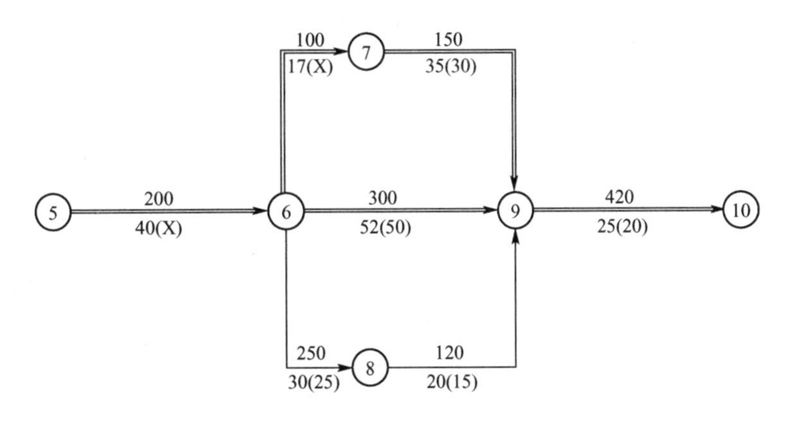


图 3.47　第三次压缩后的网络计划

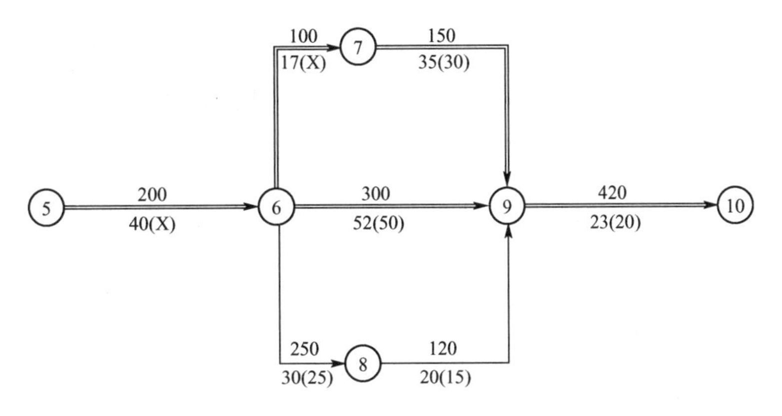


图 3.48　第四次压缩后的网络计划

## 3.5.2 费用优化

费用优化又称工期成本优化，是指寻求工程总成本最低时的工期安排，或按要求工期寻求最低成本的计划安排的过程。

【费用优化】

1. 工程费用与时间的关系

(1) 工程费用与工期的关系

工程总费用由直接费和间接费组成。直接费由人工费、材料费、机械费、措施费等组成。施工方案不同，直接费也不同。如果施工方案一定，工期不同，直接费也不同。直接费会随着工期的缩短而增加。间接费包括管理费等内容，一般随着工期的缩短而减少。工程费用与工期的关系如图 3.49 所示，当确定一个最优的工期时，就能使总费用达到最小，这也是费用优化的目标。

(2) 工作直接费与持续时间的关系

由于网络计划的工期取决于关键工作的持续时间，为了进行工期优化必须分析网络计划中各项工作的直接费与持续时间的关系，它是网络计划工期成本优化的基础。

工作的直接费随着持续时间的缩短而增加，如图 3.50 所示。

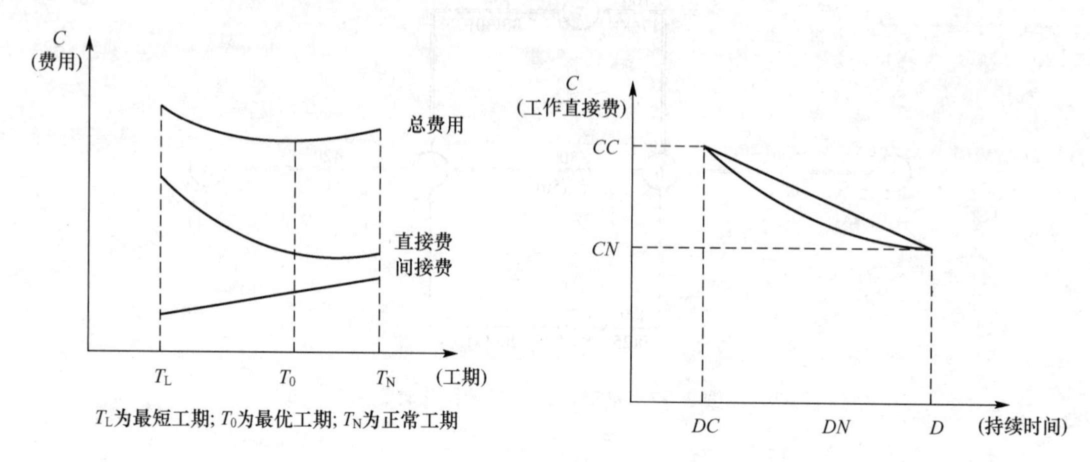


图 3.49 费用-工期曲线

图 3.50 工作直接费与持续时间的关系曲线

为简化计算，工作的直接费与持续时间之间的关系被近似地认为是一条直线关系。工作的持续时间每缩短单位时间而增加的直接费称为直接费用率，直接费用率可按式（3-52）计算。

$$\Delta C_{i\text{-}j}=\frac{CC_{i\text{-}j}-CN_{ij}}{DN_{i\text{-}j}-DC_{i\text{-}j}} \tag{3-52}$$

式中：$\Delta C_{i\text{-}j}$ ——工作 $i-j$ 的直接费用率；

$CC_{i\text{-}j}$ ——按最短（极限）持续时间完成工作 $i-j$ 时所需的直接费；

$CN_{i\text{-}j}$ ——按正常持续时间完成工作 $i-j$ 时所需的直接费；

$DN_{i\text{-}j}$ ——工作 $i-j$ 的正常持续时间；

$DC_{i\text{-}j}$ ——工作 $i-j$ 的最短（极限）持续时间。

2. 费用优化方法

费用优化的基本思路：不断地在网络计划中找出直接费用率（或组合直接费用率）最小的关键工作，缩短其持续时间，同时考虑间接费用随工期缩短而减少的数值，最后求得工程总成本最低时的最优工期安排或按要求工期求得最低成本的计划安排。

按照上述基本思路，费用优化可按以下步骤进行。

① 按工作的正常持续时间确定计算工期和关键线路。

② 计算各项工作的直接费用率。

③ 当只有一条关键线路时，应找出组合直接费用率最小的一项关键工作，作为缩短持续时间的对象；当有多条关键线路时，应找出组合直接费用率最小的一组关键工作，作为缩短持续时间的对象。

④ 对于选定的压缩对象（一项关键工作或一组关键工作），首先要比较其直接费用率或组合直接费用率与工程间接费用率的大小，然后进行压缩。压缩方法有以下几种。

A. 如果被压缩对象的直接费用率或组合直接费用率大于工程间接费用率，说明压缩关键工作的持续时间会使工程总费用增加，此时应停止缩短关键工作的持续时间，在此之前的方案即为优化方案。

B. 如果被压缩对象的直接费用率或组合直接费用率等于工程间接费用率，说明压缩关键工作的持续时间不会使工程总费用增加，故应缩短关键工作的持续时间。

C. 如果被压缩对象的直接费用率或组合直接费用率小于工程间接费用率，说明压缩关键工作的持续时间会使工程总费用减少，故应缩短关键工作的持续时间。

⑤ 当需要缩短关键工作的持续时间时，其缩短值的确定必须符合下列两条原则。

A. 缩短后工作的持续时间不能小于其最短持续时间。

B. 缩短持续时间的工作不能变成非关键工作。

⑥ 计算关键工作持续时间缩短后相应的总费用。

$$优化后工程总费用=初始网络计划的费用+直接费增加费-间接费减少费用 \tag{3-53}$$

⑦ 重复上述步骤③～⑥步，直至计算工期满足要求工期或被压缩对象的直接费用率或组合直接费用率大于工程间接费用率为止。

⑧ 计算优化后的工程总费用。

3. 优化举例

【费用优化举例】

【例 3.5】 某施工网络计划，其各工作的持续时间如图 3.51 所示，直接费用率见表 3-6。已知间接费用率为 120 元/天，试进行费用优化。

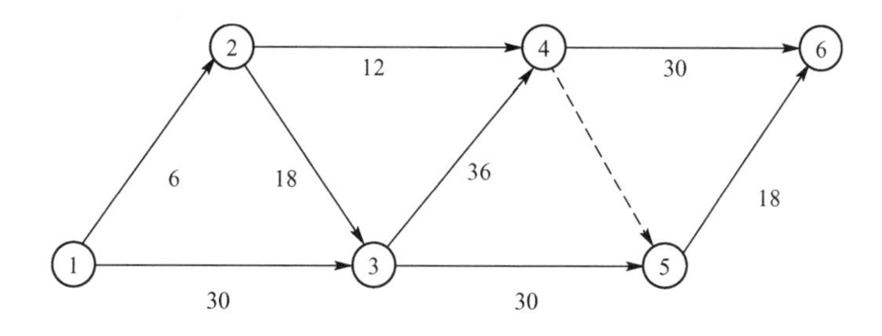


图 3.51 某施工网络计划

表 3-6 各工作持续时间及直接费用率

| 工作 | 正常时间 | | 极限时间 | | 费用率/(元/天) |
|---|---|---|---|---|---|
| | 时间/元 | 费用/元 | 时间/元 | 费用/元 | |
| 1-2 | 6 | 1500 | 4 | 2000 | 250 |
| 1-3 | 30 | 7500 | 20 | 8500 | 100 |
| 2-3 | 18 | 5000 | 10 | 6000 | 125 |
| 2-4 | 12 | 4000 | 8 | 4500 | 125 |
| 3-4 | 36 | 12000 | 22 | 14000 | 143 |
| 3-5 | 30 | 8500 | 18 | 9200 | 58 |
| 4-6 | 30 | 9500 | 16 | 10300 | 57 |
| 5-6 | 18 | 4500 | 10 | 5000 | 62 |

【解】 (1) 按工作的正常持续时间确定计算工期和关键线路

计算工期和关键线路如图 3.52 所示。

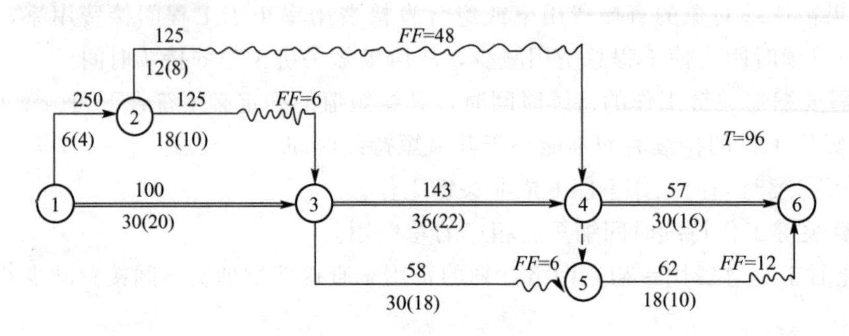


图 3.52 正常持续时间的网络计划

计算工期 $T=96$ 天，关键线路为①→③→④→⑥。此时初始网络计划的费用为 52500 元，由各工作作业时间乘以其直接费用率加上初始工期乘以间接费用率得到。

(2) 根据关键线路上各关键工作直接费用率压缩工期

由于①→③、③→④、④→⑥工作的直接费用率分别为 100 元/天、143 元/天和 57 元/天，首先压缩关键工作④→⑥工作 12 天，第一次压缩后的网络计划如图 3.53 所示。

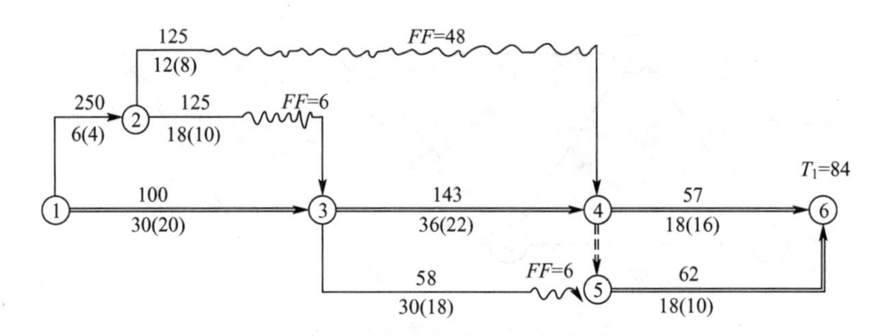


图 3.53 第一次压缩后的网络计划

这样网络有两条关键线路，即①→③→④→⑥和①→③→④→⑤→⑥。

增加直接费用 57×12=684 元。

(3) 第二次压缩

选取压缩①→③工作、压缩③→④工作、同时压缩④→⑥和⑤→⑥三种情况，压缩这三种情况的直接费增加分别为 100 元/天、143 元/天、119 元/天。①→③工作直接费 100 元/天相比最少，所以应压缩①→③工作 6 天，第二次压缩后的网络计划如图 3.54 所示。增加直接费用 100×6=600 (元)。

(4) 第三次压缩

有同时压缩①→③工作和①→②工作、同时压缩①→③工作和②→③工作、压缩③→④工作、同时压缩④→⑥工作和⑤→⑥工作四种情况，这四种情况的直接费用率分别为 350 元/天、225 元/天、143 元/天、119 元/天，四种情况的直接费用率（或组合直接费用率）最小的是同时压缩④→⑥工作和⑤→⑥工作。因此，应选取同时压缩④→⑥工作和⑤→⑥工作 2 天，第三次压缩后的网络计划如图 3.55 所示。

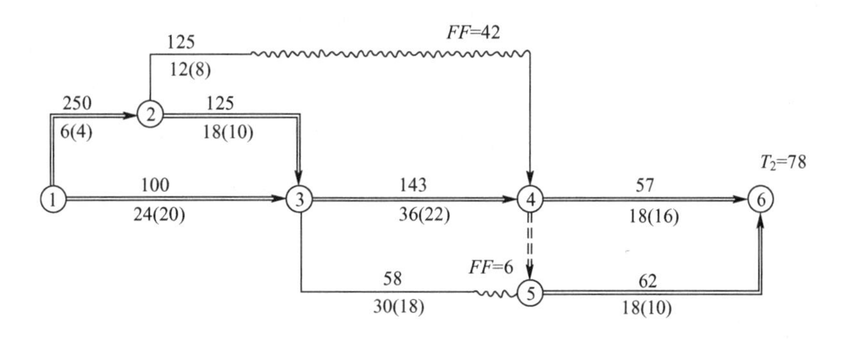


图 3.54 第二次压缩后的网络计划

增加直接费用 119×2=238（元）。

若再压缩，关键工作直接费用率（组合直接费用率）均大于间接费用率 120 元/天，因此当工期 $T_3=76$ 时，费用最优。

最优费用为 52500 + 684 + 600 + 238−120×20=51622（元）。

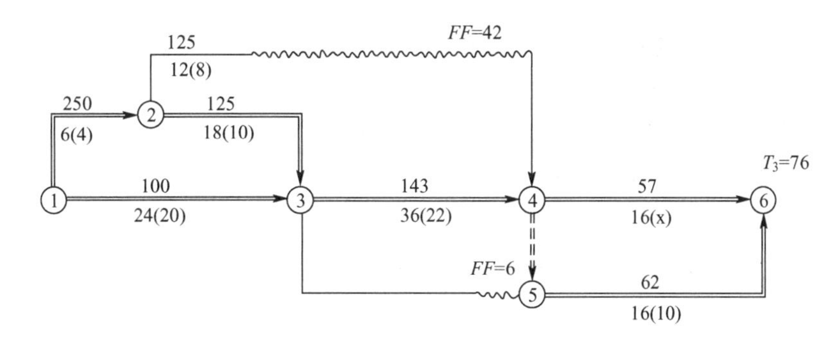


图 3.55 第三次压缩后的网络计划

## 3.5.3 资源优化

### 1. 资源优化概述

(1) 资源优化的概念

资源是指完成一项计划任务所需投入的人力、材料、机械设备和资金等。完成一项工程任务所需要的资源量基本上是不变的，不可能通过资源优化将其减少。资源优化的目的是通过改变工作的开始时间和完成时间，使资源按照时间分布符合优化目标。

(2) 资源优化的前提条件

资源优化的前提条件包括以下方面。

① 在优化过程中，不改变网络计划中各项工作之间的逻辑关系。

② 在优化过程中，不改变网络计划中各项工作的持续时间。

③ 网络计划中各项工作的资源强度（单位时间所需资源数量）为常数，而且是合理的。

④ 除规定可中断的工作外，一般不允许中断工作，应保持其连续性。

为简化问题，这里假定网络计划中的所有工作需要同一种资源。

(3) 资源优化的分类

在通常情况下，网络计划的资源优化分为两种，即“资源有限，工期最短”的优化和“工期固定，资源均衡”的优化。前者是通过调整计划安排，在满足资源限制条件下，使工期延长最小的过程，而后者是通过调整计划安排，在工期保持不变的条件下，使资源需用量尽可能均衡的过程。

### 2. “资源有限，工期最短”的优化步骤

“资源有限，工期最短”的优化一般可按以下步骤进行。

① 按照各项工作的最早开始时间安排进度计划，并计算网络计划每个时间单位的资源需用量。

② 从计划开始日期起，逐个检查每个时段（每个时间单位资源需用量相同的时间段）资源需用量是否超过所能供应的资源限量。如果在整个工期范围内每个时段的资源需用量均能满足资源限量的要求，则可行优化方案就编制完成；否则，必须转入下一步进行计划的调整。

③ 分析超过资源限量的时段。如果在该时段内有几项工作平行作业，则采取将一项工作安排在与之平行的另一项工作之后进行的方法，以降低该时段的资源需用量。

对于两项平行作业的工作 $m$ 和工作 $n$ 来说，为了降低相应时段的资源需用量，现将工作 $n$ 安排在工作 $m$ 之后进行，如图 3.56 所示。

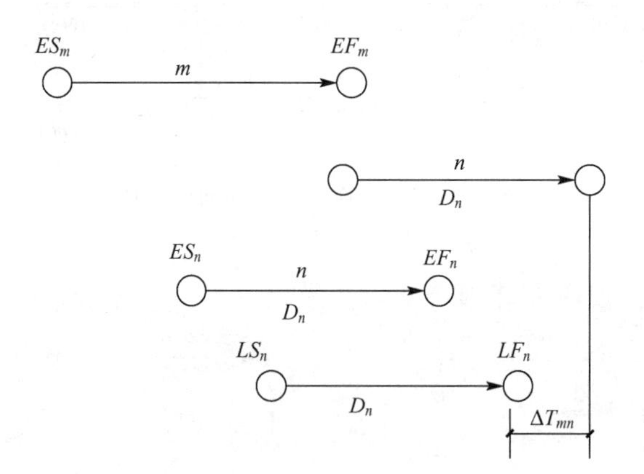


图 3.56　$m$、$n$ 两项工作的排序

如果将工作 $n$ 安排在工作 $m$ 之后进行，则网络计划的工期延长值为

$$\begin{aligned}\Delta T_{m,n} &= EF_m + D_n - LF_n \\ &= EF_m - (LF_n - D_n) \\ &= EF_m - LS_n\end{aligned} \tag{3-54}$$

式中：$\Delta T_{m,n}$ ——将工作 $n$ 安排在工作 $m$ 之后进行时网络计划的工期延长值；

$EF_m$ ——工作 $m$ 的最早完成时间；

$D_n$ ——工作 $n$ 的持续时间；

$LF_n$ ——工作 $n$ 的最迟完成时间；

$LS_n$ ——工作 $n$ 的最迟开始时间。

这样，在有资源冲突的时段中，对平行作业的工作进行两两排序，即可得出若干个 $\Delta T_{m,n}$。选择其中最小的 $\Delta T_{m,n}$，将相应的工作 $n$ 安排在工作 $m$ 之后进行，既可降低该时段的资源需用量，又使网络计划的工期延长最短。

④ 对调整后的网络计划安排重新计算每个时间单位的资源需用量。

⑤ 重复上述步骤②～④，直至网络计划整个工期范围内每个时间单位的资源需用量均满足资源限量为止。

### 3. “工期固定，资源均衡”的优化

安排建设工程进度计划时，需要使资源需用量尽可能的均衡，使整个工程每单位时间的资源需用量不出现过多的高峰和低谷，这样不仅有利于工程建设的组织与管理，而且可以降低工程费用。

“工期固定，资源均衡”的优化方法有多种，如方差值最小法、极差值最小法、削高峰法等，这里仅介绍方差值最小法。

（1）方差值最小法的基本原理

现假设已知某工程网络计划的资源需用量，则其方差为

$$\sigma^2 = \frac{1}{T}\sum_{t=1}^{T}(R_t - R_m)^2 \tag{3-55}$$

式中：$\sigma^2$——资源需用量方差；

$T$——网络计划的计算工期；

$R_t$——第 $t$ 个时间单位的资源需用量；

$R_m$——资源需用量的平均值。

式（3-55）可以简化为

$$\begin{aligned}\sigma^2 &= \frac{1}{T}\sum_{t=1}^{T}R_t^2 - 2R_m\cdot\frac{\sum_{t=1}^{T}R_t}{T} + \frac{1}{T}\sum_{t=1}^{T}R_m^2\\ &= \frac{1}{T}\sum_{t=1}^{T}R_t^2 - 2R_m\cdot R_m + \frac{1}{T}\cdot T\cdot R_m^2\\ &= \frac{1}{T}\sum_{t=1}^{T}R_t^2 - R_m^2\end{aligned} \tag{3-56}$$

由式（3-56）可知，由于工期 $T$ 和资源需用量的平均值 $R_m$ 均为常数，为使方差 $\sigma^2$ 最小，必须使资源需用量的平方和最小。

对于网络计划中的某项工作 $k$ 而言，其资源强度为 $r_k$。在调整计划前，工作 $k$ 从第 $i$ 个时间单位开始，到第 $j$ 个时间单位完成，则此时网络计划资源需用量的平方和为

$$\sum_{t=1}^{T}R_{t1}^2 = R_1^2 + R_2^2 + \cdots + R_i^2 + R_{i+1}^2 + \cdots + R_j^2 + R_{j+1}^2 + \cdots + R_T^2 \tag{3-57}$$

若将工作 $k$ 的开始时间右移一个时间单位，即工作 $k$ 从第 $i+1$ 个时间单位开始，到第 $j+1$ 个时间单位完成，则此时网络计划资源需用量的平方和为

$$\sum_{t=1}^{T}R_{t1}^2 = R_1^2 + R_2^2 + \cdots + (R_i - r_k)^2 + R_{i+1}^2 + \cdots + R_j^2 + (R_{j+1} + r_k)^2 + \cdots + R_T^2 \tag{3-58}$$

比较式（3－58）和式（3－57）可以得到，当工作 $k$ 的开始时间右移一个时间单位时，网络计划资源需用量平方和的增量 $\Delta$ 为

$$\Delta=(R_i-r_k)^2-R_i^2+(R_{j+1}+r_k)^2-R_{j+1}^2$$

即

$$\Delta=2r_k(R_{j+1}+r_k-R_i) \tag{3-59}$$

如果资源需用量平方和的增量 $\Delta$ 为负值，说明工作 $k$ 的开始时间右移一个时间单位能使资源需用量的平方和减小，也就使资源需用量的方差减小，从而使资源需用量更均衡。因此，工作 $k$ 的开始时间能够右移的判别式为

$$\Delta=2r_k(R_{j+1}+r_k-R_i)\leqslant 0 \tag{3-60}$$

由于工作 $k$ 的资源强度 $r_k$ 不可能为负值，故判别式（3－60）可以简化为

$$R_{j+1}+r_k-R_i\leqslant 0$$

即

$$R_{j+1}+r_k\leqslant R_i \tag{3-61}$$

判别式（3－61）表明，当网络计划中的工作 $k$ 完成时间之后的一个时间单位所对应的资源需用量 $R_{j+1}$ 与工作 $k$ 的资源强度 $r_k$ 之和不超过工作 $k$ 开始时所对应的资源需用量 $R_i$ 时，将工作 $k$ 右移一个时间单位能使资源需用量更加均衡。这时，就应将工作 $k$ 右移一个时间单位。

同理，如果判别式（3－62）成立，则说明将工作 $k$ 左移一个时间单位能使资源需用量更加均衡。这时，就应将工作 $k$ 左移一个时间单位。

$$R_{j+1}+r_k\leqslant R_j \tag{3-62}$$

如果工作 $k$ 不满足判别式（3－61）或判别式（3－62），则说明工作 $k$ 右移或左移一个时间单位不能使资源需用量更加均衡，这时可以考虑在其总时差允许的范围内，将工作 $k$ 右移或左移数个时间单位。

向右移时，判别式为

$$(R_{j+1}+r_k)+(R_{j+2}+r_k)+(R_{j+3}+r_k)+\cdots\leqslant R_i+R_{i+1}+R_{i+2}+\cdots \tag{3-63}$$

向左移时，判别式为

$$(R_{i-1}+r_k)+(R_{i-2}+r_k)+(R_{i-3}+r_k)+\cdots\leqslant R_j+R_{j-1}+R_{j-2}+\cdots \tag{3-64}$$

（2）优化步骤

按方差值最小的优化原理，“工期固定，资源均衡”的优化一般可按以下步骤进行。

① 按照各项工作的最早开始时间安排进度计划，并计算网络计划每个时间单位的资源需用量。

② 从网络计划的终点节点开始，按工作完成节点编号值从大到小的顺序依次进行调整。当某一节点同时作为多项工作的完成节点时，应先调整开始时间较迟的工作。

在调整工作时，一项工作能够右移或左移的条件包括以下方面。

A. 工作具有机动时间，在不影响工期的前提下能够右移或左移。

B. 工作满足判别式（3－61）或式（3－62），或者满足判别式（3－63）或式（3－64）。

只有同时满足以上两个条件，才能调整该工作，将其右移或左移至相应位置。

C. 当所有工作均按上述顺序自右向左调整了一次之后，为使资源需用量更加均衡，再按上述顺序自右向左进行多次调整，直至所有工作既不能右移也不能左移为止。

## 3.6 流水施工与网络计划安排进度计划的比较

流水施工与网络计划是两种安排进度计划的方法。通过两种进度计划的比较，可以揭示两种安排进度计划的实质。

### 3.6.1 流水施工的核心

一般说来，流水施工的施工组织方式强调连续、均衡和有节奏，其中连续是流水施工的核心。

① 连续施工在流水施工中包含两方面的含义：一方面指保证每一个施工过程在各施工段上连续施工，或者说专业工作队连续施工，或者说专业工作队不窝工，现称其为“工艺连续”；另一方面指相邻施工过程在同一施工段尽可能保持连续施工，或者说相邻施工过程至少在一个施工段上不空闲，或者说尽可能使工作面不空闲，现称其为“空间连续”。这种连续施工的特点决定了流水施工所安排的进度计划，根据后面的案例，这种连续施工的核心思想决定了流水施工进度计划的计算工期。

② 均衡施工是流水施工相对于顺序施工和平行施工在资源供应方面的优点体现，改善了顺序施工在同一时间内投入资源过少和平行施工在同一时间内投入资源过大的缺点，避免了施工期间劳动力和建筑材料使用的不均衡性，给资源的组织供应和运输等都带来了方便，可以达到节约使用资源的目的。

③ 有节奏施工是针对流水施工几种不同施工组织形式而言的。流水施工根据流水节拍的不同分为等节奏流水、异节奏流水和分别流水。有节奏施工是尽量使流水节拍安排得大致相等，使工人工作时间有一定的规律性，这种规律性可以带来良好的施工秩序、和谐的施工气氛和可观的经济效果。

横道图是流水施工核心思想的具体应用。横道图又称横线图、甘特图，它利用时间坐标上横线条的长度和位置来反映工程各施工过程的相互关系和进度。横道图的左边部分列出各施工过程（或工程对象）的名称，右边部分则用横线条表示工作进度线，用来表达各施工过程在时间和空间上的进展情况。

### 3.6.2 网络计划的核心

① 网络计划是由网络图表达任务构成、工作顺序并加注工作时间参数的进度计划。一般网络计划的优点是把施工过程中的各有关工作组成了一个有机的整体，因而能全面而明确地反映出各工作之间的相互制约和相互依赖的关系。通过网络计划可以进行各种时间计算，能在工作繁多、错综复杂的计划中找出影响工程进度的关键工作，便于管理人员集中精力抓施工中的主要矛盾，确保按期竣工。同时，通过利用网络计划中反映出来的各工作的机动时间，可以更好地运用和调配资源。在计划的执行过程中，当某一工作因故提前或拖后时，能从计划中预见到它对其他工作及总工期的影响程度，便于及早采取措施以充分利用有利的条件或有效地消除不利的因素。此外，还可以利用现代化的计算工具——计

算机，对复杂的计划进行绘图、计算、检查、调整与优化。它的缺点是从图上很难清晰地看出流水作业的情况，也难以根据一般网络图算出资源需要量的变化情况。

② 时标网络计划结合了横道图和一般网络计划的优点，在一般网络计划的基础上加注时间坐标，既简单明了，又能全面而明确地反映出各工作之间的相互关系、清晰的关键工作以及各工作的机动时间。

③ 无论是一般网络计划，还是时标网络计划，都强调施工过程之间相互制约和相互依赖的关系，这种关系称为逻辑关系。根据施工工艺和施工组织的要求分为工艺逻辑和组织逻辑，正是这种逻辑关系的存在，网络计划各工作之间才有主次之分，从而有关键工作的重点保证和非关键工作上机动时间的利用。总之，施工过程之间的逻辑关系决定了网络计划的计算工期，是网络计划的核心。

### 3.6.3 流水施工与网络计划的比较

① 横道图与网络计划尽管施工内容完全一样，但两者用不同的计划方法，在进度计划安排上侧重点不同，造成计算工期的差异。

② 在专业工作队分段施工中，网络计划强调逻辑关系（工艺逻辑和组织逻辑），流水施工进度计划强调施工连续，连续施工除隐含网络计划要求的工艺逻辑和组织逻辑关系外，还要求专业工作队连续施工的“工艺连续”以及保证工作面不空闲的“空间连续”，这样加大了流水步距，导致按流水施工进度计划安排的计算工期变长。按流水施工进度计划安排的计算工期 $T_{流}$ 与按网络计划安排的计算工期 $T_{网}$ 的大小关系为

$$T_{流} \geqslant T_{网} \tag{3-65}$$

### 3.6.4 应用案例

**【例 3.6】** 某土建基础工程，施工过程为挖槽（A）→垫层（B）→墙基（C）→回填土（D），施工段 $m=4$（Ⅰ、Ⅱ、Ⅲ、Ⅳ），其施工过程在各施工段上的流水节拍或持续时间见表 3-7。试分别编制该土建基础工程的流水进度计划和网络进度计划。

表 3-7　施工过程的流水节拍（持续时间）　单位：天

| 施工过程 | 施工段Ⅰ | 施工段Ⅱ | 施工段Ⅲ | 施工段Ⅳ |
| --- | --- | --- | --- | --- |
| 挖槽 A | 5 | 6 | 5 | 6 |
| 垫层 B | 2 | 1 | 2 | 1 |
| 墙基 C | 4 | 3 | 5 | 4 |
| 回填土 D | 2 | 2 | 4 | 2 |

**【解】**（1）按流水施工安排进度计划——横道图

按潘特考夫斯基法（累加数列求和错位相减，取其最大值）求流水步距。

首先，将施工过程的流水节拍依次累加得一数列，见表 3-8。

表 3-8 施工过程累加数列求和

| 施工过程 | 施工段Ⅰ | 施工段Ⅱ | 施工段Ⅲ | 施工段Ⅳ |
|---|---|---|---|---|
| 挖槽 A | 5 | 11 | 16 | 22 |
| 垫层 B | 2 | 3 | 5 | 6 |
| 墙基 C | 4 | 7 | 12 | 16 |
| 回填土 D | 2 | 4 | 8 | 10 |

其次，将上述数列错位相减取最大值得流水步距，见表 3-9～表 3-11。

表 3-9 A 与 B 错位相减

| A 与 B | 5 | 11 | 16 | 22 | 0 |
|---|---|---|---|---|---|
| | 0 | 2 | 3 | 5 | 6 |
| | 5 | 9 | 13 | 17 | −6 |
| $k_{AB}$=max [5，9，13，17，−6] =17 | | | | | |

表 3-10 B 与 C 错位相减

| B 与 C | 2 | 3 | 5 | 6 | 0 |
|---|---|---|---|---|---|
| | 0 | 4 | 7 | 12 | 16 |
| | 2 | −1 | −2 | −6 | −16 |
| $k_{BC}$=max [2，−1，−2，−6，−16] =2 | | | | | |

表 3-11 C 与 D 错位相减

| C 与 D | 4 | 7 | 12 | 16 | (0) |
|---|---|---|---|---|---|
| | 0 | 2 | 4 | 8 | 10 |
| | 4 | 5 | 8 | 8 | −10 |
| $k_{CD}$=max [4，5，8，8，−10] =8 | | | | | |

计算工期，得

$$T_{流} = \sum k + t_n = k_{AB} + k_{BC} + k_{CD} + t_n = 17 + 2 + 8 + 10 = 37(天)$$

绘制横道图，如图 3.57 所示。

本方法计算流水步距采用的“累加数列错位相减取其最大值”法实际上体现了流水施工连续施工的实质。如计算流水步距 $k_{AB}$，为保证施工段Ⅰ不空闲，$k_{AB\text{Ⅰ}}=5$；为保证施工段Ⅱ不空闲，$k_{AB\text{Ⅱ}}=9$；为保证施工段Ⅲ不空闲，$k_{AB\text{Ⅲ}}=13$；为保证施工段Ⅳ不空闲，$k_{AB\text{Ⅳ}}=17$。考虑流水施工连续施工，专业工作队连续施工（“工艺连续”）且相邻施工过程至少有一个施工段不空闲，取 $k_{AB}$=max [5，9，13，17，−6] =17，体现“空间连续”。

(2) 按网络计划安排进度计划

按一般网络计划绘制双代号时标网络计划。

时标网络计划本质上也是网络计划，常用双代号表示。现按网络计划的逻辑关系绘制双代号网络图后，不经计算，按最早时间参数直接绘制双代号时标网络计划，如图 3.58 所示，计算工期为 29，短于流水施工工期 37。

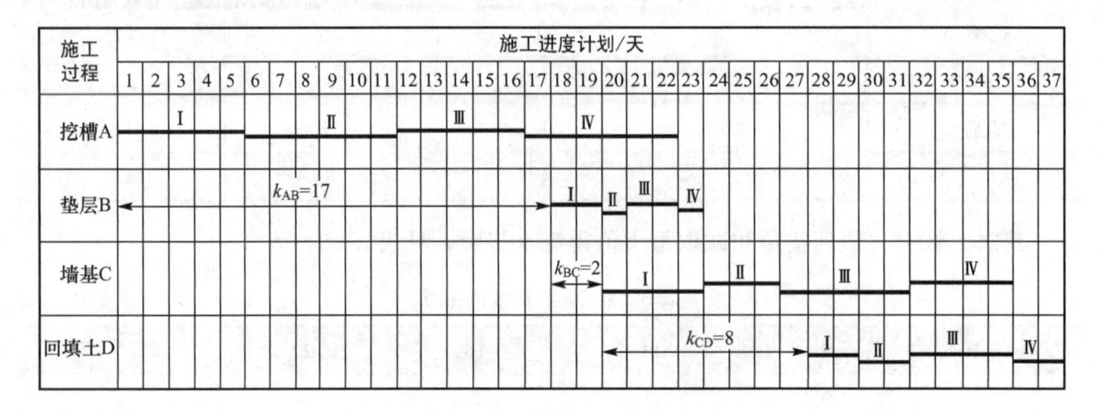


图 3.57　某土建基础工程流水进度计划

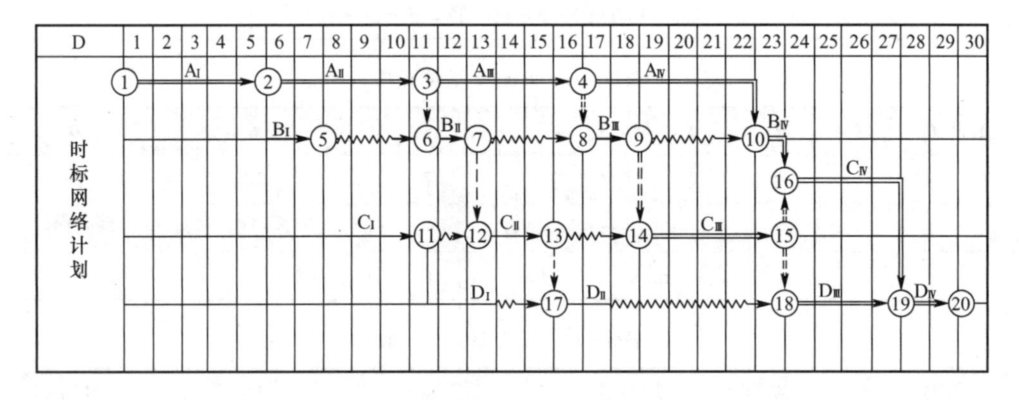


图 3.58　某土建基础工程按时标网络计划安排

(3) 结论

流水施工与网络计划是安排进度计划的两种方法，流水施工强调连续施工，而网络计划强调施工过程之间的逻辑关系正确，因而在安排进度计划时得出完全不同的计算工期。从本案例得出，按流水施工进度计划计算的工期为 $T_{流}=37$，按一般网络计划计算的工期为 $T_{网}=29$。比较分析图 3.57 与图 3.58，不难得出它们在进度安排上的实质。在分段施工的条件下，按流水施工进度安排的计算工期 $T_{流}$ 与按网络计划安排的计算工期 $T_{网}$ 的大小关系为

$$T_{流} \geqslant T_{网}$$

## 本章小结

通过本章学习，学生可以掌握网络图的绘制和网络计划的编制，包括双代号网络计划、时标网络计划、单代号网络计划和单代号搭接网络计划。

网络技术是最先进的进度计划和进度控制的工具，通过对网络图的绘制、时间参数计算、优化，具备进度管理的初步能力。

网络计划与流水施工是两种安排进度计划的方法，通过两种进度计划的理论比较和实例，可以揭示两种安排进度计划的实质。

# 习　题

一、单项选择题

1. 某工程双代号网络计划如图3.59所示，其关键线路有（　　）条。

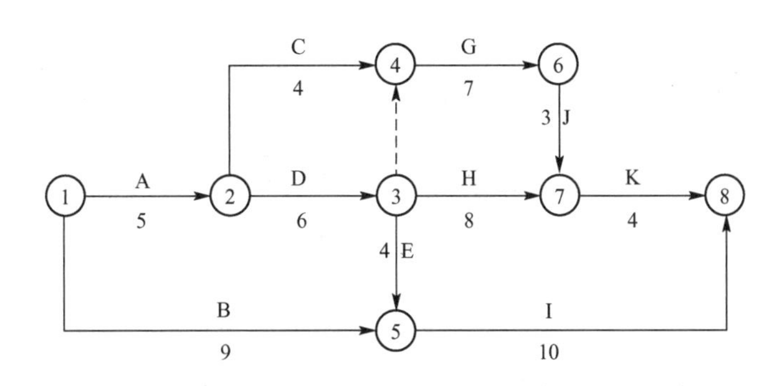


图3.59　某工程双代号网络计划

A. 1　　B. 2　　C. 3　　D. 4

2. 在工程网络计划中，关键线路是指（　　）的线路。

A. 单代号网络计划中时间间隔全部为零

B. 单代号搭接网络计划中时距总和最大

C. 双代号网络计划中由关键节点组成

D. 双代号时标网络计划中无虚箭线

3. 在工程网络计划中，关键线路是指（　　）的线路。

A. 单代号网络计划中由关键工作组成　　B. 双代号网络计划中无虚箭线

C. 双代号时标网络计划中无波形线　　D. 单代号搭接网络计划中时距总和最小

4. 某工程单代号网络计划如图3.60所示，其关键线路有（　　）条。

A. 4　　B. 3　　C. 2　　D. 1

5. 某工程单代号搭接网络计划如图3.61所示，节点中下方数字为该工作的持续时间，其中关键工作是（　　）。

A. 工作A和工作B　　B. 工作C和工作D

C. 工作B和工作E　　D. 工作C和工作E

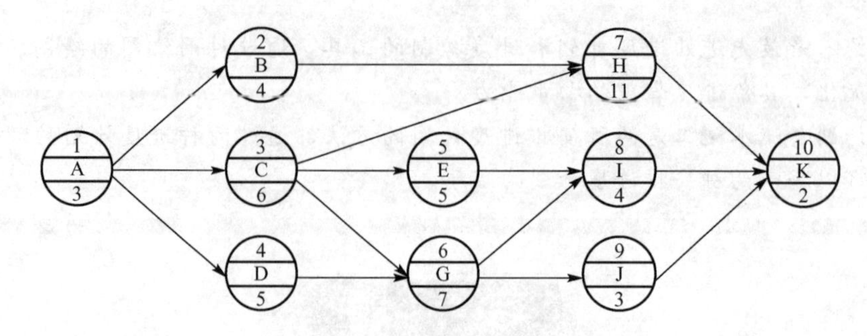

图 3.60　某工程单代号网络计划

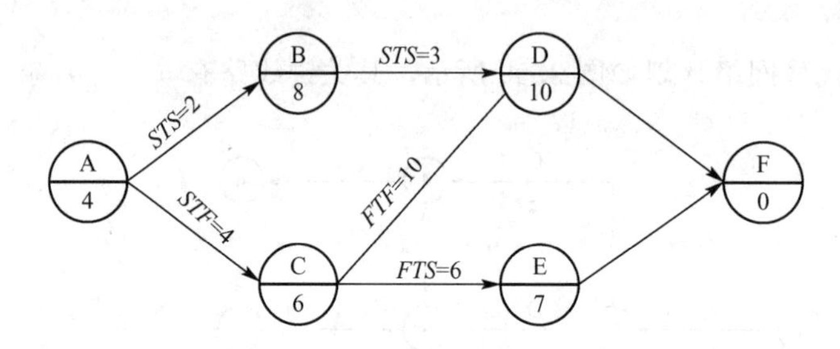

图 3.61　某工程单代号搭接网络计划

二、多项选择题

1. 在工程网络计划中，判别关键工作的条件是该工作（　　）。

A. 总时差最小

B. 自由时差最小

C. 最迟完成时间与最早完成时间的差值最小

D. 当计算工期与计划工期相等时，总时差为 0

E. 最迟开始时间与最早开始时间的差值最小

2. 某分部工程双代号网络计划如图 3.62 所示（时间单位：天），图中已标出每个节点的最早时间和最迟时间，该计划表明（　　）。

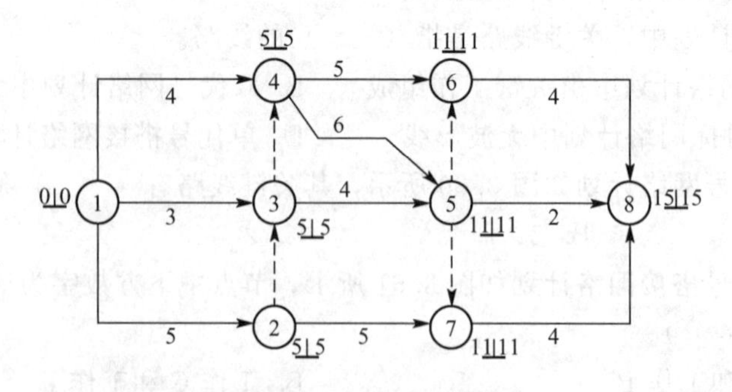

图 3.62　某分部工程双代号网络计划

A. 所有节点均为关键节点　　　　B. 所有工作均为关键工作

C. 计算工期为 15 天且关键线路有两条　　D. 工作 1－3 与工作 1－4 的总时差相等

E. 工作 2－7 的总时差和自由时差相等

3. 在某工程网络计划中，已知工作 P 的总时差和自由时差分别为 5 天和 2 天，检查进度时，发现该工作的持续时间延长了 6 天，说明此时工作 P 的实际进度（　　）。

A. 既不影响总工期，也不影响其后续工作的正常进行

B. 不影响总工期，但将其紧后工作最早开始时间推迟 4 天

C. 将其紧后工作最早开始时间推迟 4 天，并使总工期延长 1 天

D. 将其紧后工作最早开始时间推迟 1 天，并使总工期延长 1 天

E. 将其紧后工作最迟开始时间推迟 1 天，并使总工期延长 1 天

三、简答题

1. 什么是网络图？什么是网络计划？

2. 什么是逻辑关系？虚工作的作用是什么？举例说明。

3. 双代号网络图绘制规则有哪些？

4. 一般网络计划要计算哪些时间参数？简述各参数的符号。

5. 什么是总时差？什么是自由时差？两者有何关系？

6. 什么是关键线路？对于双代号网络计划和单代号网络计划，如何判断关键线路？

7. 简述双代号网络计划中工作计算法的计算步骤。

8. 简述单代号网络计划与双代号网络计划的异同。

9. 时标网络计划有什么特点？

10. 什么是搭接网络计划？试举例说明工作之间的各种搭接关系。

11. 简述网络计划优化的分类。

12. 简述网络计划与流水施工安排进度计划本质的不同。

四、作图题

1. 已知工作之间的逻辑关系见表 3－12～表 3－14，试分别绘制双代号网络图和单代号网络图。

表 3－12　工作之间的逻辑关系（一）

| 工作 | A | B | C | D | E | G | H |
|---|---|---|---|---|---|---|---|
| 紧前工作 | C、D | E、H | — | — | — | D、H | — |

表 3－13　工作之间的逻辑关系（二）

| 工作 | A | B | C | D | E | G |
|---|---|---|---|---|---|---|
| 紧前工作 | — | — | — | — | B、C、D | A、B、C |

表 3－14　工作之间的逻辑关系（三）

| 工作 | A | B | C | D | E | G | H | I | J |
|---|---|---|---|---|---|---|---|---|---|
| 紧前工作 | E | H、A | J、G | H、I、A | — | H、A | — | — | E |

2. 某网络计划的有关资料见表 3－15，试绘制双代号网络计划，并在图中标出各项工作的六个时间参数，用双箭线标明关键线路。

表 3-15　某网络计划资料

| 工作 | A | B | C | D | E | F | G | H | I | J | K |
|---|---|---|---|---|---|---|---|---|---|---|---|
| 持续时间 | 22 | 10 | 13 | 8 | 15 | 17 | 15 | 6 | 11 | 12 | 20 |
| 紧前工作 | — | — | B、E | A、C、H | — | B、E | E | F、G | F、G | A、C、I、H | F、G |

3. 已知网络计划如图 3.63 所示：箭线下方括弧外的数字表示工作的正常持续时间，括弧内的数字表示工作的最短持续时间；箭线上方括弧内的数字为优选系数。要求工期为 12 天，试对其进行工期优化。

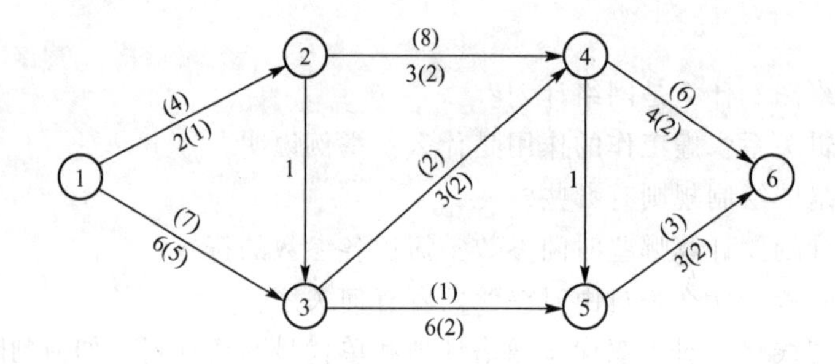


图 3.63　某网络计划

# 第4章 施工进度计划的控制与应用

## 教学目标

本章主要讲述施工进度计划的控制与应用。通过本章学习，学生应达到以下目标。

(1) 了解施工进度计划监测与调整的系统过程。

(2) 掌握横道图比较法、S曲线比较法和前锋线比较法。

(3) 掌握施工进度计划中的组织、经济、技术和管理等控制措施。

(4) 熟悉进度计划的调整方法。

(5) 掌握施工进度计划在工期索赔和工期费用综合索赔中的应用。

## 教学要求

| 知识要点 | 能力要求 | 相关知识 |
| --- | --- | --- |
| 施工进度计划监测与调整的系统过程 | (1) 熟悉施工进度计划监测的系统过程<br>(2) 熟悉施工进度计划调整的系统过程 | (1) 进度计划监测系统过程的步骤<br>(2) 进度计划调整系统过程的步骤 |
| 实际进度与计划进度的比较方法 | (1) 掌握横道图比较法<br>(2) 掌握S曲线比较法<br>(3) 掌握前锋线比较法 | (1) 横道图比较法<br>(2) S曲线比较法<br>(3) 前锋线比较法 |
| 施工进度计划的控制措施 | 掌握施工进度计划中的组织、经济、技术和管理等控制措施 | 组织、经济、技术和管理控制措施 |
| 施工进度计划的调整方法 | 熟悉进度计划的调整方法 | (1) 缩短某些工作的持续时间<br>(2) 改变某些工作的逻辑关系 |
| 施工进度计划的应用 | (1) 掌握工期索赔<br>(2) 掌握工期费用综合索赔 | (1) 工期索赔的原理与应用步骤<br>(2) 工期费用综合索赔的原理与应用步骤 |

**基本概念**

进度计划监测系统、进度计划调整系统、横道图比较法、S曲线比较法、前锋线比较法、逻辑关系、工期索赔、工期费用综合索赔

**引例**

项目都有明确的工期目标，在项目实施中，需要对项目范围管理确认的全部活动进行计划（Plan）—执行（Do）—检查（Check）—处理（Action）的PDCA循环，以按期完成任务。实际进度的检查、比较、调查是本章的要点。

如某110kV户内配送式变电站新建工程，变电站土建包括建筑面积1900m²的综合配电楼、主变压器基础及废油池、电缆隧道、泵房及蓄水池、化粪池、站内外道路、围墙与大门等；变电站电气装置安装包括主变压器系统设备安装、主控及直流设备安装、110kV GIS气体绝缘全封闭组合电器安装、10kV及站用配电装置安装、无功补偿装置安装、全站电缆敷设等。施工单位计划开工日期为2015年10月10日，计划完工日期为2016年9月30日，与配套建设的输电线路工程（110kV进线2回，10kV出线10回）同时完工。为按期达标投运，试编制该变电站施工进度计划，并跟踪检查进度计划的执行情况，及时优化、纠正进度偏差。

进度计划是施工前的预期进度安排，在其实施过程中，必然会因为新情况的产生、各种干扰因素和风险因素的作用而发生变化，难以按原定的计划按部就班执行。为此进度控制人员必须掌握动态控制原理，在计划执行过程中不断检查进度和工程实际进展情况，并将实际情况与计划安排进行比较，找出偏离计划的信息，然后在分析偏差及其产生原因的基础上，通过采取措施，使之能正常实施。如果采取措施后，不能维持原计划，则需要对原进度计划进行调整或修改，再按新的进度计划实施。这样在进度计划的执行过程中不断进行检查和调整，以保证建设工程进度计划得到有效的实施和控制。

# 4.1 施工进度计划监测与调整的系统过程

为保证建设工程进度计划得到有效的实施和控制，必须对施工进度计划进行系统监测与调整。

## 4.1.1 进度监测的系统过程

在建设工程实施过程中，应经常地、定期地对进度计划的执行情况跟踪检查，发现问题后，及时采取措施加以解决。建设工程进度监测的系统过程如图4.1所示。

(1) 进度计划的实施

根据进度计划的要求，制定各种措施，按预定的计划进度安排建设工程各项工作。

(2) 实际进度数据的收集及加工处理

对进度计划的执行情况进行跟踪检查是计划执行信息的主要来源，是进度分析和调整的依据，也是进度控制的关键步骤。跟踪检查的主要工作是定期收集反映工程实际进度的

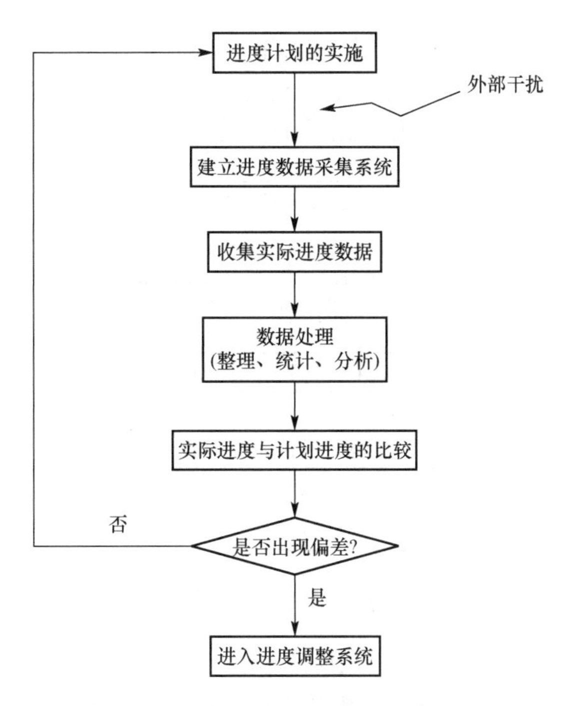


图 4.1 建设工程进度监测的系统过程

有关数据，收集的数据应当全面、真实、可靠，不完整或不正确的进度数据将导致判断不准确或决策失误。为了进行实际进度与计划进度的比较，必须对收集到的实际进度数据进行加工处理，形成与计划进度具有可比性的数据。例如，对检查时段实际完成工作量的进度数据进行整理、统计和分析，确定本期累计完成的工作量、本期已完成的工作量占计划工作量的百分比等。

(3) 实际进度与计划进度的比较

将实际进度数据与计划进度数据进行比较，可以确定建设工程实际执行状况与计划目标之间的差距。为了直观反映实际进度偏差，通常采用表格或图形进行实际进度与计划进度的对比分析，从而得出实际进度比计划进度超前、滞后还是一致的结论。

若实际进度与计划进度不一致，则应对计划进行调整或对实际工作进行调整，使实际进度与计划进度尽可能一致。

## 4.1.2 进度调整的系统过程

在建设工程实施进度监测过程中，一旦发现实际进度偏离计划进度，即出现进度偏差时，必须认真分析产生偏差的原因及其对后续工作和总工期的影响，必要时采取合理、有效的调整措施，确保进度总目标的实现。建设工程进度调整的系统过程如图 4.2 所示。

(1) 分析产生进度偏差的原因

通过实际进度与计划进度的比较，发现进度偏差时，为了采取有效措施调整进度计划，必须深入现场进行调查，分析产生进度偏差的原因。

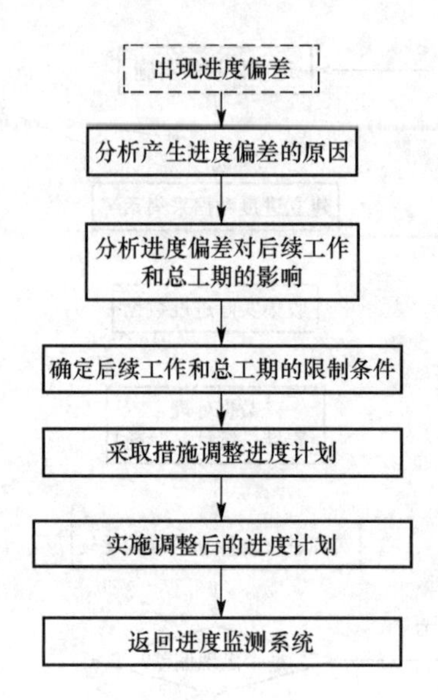


图 4.2　建设工程进度调整的系统过程

(2) 分析进度偏差对后续工作和总工期的影响

当查明进度偏差产生的原因之后，要分析进度偏差对后续工作和总工期的影响程度，以确定是否应采取措施调整进度计划。

(3) 确定后续工作和总工期的限制条件

当出现的进度偏差影响到后续工作或总工期而需要采取进度调整措施时，应当首先确定可调整进度的范围，主要指关键节点、后续工作的限制条件以及总工期允许变化的范围。这些限制条件往往与合同条件、自然因素和社会因素有关，需要认真分析后确定。

(4) 采取措施调整进度计划

采取进度调整措施，应以后续工作和总工期的限制条件为依据，确保要求的进度目标得到实现。

(5) 实施调整后的进度计划

计划调整之后，应采取相应的组织、经济、技术和管理措施执行，并继续监测其执行情况。

## 4.2　实际进度与计划进度的比较方法

实际进度与计划进度的比较是建设工程进度监测的主要环节，常用的进度比较方法有横道图比较法、S曲线比较法和前锋线比较法。

### 4.2.1　横道图比较法

横道图比较法是指将项目实施过程中检查实际进度收集到的数据，经加工整理后直接用横道线平行绘于原计划进度的横道线处，进行实际进度与计划进度的比较方法。采用横道图比较法，可以形象、直观地反映实际进度与计划进度的比较情况。

1. 匀速进展横道图比较法

匀速进展是指在工程项目中，每项工作在单位时间内完成的任务量都是相等的，即工作的进展速度是均匀的。此时，每项工作累计完成的任务量与时间呈线性关系。

采用匀速进展横道图比较法时，其步骤如下。

① 编制横道图进度计划。

② 在进度计划上标出检查日期。

③ 将检查收集到的实际进度数据经加工整理后按比例用涂黑的粗线标于计划进度的下方，如图 4.3 所示。

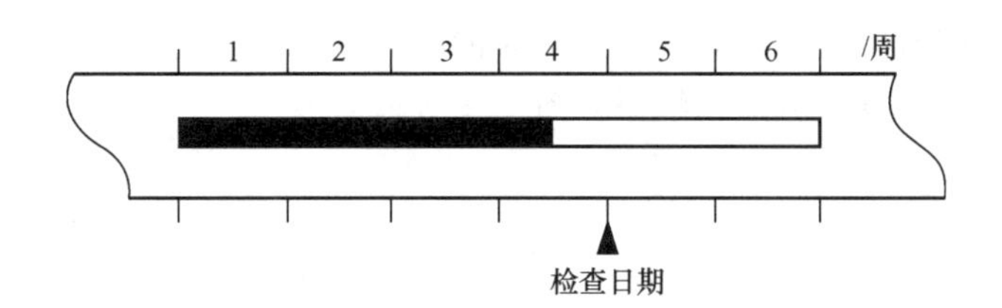


图 4.3 匀速进展横道图比较

④ 对比分析实际进度与计划进度。

A. 如果涂黑的粗线右端落在检查日期左侧，表明实际进度拖后。

B. 如果涂黑的粗线右端落在检查日期右侧，表明实际进度超前。

C. 如果涂黑的粗线右端与检查日期重合，表明实际进度与计划进度一致。

应该强调，该方法仅适用于工作从开始到结束的整个过程中，其进展速度均为固定不变的情况。如果工作的进展速度是变化的，则不能采用这种方法进行实际进度与计划进度的比较，否则，会得出错误的结论。

2. 非匀速进展横道图比较法

当工作在不同单位时间里的进展速度不相等时，累计完成的任务量与时间的关系就不可能是线性关系，此时应采用非匀速进展横道图比较法进行工作实际进度与计划进度的比较。

非匀速进展横道图比较法在用涂黑粗线表示工作实际进度的同时，还要标出其对应时刻完成任务量的累计百分比，并将该百分比与其同时刻计划完成任务量的累计百分比相比较，判断工作实际进度与计划进度之间的关系。

采用非匀速进展横道图比较法时，其步骤如下。

① 绘制横道图进度计划。

② 在横道线上方标出各主要时间工作的计划完成任务量累计百分比。

③ 在横道线下方标出相应时间工作的实际完成任务量累计百分比。

④ 用涂黑粗线标出工作的实际进度，从开始之日标起，同时反映出该工作在实施工程中的连续与间断情况。

⑤ 比较同一时刻实际完成任务量累计百分比和计划完成任务量累计百分比，判断工作实际进度与计划进度之间的关系。

A. 如果同一时刻横道线上方累计百分比大于横道线下方累计百分比，表明实际进度拖后，拖欠的任务量为二者之差。

B. 如果同一时刻横道线上方累计百分比小于横道线下方累计百分比，表明实际进度超前，超前的任务量为二者之差。

C. 如果同一时刻横道线上下方两个累计百分比相等，表明实际进度与计划进度一致。

由于工作进展速度是变化的，因此，无论是计划的还是实际的，图中的横道线只能表示工作的开始时间、完成时间和持续时间，并不表示计划完成的任务量和实际完成的任务量。此外，采用非匀速进展横道图比较法，不仅可以进行某一时刻（如检查日期）实际进度与计划进度的比较，而且还能进行某一时间段实际进度与计划进度的比较。当然，这需要实施部门按规定的时间记录当时的任务完成情况。

例如，某非匀速进展横道图比较图如图 4.4 所示。

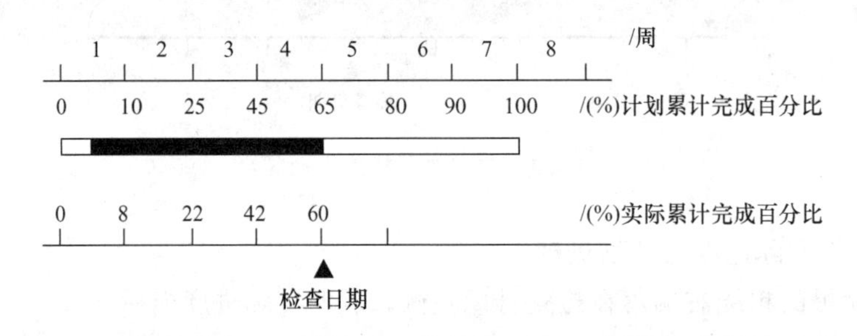


图 4.4　非匀速进展横道图比较

图 4.4 所反映的信息：横道线上方标出的土方开挖工作每周计划完成任务量的百分比分别为 10%、15%、20%、20%、15%、10%、10%；计划累计完成任务量的百分比为 10%、25%、45%、65%、80%、90%、100%；横道线下方标出第 1 周至检查日期第 4 周每周实际完成任务量的百分比分别为 8%、14%、20%、18%；实际累计完成任务量的百分比分别为 8%、22%、42%、60%；每周实际进度百分比分别为拖后 2%，超前 1%，正常，拖后 2%；各周累计拖后分别为 2%、3%、3%、5%。

横道图比较法比较简单、形象直观、易于掌握、使用方便，但由于其以横道计划为基础，因而带有不可克服的局限性。在横道计划中，各项工作之间的逻辑关系表达不明确，关键工作和关键线路无法确定。一旦某些工作实际进度出现偏差，难以预测其对后续工作和工程总工期的影响，也就难以确定相应的进度计划调整方法。因此，横道图比较法主要用于工程项目中某些工作实际进度与计划进度的局部比较。

## 4.2.2 S 曲线比较法

**S 曲线比较法**是以横坐标表示时间，纵坐标表示累计完成任务量，绘制一条按计划时间累计完成任务量的 S 曲线；然后将工程项目实施过程中各检查时间实际累计完成任务量的 S 曲线也绘制在同一坐标系中，进行实际进度与计划进度比较的一种方法。

从整个工程项目实际进展全过程看，单位时间投入的资源量一般是开始和结束时较少，中间阶段较多。与其相对应，单位时间完成任务量也呈同样的变化规律，如图 4.5

示。而随工程进展累计完成任务量则应呈S形变化，如图4.6所示。由于其形似英文字母“S”，S曲线因此而得名，S曲线可以反映整个工程项目进度的快慢信息。

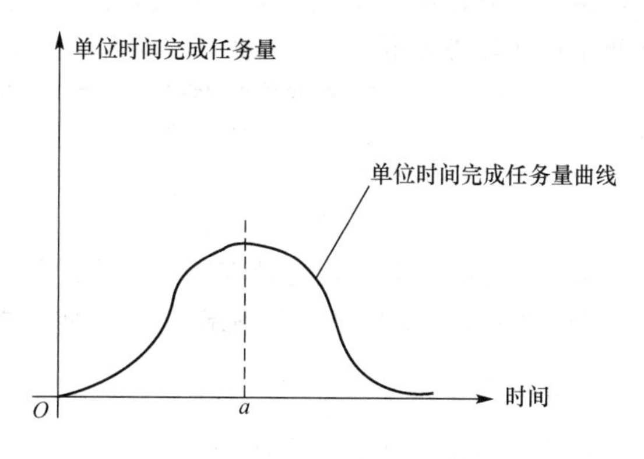


图4.5 单位时间完成任务量曲线

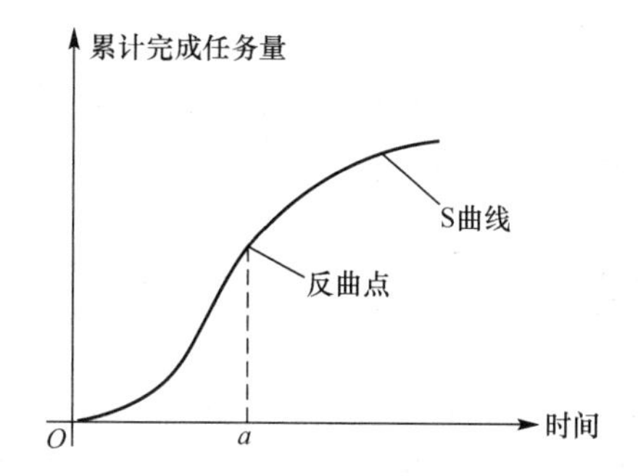


图4.6 时间与累计完成任务量关系曲线

同横道图比较法一样，S曲线比较法也是在图上进行工程项目实际进度与计划进度的直观比较。在工程项目实施过程中，按照规定时间将检查收集到的实际累计完成任务量绘制在原计划进度S曲线图上，即可得到实际进度S曲线，如图4.7所示。通过比较实际进度S曲线和计划进度S曲线，可以获得如下信息。

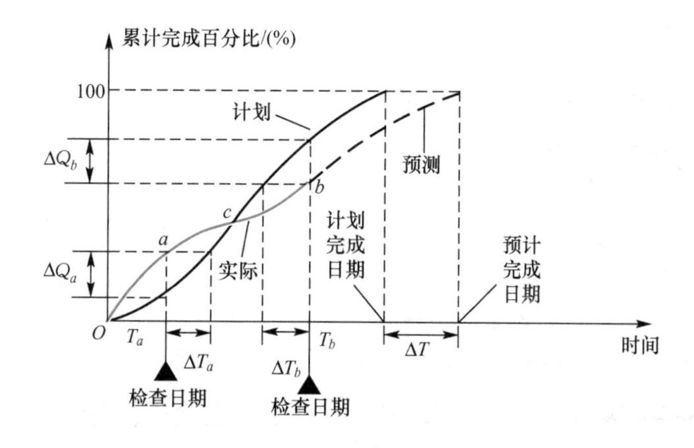


图4.7 S曲线比较图

1. 工程项目的实际进展状况

如果工程实际进展点落在计划进度S曲线左侧，表明此时实际进度比计划进度超前，如图4.7中的$a$点；如果工程实际进展点落在计划进度S曲线右侧，表明此时实际进度拖后，如图4.7中的$b$点；如果工程实际进展点正好落在计划进度S曲线上，则表示此时实际进度与计划进度一致，如图4.7中的$c$点。

2. 工程项目实际进度超前或拖后的时间

在S曲线比较图中可以直接读出实际进度比计划进度超前或拖后的时间。如图4.7所示，$\Delta T_a$表示$T_a$时刻实际进度超前的时间，$\Delta T_b$表示$T_b$时刻实际进度拖后的时间。

3. 工程项目实际超额或拖欠的任务量

在S曲线比较图中也可直接读出实际进度比计划进度超额或拖欠的任务量。如图4.7所示，$\Delta Q_a$表示$T_a$时刻超额完成的任务量，$\Delta Q_b$表示$T_b$时刻拖欠的任务量。

4. 后期工程进度预测

如果后期工程按原计划进度进行，则可做出后期工程计划进度S曲线，如图4.7中虚线所示，从而可以确定工期拖延预测值$\Delta T$。

## 4.2.3 前锋线比较法

【前锋线比较法】

前锋线比较法是通过绘制某检查时刻工程项目实际进度前锋线，进行工程实际进度与计划进度比较的方法，它主要适用于时标网络计划。所谓前锋线，是指在原时标网络计划上，从检查时刻的时标点出发，用点划线依次将各项工作实际进展位置点连接而成的折线。前锋线比较法就是通过实际进度前锋线与原进度计划中各工作箭线交点的位置来判断工作实际进度与计划进度的偏差，进而判定该偏差对后续工作及总工期影响程度的一种方法。

1. 前锋线比较法的步骤

采用前锋线比较法进行实际进度与计划进度的比较，其步骤如下。

(1) 绘制时标网络计划图

工程项目实际进度前锋线是在时标网络计划图上标示的。为清楚起见，可在时标网络计划图的上方和下方各设一时间坐标。

(2) 绘制实际进度前锋线

一般从时标网络计划图上方时间坐标的检查日期开始绘制，依次连接相邻工作的实际进展位置点，最后与时标网络计划图下方坐标的检查日期相连接。

工作实际进展位置点的标定方法有两种。

① 按该工作已完成任务量比例进行标定：假设工程项目中各项工作均为匀速进展，根据实际进度检查时刻该工作已完成任务量占其计划完成总任务量的比例，在工作箭线上从左至右按相同的比例标定其实际进展位置点。

② 按尚需作业时间进行标定：当某些工作的持续时间难以按实物工程量来计算而只

能凭经验估算时，可以先估算出检查时刻到该工作全部完成尚需作业的时间，然后在该工作箭线上从右向左逆向标定其实际进展位置点。

(3) 进行实际进度与计划进度的比较

前锋线可以直观地反映出检查日期有关工作实际进度与计划进度之间的关系。对于某项工作来说，其实际进度与计划进度之间的关系可能存在以下三种情况。

① 工作实际进展位置点落在检查日期的左侧，表明该工作实际进度拖后，拖后时间为二者之差。

② 工作实际进展位置点与检查日期重合，表明该工作实际进度与计划进度一致。

③ 工作实际进展位置点落在检查日期的右侧，表明该工作实际进度超前，超前的时间为二者之差。

(4) 预测进度偏差对后续工作及总工期的影响

通过实际进度与计划进度的比较确定进度偏差后，还可根据工作的自由时差和总时差预测该进度偏差对后续工作及项目总工期的影响。由此可见，前锋线比较法既适用于工作实际进度与计划进度之间的局部比较，又可用来分析和预测工程项目整体进度状况。值得注意的是，以上比较是针对匀速进展的工作。

2. 示例

**【例 4.1】** 某工程项目时标网络计划如图 4.8 所示。该计划执行到第 6 周末检查实际进度时，发现工作 A 和 B 已经全部完成，工作 D、E 分别完成计划任务量的 20%和 50%，工作 C 尚需 3 周完成，试用前锋线比较法进行实际进度与计划进度的比较。

**【解】** 根据第 6 周末实际进度的检查结果绘制前锋线，如图 4.8 中点划线所示。通过比较可以看出以下几点。

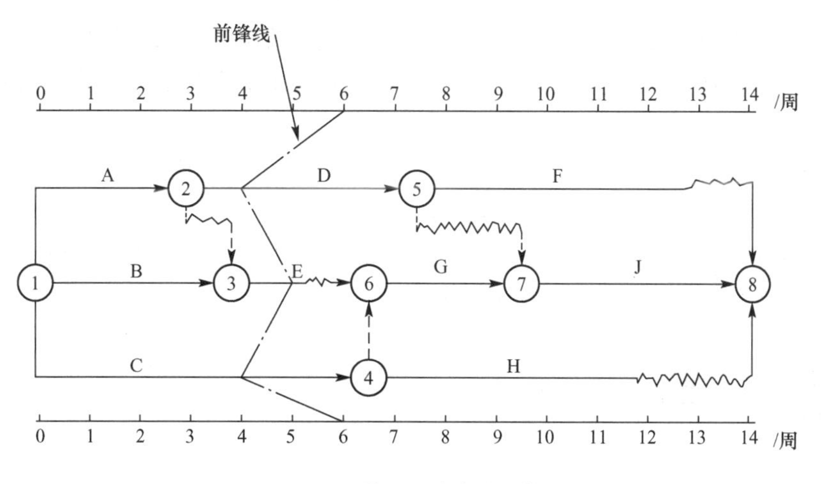


图 4.8 某工程前锋线比较

(1) 工作 D 实际进度拖后 2 周，将使其后续工作 F 的最早开始时间推迟 2 周，并使总工期延长 1 周。

(2) 工作 E 实际进度拖后 1 周，既不影响总工期，也不影响其后续工作的正常进行。

(3) 工作 C 实际进度拖后 2 周，将使其后续工作 G、H、J 的最早开始时间推迟 2 周。

由于工作 G、J 开始时间的推迟，从而使总工期延长 2 周。综上所述，如果不采取措施加快进度，该工程项目的总工期将延长 2 周。

# 4.3 施工进度计划的控制措施

施工进度计划的控制措施包括组织措施、经济措施、技术措施和管理措施，其中最重要的措施是组织措施，最有效的措施是经济措施。

## 4.3.1 组织措施

组织措施包括以下内容。

① 建立进度控制目标体系，明确建设工程现场监理组织机构中进度控制人员及其职责分工。

② 建立进度计划审核制度和进度计划实施中的检查分析制度。

③ 建立进度协调会议制度。会议是组织和协调的重要手段，对进度协调会议的组织设计，包括确定会议的类型、级别及参加单位和人员，明确协调会议举行的时间、地点等，建立会议文件的整理、分发和确认流程等。

④ 系统的目标决定了系统的组织，组织是目标能否实现的决定性因素，因此首先建立项目的进度控制目标体系。

⑤ 充分重视健全项目管理的组织体系，在项目组织结构中应有专门的工作部门和符合进度控制岗位资格的专人负责进度控制工作。进度控制的主要工作环节包括进度目标的分析和论证、编制进度计划、定期跟踪进度计划的执行情况、采取纠偏措施，以及调整进度计划，这些工作任务和相应的管理职能应在项目管理组织设计的任务分工表和管理职能分工表中标示并落实。

⑥ 建立进度报告、进度信息沟通网络、进度计划审核、进度计划实施中的检查分析、图纸审查、工程变更和设计变更管理等制度。

⑦ 应编制项目进度控制的工作流程，如确定项目进度计划系统的组成，确定各类进度计划的编制程序、审批程序和计划调整程序等。

## 4.3.2 经济措施

常见的经济措施包括以下内容。

① 为确保进度目标的实现，应编制与进度计划相适应的资源需求计划（资源进度计划），包括资金需求计划和其他资源（人力和物力资源）需求计划，以反映工程实施的各时段所需要的资源。通过资源需求的分析，可发现所编制的进度计划实现的可能性，若资源条件不具备，则应调整进度计划；同时考虑可能的资金总供应量、资金来源（自有资金和外来资金）以及资金供应的时间。

② 及时办理工程预付款及工程进度款支付手续。

③ 在工程预算中应考虑加快工程进度所需要的资金，其中包括为实现进度目标将要采取的经济激励措施所需要的费用，如对应急赶工给予优厚的赶工费用及对工期提前给予奖励等。

④ 对工程延误收取误期损失赔偿金。

### 4.3.3 技术措施

技术措施包括以下内容。

① 不同的设计理念、设计技术路线、设计方案会对工程进度产生不同的影响。在设计工作的前期，特别是在设计方案评审和选用时，应对设计技术与工程进度的关系做分析比较。

② 采用技术先进和经济合理的施工方案，改进施工工艺、施工技术和施工方法，选用更先进的施工机械。

③ 审查进度计划合理性，使之能在合理的状态下施工。

④ 编制进度控制工作细则，指导进度管理人员实施进度控制。

⑤ 采用网络计划技术及其他科学适用的计划方法，并结合计算机的应用，对建设工程进度实施动态控制。

### 4.3.4 管理措施

建设工程项目进度控制的管理措施涉及管理的思想、管理的方法、管理的手段、承发包模式、合同管理和风险管理等。在理顺组织的前提下，科学和严谨的管理显得十分重要。

采取相应的管理措施时必须注意以下问题。

① 建设工程项目进度控制在管理观念方面存在的主要问题：缺乏进度计划系统的观念，分别编制各种独立而互不联系的计划，形成不了计划系统；缺乏动态控制的观念，只重视计划的编制，而不重视及时地进行计划的动态调整；缺乏进度计划多方案比较和选优的观念。合理的进度计划应体现资源的合理使用、工作面的合理安排，有利于提高建设质量，有利于文明施工和有利于合理地缩短建设周期。因此对于建设工程项目进度控制必须有科学的管理思想。

② 用工程网络计划的方法编制进度计划必须很严谨地分析和考虑工作之间的逻辑关系，通过工程网络的计算可发现关键工作和关键路线，也可知道非关键工作可利用的时差，工程网络计划的方法有利于实现进度控制的科学化，是一种科学的管理方法。

③ 重视信息技术（包括相应的软件、局域网、互联网以及数据处理设备）在进度控制中的应用。虽然信息技术对于进度控制而言只是一种管理手段，但它的应用有利于提高进度信息处理的效率，有利于提高进度信息的透明度，有利于促进进度信息的交流和项目各参与方的协同工作。

④ 承发包模式的选择直接关系到工程实施的组织和协调。为了实现进度目标，应选择合理的合同结构，以避免过多的合同交界面而影响工程的进展。

⑤ 加强合同管理和索赔管理，协调合同工期与进度计划的关系，保证合同中进度目标的实现；同时严格控制合同变更，尽量减少由于合同变更引起的工程拖延。

⑥ 为实现进度目标，不但应进行进度控制，还应注意分析影响工程进度的风险，并在分析的基础上采取风险管理措施，以减少进度失控的风险量。常见的影响工程进度的风险有组织风险、管理风险、合同风险、资源（人力、物力和财力）风险及技术风险等。

## 4.4 施工进度计划的调整方法

### 4.4.1 分析进度偏差对后续工作及总工期的影响

在工程项目实施过程中，当通过实际进度与计划进度的比较，发现有进度偏差时，需要分析该偏差对后续工作及总工期的影响，从而采取相应的调整措施对原进度计划进行调整，以确保工期目标的顺利实现。进度偏差的大小及其所处的位置不同，对后续工作和总工期的影响程度是不同的，分析时需要利用网络计划中工作总时差和自由时差的概念进行判断。分析步骤如下。

(1) 分析出现进度偏差的工作是否为关键工作

如果出现进度偏差的工作位于关键线路上，即该工作为关键工作，则无论其偏差有多大，都将对后续工作和总工期产生影响，必须采取相应的调整措施；如果出现偏差的工作是非关键工作，则需要根据进度偏差值与总时差和自由时差的关系做进一步分析。

(2) 分析进度偏差是否超过总时差

如果工作的进度偏差大于该工作的总时差，则此进度偏差必将影响其后续工作和总工期，必须采取相应的调整措施；如果工作的进度偏差未超过该工作的总时差，则此进度偏差不影响总工期。至于对后续工作的影响程度，还需要根据偏差值与其自由时差的关系做进一步分析。

(3) 分析进度偏差是否超过自由时差

如果工作的进度偏差大于该工作的自由时差，则此进度偏差将对其后续工作的最早开始时间产生影响，此时应根据后续工作的限制条件确定调整方法；如果工作的进度偏差未超过该工作的自由时差，则此进度偏差不影响后续工作，因此，原进度计划可以不做调整。

### 4.4.2 进度计划的调整方法

1. 缩短某些工作的持续时间

通过检查分析，如果发现原有进度计划已不能适应实际情况时，为了确保进度控制目标的实现或需要确定新的计划目标，就必须对原进度计划进行调整，以形成新的进度计划，作为进度控制的新依据。

这种方法的特点是不改变工作之间的先后顺序，通过缩短网络计划中关键线路上工作的持续时间来缩短工期，并考虑经济影响，实质是一种工期费用优化，通常优化过程需要采取一定的措施来达到目的，具体措施包括以下内容。

① 组织措施，如增加工作面，组织更多的施工队伍；增加每天的施工时间（如采用三班制等）；增加劳动力和施工机械的数量；等等。

② 技术措施，如改进施工工艺和施工技术，缩短工艺技术间歇时间；采用更先进的施工方法，以减少施工过程的数量；采用更先进的施工机械，加快作业速度；等等。

③ 经济措施，如实行包干奖励，提高奖金数额，对所采取的技术措施给予相应的经济补偿等。

④ 其他配套措施，如改善外部配合条件，改善劳动条件，实施强有力的调度等。

一般来说，不管采取哪种措施，都会增加费用。因此，在调整施工进度计划时，应利用费用优化的原理选择费用增加量最小的关键工作作为压缩对象。

2. 改变某些工作间的逻辑关系

当工程项目实施中产生的进度偏差影响总工期，且有关工作的逻辑关系允许改变时，不改变工作的持续时间，可以改变关键线路和超过计划工期的非关键线路上的有关工作之间的逻辑关系，达到缩短工期的目的。例如，将顺序进行的工作改为平行作业，对于大型建设工程，由于其单位工程较多且相互间的制约比较小，可调整的幅度比较大，所以容易采用平行作业的方法调整施工进度计划。而对于单位工程项目，由于受工作之间工艺关系的限制，可调整的幅度比较小，所以通常采用搭接作业以及分段组织流水作业等方法来调整施工进度计划，有效地缩短工期。但不管是平行作业还是搭接作业，建设工程单位时间内的资源需求量将会增加。

3. 其他方法

除了分别采用上述两种方法来缩短工期外，有时由于工期拖延得太多，当采用某种方法进行调整，其可调整的幅度又受到限制时，还可以同时利用缩短工作持续时间和改变工作之间的逻辑关系两种方法对同一施工进度计划进行调整，以满足工期目标的要求。

### 4.4.3 应用案例

**【例 4.2】** 某住宅小区工程由某建筑公司施工，业主与该建筑公司已签订施工合同。施工单位向项目监理机构提交了项目施工总进度计划，如图 4.9 所示。

经监理机构审批同意可行，按该计划执行。在施工过程中，由于施工单位的种种原因，使得 G 工作开始时已推迟 10 月，为保证原计划工期，施工技术人员提出 5 种赶工方案（假定赶工方案在技术上均可行）。

赶工方案 1：将 G、H、L 三项工作均分成三个施工段组织流水施工，流水节拍见表 4－1。

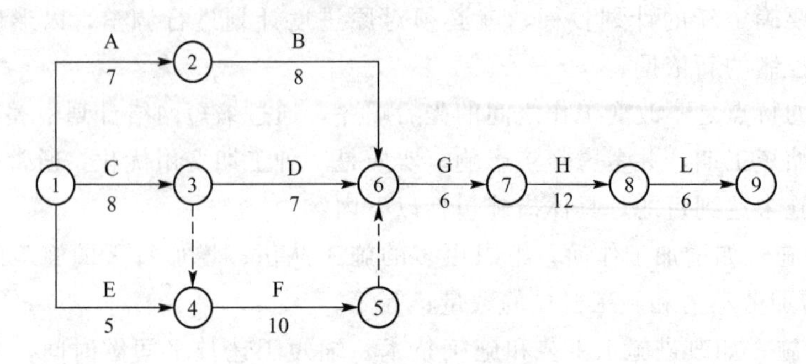


图 4.9 施工总进度计划

表 4-1 赶工方案 1 流水节拍表

| 施工过程 | 施工段及流水节拍 | | |
|---|---|---|---|
| | ①段 | ②段 | ③段 |
| G | 2 | 2 | 2 |
| H | 4 | 4 | 4 |
| L | 2 | 2 | 2 |

其中，工作 G、H、L 的专业工作队充足。

赶工方案 2：将 G、H、L 三项工作均分成三个施工段组织流水施工，流水节拍见表 4-2。

表 4-2 赶工方案 2 流水节拍表

| 施工过程 | 施工段及流水节拍 | | |
|---|---|---|---|
| | ①段 | ②段 | ③段 |
| G | 1 | 3 | 2 |
| H | 4 | 4 | 4 |
| L | 2 | 3 | 1 |

赶工方案 3：同赶工方案 1，但工作 G、H、L 的专业工作队不充足（只有一个队伍或资源有限）。

赶工方案 4：采用单代号搭接网络，如图 4.10 所示。

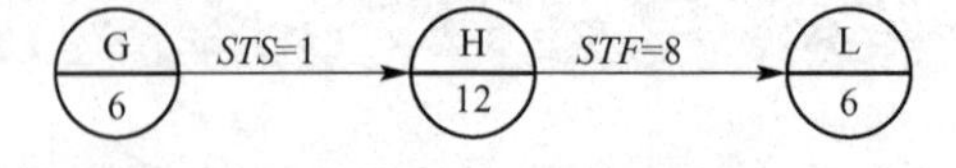


图 4.10 赶工方案 4 采用单代号搭接网络

赶工方案 5：工作 G、H、L 平行施工。

问题：

(1) 找出原施工总进度计划的关键线路，计算出工期，指出施工单位应重点控制的对象。

**【解】** 原施工总进度计划的关键线路为①→③→④→⑤→⑥→⑦→⑧→⑨；
计算工期42个月；
施工单位应重点控制的对象：工作C、F、G、H、L。
(2) 这5种赶工方案是否可行？绘制各赶工方案横道图计划。
**【解】**
(1) 赶工方案1
步骤如下。
① 求流水步距$K$：相隔$K$天（最大公约数）投入一个专业施工队$K=2$。
② 求专业施工队数： $n_i=t_i/K$；
G过程成立G队伍：$n_G=2/2=1$（队）；
H过程成立H队伍：$n_H=4/2=2$（队）；
L过程成立L队伍：$n_L=2/2=1$（队）；
总队伍数$\sum N=\sum n_i=2+1+1=4$(队)。
③ 求计算工期$T$。
$T=\left(M+\sum N-1\right)K+\sum Z=(3+4-1)\times 2+0=12$(月)。
④ 绘制横道图，如图4.11所示。

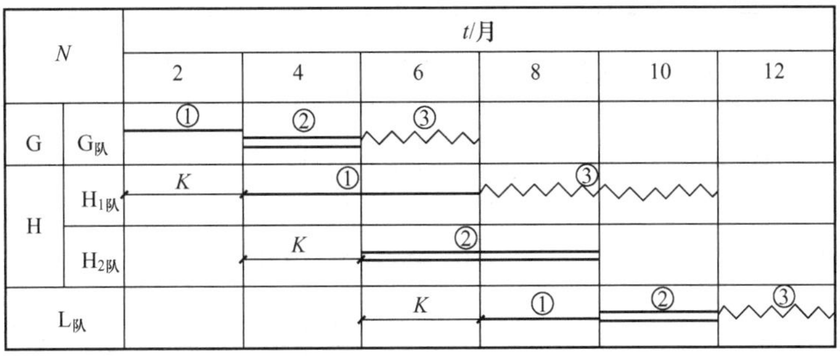

图4.11 赶工方案1横道图

(2) 赶工方案2
步骤如下。
① 将施工过程的流水节拍依次累加得一数列，计算过程见表4-3。

表4-3 施工过程累加数列求和

| 施工过程 | 施工段及流水节拍 | | |
|---|---|---|---|
| | 施工段① | 施工段② | 施工段③ |
| G | 1 | 4 | 6 |
| H | 4 | 8 | 12 |
| L | 2 | 5 | 6 |

② 将上述数列错位相减取最大值得流水步距，见表4-4和表4-5。

表 4-4　G与H错位相减

| G与H | 1 | 4 | 6 | 0 |
|---|---|---|---|---|
| | 0 | 4 | 8 | 12 |
| | 1 | 0 | −2 | −12 |

$K_{GH}$=max [1，0，−2，−12] =1（月）。

表 4-5　H与L错位相减

| H与L | 4 | 8 | 12 | 0 |
|---|---|---|---|---|
| | 0 | 2 | 5 | 6 |
| | 4 | 6 | 7 | −6 |

$K_{HL}$=max [4，6，7，−6] =7（月）。

③ 计算工期。

$T=\sum K+t_n=(K_{GH}+K_{HL})+t_n=(1+7)+6=14$(月)。

④ 绘制横道图，如图 4.12 所示。

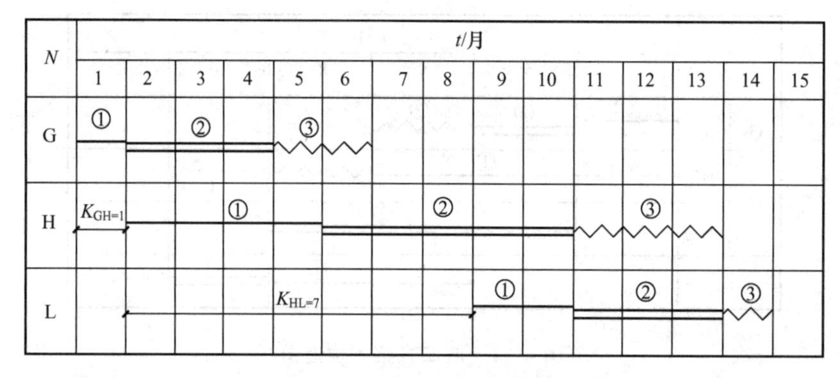


图 4.12　赶工方案 2 横道图

（3）赶工方案 3

步骤如下。

① 将施工过程的流水节拍依次累加得一数列，计算过程见表 4-6。

表 4-6　施工过程累加数列求和

| 施工过程 | 施工段及流水节拍 | | |
|---|---|---|---|
| | 施工段① | 施工段② | 施工段③ |
| G | 2 | 4 | 6 |
| H | 4 | 8 | 12 |
| L | 2 | 4 | 6 |

② 将上述数列错位相减取最大值得流水步距，见表 4-7 和表 4-8。

表 4-7 G与H错位相减

| G与H | 2 | 4 | 6 | 0 |
|---|---|---|---|---|
| | 0 | 4 | 8 | 12 |
| | 2 | 0 | −2 | −12 |

$K_{GH}$ = max [2，0，−2，−12] =2（月）。

表 4-8 H与L错位相减

| H与L | 4 | 8 | 12 | 0 |
|---|---|---|---|---|
| | 0 | 2 | 4 | 6 |
| | 4 | 6 | 8 | −6 |

$K_{HL}$ = max [4，6，8，−6] =8（月）。

③ 计算工期。

$T = \sum K + t_n = (K_{GH} + K_{HL}) + t_n = (2+8)+6 = 16$(月)

④ 绘制横道图，如图 4.13 所示。

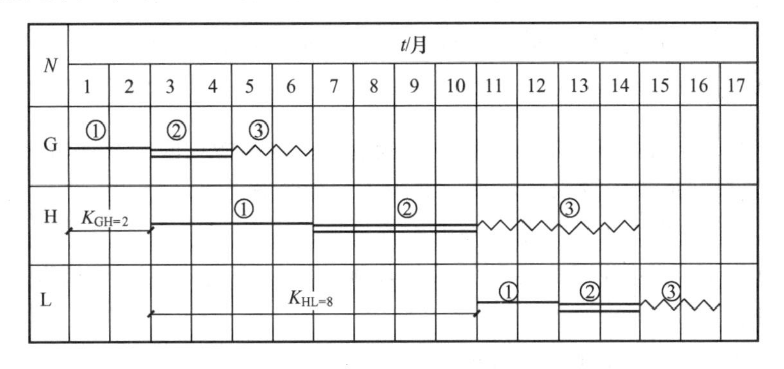


图 4.13 赶工方案 3 横道图

(4) 赶工方案 4

采用单代号搭接网络计划计算工期，如图 4.14 所示。

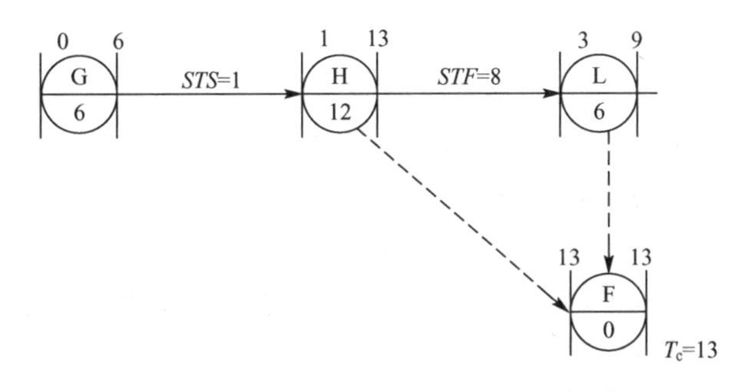


图 4.14 赶工方案 4 采用单代号搭接网络计划

(5) 赶工方案 5

工作 G、H、L 平行施工，工期为 12 个月。

结论：赶工方案 1、赶工方案 2、赶工方案 4、赶工方案 5 这四种方案可行。

# 4.5 施工进度计划的应用

在建设工程施工过程中，施工进度计划主要用来控制施工进度，同时也常应用于工期索赔和费用索赔。

## 4.5.1 工期索赔

在建设工程施工过程中，工期的延长分为工程延误和工程延期两种。虽然它们都是使工程拖期，但由于性质不同，因而业主与承包商所承担的责任也就不同。如果工期的延长是由于承包商的原因或应承担责任的拖延，则属于工程延误，则由此造成的一切损失由承包商承担，承包商需承担赶工的全部额外费用。同时，业主还有权对承包商施行误期违约罚款。如果是工期的延长是非承包商应承担的责任，应属于工程延期，则承包商不仅有权要求延长工期，而且可能还有权向业主提出赔偿费用的要求，以弥补由此造成的额外损失，即可以进行工期费用索赔。因此，将施工过程中工期的延长界定为工程延期或是延误，是否给予工期索赔或工期与费用索赔，对业主和承包商都十分重要。

### 1. 工程延期的可能因素

① 不可抗力。合同当事人不能预见、不能避免并且不能克服的客观情况，如异常恶劣的气候、地震、洪水、爆炸、空中飞行物坠落等。

② 监理工程师发出工程变更指令导致工程量增加。

③ 业主的要求、业主应承担的工作（如场地、资料等的提供）延期以及业主提供的材料、设备有问题。

④ 不利的自然条件，如地质条件的变化。

⑤ 文物及地下障碍物。

⑥ 合同所涉及的任何可能造成工程延期的原因，如延期交图、设计变更、工程暂停、对合格工程的破坏检查等。

### 2. 工程延期索赔成立的条件

① 合同条件。工程延期成立必须符合合同条件。导致工程拖延的原因确实属于非承包商责任，否则不能认为是工程延期，这是工程延期成立的一条根本原则。

② 影响工期。发生工程延期的事件，还要考虑是否造成实际损失，是否影响工期。当这些工程延期事件处在施工进度计划的关键线路上，必将影响工期。当这些工程延期事件发生在非关键线路上，且延长的时间并未超过其总时差时，即使符合合同条件，也不能批准工程延期成立；若延长的时间超过总时差，则必将影响工期，应批准工程延期成立，工程延期的时间根据某项拖延时间与其总时差的差值考虑。

③ 及时性原则。发生工程延期事件后，承包商应对延期事件发生后的各类有关细节进行记录，并按合同约定及时向监理工程师提交工程延期申请及相关资料，以便为合理确定工程延期时间提供可靠依据。

3. 工期索赔案例

**【例 4.3】** 某施工进度计划如图 4.15 所示，在施工过程中发生以下事件。

(1) A 工作因业主原因晚开工 2 天；

(2) B 工作承包商只用 18 天便完成；

(3) H 工作由于不可抗力影响晚开工 3 天；

(4) G 工作由于工程师指令晚开工 5 天。

试问，承包商可索赔的工期为多少天？

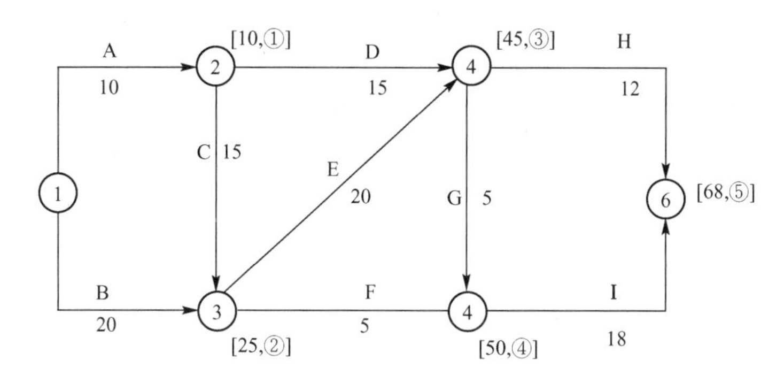


图 4.15 某施工进度计划

**【解】** (1) 求合同状态下的工期 $T_c$

利用网络计划的标号法可求得 $T_c=68$（天），如图 4.15 所示。

(2) 求可能状态下的工期 $T_k$

求可能状态下的工期 $T_k$，即求非承包商应承担责任干扰事件影响下的工期，如图 4.16 所示。

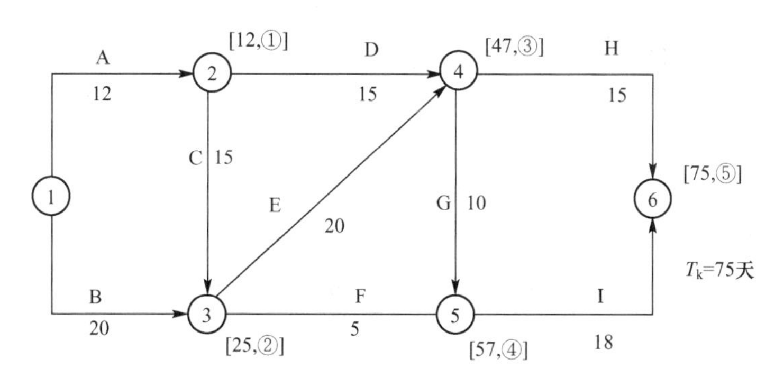


图 4.16 可能状态下的工期计算

由图 4.16 计算可知，$T_k=75$（天）。

(3) 求 $\Delta T$

$$\Delta T=T_k-T_c=75-68=7\text{（天）}$$

即承包商可索赔的工期为 7 天。

## 4.5.2 工期费用综合索赔

在施工管理过程中，承包商不仅可以利用进度计划进行工期索赔，而且可以利用进度计划进行费用索赔及要求业主给予提前竣工奖等的补偿。利用进度计划进行工期费用综合索赔的具体方法及步骤可以参考例 4.4。

**【例 4.4】** 某施工单位与业主按《建设工程施工合同（示范文本）》(GF-2017-0201) 签订建设工程施工合同，施工进度计划得到监理工程师的批准，如图 4.17 所示（单位：天）。

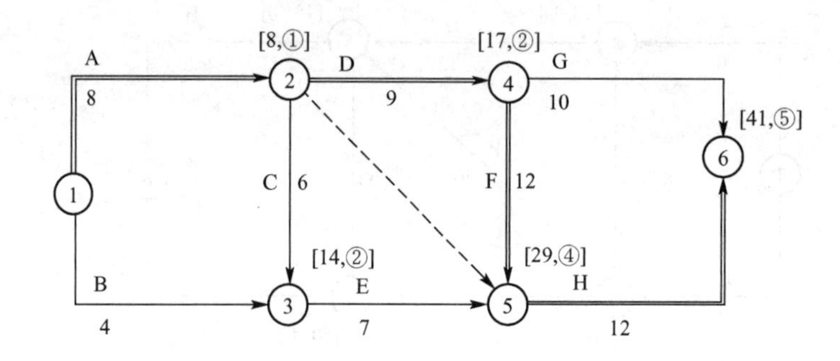


图 4.17 某施工进度计划

施工中，A、E 使用同一种机械，其台班费为 500 元/台班，折旧（租赁）费为 300 元/台班，假设人工工资 100 元/工日，窝工费为 40 元/工日。合同规定提前竣工奖为 1000 元/天，延误工期罚款 1500 元/天（各工作均按最早时间开工）。

施工中发生了以下的情况。

(1) A 工作由于业主原因晚开工 2 天，致使 11 人在现场停工待命，其中 1 人是机械司机。

(2) C 工作原工程量为 100 个单位，相应合同价为 2000 元，后设计变更工程量增加了 100 个单位。

(3) D 工作承包商只用了 7 天时间。

(4) G 工作由于承包商原因晚开工 1 天。

(5) H 工作由于不可抗力增加了 4 天作业时间，场地清理用了 20 工日。

在此计划执行中，承包商可索赔的工期和费用各为多少？

**【解】** (1) 工期顺延计算

① 合同工期。计算如图 4.17 所示，$T_c=41$（天）。

② 可能状态下的工期。

A 工作持续时间：8＋2＝10（天）；

C 工作持续时间：6＋6＝12（天）；

H 工作持续时间：12＋4＝16（天）；

计算如图 4.18 所示，可能状态下工期为 $T_k=47$（天）。

③ 可索赔工期为 47－41＝6（天）。

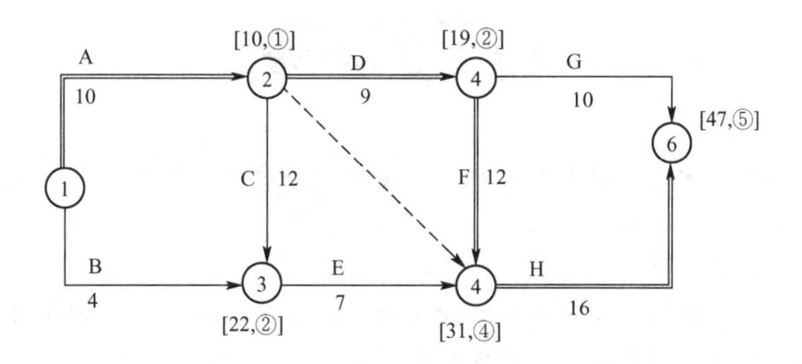


图 4.18 可能状态下的工期计算

(2) 费用索赔（或补偿）的计算

① A 工作：(11－1) ×40×2 ＋ 2×300＝1400（元）；

② C 工作：$2000\times\frac{100}{100}=2000$（元）；

③ 清场费：20×100＝2000（元）；

④ 机械闲置的增加：

按原合同计划，闲置时间：14－8＝6（天）。

考虑了非承包商原因的闲置时间：22－10＝12（天）。

增加闲置时间：12－6＝6（天）。

费用补偿：6×300＝1800（元）。

⑤ 奖励或罚款。

(3) 实际状态下的工期计算如图 4.19 所示。

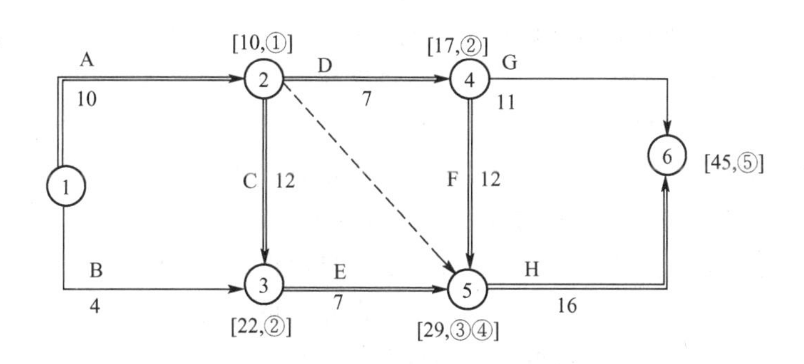


图 4.19 实际状态下的工期计算

实际状态工期为 $t=45$（天）。

$\Delta t=t-T_k=45-47=-2$（天），小于零，说明工期提前。

提前奖：2×1000＝2000（元）。

所以，可索赔及奖励的费用补偿为 1400＋2000＋2000＋1800＋2000＝9200（元）。

## 本章小结

通过本章学习，学生可以加深对施工进度管理全过程的理解，包括施工进度计划监测与调整的系统过程。对于进度计划的检查，主要介绍了横道图比较法、S 曲线比较法和前锋线比较法。

在实践工作中，把握施工进度计划中的组织、经济、技术和管理等控制措施，通过案例，提出进度计划调整的几种解决方法。

工期索赔是施工进度计划在实践工作的具体应用，通过典型实例，进一步体现施工网络进度计划作为工具在工期索赔和综合索赔中的应用。

## 习 题

一、单项选择题

1. 在建设工程进度计划实施中，进度监测的系统过程包括以下工作内容：①实际进度与计划进度的比较；②收集实际进度数据；③数据处理（整理、统计、分析）；④建立进度数据采集系统；⑤进入进度调整系统。其正确的顺序是（　　）。

A. 1→3→4→2→5　　B. 4→3→2→1→5

C. 4→2→3→1→5　　D. 2→4→3→1→5

2. 当采用匀速进展横道图比较工作实际进度与计划进度时，如果表示实际进度的横道线右端点落在检查日期的右侧，则该端点与检查日期的距离表示工作（　　）。

A. 实际多投入的时间　　B. 进度超前的时间

C. 实际少投入的时间　　D. 进度拖后的时间

3. 当利用 S 曲线进行实际进度与计划进度比较时，如果检查日期实际进展点落在计划 S 曲线的右侧，则该实际进展点与计划 S 曲线的水平距离表示工程项目（　　）。

A. 实际进度超前的时间　　B. 实际进度拖后的时间

C. 实际超额完成的任务量　　D. 实际拖欠的任务量

4. 图 4.20 是某工作的实际进度与计划进度的比较，如该工作的全部工程量为 $W$，则从中可以看出该工作二月份的计划施工任务量是（　　）。

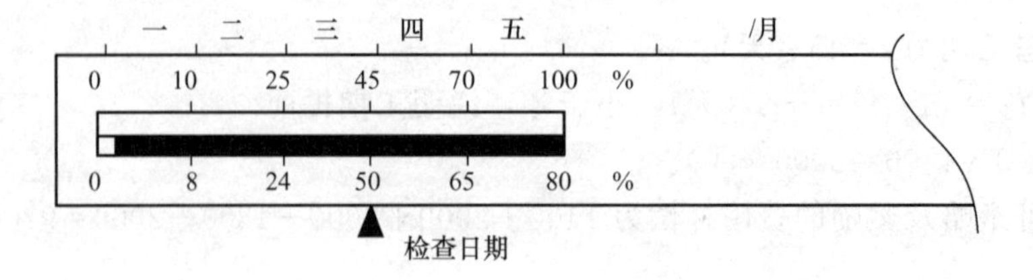


图 4.20　某工作的实际进度与计划进度的比较

A. 14%W　　B. 15%W

C. 16%W　　D. 17%W

5. 某工作第 4 周之后的计划进度与实际进度如图 4.21 所示，从图 4.21 中可获得的正确信息是（　　）。

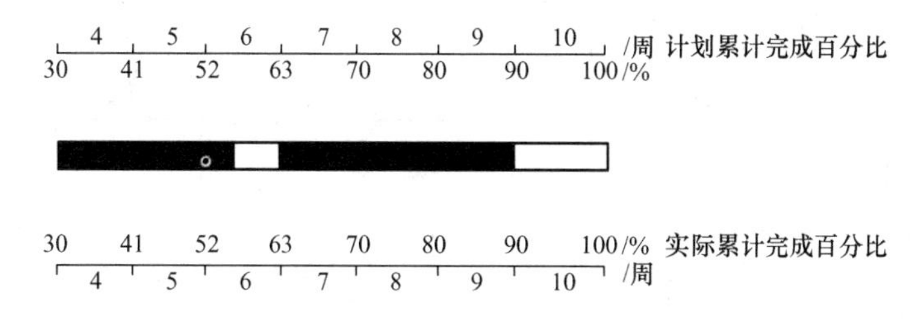


图 4.21　某工作计划进度与实际进度

A. 到第 3 周末，实际进度超前

B. 在第 4 周内，实际进度超前

C. 原计划第 4 周至第 6 周为均速进度

D. 本工作提前 1 周完成

6. 检查某工程的实际进度后，绘制的进度前锋线如图 4.22 所示，在原计划工期不变的情况下，H 工作尚有总时差（　　）天。

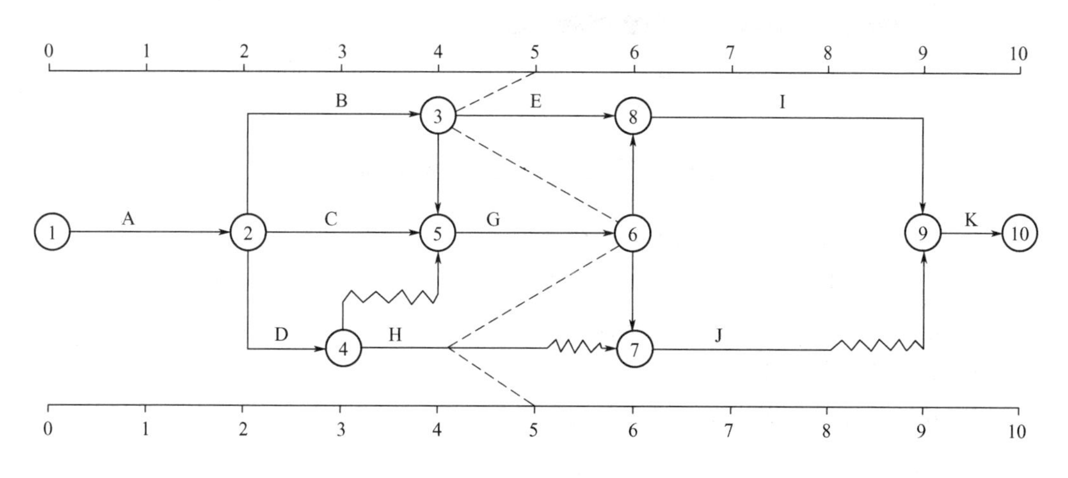


图 4.22　某工程的进度前锋线

A. 0　　B. 1

C. 2　　D. 3

7. 某工程的实际进度前锋线如图 4.23 所示，其中（　　）工作将影响工期。

A. E　　B. C

C. D　　D. G

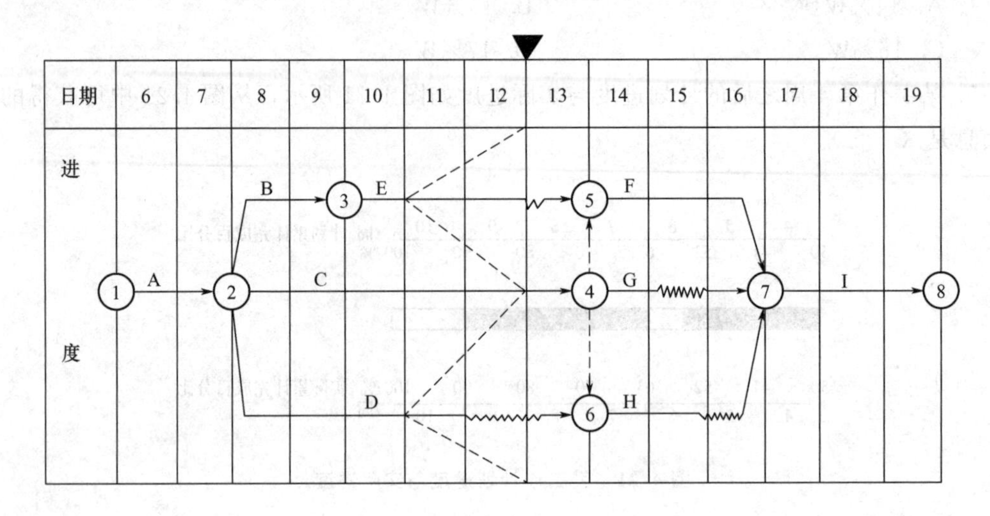


图 4.23 某工程的实际进度前锋线

## 二、多项选择题

1. 某工作计划进度与实际进度如图 4.24 所示，从图 4.24 中可获得的正确信息是（　　）。

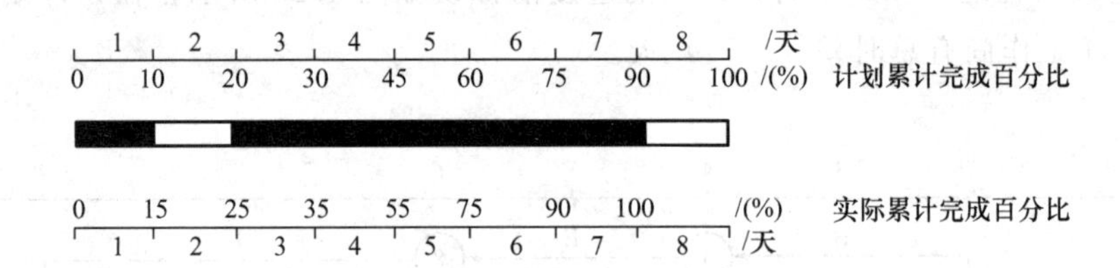


图 4.24 某工作计划进度与实际进度

A. 第 4 天至第 7 天内计划进度为匀速进展

B. 第 1 天实际进度超前，但在第 2 天停工

C. 前 2 天实际完成工作量大于计划工作量

D. 该工作已提前 1 天完成

E. 第 3 天至第 6 天内实际进度为匀速进展

## 三、简答题

1. 简述施工进度监测的系统过程。
2. 简述施工进度调整的系统过程。
3. 建设工程实际进度与计划进度的比较方法有哪些？各有哪些特点？
4. 匀速进展与非匀速进展横道图比较法的区别是什么？
5. 通过比较实际进度 S 曲线和计划进度 S 曲线，可以获得哪些信息？
6. 如何绘制实际进度前锋线？
7. 施工进度计划的控制措施有哪些方面？各方面主要内容有哪些？

8. 如何分析进度偏差对后续工作及总工期的影响？

9. 进度计划的调整方法有哪些？

四、计算题

1. 某施工网络计划如图 4.25 所示，在施工过程中发生以下事件。

(1) A 工作因业主原因晚开工 2 天；

(2) B 工作承包商只用 18 天便完成；

(3) H 工作由于不可抗力影响晚开工 3 天；

(4) G 工作由于工程师指令晚开工 5 天。

试问，承包商可索赔的工期为多少天？

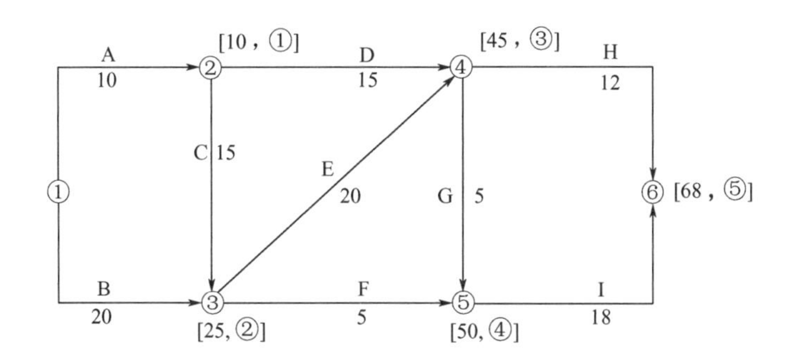


图 4.25 某工程施工计划

2. 施工总承包单位与建设单位于 2008 年 2 月 20 日签订了某 20 层综合办公楼工程施工合同。合同中约定：①人工费综合单价为 80 元/工日，窝工费为 45 元/工日；②一周内非承包单位原因停水、停电造成的停工累计达 8h 可顺延工期 1 天；③施工总承包单位须配有应急备用电源。工程于 3 月 15 日开工，施工过程中发生如下事件。

事件 1：3 月 19～20 日遇罕见台风暴雨，迫使基坑开挖工作暂停，造成人员窝工 20 工日，一台挖掘机陷入淤泥中。

事件 2：3 月 21 日施工总承包单位租赁一台塔式起重机（1500 元/台班）吊出陷入淤泥中的挖掘机（500 元/台班），并进行维修保养，导致停工 2 天，3 月 23 日上午 8 时恢复基坑开挖工作。

事件 3：5 月 10 日上午地下室底板结构施工时，监理工程师口头紧急通知停工；5 月 11 日监理工程师发出因设计修改而暂停施工令；5 月 14 日施工总承包单位接到监理工程师要求 5 月 15 日复工的指令。期间共造成人员窝工 300 工日。

事件 4：6 月 30 日地下室全钢模板吊装施工时，因供电局检修线路停电导致工程停工 8h。

事件 5：主体结构完成后，施工总承包单位把该工程会议室的装饰装修工程分包给某专业分包单位。会议室地面采用天然花岗岩石材饰面板，用量 350m$^2$。会议室墙面采用人造木板装饰，其中细木工板用量 600m$^2$，人造饰面木板用量 300m$^2$。

针对事件1～3，施工总承包单位及时向建设单位提出了工期和费用索赔。

问题：

(1) 事件1～3中，施工总承包单位提出的工期和费用索赔是否成立？分别说明理由。

(2) 事件1～3中，施工总承包单位可获得的工期和费用索赔各是多少？

(3) 事件4中，施工总承包单位可否获得工期顺延？说明理由。

(4) 事件5中，专业分包单位对会议室墙面、地面装饰材料是否需进行抽样复验？分别说明理由。

# 第5章 施工组织总设计

## 教学目标

本章主要讲述施工组织总设计。通过本章教学，学生应达到以下目标。

（1）了解施工组织总设计（也称施工总体规划）的编制原则、依据和内容。

（2）熟悉施工总进度计划编制的原则、步骤和方法及施工总平面图设计的原则、步骤和方法。

（3）掌握暂设工程的组织方法。

## 教学要求

| 知识要点 | 能力要求 | 相关知识 |
| --- | --- | --- |
| 施工组织总设计的编制原则、依据与内容 | （1）熟悉施工组织总设计的编制原则与依据<br>（2）掌握施工组织总设计的内容 | （1）施工组织设计的概念及类别<br>（2）编制施工组织设计应收集的资料 |
| 施工部署 | （1）熟悉施工部署的概念<br>（2）熟悉施工部署的主要内容<br>（2）熟悉施工方案的主要内容 | （1）工程施工的基本特点<br>（2）建筑施工工艺 |
| 施工总进度计划安排 | （1）了解进度计划的概念<br>（2）掌握总进度计划编制的步骤 | （1）工程量、劳动量的基本概念<br>（2）劳动定额的基本知识、搭接施工 |
| 资源总需求计划 | （1）熟悉资源总需求计划编制的依据<br>（2）熟悉劳动力、材料、机械消耗的编制方法<br>（3）结合施工进度计划编制劳动力、材料、机械供应计划 | （1）施工进度计划<br>（2）消耗定额及消耗量的计算 |
| 施工总平面布置图 | （1）熟悉施工总平面布置图的内容、布置的原则<br>（2）熟悉施工总平面布置图设计的基本步骤<br>（3）掌握临时设施及堆场面积的确定方法，现场用水、用电量的计算 | （1）施工现场、生产、生活相关的设施与设备<br>（2）基本电工常识<br>（3）规划方面的基本知识 |

**基本概念**

施工组织总设计、施工部署、资源总需求计划、临时设施、施工总平面布置图

**引例**

某施工承包商承接的施工项目为一个群体施工项目，共计12栋单体建筑，其中高层住宅5栋，层数为23层，地下车库2层，小高层住宅7栋，层数为12层，地下车库2层。业主要求工期为3年，其中小高层住宅工期为2年，施工现场三通一平完成。试编制该群体施工项目的施工组织总设计，主要确定施工部署、每栋单体建筑的施工工期安排及总体施工进度控制计划、总体资源需求计划、施工现场平面布置图，并计算现场临时用水用电量。

施工组织总设计（也称施工总体规划），是以整个建设项目或群体工程为对象编制的，是整个建设项目或群体工程施工准备和施工的全局性、指导性文件。它是为施工生产建立施工条件、集结施工力量、组织物资资源的供应以及进行现场生产与生活临时设施规划的依据，也是施工企业编制年度施工计划和单位工程施工组织设计的依据，是实现建筑企业科学管理、保证最优完成施工任务的有效措施。

# 5.1 编制原则、依据及内容

## 5.1.1 施工组织总设计的编制原则

【施工组织总设计】

编制施工组织总设计应遵照以下基本原则。

① 严格遵守工期定额和合同规定的工程竣工及交付使用期限。总工期较长的大型建设项目，应根据生产的需要，安排分期分批建设，配套投产或交付使用，从实质上缩短工期，尽早地发挥建设投资的经济效益。

在确定分期分批施工的项目时，必须注意使每期交工的一套项目可以独立地发挥效用，使主要的项目同有关的附属辅助项目同时完工，以便完工后可以立即交付使用。

② 合理安排施工程序与顺序。建筑施工有其本身的客观规律，按照反映这种规律的程序组织施工，能够保证各项施工活动相互促进、紧密衔接，避免不必要的重复工作，加快施工速度，缩短工期。

③ 贯彻多层次技术结构的技术政策，因时因地制宜地促进技术进步和建筑工业化的发展。

④ 从实际出发，做好人力、物力的综合平衡，组织均衡施工。

⑤ 尽量利用正式工程、原有或就近的已有设施，以减少各种暂设工程；尽量利用当地资源，合理安排运输、装卸与储存作业，减少物资运输量，避免二次搬运；精心进行场地规划布置，节约施工用地，不占或少占农田，防止施工事故，做到文明施工。

⑥ 实施目标管理。编制施工组织总设计的过程，也就是提出施工项目目标及实现办法的规划过程。因此，必须遵循目标管理的原则，应使目标分解得当，决策科学，实施有法。

⑦ 与施工项目管理相结合。进行施工项目管理，必须事先进行规划，使管理工作按规划有序地进行。施工项目管理规划的内容应在施工组织总设计的基础上进行扩展，使施工组织总设计不仅服务于施工和施工准备，而且服务于经营管理和施工管理。

### 5.1.2 施工组织总设计的编制依据

为了保证施工组织总设计的编制工作顺利进行和提高其编制水平及质量，使施工组织总设计更能结合实际、切实可行，并能更好地发挥其指导施工安排、控制施工进度的作用，应以如下资料作为编制依据。

1. 计划批准文件及有关合同的规定

如国家（包括国家计委及部、省、市计委）或有关部门批准的基本建设或技术改造项目的计划、可行性研究报告、工程项目一览表、分批分期施工的项目和投资计划；建设地点所在地区主管部门有关批件；施工单位上级主管部门下达的施工任务计划；招投标文件及签订的工程承包合同中的有关施工要求的规定；工程所需材料、设备的订货合同以及引进材料、设备的供货合同等。

2. 设计文件及有关规定

如批准的初步设计或扩大初步设计、设计说明书、总概算或修正总概算及已批准的计划任务书等。

3. 建设地区的工程勘察资料和调查资料

勘察资料主要有地形、地貌、水文、地质、气象等自然条件；调查资料主要有可能为建设项目服务的建筑安装企业、预制加工企业的人力、设备、技术与管理水平等情况，工程材料的来源与供应情况、交通运输情况以及水电供应情况等建设地区的技术经济条件和当地政治、经济、文化、科技、宗教等社会调查资料。

4. 现行的规范、规程和有关技术标准

主要有施工及验收规范、质量标准、工艺操作规程、HSE强制标准、概算指标、概预算定额、技术规定和技术经济指标等。

5. 类似资料

如类似、相似或近似建设项目的施工组织总设计实例、施工经验的总结资料及有关的参考数据等。

### 5.1.3 施工组织总设计的内容

根据工程性质、规模、建筑结构的特点、施工的复杂程度和施工条件的不同，其内容也有所不同，但一般应包括以下主要内容。

① 工程概况。

② 施工部署和主要工程项目施工方案。

③ 施工总进度计划。

④ 施工准备工作计划。

⑤ 施工资源需要量计划。

⑥ 施工总平面布置图。

⑦ 主要技术组织措施。

⑧ 主要技术经济指标。

施工组织总设计是整个工程项目或群体建筑全面性和全局性的指导施工准备和组织施工的技术文件，通常应该遵循如图 5.1 所示的编制程序。

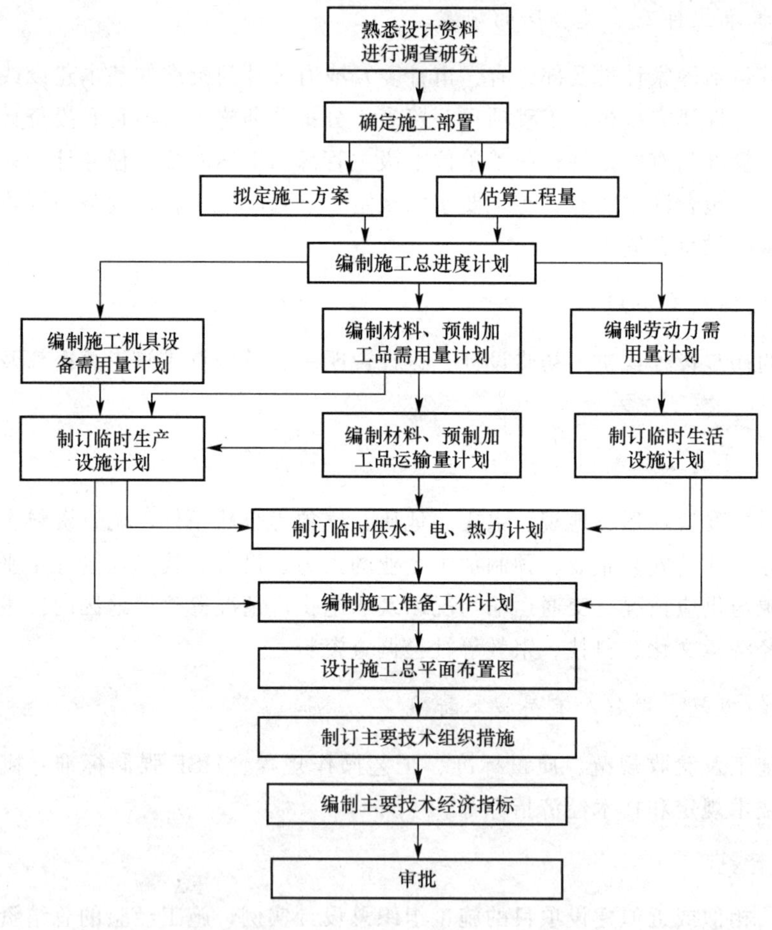


图 5.1　施工组织总设计编制程序

## 5.2　施工部署

施工部署是在充分了解工程情况、施工条件和建设要求的基础上，对整个建设工程进行全面安排和解决工程施工中的重大问题的方案，是编制施工总进度计划的前提。

## 5.2.1 工程概况

施工组织设计中的工程概况，实际上是一个总的说明，是对拟建项目或建筑群体工程所做的一个简明扼要、重点突出的文字介绍。

### 1. 建设项目的特点

工程概况主要介绍建设地点、工程性质、建设规模、总占地面积、总建筑面积、总工期、分期分批投入使用的项目及期限；主要工种工程量、设备安装及其吨位；总投资额、建筑安装工作量、工厂区与生活区的工程量；生产流程和工艺特点；建筑结构的类型与特点，新技术与新材料的特点及应用情况等各项内容。为了更清晰地反映这些内容，也可利用附图或表格等不同形式予以说明。内容可参照表5－1～表5－3。

表5－1　建筑安装工程项目一览表

| 序号 | 工程名称 | 建筑面积/$m^2$ | 建安工作量/万元 | | 吊装和安装工程量/(t或件) | | 建筑结构 |
|---|---|---|---|---|---|---|---|
| | | | 土建 | 安装 | 吊装 | 安装 | |
| | | | | | | | |
| | | | | | | | |

注："建筑结构"栏填混合结构、砖木结构、钢结构、钢筋混凝土结构及层数。

表5－2　主要建筑物和构筑物一览表

| 序号 | 工程名称 | 建筑结构特征或示意图 | 建筑面积/$m^2$ | 占地面积/$m^2$ | 建筑体积/$m^3$ | 备注 |
|---|---|---|---|---|---|---|
| | | | | | | |
| | | | | | | |

注："建筑结构特征或示意图"栏说明其基础、墙、柱、屋盖的结构构造。

表5－3　生产车间、管（网）线、生活福利设施一览表

| 序号 | 工程名称 | 单位 | 合计 | 生产车间 | | | 仓库及运输 | | | | 管网 | | | | 生活福利 | | 大型暂设设施 | | 备注 |
|---|---|---|---|---|---|---|---|---|---|---|---|---|---|---|---|---|---|---|---|
| | | | | ××车间 | … | … | 仓库 | 铁路 | 公路 | … | 供电 | 供水 | 排水 | 供热 | 宿舍 | 文化福利 | 生产 | 生活 | |
| | | | | | | | | | | | | | | | | | | | |
| | | | | | | | | | | | | | | | | | | | |

注："生产车间"栏按主要生产车间、辅助生产车间、动力车间次序填写。

### 2. 建设地区的特征

这里主要介绍建设地区的自然条件和技术经济条件，如地形、地貌、水文、地质和气象资料等自然条件，地区的施工力量情况、地方企业情况、地方资源供应情况、水电供应和其他动力供应等技术经济条件。

### 3. 施工条件及其他方面的情况

这里主要介绍施工企业的生产能力，技术装备和管理水平，市场竞争力和完成指标的

情况，主要设备、材料、特殊物资等的供应情况，以及上级主管部门或建设单位对施工的某些要求等。

其他方面的情况主要包括有关建设项目的决议和协议，土地的征用范围、数量和居民搬迁时间等与建设项目实施有关的重要情况。

## 5.2.2 施工部署和主要工程项目施工方案

施工部署的内容和侧重点，根据建设项目的性质、规模和客观条件不同而有所不同。一般包括以下内容。

### 1. 明确施工任务分工和组织安排

施工部署应首先明确施工项目的管理机构、体制，划分各参与施工单位的任务，明确各承包单位之间的关系，建立施工现场统一的组织领导机构及其职能部门，确定综合的和专业的施工队伍，划分施工阶段，确定各单位分期分批的主攻项目和穿插项目。

### 2. 编制施工准备工作计划

施工准备工作是顺利完成项目建设任务的一个重要阶段，必须从思想、组织、技术和物资供应等方面做好充分准备，并做好施工准备工作计划。其主要内容如下。

① 安排好场内外运输，施工用主干道，水、电来源及其引入方案。

② 安排好场地平整方案和全场性的排水、防洪。

③ 安排好生产、生活基地。在充分掌握该地区情况和施工单位情况的基础上，规划混凝土构件预制，钢、木结构制品及其他构配件的加工，仓库及职工生活设施等。

④ 安排好各种材料的库房、堆场用地和材料货源供应及运输。

⑤ 安排好冬雨期施工的计划。

⑥ 安排好场区内的宣传标志，为测量放线做准备。

### 3. 主要项目施工方案的拟定

施工组织总设计中要对一些主要工程项目和特殊的分项工程项目的施工方案予以拟定。这些项目通常是建设项目中工程量大、施工难度大、工期长、在整个建设项目中起关键作用的单位工程项目以及影响全局的特殊分项工程。其目的是进行技术和资源的准备工作，同时为施工进程的顺利开展和现场的合理布置提供有利条件。其内容应包括以下几点。

① 施工方法：要求兼顾技术的先进性和经济的合理性。

② 工程量：要求对资源进行合理安排。

③ 施工工艺流程：要求兼顾各工种各施工段的合理搭接。

④ 施工机械设备：能使主导机械满足工程需要，又能发挥其效能，使各大型机械在各工程上进行综合流水作业，减少装、拆、运的次数，辅助配套机械的性能应与主导机械相适应。

其中，施工方法和施工机械设备应重点组织安排。

4. 确定工程建设项目开展程序

根据建设项目总目标的要求，确定合理的工程建设项目开展程序，主要考虑以下几个方面。

① 在保证工期的前提下，实行分期分批建设。这样，既可以使每一具体项目迅速建成，尽早投入使用，又可在全局上保证施工的连续性和均衡性，以减少暂设工程数量，降低工程成本，充分发挥项目建设投资的效果。

一般大型工业建设项目（如冶金联合企业、化工联合企业等）都应在保证工期的前提下分期分批建设。这些项目的每一个车间不是孤立的，它们分别组成若干个生产系统，在建造时，需要分几期施工，各期工程包括哪些项目，要根据生产工艺要求、建设部门要求、工程规模大小和施工难易程度、资金状况、技术资源情况等确定。同一期工程应是一个完整的系统，以保证各生产系统能够按期投入生产。例如，某大型发电厂工程，由于技术、资金、原料供应等原因，工程分两期建设。一期工程安装两台 20 万千瓦国产汽轮机组和各种与之相适应的辅助生产、交通、生活福利设施。建成后投入使用，两年之后再进行第二期工程建设，安装一台 60 万千瓦国产汽轮机组，最终形成 100 万千瓦的发电能力。

② 各类项目的施工应统筹安排，保证重点，确保工程项目按期投产。一般情况下，应优先考虑的项目有以下几种。

A. 按生产工艺要求，需先期投入生产或起主导作用的工程项目。

B. 工程量大、施工难度大、需要工期长的项目。

C. 运输系统、动力系统，如厂内外道路、铁路和变电站。

D. 供施工使用的工程项目，如各种加工厂、搅拌站等附属企业和其他为施工服务的临时设施。

E. 生产上优先使用的机修、车库、办公及家属宿舍等生活设施。

③ 一般工程项目均应按先地下后地上、先深后浅、先干线后支线的原则进行安排。例如，地下管线和筑路的程序是，应先铺管线，后筑路。

④ 应考虑季节对施工的影响。例如，大规模土方和深基础土方施工一般要避开雨季，寒冷地区应尽量使房屋在入冬前封闭，在冬季转入室内作业和设备安装。

## 5.3 施工总进度计划安排

施工总进度计划是以拟建项目交付使用时间为目标而确定的控制性施工进度计划，它是控制整个建设项目的施工工期及其各单位工程施工期限和相互搭接关系的依据。正确地编制施工总进度计划，是保证各个系统以及整个建设项目如期交付使用、充分发挥投资效果、降低建筑成本的重要条件。

施工总进度计划一般按下述步骤进行。

1. 计算工程项目及全工地性工程的工程量

施工总进度计划主要起控制总工期的作用，因此在列工程项目一览表时，项目划分不宜过细。通常按分期分批投产顺序和工程开展顺序列出工程项目，并突出每个交工系统中的主要工程项目。一些附属项目及一些临时设施可以合并列出。

根据批准的总承建工程项目一览表，按工程开展程序和单位工程计算主要实物工程量。此时，计算工程量的目的是选择施工方案和主要的施工运输机械，初步规划主要施工过程和流水施工，估算各项目的完成时间，计算劳动力及技术物资的需要量。这些工程量只需粗略地计算即可。

计算工程量，可按初步（或扩大初步）设计图纸并根据各种定额手册进行计算。常用的定额、资料有以下内容。

① 万元、十万元投资工程量，劳动力及材料消耗扩大指标。这种定额规定了某一种结构类型建筑每万元或十万元投资中劳动力消耗数量、主要材料消耗量。根据图纸中的结构类型，即可估算出拟建工程分项需要的劳动力和主要材料消耗量。

② 概算指标和扩大结构定额。这两种定额都是预计定额的进一步扩大（概算指标以建筑物的每 $100m^3$ 体积为单位，扩大结构定额以每 $100m^2$ 建筑面积为单位）。

查定额时，分别按建筑物的结构类型、跨度、高度分类，查出这种建筑物按拟定单位所需的劳动力和各项主要材料消耗量，从而推出拟计算项目所需要的劳动力和材料的消耗量。

③ 已建房屋、构筑物的资料。在缺少定额手册的情况下，可采用已建类似工程实际材料、劳动力消耗量，按比例估算。但是，由于和拟建工程完全相同的已建工程是比较少见的，因此在利用已建工程的资料时，一般都应进行必要的调整。

除建设项目本身外，还必须计算主要的全工地性工程的工程量，如铁路及道路长度、地下管线长度、场地平整面积等，这些数据可以从建筑总平面图上求得。

按上述方法计算出的工程量填入统一的工程项目一览表，见表 5－4。

表 5－4　工程项目一览表

| 工程分类 | 工程项目名称 | 结构类型 | 建筑面积/$km^2$ | 栋数/个 | 概算投资/万元 | 主要实物工程量 | | | | | | | | |
|---|---|---|---|---|---|---|---|---|---|---|---|---|---|---|
| | | | | | | 场地平整/$km^2$ | 土方工程/$km^3$ | 铁路铺设/km | … | 砖石工程/$km^3$ | 钢筋混凝土工程/$km^3$ | … | 装饰工程/$km^2$ | … |
| 全工地性工程 | | | | | | | | | | | | | | |
| 主体项目 | | | | | | | | | | | | | | |
| 辅助项目 | | | | | | | | | | | | | | |
| 永久住宅 | | | | | | | | | | | | | | |
| 临时建筑 | | | | | | | | | | | | | | |
| 合　计 | | | | | | | | | | | | | | |

### 2. 确定各单位工程（或单个建筑物）的施工期限

单位工程的工期可参阅工期定额（指标）予以确定。工期定额是根据我国各部门多年来的经验，经分析汇总而成。单位工程的施工期限与建筑类型、结构特征、施工方法、施工技术和管理水平以及现场的施工条件等因素有关，故确定工期时应予以综合考虑。

### 3. 确定单位工程的开工、竣工时间和相互搭接关系

在施工部署中已确定了总的施工程序和各系统的控制期限及搭接时间，但对每一建筑物何时开工、何时竣工尚未确定。在解决这一问题时，主要考虑以下因素。

① 同一时期的开工项目不宜过多，以免人力物力的分散。

② 尽量使劳动力和技术物资消耗量在全工程上均衡。

③ 做到土建施工、设备安装和试生产之间在时间的综合安排上以及每个项目和整个建设项目的安排上比较合理。

④ 确定一些次要工程作为后备项目，用以调节主要项目的施工进度。

### 4. 编制施工总进度计划

施工总进度计划可以用横道图表达，也可以用网络图表达，用网络图表达时，应优先采用时标网络图。采用时标网络图比横道图更加直观、易懂、一目了然、逻辑关系明确，并能利用电子计算机进行编制、调整、优化、统计资源消耗数量、绘制并输出各种图表，因此应广泛推广使用。

由于施工总进度计划只是起控制各单位工程或各分部工程的开工、竣工时间的作用，因此不必做得过细，以单位工程或分部工程作为施工项目名称即可，否则会给计划的编制和调整带来不便。

施工总进度计划的绘制步骤：首先根据施工项目的工期和相互搭接时间，编制施工总进度计划的初步方案；然后在进度计划的下面绘制投资、工作量、劳动力等主要资源消耗动态曲线图，并对施工总进度计划进行综合平衡、调整，使之趋于均衡；最后绘制成正式的施工总进度计划，可参照表 5－5。表 5－6 是某群体工程施工总进度计划。

表 5－5　施工总进度计划

| 序号 | 施工项目 | 建筑指标 | | 设备安装指标/t | 总劳动量/工日 | 施工总进度 | | | | | | | |
|---|---|---|---|---|---|---|---|---|---|---|---|---|---|
| | | | | | | 第一年 | | | | 第二年 | | | |
| | | 单位 | 数量 | | | 1 | 2 | 3 | 4 | 1 | 2 | 3 | 4 |
| | | | | | | | | | | | | | |

表 5-6　某群体工程施工总进度计划

| 区域及单位工程 | | 第一年 | | | | 第二年 | | | | 第三年 | | | | 第四年 | | | |
|---|---|---|---|---|---|---|---|---|---|---|---|---|---|---|---|---|---|
| | | 1 | 2 | 3 | 4 | 1 | 2 | 3 | 4 | 1 | 2 | 3 | 4 | 1 | 2 | 3 | 4 |
| A区会议厅 | 土方，基础，结构 | | ━ | ━ | ━ | ━ | ━ | ━ | ━ | | | | | | | | |
| | 机电，管线安装 | | | | | | | | ━ | ━ | ━ | ━ | ━ | ━ | ━ | ━ | |
| | 装修 | | | | | | | | | ━ | ━ | ━ | ━ | ━ | ━ | ━ | |
| B区宾馆 | 地下室，结构 | ━ | ━ | ━ | ━ | ━ | ━ | ━ | ━ | ━ | | | | | | | |
| | 机电，管线安装 | | | | | ━ | ━ | ━ | ━ | ━ | ━ | ━ | ━ | ━ | ━ | ━ | |
| | 装修 | | | | | | | ━ | ━ | ━ | ━ | ━ | ━ | ━ | ━ | ━ | |
| C区中展厅 | 土方，基础，结构 | ━ | ━ | ━ | ━ | ━ | ━ | ━ | ━ | | | | | | | | |
| | 机电，管线安装 | | | | | | | ━ | ━ | ━ | ━ | ━ | ━ | | | | |
| | 装修 | | | | | | | | ━ | ━ | ━ | ━ | | | | | |
| D区办公塔楼 | 地下室，结构 | ━ | ━ | ━ | ━ | ━ | ━ | ━ | ━ | | | | | | | | |
| | 钢结构，防火喷涂 | | | ━ | ━ | ━ | ━ | ━ | | | | | | | | | |
| | 玻璃幕墙 | | | | | ━ | ━ | ━ | ━ | | | | | | | | |
| | 机电，管线安装 | | | | | ━ | ━ | ━ | ━ | ━ | ━ | ━ | ━ | | | | |
| | 装修 | | | | | | | | ━ | ━ | ━ | ━ | ━ | | | | |

续表

| 区域及单位工程 | | 第一年 | | | | 第二年 | | | | 第三年 | | | | 第四年 | | | |
|---|---|---|---|---|---|---|---|---|---|---|---|---|---|---|---|---|---|
| | | 1 | 2 | 3 | 4 | 1 | 2 | 3 | 4 | 1 | 2 | 3 | 4 | 1 | 2 | 3 | 4 |
| E区<br>花园 | 基础，地下室结构 | | | ━ | ━ | ━ | ━ | ━ | | | | | | | | | |
| | 机电，管线安装 | | | | | ━ | ━ | ━ | ━ | ━ | ━ | ━ | ━ | ━ | ━ | | |
| | 装修 | | | | | | ━ | ━ | ━ | ━ | ━ | ━ | ━ | ━ | ━ | | |
| F区<br>大展厅 | 地下室，结构 | | ━ | ━ | ━ | ━ | ━ | ━ | ━ | ━ | | | | | | | |
| | 机电，管线安装 | | | | | | | | ━ | ━ | ━ | ━ | ━ | | | | |
| | 装修 | | | | | | | | | ━ | ━ | ━ | ━ | ━ | | | |
| 锅炉房 | 土方，结构，装修 | | | | | ━ | ━ | | | | | | | | | | |
| | 机电安装 | | | | | | ━ | ━ | ━ | ━ | ━ | ━ | ━ | ━ | ━ | ━ | |
| 室外<br>工程 | 地下管线，竖井 | | | | | | ━ | ━ | ━ | ━ | | | | | | | |
| | 道路，室外，围墙 | | | | | | | ━ | ━ | ━ | ━ | ━ | ━ | ━ | ━ | | |

# 5.4 资源总需求计划

依据总施工部署、总进度计划可以编制施工中各种资源的总需求计划，以确保资源的组织和供应，从而使项目施工能顺利进行。

## 5.4.1 施工准备工作计划

为确保工程按期开工和施工总进度计划的如期完成，应根据建设项目的施工部署、工程施工的展开程序和主要工程项目的施工方案，及时编制好全场性的施工准备工作计划，其形式见表5-7。

表 5-7　施工准备工作计划

| 序号 | 施工准备工作内容 | 负责单位 | 涉及单位 | 要求完成日期 | 备注 |
|---|---|---|---|---|---|
| | | | | | |

施工准备工作计划主要包括以下内容。

① 按照建筑总平面图建立现场测量控制网。

② 做好土地征用、居民迁移和各类障碍物的拆除或迁移工作。

③ 做好场内外运输道路、水、电、气的引入方案和施工安排，制订场地平整、全场性排水、防洪设施的规划和施工安排。

④ 安排好混凝土搅拌站、预制构件厂、钢筋加工厂等生产设施和各种生活福利设施的修建计划。

⑤ 做好建筑材料、预制构件、加工品、半成品、施工机械的订购、运输、存储方式等各项计划，并做好相应的准备工作。

⑥ 编制施工组织总设计，制订有关的施工技术措施。

⑦ 制订新技术、新材料、新工艺、新结构的试制、试验计划和职工技术培训计划。

⑧ 制订冬雨期施工的技术组织措施和施工准备工作计划。

## 5.4.2 施工资源需要量计划

根据建设项目施工总进度计划，按照表 5-8 对主要实物工程量进行汇总，编制工程量进度计划。然后根据工程量汇总表（可参照表 5-8）计算主要劳动力及施工技术物资需要量。

表 5-8　工程量汇总表

<table>
<tr><th rowspan="4">顺次</th><th rowspan="4">工程名称</th><th rowspan="4">工程名称</th><th rowspan="4">计算单位</th><th colspan="5">其中包括</th><th colspan="6">工程量进度计划</th></tr>
<tr><th colspan="5">各项工程</th><th colspan="4">1</th><th rowspan="3">2</th><th rowspan="3">3</th></tr>
<tr><th rowspan="2">No. 1</th><th rowspan="2">No. 2</th><th rowspan="2">No. 3</th><th rowspan="2">No. 4</th><th rowspan="2">No. 5</th><th colspan="4">季度</th></tr>
<tr><th>一</th><th>二</th><th>三</th><th>四</th></tr>
<tr><td>1</td><td>土方工程</td><td></td><td></td><td></td><td></td><td></td><td></td><td></td><td></td><td></td><td></td><td></td><td></td><td></td></tr>
<tr><td>1.1</td><td>挖土</td><td></td><td></td><td></td><td></td><td></td><td></td><td></td><td></td><td></td><td></td><td></td><td></td><td></td></tr>
<tr><td>1.2</td><td>填土</td><td></td><td></td><td></td><td></td><td></td><td></td><td></td><td></td><td></td><td></td><td></td><td></td><td></td></tr>
<tr><td>2</td><td>砖石工程</td><td></td><td></td><td></td><td></td><td></td><td></td><td></td><td></td><td></td><td></td><td></td><td></td><td></td></tr>
<tr><td>3</td><td>整体式钢筋混凝土结构</td><td></td><td></td><td></td><td></td><td></td><td></td><td></td><td></td><td></td><td></td><td></td><td></td><td></td></tr>
<tr><td>4</td><td>整体式混凝土结构</td><td></td><td></td><td></td><td></td><td></td><td></td><td></td><td></td><td></td><td></td><td></td><td></td><td></td></tr>
<tr><td>5</td><td>结构安装</td><td></td><td></td><td></td><td></td><td></td><td></td><td></td><td></td><td></td><td></td><td></td><td></td><td></td></tr>
<tr><td>6</td><td>整体式混凝土结构</td><td></td><td></td><td></td><td></td><td></td><td></td><td></td><td></td><td></td><td></td><td></td><td></td><td></td></tr>
</table>

续表

| 顺次 | 工程名称 | 工程名称 | 计算单位 | 其中包括 | | | | | 工程量进度计划 | | | | | |
|---|---|---|---|---|---|---|---|---|---|---|---|---|---|---|
| | | | | 各项工程 | | | | | 1 | | | | 2 | 3 |
| | | | | | | | | | 季度 | | | | | |
| | | | | No. 1 | No. 2 | No. 3 | No. 4 | No. 5 | 一 | 二 | 三 | 四 | | |
| | …… | | | | | | | | | | | | | |
| 7 | 门窗工程 | | | | | | | | | | | | | |
| 7.1 | 门 | | | | | | | | | | | | | |
| 7.2 | 窗 | | | | | | | | | | | | | |
| 8 | 隔墙 | | | | | | | | | | | | | |
| 9 | 地面工程 | | | | | | | | | | | | | |
| 10 | 屋面工程 | | | | | | | | | | | | | |
| | …… | | | | | | | | | | | | | |

1. 劳动力需要量及使用计划

首先根据施工总进度计划，套用概算定额或经验资料分别计算出一年四季（或各月）所需劳动力数量；然后按表汇总成劳动力需要量及使用计划（可参照表5－9），同时采取解决劳动力不足的相应措施。

表5－9　劳动力需要量及使用计划

| 序号 | 工种名称 | 劳动量/工日 | 全工地性工程 | | | | | | 生活用房 | | 仓库、加工厂等暂设工程 | 用工时间 | | | | | | | | | | | | | |
|---|---|---|---|---|---|---|---|---|---|---|---|---|---|---|---|---|---|---|---|---|---|---|---|---|---|
| | | | | | | | | | | | | 年 | | | | | | | | 年 | | | | | |
| | | | 主厂房 | 辅助车间 | 道路 | 铁路 | 给水排水管道 | 电气工程 | 永久性住宅 | 临时性住宅 | | 5 | 6 | 7 | 8 | 9 | 10 | 11 | 12 | 1 | 2 | 3 | 4 | 5 | 6 |
| | 钢筋工<br>木工<br>混凝土工<br>…… | | | | | | | | | | | | | | | | | | | | | | | | |

2. 主要施工及运输机械需要量汇总表

根据施工进度计划、主要建筑施工方案和工程量，并套用机械产量定额，即可得到主要施工机械需要量。辅助机械可根据安装工程概算指标求得，从而编制出机械需要量计划。根据施工部署和主要建筑的施工方案、技术措施以及总进度计划的要求，即可提出必需的主要施工机械的数量及进场日期。这样，可使所需机械按计划进场，另外可为计算施工用电、选择变压器容量等提供计算依据。主要施工及运输机械需要量汇总表见表5－10。

表 5-10　主要施工及运输机械需要量汇总表

| 序号 | 机械名称 | 简要说明(型号、生产率等) | 电动机功率/kW | 数量 | 需要量计划 | | | | | | | | | | | | | | | |
|---|---|---|---|---|---|---|---|---|---|---|---|---|---|---|---|---|---|---|---|---|
| | | | | | 年 | | | | | | | | 年 | | | | | | | |
| | | | | | 5 | 6 | 7 | 8 | 9 | 10 | 11 | 12 | 1 | 2 | 3 | 4 | 5 | 6 | 7 | 8 |
| | | | | | | | | | | | | | | | | | | | | |

3. 建设项目各种物资需要量计划

根据工种工程量汇总表和总进度计划的要求，查概算指标即可得出各单位工程所需的物资需要量，从而编制出物资需要量计划，可参照表 5-11。

表 5-11　建设项目各种物资需要量计划

| 序号 | 类别 | 材料名称 | 单位 | 全工地性工程 | | | | | | 生活设施 | | 其他暂设工程 | 需要量计划 | | | | | | | | | | | |
|---|---|---|---|---|---|---|---|---|---|---|---|---|---|---|---|---|---|---|---|---|---|---|---|---|
| | | | | 主厂房 | 辅助车间 | 道路 | 铁路 | 给排水管道工程 | 电气工程 | 永久性住宅 | 临时性住宅 | | 年 | | | | | | 年 | | | | | |
| | | | | | | | | | | | | | 7 | 8 | 9 | 10 | 11 | 12 | 1 | 2 | 3 | 4 | 5 | 6 |
| 1 | 构件类 | 预制桩<br>预制梁<br>四孔板<br>…… | | | | | | | | | | | | | | | | | | | | | | |
| 2 | 主要材料 | 钢筋水泥砖石灰<br>…… | | | | | | | | | | | | | | | | | | | | | | |
| 3 | 半成品类 | 砂浆混凝土木门窗<br>…… | | | | | | | | | | | | | | | | | | | | | | |

【施工总平面布置图】

## 5.5　施工总平面布置图

施工总平面布置图是在拟建项目施工场地范围内，按照施工布置和施工总进度计划的要求，对拟建项目和各种临时设施进行合理部署的总体布置图，是施工组织总设计的重要内容，也是现场文明施工、节约施工用地、减少各种临时设施数量、降低工程费用的先决条件。

### 5.5.1　施工总平面布置图设计的内容

施工总平面布置图一般含有以下内容。

① 建设项目的建筑总平面图上一切地上、地下的已有和拟建建筑物、构筑物及其他

设施的位置和尺寸。

② 一切为全工地施工服务的临时设施的布置位置，包括：

A. 施工用地范围、施工用道路。

B. 加工厂及有关施工机械的位置。

C. 各种材料仓库、堆场及取土、弃土位置。

D. 办公、宿舍、文化福利设施等建筑的位置。

E. 水源、电源、变压器、临时给水排水管线、通信设施、供电线路及动力设施位置。

F. 机械站、车库位置。

G. 一切安全、消防设施位置。

③ 永久性及半永久性坐标位置及取土、弃土位置。

## 5.5.2 施工总平面布置图设计的原则

施工总平面布置图设计总的原则：平面紧凑合理，方便施工流程，运输方便畅通，降低临建费用，便于生产生活，保护生态环境，保证安全可靠。具体包括以下内容。

① 平面紧凑合理是指少占农田、减少施工用地，充分调配各方面的布置位置，使其合理有序。

② 方便施工流程是指施工区域的划分应尽量减少各工种之间的相互干扰，充分调配人力、物力和场地，保持施工均衡、连续、有序。

③ 运输方便畅通是指合理组织运输，减少运输费用，保证水平运输和垂直运输畅通无阻，保证不间断施工。

④ 降低临建费用是指充分利用现有建筑，作为办公、生活福利等用房，应尽量少建临时性设施。

⑤ 便于生产生活是指尽量为生产工人提供方便的生产生活条件。

⑥ 保护生态环境是指注意保护施工现场及周围环境，如能保留的树木应尽量保留，对文物及有价值的物品应采取保护措施，对周围的水源不应造成污染，不随便乱堆、乱放、乱泄垃圾、废土、废料、废水等，做到文明施工。

⑦ 保证安全可靠是指安全防火、安全施工，尤其不要出现影响人身安全的事故。

## 5.5.3 施工总平面布置图设计所依据的资料

① 设计资料，包括建筑总平面图、地形地貌图、区域规划图、建设项目范围内有关的一切已有的和拟建的各种地上、地下设施及位置图。

② 建设地区资料，包括当地的自然条件和经济技术条件，当地的资源供应状况和运输条件等。

③ 建设项目的建设概况，包括施工方案、施工进度计划，以便了解各施工阶段情况，合理规划施工现场。

④ 物资需求资料，包括建筑材料、构件、加工品、施工机械、运输工具等物资的需要量表，以规划现场内部的运输线路和材料堆场等位置。

⑤ 各构件加工厂、仓库、临时性建筑的位置和尺寸。

## 5.5.4 施工总平面布置图的设计步骤

### 1. 运输线路的布置

设计全工地性的施工总平面布置图，首先应解决大宗材料进入工地的运输方式。例如，铁路运输需将铁轨引入工地，水路运输需考虑增设码头、仓储和转运问题，公路运输需考虑运输路线的布置问题等。

(1) 铁路运输

一般大型工业企业都设有永久性铁路专用线，通常提前修建，以便为工程项目施工服务。铁路的引入，将严重影响场内施工的运输和安全，因此，一般先将铁路引入到工地两侧，当整个工程进展到一定程度，工程可分为若干个独立施工区域时，才可以把铁路引到工地中心区。此时铁路对每个独立的施工区都不应有干扰，位于各施工区的外侧。

(2) 水路运输

当大量物资由水路运输时，就应充分利用原有码头的吞吐能力。当原有码头吞吐能力不足时，应考虑增设码头，其码头的数量不应少于两个，且宽度应大于 2.5m，一般用石或钢筋混凝土结构建造。

一般码头距工程项目施工现场有一定距离，故应考虑在码头修建仓储库房以及考虑从码头运往工地的运输问题。

(3) 公路运输

当大量物资由公路运进现场时，由于公路布置较为灵活，一般将仓库、加工厂等生产性临时设施布置在最方便、最经济合理的地方，而后再布置通向场外的公路线。

### 2. 仓库与材料堆场的布置

通常考虑设置在运输方便、位置适中、运距较短并且安全防火的地方，并应区别不同材料、设备和运输方式来设置。

仓库和材料堆场的布置应考虑下列因素。

① 尽量利用永久性仓储库房，以便于节约成本。

② 仓库和材料堆场位置距离使用地应尽量接近，以减少二次搬运的工作。

③ 当有铁路时，尽量布置在铁路线旁边，并且留够装卸前线，而且应设在靠工地一侧，避免内部运输跨越铁路。

④ 根据材料用途设置仓库和材料堆场。

砂、石、水泥等应在搅拌站附近；钢筋、木材、金属结构等在相应加工厂附近；油库、氧气库等布置在相对僻静、安全的地方；设备，尤其是笨重设备应尽量在车间附近；砖、瓦和预制构件等直接使用材料应布置在施工现场的吊车控制半径范围之内。

【钢筋加工厂现场布局】

### 3. 加工厂布置

加工厂一般包括混凝土搅拌站、构件预制厂、钢筋加工厂、木材加工厂、金属结构加工厂等。布置这些加工厂时主要考虑的问题：来料加工和成品、半成品运往需要地点的总运输费用最小，加工厂的生产和工程项目的施工互不干扰。

① 搅拌站布置。根据工程的具体情况采用集中、分散或集中与分散相结合三种方式布置。当现浇混凝土量大时，宜在工地设置现场混凝土搅拌站；当运输条件好时，采用集中搅拌最有利；当运输条件较差时，则宜采用分散搅拌。

② 预制构件加工厂布置。一般建在空闲区域，既能安全生产，又不影响现场施工。

③ 钢筋加工厂布置。根据不同情况，采用集中或分散布置。冷加工、对焊、点焊的钢筋网等宜集中布置；设置中心加工厂，其位置应靠近构件加工厂；对于小型加工件，利用简单机械即可加工的钢筋，可在靠近使用地分散设置加工棚。

④ 木材加工厂布置。根据木材加工的性质、加工的数量，选择集中或分散布置。一般原木加工批量生产的产品等加工量大的应集中布置在铁路、公路附近，简单的小型加工件可分散布置在施工现场搭设的几个临时加工棚中。

⑤ 金属结构、焊接、机修等车间的布置，由于相互之间生产上联系密切，应尽量集中布置在一起。

#### 4. 布置内部运输道路

根据各加工厂、仓库及各施工对象的相对位置，对货物周转运行图进行反复研究，区分主要道路和次要道路，进行道路的整体规划，以保证运输畅通，车辆行驶安全，节省造价。在布置内部运输道路时应考虑以下内容。

① 尽量利用拟建的永久性道路。将它们提前修建，或先修路基，铺设简易路面，项目完成后再铺路面。

② 保证运输畅通。道路应设两个以上的进出口，避免与铁路交叉，一般厂内主干道应设成环形，其主干道应为双车道，宽度不小于 6m，次要道路为单车道，宽度不小于 3m。

③ 合理规划拟建道路与地下管网的施工顺序。在修建拟建永久性道路时，应考虑道路下的地下管网，避免将来重复开挖，尽量做到一次性到位，节约投资。

#### 5. 消防要求

根据工程防火要求，应设立消防站，一般设置在易燃建筑物（木材、仓库等）附近，并须有通畅的出口和消防车道，其宽度不宜小于 6m，与拟建房屋的距离不得大于 25m，也不得小于 5m；沿道路布置消火栓时，其间距不得大于 10m，消火栓到路边的距离不得大于 2m。

#### 6. 行政与生活临时设施设置

【施工现场临建如何布置】

(1) 临时性房屋设置原则

临时性房屋一般有办公室、汽车库、职工休息室、开水房、浴室、食堂、商店、俱乐部等。布置时应考虑以下内容。

① 全工地性管理用房（办公室、门卫等）应设在工地入口处。

② 工人生活福利设施（商店、俱乐部、浴室等）应设在工人较集中的地方。

③ 食堂可布置在工地内部或工地与生活区之间。

④ 职工住房应布置在工地以外的生活区，一般距工地 500～1000m 为宜。

(2) 办公及福利设施的规划与实施

工程项目建设中，办公及福利设施的规划应根据工程项目建设中的用人情况来确定。

① 确定人员数量。一般情况下，直接生产工人（基本工人）数用下式计算。

$$R=n\frac{T}{t}\cdot K_2 \tag{5-1}$$

式中：$R$——需要工人数；

$n$——直接生产的基本工人数；

$T$——工程项目年（季）度所需总工作日（d）；

$t$——年（季）度有效工作日（d）；

$K_2$——年（季）度施工不均衡系数，取1.1～1.2。

非生产人员参照国家规定的比例计算，可以参考表5-12的规定。

表5-12　非生产人员比例表

| 序号 | 企业类别 | 非生产人员比例/(%) | 其中 | | 折算为占生产人员比例/(%) |
|---|---|---|---|---|---|
| | | | 管理人员 | 服务人员 | |
| 1 | 中央省市自治区属 | 16～18 | 9～11 | 6～8 | 19～22 |
| 2 | 省辖市、地区属 | 8～10 | 8～10 | 5～7 | 16.3～19 |
| 3 | 县（市）企业 | 10～14 | 7～9 | 4～6 | 13.6～16.3 |

注：A. 工程分散、职工数较大者取上限。

B. 新辟地区、当地服务网点尚未建立时应增加服务人员5%～10%。

C. 大城市、大工业区服务人员应减少2%～4%。

家属视工地情况而定，工期短、距离近的家属少安排些，工期长、距离远的家属多安排些。

② 确定办公及福利设施的临时建筑面积。当工地人员确定后，可按实际人数确定建筑面积。

$$S=N\cdot P \tag{5-2}$$

式中：$S$——建筑面积（$m^2$）；

$N$——工地人员实际数；

$P$——建筑面积指标，可参照表5-13取定。

表5-13　行政生活福利临时设施建筑面积参考指标

| 临时房屋名称 | | 参考指标（$m^2$/人） | 说　明 |
|---|---|---|---|
| 办公室 | | 3～4 | 按管理人员人数 |
| 宿舍 | 双层 | 2.0～2.5 | 按高峰年（季）平均职工人数（扣除不在工地住宿人数） |
| | 单层 | 3.5～4.5 | |

续表

| 临时房屋名称 | | 参考指标（$m^2$/人） | 说　明 |
|---|---|---|---|
| 食堂 | | 3.5～4 | 按高峰年平均职工人数 |
| 浴室 | | 0.5～0.8 | |
| 活动室 | | 0.07～0.1 | |
| 现场小型设施 | 开水房 | 0.01～0.04 | |
| | 厕所 | 0.02～0.07 | |

7. 工地临时供水系统的设置

设置临时性水电管网时，应尽量利用可用的水源、电源。一般排水干管和输电线沿主干道布置；水池、水塔等储水设施应设在地势较高处；总变电站应设在高压电入口处；消防站应布置在工地出入口附近，消火栓沿道路布置；过冬的管网要采取保温措施。

工地用水主要有三种类型：生产用水、生活用水和消防用水。

【施工现场临时用水】

工地供水设计的主要内容有确定用水量、选择水源、设计配水管网。

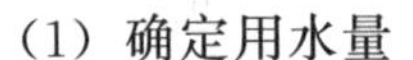

(1) 确定用水量

① 生产用水主要包括现场施工用水和施工机械用水。

现场施工用水量为

$$q_1 = K_1 \sum \frac{Q_1 \cdot N_1}{T_1 \cdot b} \cdot \frac{K_2}{8 \times 3600} \tag{5-3}$$

式中：$q_1$——施工工程用水量（L/s）；

$K_1$——未预计的施工用水系数（1.05～1.15）；

$Q_1$——年（季）度工程量（以实物计量单位表示）；

$N_1$——施工用水定额，按表5-14取定；

$T_1$——年（季）度有效工作日（d）；

$t$——每天工作班数（班）；

$K_2$——施工用水不均衡系数，按表5-15取定。

表5-14　施工用水参考定额（$N_1$）

| 序　号 | 用水对象 | 单　位 | 耗水量 |
|---|---|---|---|
| 1 | 浇筑混凝土全部用水 | L/$m^3$ | 1700～2400 |
| 2 | 搅拌普通混凝土 | L/$m^3$ | 250 |
| 3 | 搅拌轻质混凝土 | L/$m^3$ | 300～350 |
| 4 | 搅拌泡沫混凝土 | L/$m^3$ | 300～400 |
| 5 | 搅拌热混凝土 | L/$m^3$ | 300～350 |
| 6 | 混凝土自然养护 | L/$m^3$ | 200～400 |
| 7 | 混凝土蒸汽养护 | L/$m^3$ | 500～700 |

续表

| 序　　号 | 用水对象 | 单　　位 | 耗　水　量 |
|---|---|---|---|
| 8 | 冲洗模板 | $L/m^2$ | 5 |
| 9 | 搅拌机清洗 | L/台班 | 600 |
| 10 | 人工冲洗石子 | $L/m^3$ | 1000 |
| 11 | 机械冲洗石子 | $L/m^3$ | 600 |
| 12 | 洗砂 | $L/m^3$ | 1000 |
| 13 | 砌砖工程全部用水 | $L/m^3$ | 150～250 |
| 14 | 砌石工程全部用水 | $L/m^3$ | 50～80 |
| 15 | 抹灰工程全部用水 | $L/m^3$ | 30 |
| 16 | 耐火砖砌体工程 | $L/m^3$ | 100～150 |
| 17 | 洗砖 | L/千块 | 200～250 |
| 18 | 浇硅酸盐砌块 | $L/m^3$ | 300～350 |
| 19 | 抹面 | $L/m^2$ | 4～6 |
| 20 | 楼地面 | $L/m^2$ | 190 |
| 21 | 搅拌砂浆 | $L/m^3$ | 300 |
| 22 | 石灰消化 | L/t | 3000 |
| 23 | 上水管道工程 | L/m | 98 |
| 24 | 下水管道工程 | L/m | 1130 |
| 25 | 工业管道工程 | L/m | 35 |

表 5-15　施工用水不均衡系数

| K | 用水名称 | 系数 |
|---|---|---|
| $K_2$ | 现场施工用水 | 1.5 |
|  | 附属生产企业用水 | 1.25 |
| $K_3$ | 施工机械、运输机械 | 2.00 |
|  | 动力设备 | 1.05～1.10 |
| $K_4$ | 施工现场生活用水 | 1.30～1.50 |
| $K_5$ | 生活区生活用水 | 2.00～2.50 |

施工机械用水量为

$$q_2 = K_1 \sum Q_2 N_2 \frac{K_3}{8 \times 3600} \tag{5-4}$$

式中：$q_2$——施工机械用水量（L/s）；

$K_1$——未预计施工用水系数（1.05～1.15）；

$Q_2$——同一种机械台数（台）；

$N_2$——施工机械用水定额，参考表 5-16；

$K_3$——施工机械用水不均衡系数，参考表 5-15。

表 5-16 施工机械用水参考定额（$N_2$）

| 序号 | 用水对象 | 单位 | 耗水量/L | 备注 |
| --- | --- | --- | --- | --- |
| 1 | 内燃挖土机 | $m^3$·台班 | 200～300 | 以斗容量 $m^3$ 计 |
| 2 | 内燃起重机 | t·台班 | 15～18 | 以起重吨数计 |
| 3 | 蒸汽起重机 | t·台班 | 300～400 | 以起重吨数计 |
| 4 | 蒸汽打桩机 | t·台班 | 1000～1200 | 以锤重吨数计 |
| 5 | 内燃压路机 | t·台班 | 15～18 | 以压路机吨数计 |
| 6 | 蒸汽压路机 | t·台班 | 100～150 | 以压路机吨数计 |
| 7 | 拖拉机 | 台·昼夜 | 200～300 | — |
| 8 | 汽车 | 台·昼夜 | 400～700 | — |
| 9 | 空压机 | （$m^3$/min）·台班 | 40～80 | 以空气压缩机排气量 $m^3$/min 计 |
| 10 | 锅炉 | t·h | 1050 | 以小时蒸发量计 |
| 11 | 锅炉 | t·$m^2$ | 15～30 | 以受热面积计 |
| 12 | 点焊机 25 型 | 台·h | 100 | — |
| 13 | 点焊机 50 型 | 台·h | 150～200 | — |
| 14 | 点焊机 75 型 | 台·h | 250～350 | — |
| 15 | 对焊机、冷拔机 | 台·h | 300 | — |
| 16 | 凿岩机 01-30 型（CM-56） | 台·min | 3 | — |
| 17 | 凿岩机 01-45 型（TN-4） | 台·min | 5 | — |
| 18 | 凿岩机 01-38 型（KⅡM-4） | 台·min | 8 | — |
| 19 | 凿岩机 YQ-100 型 | 台·min | 8～12 | — |
| 20 | 木工场 | 台班 | 20～25 | — |
| 21 | 锻工房 | 炉·台班 | 40～50 | 以烘炉数 |

② 生活用水包括施工现场生活用水和生活区生活用水。

施工现场生活用水量为

$$q_3 = \frac{P_1 \cdot N_3 \cdot K_4}{t \times 3 \times 3600} \tag{5-5}$$

式中：$q_3$——施工现场生活用水量（L/s）；

$P_1$——施工现场高峰昼夜人数（人）；

$N_3$——施工现场生活用水定额，视当地气候、工种而定，一般取 100～120L/（人·日）；

$K_4$——施工现场生活用水不均衡系数，参考表5-15；

$t$——每天工作班数（班）。

生活区生活用水量为

$$q_4 = \frac{P_2 \cdot N_4 \cdot K_5}{24 \times 3600} \tag{5-6}$$

式中：$q_4$——生活区生活用水量（L/s）；

$P_2$——生活区居民人数（人）；

$N_4$——生活区昼夜全部生活用水定额，参考表5-17；

$K_5$——生活区用水不均衡系数，参考表5-15。

表5-17 生活用水参考定额（$N_3$、$N_4$）

| 序号 | 用水对象 | 单位 | 耗水量 |
|---|---|---|---|
| 1 | 生活用水（盥洗、饮用） | L/人·日 | 25～40 |
| 2 | 食堂 | L/人·次 | 10～20 |
| 3 | 浴室（淋浴） | L/人·次 | 40～60 |
| 4 | 淋浴带大池 | L/人·次 | 50～60 |
| 5 | 洗衣房 | L/kg干衣 | 40～60 |
| 6 | 理发室 | L/人·次 | 10～25 |
| 7 | 施工现场生活用水 | L/人·次 | 20～60 |
| 8 | 生活区全部生活用水 | L/人·次 | 80～120 |

③ 消防用水。消防用水量$q_5$包括居民区消防用水和施工现场消防用水，应根据工程项目大小及居住人数的多少来确定，可参考表5-18取定。

表5-18 消防用水量（$q_5$）

| 用水名称 | | 火灾同时发生次数 | 单位 | 用水量 |
|---|---|---|---|---|
| 居民区消防用水 | 5000人以内 | 一次 | L/s | 10 |
| | 10000人以内 | 二次 | L/s | 10～15 |
| | 25000人以内 | 二次 | L/s | 15～20 |
| 施工现场消防用水 | 施工现场在25m²内 | 一次 | L/s | 10～15 |
| | 每增加25m² | 一次 | L/s | 5 |

④ 总用水量（$Q$）。由于生产用水、生活用水和消防用水不同时使用，日常只有生产用水和生活用水，消防用水是在特殊情况下产生的，故总用水量不能简单地将几项相加，而应考虑有效组合，即既要满足生产用水和生活用水，又要有消防储备。一般可分为以下三种组合。

当$q_1+q_2+q_3+q_4 \leqslant q_5$时，取$Q=q_5+\frac{1}{2}(q_1+q_2+q_3+q_4)$；

当 $q_1+q_2+q_3+q_4>q_5$ 时，取 $Q=q_1+q_2+q_3+q_4$；

当工地面积小于 5hm$^2$，并且 $q_1+q_2+q_3+q_4<q_5$ 时，取 $Q=q_5$。

当总用水量 $Q$ 确定后，还应增加 10%，以补偿不可避免的水管漏水等损失，即

$$Q_{总}=1.1Q \tag{5-7}$$

（2）选择水源和设计配水管网

① 选择水源。工程项目工地临时供水方式有供水管道供水和天然水源供水两种。最好的方式是利用附近居民区现有的供水管道供水，只有当工地附近没有现成的供水管道或现成的给水管道无法使用以及供水量难以满足施工要求时，才使用天然水源（如江、河、湖、井等）供水。

选择水源应考虑的因素有水量是否充足、可靠，能否满足最大需求量要求；能否满足生活饮用水、生产用水的水质要求；取水、输水、净水设施是否安全、可靠；施工、运转、管理和维护是否方便。

② 确定供水系统。供水系统由取水设施、净水设施、储水构筑物、输水管道、配水管道等组成。通常情况下，综合工程项目的首建工程应是永久性供水系统，只有在工程项目的工期紧迫时，才修建临时供水系统，如果已有供水系统，可以直接从供水源接输水管道。

③ 确定取水设施。取水设施一般由取水口、进水管和水泵组成。取水口距河底（或井底）一般不小于 0.25～0.9m，在冰层下部边缘的距离不小于 0.25m。给水工程一般使用离心泵、隔膜泵和活塞泵三种水泵。所用的水泵应具有足够的抽水能力和扬程。

④ 确定贮水构筑物

贮水构筑物一般有水池、水塔和水箱。在临时供水时，如水泵不能连续供水，需设置贮水构筑物。其容量以每小时消防用水决定，但不得少于 10～20m$^3$。

贮水构筑物的高度应根据供水范围、供水对象位置及水塔本身位置来确定。

⑤ 确定供水管径。

$$D=\sqrt{\frac{4Q}{\pi \cdot v \cdot 1000}} \tag{5-8}$$

式中：$D$——配水管直径；

$Q$——用水量（L/s）；

$v$——管网中水流速度（m/s），参考表 5-19。

表 5-19 临时水管经济流速表

| 管径 | 流速/(m/s) | |
|---|---|---|
| | 正常时间 | 消防时间 |
| （1）$D<0.1$m | 0.5～1.2 | — |
| （2）$D=0.1$～0.3m | 1.0～1.6 | 2.5～3.0 |
| （3）$D>0.3$m | 1.5～2.5 | 2.5～3.0 |

根据已确定的管径和水压的大小，可选择配水管，一般干管为钢管或铸铁管，支管为钢管。

【施工现场临时配电】

8. 工地临时供电系统的布置

工地临时供电的组织包括工地总用电量的计算、电源的选择、变压器的确定、配电线路的布置和导线截面的选择。

(1) 工地总用电量的计算

施工现场用电一般可分为动力用电和照明用电。在计算用电量时，应考虑以下因素。

① 全工地动力用电功率。

② 全工地照明用电功率。

③ 施工高峰用电量。

工地总用电量按下式计算：

$$P = 1.05 \sim 1.10\left(K_1 \frac{\sum P_1}{\cos\phi} + K_2 \sum P_2 + K_3 \sum P_3 + K_4 \sum P_4\right) \quad (5-9)$$

式中：$P$——供电设备总需要容量（kVA）；

$P_1$——电动机额定功率（kW）；

$P_2$——电焊机额定功率（kVA）；

$P_3$——室内照明容量（kW）；

$P_4$——室外照明容量（kW）；

$\cos\phi$——电动机的平均功率因数（在施工现场最高为0.75～0.78，一般为0.65～0.75）；

$K_1$、$K_2$、$K_3$、$K_4$——需要系数，参考表5-20。

表5-20 需要系数（$K$值）

| 用电名称 | 数量 | 需要系数 | | | | 备注 |
|---|---|---|---|---|---|---|
| | | $K_1$ | $K_2$ | $K_3$ | $K_4$ | |
| 电动机 | 3～10台 | 0.7 | | | | 如施工中需要电热时，应将其用电量计算进去。为使计算结果接近实际，式中各项动力和照明用电，应根据不同工作性质分类计算。 |
| | 11～30台 | 0.6 | | | | |
| | 30台以上 | 0.5 | | | | |
| 加工厂动力设备 | | 0.5 | | | | |
| 电焊机 | 3～10台 | | 0.6 | | | |
| | 10台以上 | | 0.5 | | | |
| 室内照明 | | | | 0.8 | | |
| 室外照明 | | | | | 1.0 | |

其他机械动力设备以及工具用电可参考有关定额。

由于照明用电量远小于动力用电量，故当单班施工时，其用电总量可以不考虑照明用电。

(2) 电源的选择和变压器的确定

电源的选择有以下几种方案。

① 完全由工地附近的电力系统供电。

② 如果工地附近的电力系统不够，工地需增设临时电站以补充不足部分。

③ 如果工地属于新开发地区，附近没有供电系统，电力则应由工地自备临时动力设施供电。

根据实际情况确定供电方案。一般情况下是将工地附近的高压电网，引入工地的变压器进行调配。其变压器功率可由下式计算：

$$P = K\left(\frac{\sum P_{max}}{\cos\phi}\right) \tag{5-10}$$

式中：$P$——变压器的功率（kVA）；

$K$——功率损失系数，取1.05；

$\sum P_{max}$——各施工区的最大计算负荷（kW）；

$\cos\phi$——用电设备功率因数，一般建筑工地取0.75。

根据计算结果，应选取略大于该结果的变压器。

(3) 配电线路的布置和导线截面的选择

配电线路的布置可以分为环状、枝状和混合式三种，一般根据工程量大小和工地实际情况确定。一般3～10kV的高压线采用环状布置；380V及220V的低压线路采用枝状布置。混合式包含环状和枝状布置，结合了两者的优点，一般的施工现场临电线路可以采用混合式布置。

导线的自身强度必须能防止受拉或机械性损伤而折断，导线必须能耐受因电流通过而产生的温升，导线还应使得电压损失在允许范围之内，这样，导线才能正常传输电流，保证各方用电的需要。

选择导线应考虑如下因素。

① 按机械强度选择。导线在各种敷设方式下，应按其强度需要，保证必需的最小截面，以防拉、折而断。可根据有关资料进行选择。

② 按照允许电压降选择。导线满足所需要的允许电压，其本身引起的电压降必须限制在一定范围内，导线承受负荷电流长时间通过所引起的温升，其自身电阻越小越好，使电流通畅，温度则会降低，因此，导线的截面是关键因素，可由下式计算：

$$S = \frac{\sum P \times L}{C \times \varepsilon} \tag{5-11}$$

式中：$S$——导线截面面积（$mm^2$）；

$P$——负荷电功率或线路输送的电功率（kW）；

$L$——输送电线路的距离（m）；

$C$——系数，视导线材料、送电电压及调配方式而定，参考表5-21；

$\varepsilon$——容许的相对电压降（即线路的电压损失%），一般为2.5%～5%。

其中，照明电路中容许电压降不应超过2.5～5%，电动机电压降不应超过±5%，临时供电可达到±8%。

表 5-21　按允许电压降计算时的 C 值

| 线路额定电压/V | 线路系统及电流种类 | 系数 C 值 | |
|---|---|---|---|
| | | 铜线 | 铝线 |
| 380/220 | 三相四线 | 77 | 46.3 |
| 220 | 单相或直流 | 12.8 | 7.75 |
| 110 | 单相或直流 | 3.2 | 1.9 |
| 36 | 单相或直流 | 0.34 | 0.21 |

按以上条件选择的导线，取截面面积最大的作为现场使用的导线，通常导线的选取先根据计算负荷电流的大小来确定，而后根据其机械强度和允许电压损失值进行复核。

③ 负荷电流的计算。三相四线制线路上的电流可按下式计算：

$$I=\frac{P}{\sqrt{3}\times V\times \cos\phi} \tag{5-12}$$

式中：$I$——电流值（A）；

$P$——功率（W）；

$V$——电压（V）；

$\cos\phi$——用电设备功率因数，一般建筑工地取 0.75。

导线制造厂家根据导线的容许温升，制定了各类导线在不同敷设条件下的持续容许电流值，在选择导线时，导线中的电流不得超过此值。

*9. 施工总平面布置图设计方法综述*

综上所述，外部交通、仓库、加工厂、内部道路、临时房屋、水电管网等布置应系统考虑，对多种方案进行比较，当确定方案之后采用标准图绘制在总平面图上。比例一般为1∶1000 或 1∶2000。应该指出，上述各设计步骤不是截然分开各自孤立进行的，而是相互联系、相互制约的，需要综合考虑、反复修正才能确定下来。当有多种方案时，尚应进行方案比较。

## 5.5.5 施工总平面布置图的科学管理

施工总平面布置图设计完成之后，应认真贯彻其设计意图，发挥其应有作用，因此，现场对总平面图的科学管理是非常重要的，否则就难以保证施工的顺利进行。施工总平面布置图的管理包括以下内容。

① 建立统一的施工总平面布置图管理制度。划分总平面图的使用管理范围，做到责任到人，严格控制材料、构件、机械等物资占用的位置、时间和面积，不准乱堆乱放。

② 对水源、电源、交通等公共项目实行统一管理。不得随意挖路断道，不得擅自拆迁建筑物和水电线路，当工程需要断水、断电、断路时要申请，经批准后方可着手进行。

③ 对施工总平面布置实行动态管理。在布置中，由于特殊情况或事先未预测到的情况需要变更原方案时，应根据现场实际情况，统一协调，修正其不合理的地方。

④ 做好现场的清理和维护工作，经常性检修各种临时性设施，明确负责部门和人员。

## 本章小结

通过本章学习，学生可以了解施工组织总设计编制的程序及依据、施工部署的主要内容、施工总进度计划编制的原则、步骤和方法；暂设工程的组织；施工总平面图设计的原则步骤和方法。

本章重点是施工总进度计划、施工总平面布置图布置的步骤、方法；以及暂设工程的组织方法，尤其是施工现场用水、用电量的计算方法。

## 习　题

### 一、单项选择题

1. 编制施工组织总设计的材料、机械及劳动力消耗量需求计划时，均需依据（　　）。
   A. 施工部署　　B. 施工总平面布置图
   C. 施工准备工作计划　　D. 施工总进度计划
2. 在计算施工现场临时用水量时，可将消防用水量作为临时总用水量的条件是（　　）。
   A. 施工机械、生活用水量之和大于消防用水量
   B. 施工机械、生活用水量之和小于消防用水量，且工地面积小于5公顷
   C. 施工机械、生活用水量之和等于消防用水量
   D. 施工机械、生活用水量之和小于消防用水量，且工地面积小于10公顷
3. 一般情况下施工现场总平面布置图的第一步是（　　）。
   A. 引入场外交通道路　　B. 布置材料仓库
   C. 确定材料堆场　　D. 布置场内运输道路
4. 施工组织总设计是以（　　）为编制对象。
   A. 单位工程　　B. 单项工程
   C. 建设项目或群体工程　　D. 分部工程
5. 施工厂区内的主干道路一般设置成（　　），宽度不小于6米。
   A. 环形　　B. 一字型　　C. U型　　D. 工字型

### 二、多项选择题

1. 施工组织总设计编制的主要依据有（　　）。
   A. 设计文件　　B. 建设地区的地勘资料
   C. 项目合同　　D. 单位工程施工组织设计
   E. 现行规范、规程及技术标准
2. 施工组织总设计中最重要的三项内容包括（　　）。
   A. 工程概况　　B. 施工部署和施工方案
   C. 施工总进度计划　　D. 施工总平面布置图

E. 主要技术经济指标

3. 施工组织总设计中，资源计划包括（　　）。

A. 劳动力需求计划　　B. 施工准备计划

C. 施工机械及设备计划　　D. 材料、构件及加工品计划

E. 场地需求计划

4. 工地用水主要包括（　　）。

A. 生活用水　　B. 生产用水

C. 消防用水　　D. 宿舍用水

E. 混凝土养护用水

5. 工地临时供电的组织包括（　　）。

A. 总用电量计算　　B. 电源的选择

C. 确定变压器　　D. 导线截面面积确定

E. 导线的采购

三、简答题

1. 施工组织总设计的编制原则和依据。
2. 拟定主要项目施工方案的原则。
3. 施工总进度计划的绘制步骤。
4. 施工组织总设计需要编制哪些计划？
5. 编制施工总平面布置图设计的内容和原则。
6. 施工现场用水包括哪些内容，如何确定用水量？
7. 施工现场临时用电组织包括哪些内容？用电量如何计算？

# 第6章 单位工程施工组织设计

## 教学目标

本章主要讲述单位工程施工组织设计。通过本章学习，学生应达到以下目标。

(1) 了解单位工程施工组织设计编制的原则、依据和程序。

(2) 熟悉施工方案施工顺序的选择方法，熟悉砖混结构、现浇混凝土结构及装配式单层工业厂房的施工顺序。

(3) 掌握进度计划编制的步骤和方法。

(4) 掌握施工现场平面布置图的内容和步骤。

## 教学要求

| 知识要点 | 能力要求 | 相关知识 |
| --- | --- | --- |
| 单位工程施工组织设计的概念、内容、编制原则 | (1) 掌握单位工程施工组织设计的概念及内容<br>(2) 掌握单位施工组织设计编制的过程 | (1) 施工组织设计的分类<br>(2) 施工程序 |
| 工程概况与施工条件 | (1) 掌握工程概况应包括的基本内容<br>(2) 熟悉在施工条件介绍中应包括的主要内容 | (1) 编制施工组织设计应收集的工程地质、水文、气象资料<br>(2) 工程的设计图纸 |
| 施工方案的选择 | (1) 了解施工顺序与施工方法的概念及不同点<br>(2) 熟悉施工流向确定的基本原则与方法<br>(3) 掌握砖混结构、混凝土结构、装配式厂房的基本施工顺序<br>(4) 掌握不同分项工程施工的基本方法<br>(5) 掌握施工机械确定的方法 | (1) 砖混结构、混凝土结构、装配式厂房的基本构造与施工程序<br>(2) 施工工艺质量控制要点，以及施工与验收规范的相关规定<br>(3) 不同施工机械的性能与作业参数 |

续表

| 知识要点 | 能力要求 | 相关知识 |
| --- | --- | --- |
| 单位工程施工进度计划的编制 | (1) 了解进度计划的种类<br>(2) 掌握进度计划编制的基本过程<br>(3) 掌握作业时间计算方法 | (1) 横道图计划、网络计划的基本知识<br>(2) 工程量、劳动量计算 |
| 资源需求计划的编制 | (1) 了解资源计划的种类<br>(2) 掌握劳动力、材料、机械需求编制方法 | (1) 消耗定额<br>(2) 计算工程量 |
| 施工现场平面布置图 | (1) 熟悉施工现场平面布置图应包括的内容<br>(2) 掌握施工现场平面布置图的基本步骤<br>(3) 掌握单位工程施工现场平面布置图的具体要求 | (1) 施工现场与生产、生活相关的设施<br>(2) 现场各种设施设备、堆场的表示符号 |
| 施工现场管理 | (1) 了解施工现场管理的基本内容<br>(2) 熟悉施工现场安全文明施工及资源保护的基本要求 | (1) 国家有关施工安全生产的法律法规<br>(2) 施工现场管理的技术与规范要求 |

**基本概念**

单位施工组织设计、施工方案、施工顺序与方法、进度计划、施工现场平面布置图、安全管理

**引例**

某综合楼工程位于市中心，现有建筑面积36000m$^2$，裙楼6层，地下2层，主体24层，建筑总高度为90m。主体结构为现浇框架——剪力墙结构，基础采用复合基础，地下室混凝土抗渗等级1.0MPa，地下室砌体为MU10灰砂砖，地上部分砌体材料为加气混凝土砌块。加气混凝土砌块填充墙外墙厚250mm，内墙厚为200mm。

假设给出工程建筑设计概况、工程结构设计概况、安装工程概况及工程处的自然条件、周边道路与交通条件、场地及周边地下管线、工期等资料。试编制该工程的施工组织设计。

## 6.1 概　　述

【单位工程施工组织设计】

单位工程施工组织设计是进行单位工程施工组织的文件，是计划书，也是指导书。如果说施工组织总设计是对群体工程而言的，相当于一个战役的战略间部署，则单位工程施工组织设计就是每场战斗的战术安排。施工组织总设计要解决的是全局性的问题，而单位工程施工组织设计则是针对具体工程、解决具体的问题，即针对一个具体的拟建单位工程，从施工准备工作到整个施工的全过程进行规划，实行科学管理和文明施工，使投入到施工中的人力、物力和财力及技术能最大限度地发挥作用，使施工能有条不紊地进行，从而实现项目的质量、工期和成本目标。在第1章讲解过，施工

组织设计从其作用上看总体有两大类：一类是施工企业在投标时所编写的施工组织设计，另一类是中标后编写的用于指导整个施工用的施工组织设计，本章主要介绍的是后一类。

## 6.1.1 单位工程施工组织设计的作用和编制依据

### 1. 作用

施工企业在施工前应针对每一个施工项目，编制详细的施工组织设计。通过施工组织设计的编制，施工企业可以全面考虑拟建工程的各种具体施工条件，合理地拟定施工方案、施工顺序、施工方法，合理地统筹安排施工进度计划，为拟建工程的施工管理在技术上和组织上提供科学的指导。其作用主要有以下几方面。

（1）为施工准备工作详细的安排

施工准备是单位工程施工组织设计的一项重要内容。在单位工程施工组织设计中对以下的施工准备工作提出明确的要求或做出详细、具体的安排。

① 熟悉施工图纸，了解施工环境。

② 施工项目管理机构的组建、施工力量的配备。

③ 施工现场“三通一平”工作（即水通、电通、路通及场地平整工作）的落实。

④ 各种建筑材料及水电设备的采购和进场安排。

⑤ 施工设备及起重机等的准备和现场布置。

⑥ 提出预制构件、门、窗以及预埋件等的数量和需要日期。

⑦ 确定施工现场临时仓库、工棚、办公室、机械房以及宿舍等的面积，并组织进场。

（2）对项目施工过程中的技术管理做具体安排

单位施工组织设计是指导施工的技术文件，可以针对以下的几个主要方面的技术方案和技术措施做出详细的安排，用以指导施工。

① 结合具体工程特点，提出切实可行的施工方案和技术手段。

② 各分部分项工程以及各工种之间的先后施工顺序和交叉搭接。

③ 对各种新技术及较复杂的施工方法所必须采取的有效措施与技术规定。

④ 设备安装的进场时间以及与土建施工的交叉搭接。

⑤ 施工中的安全技术和所采取的措施。

⑥ 施工进度计划与安排。

⑦ 合理安排各种资源的需求量、进场时间等。

总之，从施工的角度看，单位工程施工组织设计是科学组织单位工程施工的重要技术、经济文件，也是建筑企业管理科学化特别是施工现场管理的重要措施之一。同时，它也是指导施工和施工准备工作的技术文件，是现场组织施工的计划书、任务书和指导书。

### 2. 编写依据

单位工程施工组织设计编写的主要依据有以下内容。

① 施工组织总设计。当单位工程为建筑群的一个组成部分时，该建筑物的施工组织设计必须按照施工组织总设计的各项指标和任务要求来编制，如进度计划的安排应符合总设计的要求等。

② 施工现场条件和地质勘察资料，如施工现场的地形、地貌、地上与地下障碍物以及水文地质、交通运输道路、施工现场可占用的场地面积等。

③ 工程所在地的气象资料，如施工期间的最低、最高气温及延续时间，雨季、雨量等。

④ 施工图及规范对施工的要求，其中包括单位工程的全部施工图样、会审记录和相关标准图等有关设计资料。较复杂的工业建筑、公共建筑和高层建筑等，还应了解设备图样和设备安装对土建施工的要求，设计单位对新结构、新技术、新材料和新工艺的要求。

⑤ 材料、预制构件及半成品供应情况，主要包括工程所在地的主要建筑材料、构配件、半成品的供货来源，供应方式及运距和运输条件等。

⑥ 劳动力配备情况，主要有两个方面的资料：一方面是企业能提供的劳动力总量和各专业工种的劳动人数，另一方面是工程所在地的劳动力市场情况。

⑦ 施工机械设备的供应情况。

⑧ 施工企业年度生产计划对该工程项目的安排和规定的有关指标，如开工、竣工时间及其他项目穿插施工的要求等。

⑨ 项目相关的技术资料，包括标准图集、地区定额手册、国家操作规程及相关的施工与验收规范、施工手册等，同时包括企业相关的经验资料、企业定额等。

⑩ 建设单位的要求，包括开工、竣工时间，对项目质量以及其他的一些特殊要求等。

⑪ 建设单位可能提供的条件，如现场“三通一平”情况，临时设施以及合同中约定的建设单位供应的材料、设备的时间等。

⑫ 与建设单位签订的工程承包合同。

### 6.1.2 编写原则和程序

1. 编写原则

单位工程施工组织设计的编写应遵循以下原则。

(1) 符合施工组织总设计的要求

若单位工程属于群体工程中的一部分，则此单位工程施工组织设计在编制时应满足总设计对工期、质量及成本目标的要求。

(2) 合理划分施工段和安排施工顺序

为合理组织施工，满足流水施工的要求，应将施工对象划分成若干个施工段（具体要求见第2章）。同时，按照施工客观规律和建筑产品的工艺要求安排施工顺序，也是编制单位工程施工组织设计的重要原则。在施工组织设计中一般应将施工对象按工艺特征进行分解，借此组织流水作业，使不同的施工过程尽量平行搭接施工。同一施工工艺（施工过程）连续作业，从而缩短工期，不出现窝工现象。

(3) 采用先进的施工技术和施工组织措施

先进的施工技术是提高劳动生产率，保证工程质量，加快施工进度，降低施工成本重要途径。但选用新技术应从企业实际出发，以实事求是的态度，在调查研究的基础上，经过科学分析和技术经济论证，既要考虑其先进性，更要考虑其适用性和经济性。

(4) 专业工种的合理搭接和密切配合

由于建筑施工对象趋复杂化、高技术化，因而完成一个工程的施工所需要的工种将越来越多，相互之间的影响以及对工程施工进度的影响也将越来越大。施工组织设计要有预见性和计划性，既要使各施工过程、专业工种顺利进行施工，又要使它们尽可能实现搭接和交叉，以缩短工期。有些工程的施工中，一些专业工种是既相互制约又相互依存的，这就需要各工种间密切配合。高质量的施工组织设计应对此做出周密的安排。

(5) 努力改进施工工艺，提高机械化施工水平

在编制施工方案及施工工艺流程时，应积极而慎重地采用新技术、新工艺、新材料、新设备，以求得先进技术和工程质量的高度统一。

(6) 应对施工方案作技术经济比较

要对主要工种工程的施工方案和主要施工机械的选择方案进行论证和技术经济分析，以选择经济上合理、技术上先进且切合现场实际、适合本项目的施工方案。

(7) 施工现场布置做到统筹规划，布局合理

利用规划思想，将施工作业区与生活办公区分开布置，减少现场二次搬运，场内交通要形成环路，减少施工场内交通运输的干扰。

(8) 确保工程质量、施工安全和文明施工

在单位工程施工组织设计中应根据工程条件拟定保证质量、降低成本和安全施工的措施，务必要求切合实际、有的放矢，同时提出文明施工及保护环境的措施。

#### 2. 编制程序

单位工程施工组织设计编制的一般程序如图 6.1 示。

## 6.1.3 单位工程施工组织设计的内容

#### 1. 一般内容

单位工程施工组织设计的内容，根据工程性质、规模和复杂程度，其内容、深度和广度要求不同，因而在编制时应从实际出发，确定各种生产要素，如材料、机械、资金、劳动力等，使其真正起到指导建筑工程投标，指导现场施工的作用。单位工程施工组织设计较完整的内容一般包括以下内容。

① 工程概况及施工条件分析。

② 施工方法与相应的技术组织措施，即施工方案。

③ 施工进度计划。

④ 劳动力、材料、构件和机械设备等需要量计划。

⑤ 施工准备工作计划。

⑥ 施工现场平面布置图。

⑦ 保证质量、安全、降低成本及文明施工等技术措施。

⑧ 各项技术经济指标。

一份施工组织设计最核心的内容可以归纳为“一图一案一表”，即施工现场平面布置图、施工方案和施工进度计划表。

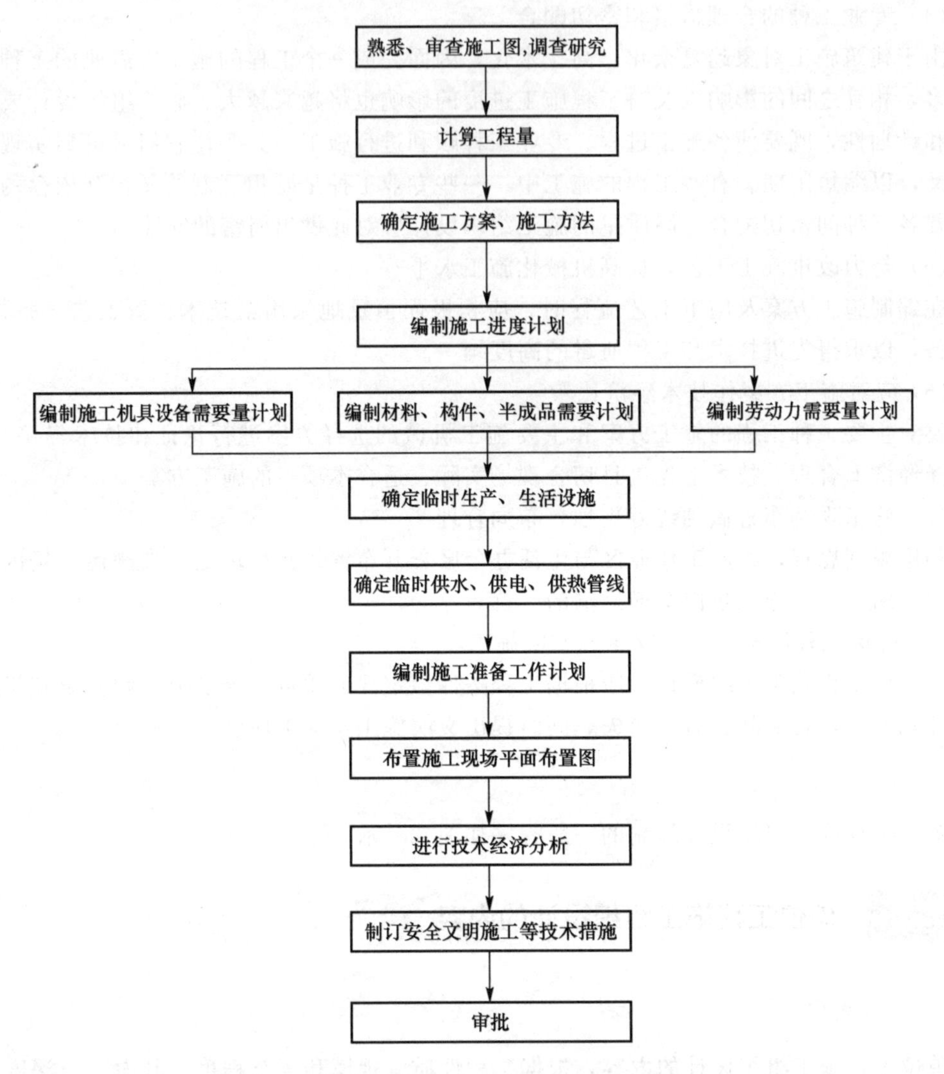


图 6.1　单位工程施工组织设计编制的一般程序

2. 各内容间的相关关系

单位工程施工组织设计各项内容中，劳动力、材料、构件和机械设备等需要量计划、施工准备工作计划、施工现场平面布置图是指导施工准备工作的进行，为施工创造物质基础的技术条件。施工方案和施工进度计划则主要是指导施工过程的进行，规划整个施工活动的文件。工程能否按期完工或提前交工，主要决定于施工进度计划的安排，而施工进度计划的制订又必须以施工准备、场地条件，以及劳动力、机械设备、材料的供应能力和施工技术水平等因素为基础。反过来，各项施工准备工作的规模和进度、施工现场平面布置图的分期布置、各种资源的供应计划等又必须以施工进度计划为依据。因此，在编制时，应抓住关键环节，同时处理好各方面的相互关系，重点编好施工现场平面布置图、施工方案和施工进度计划表。抓住三个重点，突出技术、时间和空间三大要素，其他问题就会迎刃而解。

# 6.2 工程概况与施工条件

## 6.2.1 工程概况

1. 基本概况

单位工程施工组织设计一开始就应对拟建工程的最基本情况如建设单位、设计单位、监理单位、建筑面积、结构形式、装饰特点、造价等做简单介绍，使人一目了然。对这些基本情况可以做成工程概况表的形式，见表6-1。

表6-1 ××工程概况

<table>
<tr><th colspan="2">建设单位</th><th></th><th colspan="2">工程名称</th><th></th></tr>
<tr><td colspan="2">设计单位</td><td></td><td colspan="2">开工日期</td><td></td></tr>
<tr><td colspan="2">监理单位</td><td></td><td colspan="2">竣工日期</td><td></td></tr>
<tr><td colspan="2">施工单位</td><td></td><td colspan="2">造价</td><td></td></tr>
<tr><td rowspan="5">工程概况</td><td>建筑面积</td><td></td><td colspan="2">工程投资额</td><td></td></tr>
<tr><td>建筑高度</td><td></td><td rowspan="4">现场概况</td><td>施工用水</td><td></td></tr>
<tr><td>建筑层数</td><td></td><td>施工用电</td><td></td></tr>
<tr><td>结构形式</td><td></td><td>施工道路</td><td></td></tr>
<tr><td>基础类型及深度</td><td></td><td>地下水位</td><td></td></tr>
</table>

2. 建筑结构设计特点

建筑方面主要介绍拟建工程的建筑面积、建筑层数、建筑高度、平面形状及室内外装修等情况。结构方面主要介绍基础类型、埋置深度、结构类型、抗震设防裂度、是否采用新结构、新技术、新工艺和新材料等，由此说明需要施工解决的重点与难点问题，同时可以附上项目的建筑平、立、剖面图及结构布置图，使人阅读后对工程特点有所了解。

同时通过项目的建筑、结构及水电安装等特点分析，为制订施工方案及采取相应的技术措施提供依据，从而保证施工顺利地进行。

## 6.2.2 施工条件及分析

① 施工现场条件。在单位工程施工组织中，应简要介绍和分析施工现场的“三通一平”情况；拟建工程的位置、地形、地貌、拆迁、障碍物清除等情况；周边建筑物、地下管线以及施工场地周边的人文环境等情况；工程所在区域及地点的工程地质、地层结构、

土壤类别、地下水的分布以及水质等情况。不了解和分析清楚，会影响施工组织与管理以及施工方案的制订。

② 气象资料分析。施工单位应对施工项目所在地的气象资料做全面的收集与分析，如当地最低、最高气温及时间、冬雨期施工的起止时间和主导风向等，这些因素应调查清楚，纳入施工组织设计的内容中，为制订施工方案与质量安全措施提供资料。

③ 其他资源的调查与分析，包括工程所在地的原材料、劳动力、机械设备、半成品等供应及价格情况、市政配套情况、水电供应情况、交通及运输条件、业主可提供的临时设施、协作条件等，这些资源条件直接影响项目的施工。

# 6.3 施工方案的选择

施工方案的选择是编制单位工程施工组织设计的重点，是整个单位工程施工组织设计的核心。它直接影响工程施工的质量、工期和经济效益，因而，施工方案的选择是非常重要的工作。施工方案的选择主要包括施工流向的确定、施工顺序的选择、施工方法的确定、施工机械的选择和施工方案的评价等内容。

## 6.3.1 施工流向的确定

施工流向是指单位工程在平面上或竖向上施工开始的部位和进展的方向。对单位工程施工流向的确定一般遵循“四先四后”的原则，即先准备后施工，先地下后地上，先主体后围护，先结构后装饰的次序。

同时，针对具体的单位工程，在确定施工流向时应考虑以下因素：生产使用的先后，施工区段的划分，与材料、构件、土方的运输方向不发生矛盾，适应主导工程(工程量大、技术复杂、占用时间长的施工过程)的合理施工顺序。具体应注意以下几点。

① 工业厂房的生产工艺往往是确定施工流向的关键因素，故影响试车投产的工段应先施工。

② 建设单位对生产或使用要求在先的部位应先施工。

③ 技术复杂、工期长的区段或部位应先施工。

④ 当有高低跨并列时，应从并列处开始；屋面防水施工应按先低后高顺序施工，当基础埋深不同时应先深后浅。

⑤ 根据施工现场条件确定，如土方工程边开挖边余土外运，施工的起点一般应选定在离道路远的部位，由远而近的流向进行。

对于装饰工程，一般分室外装饰和室内装饰。室外装饰通常是自上而下进行的，但有特殊情况时可以不按自上而下进行的顺序进行，如商业性建筑为满足业主营业的要求，可采取自中而下的顺序进行，保证营业部分的外装饰先完成。这种顺序的不足之处是在上部进行外装饰时，易损坏污染下部的装饰。室内装饰可以采取主体封顶后自上而下进行，如图 6.2 所示，也可以采取自下而上进行，如图 6.3 所示。

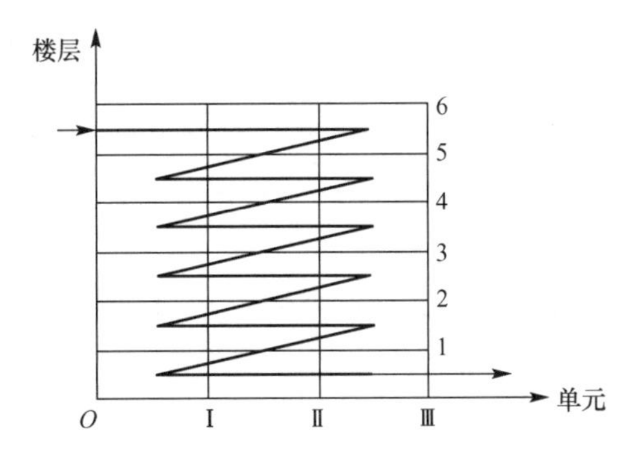


图 6.2　室内装饰自上而下的流向

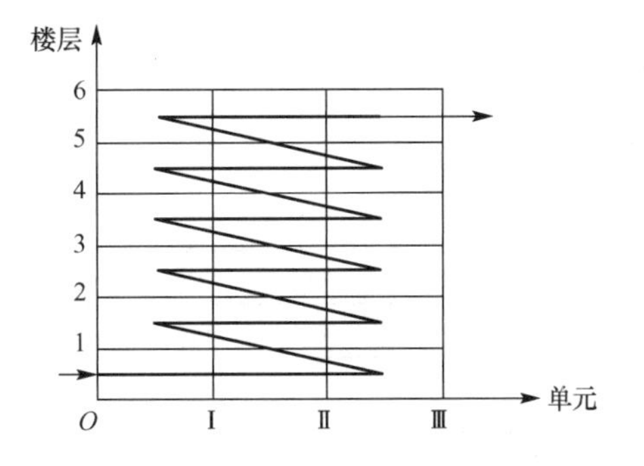


图 6.3　室内装饰自下而上的流向

## 6.3.2 施工顺序的选择

### 1. 考虑的因素

施工顺序是指各项工程或施工过程之间的先后次序。施工顺序应根据实际的工程施工条件和采用的施工方法来确定，没有一种固定不变的顺序，但这并不是说施工顺序是可以随意改变的，即建筑施工的顺序有其一般性，也有其特殊性。因而确定施工顺序应考虑以下因素。

① 遵循施工程序。施工顺序应在不违背施工程序的前提下确定。

② 符合施工工艺客观要求。施工顺序应与施工工艺顺序相一致，如现浇钢筋混凝土连梁的施工顺序为支模板→绑扎钢筋→浇混凝土→养护→拆模板。

③ 与施工方法和施工机械的要求相一致。不同的施工方法和施工机械会使施工过程的先后顺序有所不同，如建造装配式单层厂房，采用分件吊装法的施工顺序：先吊装全部柱子，再吊装全部吊车梁，最后吊装所有屋架和屋面板。采用综合吊装法的顺序：先吊装完一个节间的柱子、吊车梁、屋架和屋面板之后，再吊装另一个节间的构件。

④ 考虑工期和施工组织的要求，如地下室的混凝土地坪，可以在地下室的楼板铺设前施工，也可以在楼板铺设后施工。但从施工组织的角度来看，前一方案便于利用安装楼板的起重机向地下室运送混凝土，因此宜采用此方案。

⑤ 考虑施工质量和安全要求，如基础回填土，必须在砌体达到必要的强度以后才能开始，否则，砌体的质量会受到影响。

⑥ 不同地区的气候特点不同，安排施工过程应考虑气候特点对工程的影响。例如，土方工程施工应避开雨季，以免基坑被雨水浸泡或遇到地表水而造成基坑开挖的难度。

现在以砖混结构建筑、钢筋混凝土结构建筑以及装配式单层工业厂房为例，分别介绍不同结构形式的施工顺序。

### 2. 多层砖混结构建筑施工顺序

多层砖混结构建筑的施工，一般可划分为三个阶段，即基础工程施工、主体结构工程施工和装饰工程施工，其一般的施工顺序如图 6.4 所示。

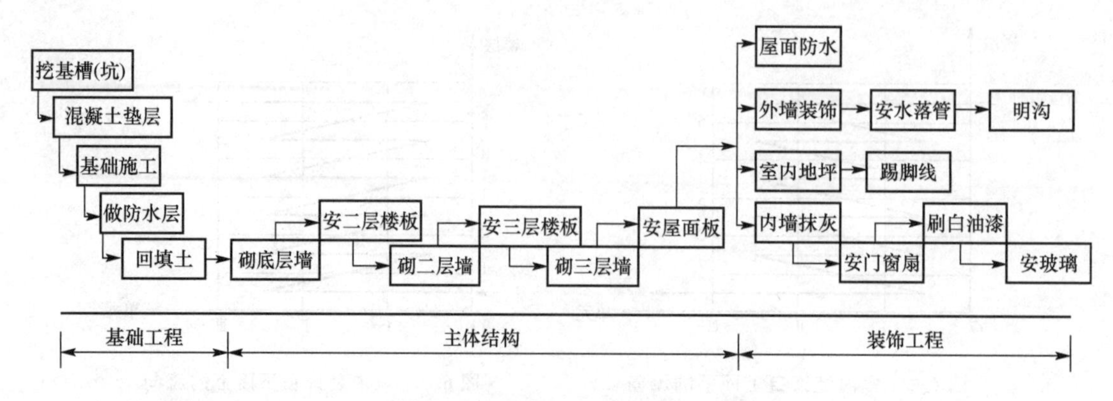


图 6.4 多层砖混结构建筑施工顺序示意图

【钻孔灌注桩基础施工】

(1) 基础工程施工顺序

基础工程施工顺序一般是挖基槽（坑）→混凝土垫层→基础施工→防潮层→回填土。若有桩基，则在开挖前应施工桩基础。

槽（坑）开挖完成后，立即进行验槽，施工垫层即“封底”，其时间间隔不能太长，以防止地基土长期暴露，被雨水浸泡而影响其承载力，即所谓的“抢基础”。在实际施工中，若由于技术或组织上的原因不能立即验槽施工垫层和基础，则在开挖时可留 20～30cm 至设计标高，以保护地基土，待有条件施工下一步时，再挖去预留的土层。

对于回填土，由于回填土对后续工序的施工工期影响不大，可视施工条件灵活安排。原则上是在基础工程完工之后一次性分层夯填完毕，可以为主体结构工程阶段施工创造良好的工作条件，如它为搭外脚手架及底层砌墙创造了比较平整的工作面。特别是当基础比较深，回填土量较大的情况下，回填土最好在砌墙以前填完，在工期紧张的情况下，也可以与砌墙平行施工。

(2) 主体结构工程施工

砖混结构主体施工的主导工序是砌墙和安装楼板，对于整个施工过程主要有搭脚手架、砌墙、安装门窗框、吊装预制门窗过梁或浇筑钢筋混凝土圈梁、吊装楼板和楼梯、浇筑雨篷、阳台及吊装屋面等。它们在各楼层之间先后交替施工。在组织砖混结构单个建筑物的主体结构工程施工时，应把主体结构工程归并成砌墙和吊装楼板两个主导施工过程来组织流水施工，使主导工序能连续进行。

(3) 装饰工程施工顺序

主体完工后，项目进入到装饰施工阶段。该阶段分项工程多、消耗的劳动量大，工期也较长，本阶段对砖混结构施工的质量有较大的影响，因而必须确定合理的施工顺序与方法来组织施工。本阶段主要的施工过程有内外墙抹灰、安装门窗扇、安装玻璃和油漆、内墙刷浆、室内地坪、踢脚线、屋面防水、安装落水管、明沟、散水、台阶以及水、暖、电、卫等，其中主导工程是抹灰工程，安排施工顺序应以抹灰工程为主导，其余工程交叉、平行穿插进行。

室外装饰的施工顺序一般为自上而下施工，同时拆除脚手架。

室内抹灰的施工顺序从整体上通常采用自上而下、自下而上、自中而下再自上而中三种施工方案。

① 自上而下的施工顺序。该顺序通常在主体工程封顶做好屋面防水层后，由顶层开始逐层向下施工。其优点是主体结构完成后，建筑物已有一定的沉降时间，且屋面防水已做好，可防止雨水渗漏，保证室内抹灰的施工质量。此外，采用自上而下的施工顺序，交叉工序少，工序之间相互影响小，便于组织施工和管理，保证施工安全。其缺点是不能与主体工程搭接施工，因而工期较长。该施工顺序常用于多层建筑的施工。

② 自下而上的施工顺序。该顺序通常与主体结构间隔二到三层平行施工。其优点是可以与主体结构搭接施工，所占工期较短。其缺点是交叉工序多，不利于组织施工和管理，也不利于安全控制。另外，上面主体结构施工用水，容易渗漏到下面的抹灰上，不利于室内抹灰的质量。该施工顺序通常用于高层、超高层建筑和工期紧张的工程。

③ 自中而下再自上而中的施工顺序。该顺序结合了上述两种施工顺序的优缺点。一般在主体结构进行到一半时，主体结构继续向上施工，而室内抹灰则向下施工，这样，使得抹灰工程距离主体结构施工的工作面越来越远，相互之间的影响越来越小。该施工顺序常用于层数较多的工程施工。

室内同一层的天棚、墙面、地面的抹灰施工顺序通常有两种：一是“地面→天棚→墙面”，这种顺序室内清理简便，有利于保证地面施工质量，且有利于收集天棚、墙面的落地灰，节省材料。但地面施工完成以后，需要一定的养护时间才能施工天棚、墙面，因而工期较长。另外，还需注意地面的保护。另一种是“天棚→墙面→地面”，这种施工顺序的好处是工期短。但施工时，如不注意清理落地灰，会影响地面抹灰与基层的黏结，造成地面起拱。

楼梯和过道是施工时运输材料的主要通道，它们通常在室内抹灰完成以后，再自上而下施工。楼梯、过道室内抹灰全部完成以后，首先进行门窗扇的安装，其次进行油漆工程，最后安装门窗玻璃。

### 3. 钢筋混凝土结构工程施工顺序

现浇钢筋混凝土结构建筑是目前应用最广泛的建筑结构形式，其总体施工仍可分为三个阶段，即基础工程施工、主体工程施工、装饰工程施工与设备安装工程施工。

(1) 基础工程施工顺序

对于钢筋混凝土结构工程，其基础形式有桩基础、独立基础、筏板基础、箱形基础等，不同的基础其施工顺序（工艺）不同。

① 桩基础的施工顺序。对于人工挖孔灌注桩，其施工顺序一般为人工成孔→验孔→落放钢筋骨架→浇筑混凝土。对于钻孔灌注桩，其顺序一般为泥浆护壁成孔→清孔→落放钢筋骨架→水下浇筑混凝土。对于预制桩，其施工顺序一般为放线定桩位→设备及桩就位→打桩→检测。

② 独立基础的施工顺序。其一般施工顺序为开挖基坑→验槽→做混凝土垫层→扎钢筋支模板→浇筑混凝土→养护→回填土。

③ 筏板基础的施工顺序。其施工顺序一般为开挖基坑→做垫层→筏板钢筋绑扎→筏板模板施工→混凝土施工→回填土。

④ 箱形基础的施工顺序。其施工顺序一般为开挖基坑→做垫层→箱底板钢筋、模板及混凝土施工→箱墙钢筋、模板、混凝土施工→箱顶钢筋、模板、混凝土施工→回填土。

在箱形、筏形基础施工中，土方开挖时应做好支护、降水等工作，防止塌方，对于大体积混凝土应采取措施防止裂缝产生。

(2) 主体工程施工顺序

对于主体工程的钢筋混凝土结构施工，总体上可以分为两大类构件：一类是竖向构件，如墙、柱等，另一类是水平构件，如梁板等，因而其施工总的顺序为“先竖向再水平”。

① 竖向构件施工顺序。柱和墙其施工顺序基本相同，即放线→绑扎钢筋→预留预埋→支模板及脚手架→浇筑混凝土→养护。

② 水平构件施工顺序。对于梁板一般同时施工，其顺序为放线→搭脚支撑架→支梁底模、侧模→扎梁钢筋→支板底模→扎模钢筋→预留预埋→浇筑混凝土→养护。

现在，随着商品混凝土的广泛应用，一般同一楼层的竖向构件与水平构件混凝土同时浇筑。

(3) 装饰工程施工与设备安装工程施工顺序

对于装饰工程，总体施工顺序与前面讲述的砖混结构装饰工程施工顺序相同，即“先外后内，室外由上到下，室内既可以由上向下，也可以由下向上”。对于多层、小高层或高层钢筋混凝土结构建筑，特别是高层建筑，为了缩短工期，其装饰和水、电、暖通设备是与主体结构施工搭接进行的，一般是主体结构做好几层后随即开始。装饰和水、电、暖通设备安装阶段的分项工程很多，各分项工程之间、一个分项工程中的各个工序之间，均需按一定的施工顺序进行。虽然由于有许多楼层的工作面，可组织立体交叉作业，基本要求与混合结构的装修工程相同，但高层建筑的内部管线多，施工复杂，组织交叉作业尤其要注意相互关系的协调以及质量和安全问题。

【装配式施工工艺流程】

4. 装配式单层工业厂房施工顺序

装配式单层工业厂房施工共分基础工程、预制工程、结构安装工程与围护及装饰工程几个主要阶段。由于基础工程与预制工程之间没有相互制约的关系，因此相互之间没有既定的顺序，只要保证在结构安装之间完成，并满足吊装的强度要求即可。各施工阶段的工作内容与施工顺序如图 6.5 所示。

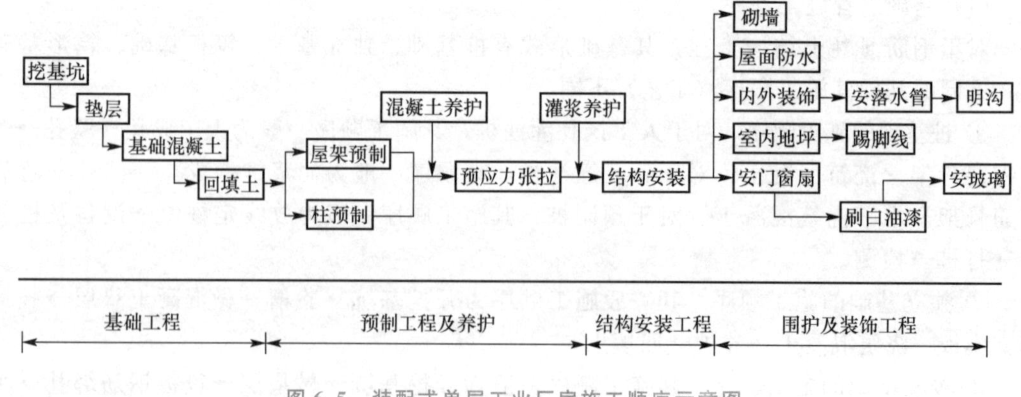


图 6.5 装配式单层工业厂房施工顺序示意图

（1）基础工程

装配式钢筋混凝土单层厂房的基础一般为现浇杯形基础。基本施工顺序是基坑开挖、做垫层、浇筑杯形基础混凝土、回填土。若是重型工业厂房基础，对土质较差的工程则需打桩或施工其他人工地基；如遇深基础或地下水位较高的工程，则需采取人工降低地下水位的相关措施。

大多数单层工业厂房都有设备基础，特别是重型机械厂房，设备基础既深又大，其施工难度大，技术要求高，工期也较长。设备基础的施工顺序如何安排，会影响到主体结构的安装方法和设备安装的进度。因而若工业厂房内有大型设备基础，则其施工有以下两种方案。

① 开敞式。这是遵照一般先地下、后地上的顺序，设备基础与厂房基础的土方同时开挖。由于开敞式的土方量较大，可用正铲、反铲挖掘机以及铲运机开挖。这种施工方法工作面大，施工方便，并为设备提前安装创造条件。其缺点是对主体结构安装和构件的现场预制带来不便。当设备基础较复杂，埋置深度大于厂房柱基的埋置深度并且工程量大时，开敞式施工方法较适用。

② 封闭式，即设备基础施工在主体厂房结构完成以后进行。这种施工顺序是先建厂房，后做设备基础。其优点是厂房基础和预制构件施工的工作面较大，有利于重型构件现场预制、拼装、预应力张拉和就位，便于各种类型的起重机开行路线的布置，可加速厂房主体结构施工。由于设备基础是厂房建成后施工，因此可利用厂房内的桥式吊车作为设备基础施工中的运输工具，并且不受气候的影响。其缺点是部分柱基回填土在设备基础施工时会被重新挖空出现重复劳动，设备基础的土方工程施工条件差，因此，只有当设备基础的工作量不大，且埋置深度不超过厂房桩基的埋置深度时，才能采用封闭式施工。

（2）预制工程及养护的施工顺序

【装配式PC构件施工演示】

单层工业厂房的预制构件有现场预制和工厂预制两大类。首先确定哪些构件在现场预制，哪些构件在构件厂预制。一般来说，像单层工业厂房的牛腿柱、屋架等大型不方便运输的构件在现场预制；屋面板、天窗、吊车梁、支撑、腹杆及连系梁等在工厂预制。

预制工程的一般施工顺序为构件支模（侧模等）→绑扎钢筋（预埋件）→浇筑混凝土→养护。若是预应力构件，则应添加预应力钢筋的制作→预应力筋张拉、锚固→灌浆。

由于现场预制构件时间较长，为了缩短工期，原则上，先安装的构件如柱等应先预制。但总体上，现场预制构件如屋架、柱等应提前预制，以满足一旦杯形基施工完成，达到现定的强度后就可以吊装柱子，柱子吊装完成灌浆固定养护达到规定的强度后就可以吊装屋架，从而达到缩短工期的目的。

（3）结构安装工程施工顺序

装配式单层工业厂房的结构安装是整个厂房施工的主导施工过程，一般的安装顺序为柱子安装校正固定→连系梁的安装→吊车梁安装→屋盖结构安装（包括屋架、屋面板、天窗等）。在编制施工组织计划时，应绘制构件现场吊装就位图、起吊机的开行路线图，包括每次开行吊装的构件及构件编号图。

安装前应做好其他准备工作，包括构件强度核算、基础杯底抄平、杯口弹线、构件的吊装验算和加固、起重机稳定性及起重能力核算、起吊各种构件的索具准备等。

单层厂房安装顺序有两种：一种是分件吊装法，即先依次安装和校正全部柱子，然后安装屋盖系统等。这种方式起重机在同一时间安装同一类型构件，包括就位、绑扎、临时固定、校正等工序并且使用同一种索具，劳动组织不变，可提高安装效率。其缺点是增加起重机开行路线。另一种是综合吊装法，即逐个节间安装，连续向前推进。方法是先安装四根柱子，立即校正后安装吊车梁与屋盖系统，一次性安装好纵向一个柱距的节间。这种方式可缩短起重机的开行路线，并且可为后续工序提前创造工作面，实现最大搭接施工，缺点是安装索具和劳动力组织有周期性变化而影响生产率。上述两种方法在单层厂房安装工程中均有采用。一般实践中，综合吊装法应用相对较少。

对于厂房两端山墙的抗风柱，其安装通常也有两种方法：一种是随一般柱一起安装，即起重机从厂房一端开始，首先安装抗风柱，安装就位后立即校正固定；另一种方法是待单层厂房的其他构件全部安装完毕后，安装抗风柱，校正后立即与屋盖连接。

（4）围护及装饰工程

围护及装饰工程主要包括砌墙、屋面防水、地坪、装饰工程等，对这类工程可以组织平行作业，尽量利用工作面安排施工。一般当屋盖安装后先进行屋面灌缝，随即进行地坪施工，并同时进行砌墙，砌墙结束后跟着进行内外粉刷。

屋面防水工程一般应在屋面板安装后马上进行。屋面板吊装固定之后随即可进行灌缝及抹水泥砂浆，做找平层。若做柔性防水层面，则应等找平层干燥后再开始做防水层，在做防水层之前应将天窗扇和玻璃安装好并油漆完毕，还要避免在刚做好防水层的屋面上行走和堆放材料、工具等物，以防损坏防水层。

单层厂房的门窗油漆既可以在内墙刷白以后马上进行，也可以与设备安装同时进行。地坪应在地下管道、电缆完成后进行，以免凿开嵌补。

以上针对砖混结构、钢筋混凝土结构及装配式单层工业厂房施工的施工顺序安排做了一般说明，是施工顺序的一般规律。在实践中，由于影响施工的因素很多，各具体的施工项目其施工条件各不相同，因而，在组织施工时应结合具体情况和本企业的施工经验，因地制宜地确定施工顺序组织施工。

### 6.3.3 施工方法的确定

1. 施工方法确定的原则

① 具有针对性。在确定某个分部分项工程的施工方法时，应结合本分项工程的情况来制定，不能泛泛而谈。例如，模板工程应结合本分项工程的特点来确定其模板的组合、支撑及加固方案，画出相应的模板安装图，不能仅仅根据施工规范提出安装要求。

② 体现先进性、经济性和适用性。选择某个具体的施工方法（工艺）首先应考虑其先进性，保证施工的质量；同时还应考虑在保证质量的前提下，该方法是否经济和适用，并对不同的方法进行经济评价。

③ 保障性措施应落实。在拟定施工方法时不仅要拟定操作过程和方法，而且要提出质量要求，并要拟定相应的质量保证措施和施工安全措施及其他可能出现情况的预防措施。

2. 施工方法选择

在选择主要的分部或分项工程施工时，应包括以下的内容。

(1) 土石方工程

① 计算土石方工程量，确定开挖或爆破方法，选择相应的施工机械。当采用人工开挖时应按工期要求确定劳动力数量，并确定如何分区分段施工。当采用机械开挖时应选择机械挖土的方式，确定挖掘机型号、数量和行走线路，以充分利用机械能力，达到最高的挖土效率。

② 地形复杂的地区进行场地平整时，确定土石方调配方案。

③ 基坑深度低于地下水位时，应选择降低地下水位的方法，确定降低地下水所需设备。

④ 当基坑较深时，应根据土壤类别确定边坡坡度、土壁支护方法，确保安全施工。

(2) 基础工程

① 基础需设施工缝时，应明确留设位置和技术要求。

② 确定浅基础的垫层、混凝土和钢筋混凝土基础施工的技术要求或有地下室时防水施工技术要求。

③ 确定桩基础的施工方法和施工机械。

(3) 砌筑工程

① 应明确砖墙的砌筑方法和质量要求。

② 明确砌筑施工中的流水分段和劳动力组合形式等。

③ 确定脚手架搭设方法和技术要求。

(4) 混凝土及钢筋混凝土工程

① 确定混凝土工程施工方案，如滑模法、爬升法或其他方法等。

② 确定模板类型和支模方法。重点应考虑提高模板周转利用次数。节约人力和降低成本，对于复杂工程还需进行模板设计和绘制模板放样图或排列图。

③ 钢筋工程应选择恰当的加工、绑扎和焊接方法，如钢筋做现场预应力张拉时，应详细制订预应力钢筋的加工、运输、安装和检测方法。

④ 选择混凝土的制备方案，如采用商品混凝土，还是现场制备混凝土。确定搅拌、运输及浇筑顺序和方法，选择泵送混凝土和普通垂直运输混凝土机械。

⑤ 选择混凝土搅拌、振捣设备的类型和规格，确定施工缝的留设位置。

⑥ 如采用预应力混凝土应确定预应力混凝土的施工方法、控制应力和张拉设备。

(5) 结构吊装工程

① 根据选用的机械设备确定结构吊装方法，安排吊装顺序、机械位置、开行路线及构件的制作、拼装场地。

② 确定构件的运输、装卸、堆放方法，所需的机械、设备的型号、数量和对运输道路的要求。

(6) 装饰工程

① 围绕室内外装修，确定采用工厂化、机械化施工方法。

② 确定工艺流程和劳动组织，组织流水施工。

③ 确定所需机械设备，确定材料堆放、平面布置和储存要求。

(7) 现场垂直、水平运输

① 确定垂直运输量（有标准层的要确定标准层的运输量），选择垂直运输方式，脚手架的选择及搭设方式。

② 确定水平运输方式及设备的型号、数量，配套使用的专用工具、设备（如混凝土车、灰浆车、料斗、砖车、砖笼等），确定地面和楼层上水平运输的行驶路线。

③ 合理地布置垂直运输设施的位置，综合安排各种垂直运输设施的任务和服务范围，混凝土后台上料方式。

## 6.3.4 施工机械的选择

选择施工机械时应注意以下几点。

【龙门吊操作演示】

① **首先选择主导工程的施工机械**，如地下工程的土方机械，主体结构工程的垂直、水平运输机械，结构吊装工程的起重机械等。

② 在选择辅助施工机械时，必须充分发挥主导施工机械的生产效率，要使两者的台班生产能力协调一致，并确定出辅助施工机械的类型、型号和台数，如土方工程中自卸汽车的载重量应为挖掘机斗容量的整数倍，汽车的数量应保证挖掘机连续工作，使挖掘机的效率充分发挥。

③ 为便于施工机械化管理，同一施工现场的机械型号尽可能少，当工程量大而且集中时，应选用专业化施工机械；当工程量小而分散时，可选择多用途施工机械。

④ 尽量选用施工单位的现有机械，以减少施工的投资额，提高现有机械的利用率，降低成本。当现有施工机械不能满足工程需要时，应购置或租赁所需新型机械。

## 6.3.5 施工方案的评价

工程项目施工方案选择的目的是要求适合本工程的最佳方案即方案在技术上可行，经济上合理，做到技术与经济相统一。对施工方案进行技术经济分析，就是为了避免施工方案的盲目性、片面性，在方案付诸实施之前就能分析出其经济效益，保证所选方案的科学性、有效性和经济性，达到提高质量、缩短工期降低成本的目的，进而提高工程施工的经济效益。

### 1. 评价方法

施工方案技术经济分析方法可分为定性分析和定量分析两大类。

定性分析只能泛泛地分析各方案的优缺点，如施工操作上的难易和安全与否，可否为后续工序提供有利条件，冬季或雨季对施工影响大小，是否可利用某些现有的机械和设备，能否一机多用，能否给现场文明施工创造有利条件等。评价时受评价人的主观因素影响大，故只用于方案初步评价。

定量分析法是对各方案的投入与产出进行计算，如劳动力、材料及机械台班消耗、工期、成本等直接进行计算、比较，用数据说话，比较客观，让人信服，所以定量分析是方案评价的主要方法。

2. 评价指标

① 技术指标。技术指标一般用各种参数表示，如深基坑支护中，若选用板桩支护，则指标有板桩的最小挖土深度、桩间距、桩的截面尺寸等。大体积混凝土施工时为了防止裂缝的出现，体现浇筑方案的指标有浇筑速度、浇筑厚度、水泥用量等。模板方案中的模板面积、型号、支撑间距等。这些技术指标，应结合具体的施工对象来确定。

② 经济指标。主要反映为完成任务必须消耗的资源量，由一系列价值指标、实物指标及劳动指标组成。例如，工程施工成本消耗的机械台班台数，用工量及其钢材、木材、水泥（混凝土）等材料消耗量等，这些指标能评价方案是否经济合理。

③ 效果指标。主要反映采用该施工方案后预期达到的效果。效果指标有两大类：一类是工程效果指标，如工程工期、工程效率等，另一类是经济效果指标，如成本降低额或降低率，材料的节约量或节约率等。

## 6.4 单位工程施工进度计划安排

### 6.4.1 概述

1. 进度计划的作用与分类

（1）进度计划的作用

单位工程施工进度计划是施工方案在时间上的具体反映，是指导单位工程施工的基本文件之一。它的主要任务是以施工方案为依据，安排单位工程中各施工过程的施工顺序和施工时间，使单位工程在规定的时间内，有条不紊地完成施工任务。

施工进度计划的主要作用是为编制企业季度、月度生产计划提供依据，也为平衡劳动力，调配和供应各种施工机械和各种物资资源提供依据，同时为确定施工现场的临时设施数量和动力配备等提供依据。施工进度计划与其他各方面，如施工方法是否合理，工期是否满足要求等更是有着直接的关系，这些因素往往是相互影响和相互制约的。因此，编制施工进度计划应细致、周密地考虑这些因素。

（2）进度计划的分类

① 根据进度计划的表达形式，可以分为横道图计划、网络计划和时标网络计划。其形式可参见第2、3章的内容。横道图计划形象直观，能直观知道工作的开始和结束日期，能按天统计资源消耗，但不能抓住工作之间的主次关系，且逻辑关系不明确。网络计划能反映各工作间的逻辑关系，利于重点控制，但工作的开始与结束时间不直观，也不能按天统计资源。时标网络计划结合了横道图计划和网络计划的优点，是实践中应用较普遍的一种进度计划表达形式。

② 根据其对施工的指导作用的不同，可分为控制性施工进度计划和实施性施工进度计划两类。

控制性施工进度计划一般在工程的施工工期较长、结构比较复杂、资源供应暂无法全部落实的情况下采用，或者工程的工作内容可能发生变化和某些构件（结构）的施工方法暂时还不能全部确定的情况下采用。这时不可能也没有必要编制较详细的施工进度计划，往往就编制以分部工程项目为划分对象的施工进度计划，以便控制各分部工程的施工进度。但在进行分部工程施工前应按分项工程编制详细的施工进度计划，以便具体指导分部工程的现场施工。

实施性施工进度计划是控制性施工进度计划的补充，是各分部工程施工时施工顺序和施工时间的具体依据。该类施工进度计划的项目划分必须详细，各分项工程彼此间的衔接关系必须明确。它的编制可与编制控制性进度计划同时进行，有的可缓些时候，待条件成熟时再编制。对于比较简单的单位工程，一般可以直接编制出单位工程施工进度计划。

这两种计划形式是相互联系互为依据的。在实践中可以结合具体情况来编制。若工程规模大，而且复杂，可以先编制控制性的计划，接着针对每个分部工程来编制详细的实施性的计划。

2. 进度计划编制依据

编制进度计划主要依据有以下几个方面。

① 施工总工期及开、竣工日期。

② 经过审批的建筑总平面图、地形图、单位工程施工图、设备及基础图、适用的标准图及技术资料。

③ 施工组织总设计对本单位工程的有关规定。

④ 施工条件、劳动力、材料、构件及机械供应条件，分包单位情况等。

⑤ 主要分部（项）工程的施工方案。

⑥ 劳动定额、机械台班定额及本企业施工水平。

⑦ 工程承包合同及业主的合理要求。

⑧ 其他有关资料，如当地的气象资料等。

## 6.4.2 编制程序与步骤

1. 编制程序

单位工程施工进度计划编制的一般程序如图 6.6 所示。

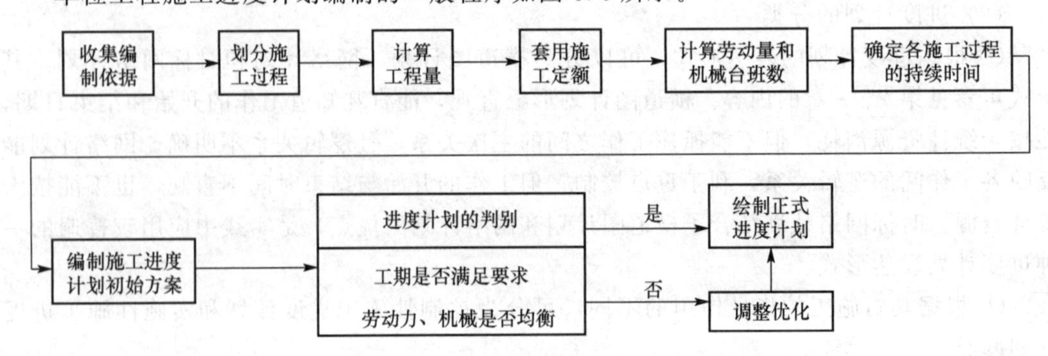


图 6.6 单位工程施工进度计划编制的一般程序

2. 主要编制步骤

(1) 划分施工过程

施工过程是进度计划的基本组成单元，其划分的粗与细，适当与否关系到进度计划的安排，因而应结合具体的施工项目来合理确定施工过程。这里的施工过程主要包括直接在建（构）筑物上进行施工的所有分部分项工程，不包括加工厂的预制加工及运输过程，即这些施工过程不进入到进度计划中，可以提前完成，不影响进度。在确定施工过程时，应注意以下几个问题。

① 施工过程划分的粗细程度，主要取决于进度计划的客观需要。编制控制性进度计划，施工过程应划分得粗一些，通常只列出分部工程名称。编制实施性施工进度计划时，项目要划分得细一些，特别是其中的主导工程和主要分部工程，应尽量详细而且不漏项以便于指导施工。

② 施工过程的划分要结合所选择的施工方案。施工方案不同，施工过程的名称、数量和内容也会有所不同。

③ 适当简化施工进度计划内容，避免工程项目划分过细、重点不突出。编制时可考虑将某些穿插性分项工程合并到主要分项工程中去，如安装门窗框可以并入砌墙工程。对于在同一时间内，由同一工程队施工的过程可以合并为一个施工过程，而对于次要的零星分项工程，可合并为“其他工程”一项。

④ 水、暖、电、卫工程和设备安装工程通常由专业施工队负责施工。因此，在施工进度计划中只要反映出这些工程与土建工程如何配合即可，不必细分，一般采用此项目穿插进行。

⑤ 所有施工过程应大致按施工顺序先后排列，所采用的施工项目名称可参考现行定额手册上的项目名称。

总之，划分施工过程要粗细得当，最后根据划分的施工过程列出施工过程一览表以供使用。

(2) 计算工程量

工程量计算应严格按照施工图纸和工程量计算规则进行。当编制施工进度计划时如已经有了预算文件，则可直接利用预算文件中有关的工程量。若某些项目的工程量有出入但相差不大，则可结合工程项目的实际情况做一些调整或补充。计算工程量时应注意以下几个问题。

(3) 套用施工定频

计算完成各施工过程的工程量后，利用施工定额和机械台班定额计算出每一个过程的劳动量和机械台班数量。

① 各分部分项工程的计算单位必须与现行施工定额的计量单位一致，以便计算劳动量和材料、机械台班消耗量时直接套用。

② 结合分部分项工程的施工方法和技术安全的要求计算工程量。例如，土方开挖应考虑土的类别、挖土的方法、边坡护坡处理和地下水的情况。

③ 结合施工组织的要求，分层、分段计算工程量。

④ 计算工程量时，尽量考虑编制其他计划时使用工程量数据的方便，做到一次计算，

多次使用。

**(4) 计算劳动量和机械台班数**

计算完每个施工段各施工过程的工程量后，可以根据现行的劳动定额，计算相应的劳动量和机械台班数，可按下式计算。

$$P_i = \frac{Q_i}{S_i} = Q_i Z_i \tag{6-1}$$

式中：$P_i$ ——第 $i$ 个施工过程的劳动量（台班）数量；

$Q_i$ ——第 $i$ 个施工过程的工程量；

$S_i$ ——产量定额；

$Z_i$ ——时间定额。

对于“其他工程”项目的劳动量或机械台班量，可根据合并项目的实际情况进行计算。实践中常根据工程特点，结合工地和施工单位的具体情况，以总劳动量的一定比例估算，一般占总劳动量的 10%～20%。

当某一分项工程是由若干具有同一性质而不同类型的分项工程合并而成时，应根据各个不同分项工程的劳动定额和工程量，按合并前后总劳动量不变的原则计算合并后的综合劳动定额。计算公式如下。

$$\overline{S} = \frac{\sum_{i=1}^{n} Q_i}{\frac{Q_1}{S_1} + \frac{Q_2}{S_2} + \cdots + \frac{Q_n}{S_n}} \quad 或 \quad \overline{Z} = \frac{Q_1 Z_1 + Q_2 Z_2 + \cdots + Q_n Z_n}{\sum_{i=1}^{n} Q_i} \tag{6-2}$$

式中：$\overline{S}$ ——综合产量定额；

$\overline{Z}$ ——综合时间额；

$Q_1, Q_2, \cdots, Q_n$ ——合并前各分项工程的工程量；

$S_1, S_2, \cdots, S_n$ ——合并前各分项工程的产量定额。

实际应用时应特别注意合并前各分项工程的工作内容和工程量的单位。当合并前各分项工程的工作内容和工程量单位完全一致时，式（6-2）中的 $\sum Q_i$ 应等于各分项工程工程量之和。反之，应取与综合劳动定额单位一致，且工作内容也基本一致的各分项工程的工程量之和。综合劳动定额单位总是与合并前各分项工程中之一的劳动定额单位一致，最终取哪一单位为好，应视使用方便而定。

对于有些新技术或特殊的施工方法无定额可遵循，此时，可将类似项目的定额进行换算或根据经验资料确定，或采用三点估计法确定综合定额。三点估计法计算式如下。

$$S = \frac{1}{6}(a + 4m + b) \tag{6-3}$$

式中：$S$ ——综合产量定额；

$a$ ——最乐观估计的产量定额；

$b$ ——最保守估计的产量定额；

$m$ ——最可能估计的产量定额。

**(5) 确定各施工过程的持续时间（$t$）**

计算出各施工过程的劳动量（或机械台班数）后，可以根据现有的人力或机械来确定各施工过程的持续时间，其具体方法和要求可以参见 2.2.4 节，流水节拍的确定内容。

(6) 编制施工进度计划初始方案

根据“施工方案的选择”中确定的施工顺序，各施工过程的持续时间，划分的施工段和施工层并找出主导施工过程，按照流水施工的原则来组织流水施工，绘制初始的横道图计划或网络计划，形成初始方案。

(7) 施工进度计划的检查与调整

无论采用流水作业法还是网络计划技术，施工进度计划的初始方案均应进行检查、调整和优化。其主要有以下内容。

① 各施工过程的施工顺序、平行搭接和技术组织间歇是否合理。

② 编制的计划工期能否满足合同规定的工期要求。

③ 劳动力和物资资源方面是否能保证均衡、连续施工。

根据检查结果，对不满足要求的进行调整，如增加或缩短某施工过程的持续时间、调整施工方法或施工技术组织措施等。总之通过调整，在满足工期的条件下，达到使劳动力、材料、设备需要趋于均衡，主要施工机械利用合理的目的。

此外，在施工进度计划执行过程中，往往会因人力、物力及现场客观条件的变化而打破原定计划，因此，在施工过程中，应经常检查和调整施工进度计划。有关进度计划调整与优化的方法见第 4 章。

3. 进度计划的评价

施工进度计划编制得是否合理不仅直接影响工期的长短、施工成本的高低，而且可能影响施工的质量和安全。因此，对工程施工进度计划经济评价是非常必要的。

评价单位工程施工进度计划的优劣，实质上是评价施工进度计划对工期目标、工程质量、施工安全及工期费用等方面的影响。

具体评价施工进度计划的指标主要有以下方面。

① 工期。工期包括总工期、主要施工阶段的工期、计划工期、定额工期或合同工期或期望工期。

② 施工资源的均衡性。施工资源是指劳动力、施工机械、周转材料、建筑材料及施工所需要的人、财、物等。

对于资源的均衡性的评估特别是劳动力的均衡性评价，可参见 2.4 节的内容。

## 6.5 资源需求计划的编制

施工进度计划确定之后，可根据各工序及持续期间所需资源编制出材料、劳动力、构件、半成品、施工机械等资源需要量计划，作为有关职能部门按计划调配的依据，以利于及时组织劳动力和物资的供应，确定工地临时设施，以保证施工顺利地进行。

### 6.5.1 劳动力需要量计划

将各施工过程所需要的主要工种劳动力，根据施工进度的安排行统计，就可编制出主要工种劳动力需要量计划，见表6-2。它的作用是为施工现场的劳动力调配提供依据。

表6-2　劳动力需要量计划

| 序号 | 工种名称 | 总劳动量/工日 | 每月需要量/工日 | | | | | |
|---|---|---|---|---|---|---|---|---|
| | | | 1 | 2 | 3 | 4 | 5 | 6 |
| | | | | | | | | |
| | | | | | | | | |

## 6.5.2 主要材料需要量计划

材料需要量计划主要为组织备料、确定仓库或堆场面积及组织运输之用。其编制方法是将施工预算中工料分析表或进度表中各项过程所需用材料，按材料名称、规格、使用时间并考虑各种材料消耗进行计算汇总，见表6-3。

表6-3　主要材料需要量计划

| 序号 | 材料名称 | 规格 | 需要量 | | 供应时间 | 备注 |
|---|---|---|---|---|---|---|
| | | | 单位 | 数量 | | |
| | | | | | | |
| | | | | | | |

## 6.5.3 构件和半成品需要量计划

建筑结构构件、配件和其他加工半成品的需要量计划主要用于落实加工订货单位，并按照所需规格、数量、时间，组织加工、运输和确定仓库或堆场，可根据施工图和施工进度计划编制，其表格形式见表6-4。

表6-4　构件和半成品需要量计划

| 序号 | 构件、配件及半成品名称 | 规格 | 图号 | 需要量 | | 使用部位 | 加工单位 | 供应时间 | 备注 |
|---|---|---|---|---|---|---|---|---|---|
| | | | | 单位 | 数量 | | | | |
| | | | | | | | | | |
| | | | | | | | | | |

## 6.5.4 施工机械需要量计划

根据施工方案和施工进度计划确定施工机械的类型、数量、进场时间。其编制方法是将施工进度计划表中每个施工过程、每天所需的机械类型、数量和施工工期进行汇总，以得出施工机械需要量计划，见表6-5。

表 6－5 施工机械需要量计划

| 序号 | 机械名称 | 类型、型号 | 需要量 | | 货源 | 使用起止时间 | 备注 |
|---|---|---|---|---|---|---|---|
| | | | 单位 | 数量 | | | |
| | | | | | | | |
| | | | | | | | |

# 6.6 施工现场平面布置图

单位工程施工现场平面布置图是用以指导单位工程施工的现场平面布置图，它涉及与单位工程有关的空间问题，是施工总平面布置图的组成部分。单位工程施工现场平面布置图设计的主要依据是单位工程的施工方案和施工进度计划，一般按 1∶500～1∶200 的比例绘制。

## 6.6.1 施工现场平面布置图的内容

【施工现场平面布置图】

图 6.7 是某项目施工现场平面布置图。

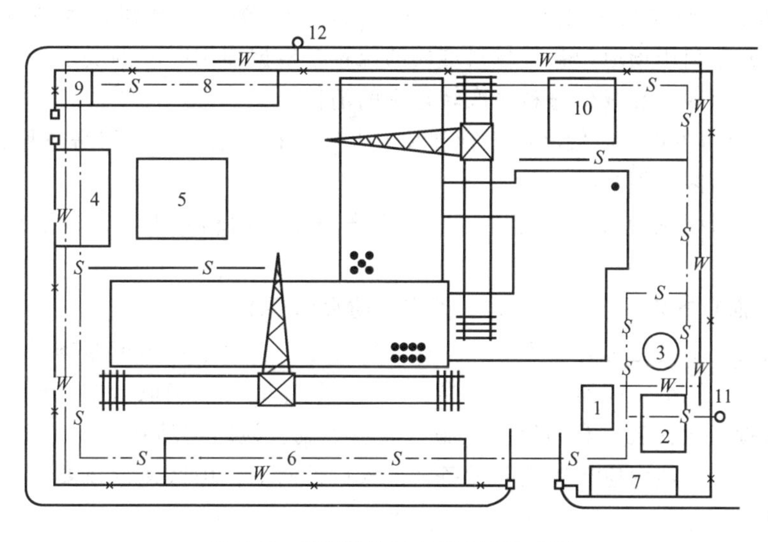


图 6.7 某项目施工现场平面布置图

1—混凝土砂浆搅拌机；2—砂石堆场；3—水泥罐；4—钢筋车间；5—钢筋堆场；6—木工车间；7—工具房；8—办公室；9—警卫室；10—红砖堆场；11—水源；12—电源

从图 6.7 可以看出，一般施工现场平面布置图应包括以下内容。

① 建筑总面图上已建和拟建的地上和地下的一切建（构）筑物以及其他设施的位置和尺寸。

② 测量放线标桩位置、地形等高线和土方取弃场地。

③ 起重机的开行路线及垂直运输设施的位置。

④ 材料、加工半成品、构件和机械的仓库或堆场。

⑤ 生产、生活用品临时设施，如搅拌站、高压泵站、钢筋棚、木工棚、仓库、办公室、供水管、供电线路、消防设施、安全设施、道路以及其他需搭建或建造的设施。

⑥ 场内施工道路与场外交通的连接。

⑦ 临时给排水管线、供电管线、供气供暖管道及通信线路布置。

⑧ 一切安全及防火设施的位置。

⑨ 必要的图例、比例尺、方向及风向标记。

上述内容可根据建筑总平面图、施工图、现场地形图、现有水源、场地大小、可利用的已有房屋和设施、施工组织总设计、施工方案、进度计划等。经科学的计算、优化，并遵照国家有关规定进行设计。

## 6.6.2 施工现场平面布置图的布置原则

施工现场平面布置图在布置设计时，应满足以下原则。

① 在满足现场施工要求的前提下，布置紧凑，便于管理，尽可能减少施工用地。

② 在确保施工顺利进行的前提下，尽可能减少临时设施，减少施工用的管线，尽可能利用施工现场附近的原有建筑作为施工临时用房，并利用永久性道路供施工使用。

③ 最大限度地减少场内运输，减少场内材料、构件的二次搬运；各种材料按计划分期分批进场，充分利用场地；各种材料堆放的位置，根据使用时间的要求，尽量靠近使用地点，节约搬运劳动力和减少材料多次转运中的消耗。

④ 临时设施的布置，应便利施工管理及工人生产和生活。办公用房应靠近施工现场。福利设施应在生活区范围之内。

⑤ 生产、生活设施应尽量分区，以减少生产与生活的相互干扰，保证现场施工生产安全进行。

⑥ 施工平面布置要符合劳动保护、保安、防火的要求。

施工现场的一切设施都要利于生产，保证安全施工。要求场内道路畅通，机械设备的钢丝绳、电缆、缆绳等不能妨碍交通，当必须横过道路时，应采取措施。有碍工人健康的设施（如熬沥青、化石灰）及易燃的设施（如木工棚、易燃物品仓库）应布置在下风向，离生活区远一些。工地内应布置消防设备，出入口设门卫。山区建设还要考虑防洪、山体滑坡等特殊要求。

根据以上基本原则并结合现场实际情况，施工现场平面布置图可布置几个方案，选取其技术上最合理、费用上最经济的方案。可以从几个方面进行定量比较，如施工用地面积、施工用临时道路、管线长度、场内材料搬运量和临时用房面积等。

## 6.6.3 施工现场平面布置图的设计步骤

单位工程施工现场平面布置图的设计步骤一般是确定起重机的位置→确定搅拌站、仓库、材料和构件堆场、加工厂的位置→布置运输道路→布置行政管理、生活福利用临时设施→布置水电管线→计算技术经济指标。

1. 垂直运输机械的布置

垂直运输机械的位置直接影响仓库、搅拌站、各种材料和构件等的位置及道路和水电线路的布置等，因此它是施工现场布置的核心，必须首先确定。

由于各种起重机械的性能不同，其布置方式也不相同。

(1) 固定式起重机

布置固定垂直运输机械（如井架、桅杆式和定点式塔式起重机等），主要应根据机械的运输能力、建筑物的平面形状、施工段划分情况、最大起升载荷和运输道路等情况来确定。其目的是充分发挥起重机械的工作能力，并使地面和楼面的运输量最小且施工方便。同时，在布置时，还应注意以下几点。

① 当建筑物的各部位高度相同时，应布置在施工段的分界线附近。

② 当建筑物各部位高度不同时，应布置在高低分界线较高部位一侧。

③ 井架、龙门架的位置以布置在窗口处为宜，以避免砌墙留槎和减少井架拆除后的修补工作。

④ 井架、龙门架的数量要根据施工进度、垂直提升的构件和材料数量、台班工作效率等因素计算确定。

⑤ 卷扬机的位置不应距离提升机太近，以便操作者的视线能够看到整个升降过程，一般要求此距离大于或等于建筑物的高度，水平距离应距离外脚手架 3m 以上。

⑥ 井架应立在外脚手架之外，并应有一定距离为宜。

⑦ 当建筑物为点式高层时，固定的塔式起重机可以布置在建筑物中间，如图 6.8 (a) 所示，或布置在建筑物的转角处。

(2) 有轨式起重机械

有轨道的塔式起重机械布置时主要取决于建筑物的平面形状、大小和周围场地的具体情况。应尽量使起重机在工作幅度内能将建筑材料和构件直接运到建筑物的任何施工地点，避免出现运输死角。由于有轨式起重机占用施工场地大，铺设路基工作量大，且受到高度的限制，因而实践中应用较少。同时当起重机的位置和尺寸确定后，要复核其起重量、起重高度和回转半径这三项参数是否满足建筑物的起吊要求，保证工作不出现“死角”，则可以采用在局部加井架的措施，予以解决，如图 6.8 (b) 所示。其布置方式通常有单侧布置、双侧布置或环形布置等形式。

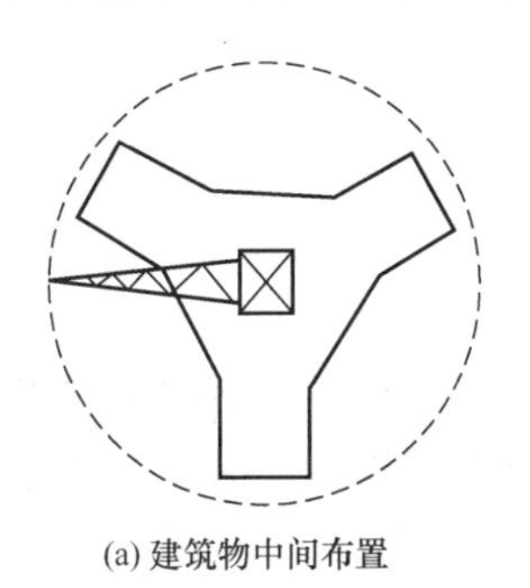

(a) 建筑物中间布置

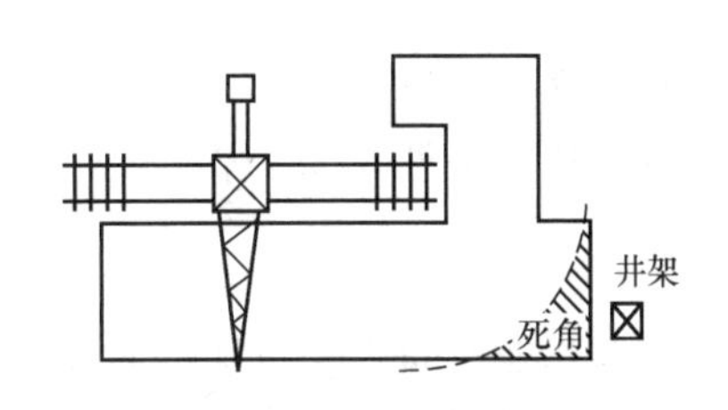


(b) 轨道起重机与井架配合布置

图 6.8 起重机械的布置

(3) 自行式无轨起重机械

这类起重机有履带式、轮胎式和汽车式三种。它们一般用作构件装卸的起吊构件，还适用于装配式单层工业厂房主体结构的吊装，其吊装的开行路线及停机位置主要取决于建筑物的平面布置、构件重量、吊装高度和吊装方法，一般不用作垂直和水平运输。

2. 混凝土、砂浆搅拌机布置

对于现浇混凝土结构施工，为了减少现场的二次搬运，现场混凝土搅拌站应布置在起重机的服务范围内，同时对搅拌站的布置还应注意以下几点。

① 根据施工任务的大小、工程特点选择适用的搅拌机。

② 与垂直运输机械的工作能力相协调，以提高机械的利用效率。

目前，很多地方、很多城市中的施工，都采用商品混凝土，现场搅拌混凝土使用越来越少。若施工项目使用商品混凝土，则可以不考虑混凝土搅拌站布置的问题了。

3. 堆场和仓库的布置

(1) 布置要求及方法

仓库和堆场布置时总的要求：尽量方便施工，运输距离较短，避免二次搬运，以求提高生产效率和节约成本。为此，应根据施工阶段、施工位置的标高和使用时间的先后确定布置位置。一般有以下几种布置。

① 建筑物在基础和第一层施工时所用的材料应尽量布置在建筑物的附近，并根据基槽（坑）的深度、宽度和放坡坡度确定堆放地点，与基槽（坑）边缘保持一定的安全距离，以免造成土壁塌方事故。

② 第二层以上施工用材料、构件等应布置在垂直运输机械附近。

③ 砂、石等大宗材料应布置在搅拌机附近且靠近道路。

④ 当多种材料同时布置时，对于大宗的、重量较大的和先期使用的材料，应尽量靠近使用地点或垂直运输机械；对于少量的、较轻的和后期使用的材料，则可布置稍远；对于易受潮、易燃和易损材料，则应布置在仓库内。

⑤ 在同一位置上按不同施工阶段先后可堆放不同的材料。例如，混合结构基础施工阶段，建筑物周围可堆放毛石，而在主体结构施工阶段时可在建筑四周堆放标准砖等。

(2) 仓库堆场面积的确定

面积确定的具体方法见 5.5.4 节。

4. 现场作业车间确定

单位工程现场作业车间主要包括钢筋加工车间、木工车间等，有时还需考虑金属结构加工车间和现场小型预制混凝土构件的场地。这些车间和场地的布置应结合施工对象和施工条件合理进行。关于现场作业车间的面积确定见 5.5.4 节。

5. 布置现场运输道路

施工场内的道路布置应满足以下要求。

① 按材料、构件等运输需要，沿仓库和堆场布置。

② 场内尽量布置成环形道路，方便材料运输车辆的进出。

③ 单行道宽度不小于3.5m，双行道宽度不小于6m，消防车道宽度不小于4m。

④ 路基应坚实、转弯半径应符合要求。道路两侧最好设排水沟。

6. 办公生活宿舍等设施布置

这些办公、生活设置的布置应尽量与生产性的设施分开，应遵循使用方便、有利于施工管理、符合防水要求的原则，一般设在现场的出入口附近。若现场有可利用的建筑物应尽量利用。

设置面积的计算详见5.5.4节。

7. 施工水、电管网的布置

(1) 施工水网布置

① 施工用的临时给水管，一般由建设单位的干管或自行布置的干管接到用水地点。布置时应力求管网总长度短，管径的大小和水龙头数量需视工程规模大小通过计算确定，其布置形式有环形、枝形、混合式三种。

② 供水管网应按防火要求布置室外消防栓，消防栓应沿道路设置，距道路边不大于2m，距建筑物外墙不应小于5m，也不应大于25m。消防栓的间距应不大于120m，工地消防栓应设有明显的标志，且周围3m以内不准堆放建筑材料。

③ 为了排除地面水和地下水，应及时修通永久性下水道，并结合现场地形在建筑物周围设置排泄地面水、集水坑等设施。

(2) 施工电网布置

① 为了维修方便，施工现场一般采用架空配电线路，且要求现场架空线与施工建筑物水平距离不小于10m，架空线与地面距离不小于6m，跨越建筑物或临时设施时，垂直距离不小于2m。

② 现场线路应尽量架设在道路的一侧，且尽量保持线路水平，在低压线路中，电杆间距应为25～40m，分支线及引入线均应由电杆处接出，不得由两杆之间接线。

③ 单位工程施工用电应在全工地性施工总平面布置图中统筹考虑，包括用电量计算、电源选择、电力系统选择和配置。对于独立的单位工程，应根据计算的有用电量和建设单位可提供电量决定是否选用变压器。变压器的设置应将施工工期与以后长期使用相结合考虑，其位置应远离交通道口处，布置在现场边缘高压线接入处，在2m以外四周用高度大于1.7m铁丝网住，以保安全。

有关用水、用电的计算方法详见5.5.4节。

## 6.7 施工现场管理

### 6.7.1 现场安全管理

在单位工程施工组织设计，应结合项目的具体特点，提出相应的安全施工与保证措施，对施工中可能发生的安全问题进行预测，其主要内容有以下几个方面。

① 建立安全保证体系，落实安全责任。

② 制定完善的安全保证保护措施。

③ 预防自然灾害措施，包括防台风、防雷击、防洪水、防地震等。

④ 防火、防爆措施，包括大风天气严禁施工现场明火作业，明火作业要有安全保护，氧气瓶防震、防晒和乙炔罐严禁回火等措施。

⑤ 劳动保护措施，包括安全用电、高空作业、交叉施工、防暑降温、防冻防寒和防滑防坠落，以及防有害气体等措施。

⑥ 特殊工程安全措施，如采用新结构、新材料或新工艺的单项工程，要编制详细的安全施工措施。

⑦ 现场针对危险性较大的分部分项工程应编制专项施工方案，对于涉及地下暗挖、深基坑工程、爆破作业等应组织专家论证。

⑧ 环境保护措施，包括有害气体排放、现场生产污水和生活污水排放，以及现场树木和绿地保护等措施。

⑨ 建立安全的奖罚制度。

⑩ 制定安全事故应急救援措施，并且组织演练。

## 6.7.2 现场文明施工管理

现场文明施工管理是施工现场管理的重要内容，文明施工是现代化施工的一个重要标志，是施工企业一项基础性的管理工作。坚持文明施工具有重要的意义。安全生产与文明施工是相辅相成的，建筑施工安全生产不但要保证职工的生命财产安全，同时要加强现场管理、文明施工，保证施工井然有序，改变过去现场脏、乱、差的面貌，对提高效益保证工程质量都有重要的意义，因而在单位工程施工组织设计中应制定具体的文明施工的措施。其主要有以下内容。

① 现场场地应平整无障碍物，有良好的排水系统，保证现场整洁。

② 现场应进行封闭管理，防止“扰民”和“民扰”问题，同时保护环境，美化市容，因而对工地围挡（墙）、大门等设置应符合当地市政环卫部门的要求。

③ 要求现场各种材料或周转材料用具等应分类整齐堆放。

④ 防止施工环境污染，提出防止废水、废气、生产、生活垃圾及防止施工噪声，施工照明污染的措施。

⑤ 宣传措施，如围墙上的宣传标语应体现企业的质量安全理念，“五牌一图与两栏一报”应齐全。

⑥ 对工人应进行文明施工的教育，要求不能乱扔、乱吐、乱说、乱骂等，言行文明，衣冠整齐。同时制定相应的处罚措施。

## 本章小结

通过本章学习，学生可以了解单位工程施工组织设计编制的原则、依据和程序；掌握单位工程施工组织设计的内容、资源需求计划编制方法，施工方案的选择、进度计划的编制步骤和方法，施工现场平面布置图的内容和步骤。

单位工程施工组织设计是指导施工的重要技术经济文件。单位工程施工组织设计的重点是“一图一案一表”，即施工现场平面布置图的确定、施工方案的确定及施工进度计划表的编制。

## 习 题

### 一、单项选择题

1. 单位工程施工组织设计中的工程概况包括（　　）。

A. 参建单位　　B. 施工计划　　C. 施工工序　　D. 施工机械的确定

2. （　　）是编制单位工程施工组织设计的重点，是整个单位工程施工组织设计的核心。

A. 进度计划安排　　B. 资源需求计划确定

C. 施工现场平面布置图的确定　　D. 施工方案的选择

3. 室外装饰的施工顺序一般为（　　），有利于保护成品。

A. 自下而上　　B. 自上而下　　C. 自中向下向上　　D. 自下向上分段

4. 单层工业厂房施工中，在完成厂房主体结构后再施工设备基础，这种施工方案称为（　　）。

A. 开敞式施工方案　　B. 封闭式施工方案

C. 半封闭式施工方案　　D. 半开敞式施工方案

5. 某抹灰工程量 1000$m^2$，抹灰时间定额为 0.05 工日/$m^2$，有抹灰工人 20 人，每天工作 8 小时，则这项工作的持续时间为（　　）天。

A. 2.5　　B. 5　　C. 7.5　　D. 10

6. 单位工程施工组织设计中，在施工现场平面布置图中，首先确定（　　）。

A. 垂直运输机械位置　　B. 材料堆场

C. 场内运输道路　　D. 临时水电管网布设

### 二、多项选择题

1. 单位工程施工组织设计的主要内容为“一图一案一表”，“一图一案一表”是指（　　）。

A. 施工现场平面布置图　　B. 建筑物平面图

C. 施工方案　　D. 资源计划表

E. 施工进度计划表

2. 单位工程施工组织设计编制的依据有（　　）。
A. 施工组织总设计　B. 施工图纸
C. 与建设单位签订的施工承包合同　D. 施工现场条件及地质资料
E. 业主的资金到款情况

3. 单位工程施工组织设计编制时，确定施工方法的主要原则有（　　）。
A. 满足建设单位要求　B. 具有针对性
C. 考虑施工便利　D. 体现先进性、经济性和适用性
E. 保障措施应落实

4. 施工现场平面布置图的主要内容有（　　）。
A. 生产、生活用品临时设施　B. 垂直运输机械位置
C. 材料、半成品、机械等仓库货堆场　D. 临时供电供水管网
E. 场地地质情况

5. 单位工程施工组织设计中，进度计划编制的主要步骤有（　　）。
A. 划分施工过程　B. 计算工程量
C. 计算劳动量和机械台班数　D. 确定各施工过程的持续时间
E. 编制资源需求计划

三、简答题

1. 简述单位工程施工组织设计编制的程序。
2. 单位工程施工组织设计的内容有哪些?
3. 单位工程施工进度计划编制的步骤有哪些?
4. 施工现场平面布置图的内容有哪些?布置步骤如何?
5. 若有几个施工过程劳动定额不相同，如何确定综合劳动定额?
6. 简述砖混结构、混凝土结构和装配式单层厂房的施工顺序及施工方法。
7. 施工现场安全、文明施工管理主要内容有哪些?请学习通过实习收集有关安全、文明施工管理内容与一些宣传标语。

# 第7章 施工管理

## 教学目标

本章主要讲述施工管理的基本理论和实践应用。通过本章学习，学生应达到以下目标。

(1) 熟悉施工现场管理基本内容。

(2) 熟悉施工技术管理基本内容。

(3) 熟悉现场工程材料的质量管理基本内容。

(4) 熟悉安全生产基本内容。

(5) 熟悉文明施工基本内容。

(6) 熟悉现场环境保护基本内容。

(7) 熟悉季节性施工基本内容。

(8) 熟悉建设工程文件资料管理基本内容。

## 教学要求

| 知识要点 | 能力要求 | 相关知识 |
| --- | --- | --- |
| 施工现场管理 | (1) 施工现场管理的责任制度<br>(2) 熟悉施工现场准备工作 | 施工现场准备工作的内容 |
| 施工技术管理 | 熟悉施工技术管理的内容 | (1) 设计交底与图纸会审<br>(2) 施工组织设计的内容<br>(3) 作业技术交底的作用与内容<br>(4) 质量控制点的设置位置<br>(5) 技术复核的工作<br>(6) 隐蔽工程验收程序<br>(7) 成品保护的措施 |
| 现场工程材料的质量管理 | (1) 熟悉建筑结构材料的质量管理<br>(2) 熟悉建筑装饰材料的质量管理 | (1) 建筑结构材料的基本要求<br>(2) 建筑装饰材料的控制过程 |
| 安全生产 | (1) 了解安全控制的概念<br>(2) 熟悉施工安全控制措施<br>(3) 熟悉安全检查与教育 | (1) 安全方针与目标<br>(2) 安全检查的主要内容和形式<br>(3) 三级安全教育的内容 |

续表

| 知识要点 | 能力要求 | 相关知识 |
|---|---|---|
| 文明施工 | (1) 了解文明施工的概念<br>(2) 熟悉现场文明施工的基本要求 | 文明施工的内容 |
| 现场环境保护 | (1) 了解现场环境保护的意义<br>(2) 熟悉现场环境保护的措施 | (1) 施工现场空气污染的防治措施<br>(2) 施工现场水污染的防治措施<br>(3) 施工现场噪声的限值<br>(4) 施工现场固体废物的处理 |
| 季节性施工 | 熟悉季节性施工的措施 | (1) 冬期施工的措施<br>(2) 雨期施工的措施 |
| 建设工程文件资料管理 | (1) 了解建设工程文件整理的一般规定<br>(2) 熟悉建设工程文件归档内容、保存单位和期限 | (1) 工程准备阶段文件归档内容、保存单位和期限<br>(2) 施工文件（建设安装工程）归档内容、保存单位和期限<br>(3) 监理文件归档内容、保存单位和期限<br>(4) 竣工图（建筑安装工程）归档内容、保存单位和期限<br>(5) 竣工验收文件归档内容、保存单位和期限 |

**基本概念**

三通一平、设计交底、图纸会审、质量控制点、三级安全教育、文明施工

**引例**

施工项目实施中，按照编制的施工组织设计施工，不仅注重施工方案、进度计划和施工现场平面布置图等实施，还需要注意现场施工管理、技术管理、现场材料质量管理、安全生产、文明施工、环境保护等内容的具体落实。

例如，某综合大楼新建工程，地下 2 层，地上 12 层，人工挖孔灌注桩，框剪结构，建筑面积 10312$m^2$。工程地处某省省会繁华商业圈，交通流量大，周边附近是省政府中心所在地，施工现场管理要求高。

施工单位为某施工特级企业，在依据施工组织实施中，按照该市建筑工程文明施工管理办法的要求，在封闭围挡、现场五牌一图、材料堆放管理、道路硬化、员工宿舍、环境保护等方面做了很细致的工作，受到该市政府相关职能部门的好评。

# 7.1 施工现场管理

施工现场管理首先应建立施工责任制度，明确各级技术负责人在工作中应负的责任；同时应做好施工现场准备工作，为施工的正常进行提供条件。

## 7.1.1 建立施工责任制度

由于施工工作范围广，涉及专业工种和专业人员多，现场情况复杂以及施工周期长，因此，必须在项目内实行严格的责任制度，特别是要建立质量责任制度、安全责任制度，使施工工作中的人、财、物合理地流动，保证施工工作安全顺利进行。在编制了施工工作计划以后，就要按计划将责任明确到有关部门甚至个人，以便按计划要求完成工作。各级技术负责人在工作中应负的责任，应予以明确，以便推动和促进各部门认真做好各项工作。

## 7.1.2 做好施工现场准备工作

1. 收集资料

及时收集拟建施工项目的相关信息资料，让施工人员了解这些信息，制定相应的施工方案，以免土方施工过程中出现安全事故。

(1) 地形地貌、地质水文、相邻环境及地下管线资料的收集

① 地形地貌调查资料：包括工程建设的城市规划图或建设区域地形图，工程建设地点的地形图、水准点、控制桩的位置；现场地形、地貌特征；勘测高程、高差等。

② 地质水文实地调查资料：在地质勘察报告已有资料的基础上，施工单位应对施工现场的地质、水文做实地调查，做出必要的补充、核实，以求全面、准确。

③ 相邻环境及地下管线资料：包括在施工用地的区域内，一切地上原有建筑物、构筑物、道路、设施、沟渠、水井、树木、土堆、坟墓、土坑、水池、农田庄稼及电力通信杆线等；一切地下原有埋设物，包括地下沟道、人防工程、下水道、上下水管道、电力通信电缆管道、煤气及天然气管道、枯井及孔洞等；是否可能有地下古墓、地下河流及地下水水位等。

(2) 建设地区自然条件资料收集

① 气象资料。气象资料有气温、雨情、风情调查资料等。气温调查资料包括全年各月平均温度、最高与最低温度，5℃及0℃以下天数、日期等；雨情调查资料包括雨季时期，年、月降水量，雷暴雨天数及时期，日最大降水量等；风情调查资料包括全年主导风向及频率（风玫瑰图），大于八级风的天数、日期等。

② 河流、地下水资料。包括河流位置与现场距离；洪水、平水、枯水时期及其水位，流量、流速、航道深度、水质等；附近是否有湖泊；地下水的最高与最低水位及其时期、水量、水质等。

(3) 建设地区技术经济资料收集

① 地方建筑生产企业调查资料。包括混凝土制品厂、木材加工厂、金属结构厂、建筑设备修理厂、砂石公司和砖瓦灰厂等的生产能力、规格质量、供应条件、运距及价格等。

② 水泥、钢材、木材、特种建筑材料的品种、规格、质量、数量、供应条件、生产

能力、价格等。

③ 地方资源调查资料。包括砂、石、矿渣、炉渣、粉煤灰等地方材料的质量、品种、数量等。

④ 交通运输条件调查资料。包括铁路、水路、公路、空运的交通条件、车辆条件、运输能力、码头设施等。

⑤ 水电供应能力调查资料。包括城市自来水、河流湖泊、地下水的供应能力或条件、管径、水量及水压、距离等；供电能力（电量、电压）、线路、线距等。

2. 拆除障碍物

施工场地内的一切障碍物，无论是地上的或是地下的，都应在开工前拆除。这些工作一般由建设单位来完成，有时委托施工单位来完成。如果由施工单位来完成这项工作，一定要事先调查情况，尤其是在城市的老区内，由于原有建（构）筑物情况复杂，而且往往资料不全，在拆除前需要采取相应的措施，防止发生事故。

以房屋的拆除为例，一般平房只要把水源、电源截断后即可进行拆除，但都要与供电部门或通信部门联系并办理手续后方可进行。

对于自来水、污水、煤气、热力等管线的拆除，最好由专业公司来进行。即使源头已截断，施工单位也要采取相应的措施，防止事故发生。

若场地内还有树木，需报请园林部门批准后方可砍伐。拆除障碍物后，留下的渣土等杂物都应运出场外。在运输时，应遵守交通、环境保护部门的有关规定。运输车辆要按指定的通行路线和时间行驶，并采用封闭运输车或在渣土上洒水、覆盖以免渣土飞扬污染环境。运输车辆的轮胎，在上道前应打扫干净。

3. 三通一平

通常把施工现场的“水通、电通、路通”简称为“三通”，把平整场地工作称为“一平”。

地上、地下的障碍物拆除后，即可进行场地平整工作。场地的标高，应根据设计的场地标高，同时要充分考虑场地的排水并结合今后施工的需要来确定。平整场地可视情况采用机械或者人工平整的方法。

当场地平整后，就可按施工总平面布置图确定的位置来进行供水、排水、供电线路的敷设以及临时道路的修筑。然后按供电、供水、市政、交通运输部门的有关规定办完手续，接通源头，至此便实现了“三通”。无论是水、电、管线还是道路，都应尽可能多地利用永久性工程。凡是拟建工程的管线、道路，有能为施工利用的都应首先敷设。为了避免永久道路的路面在施工中损坏，也可先做路基作为施工阶段的临时道路，在交工前再做路面。

有些建设工程进一步要求达到“七通一平”的标准，即通给水、排水、供电、供热、供气、电信、道路和平整场地。

【七通一平】

4. 测量放线

测量放线的任务是把图纸上所设计好的建筑物、构筑物及管线等测设到地面上或实物上，并用各种标志表现出来，以作为施工的依据。其工作的进行，一般是在土方开挖之前，通过施工场地内高程坐标控制网或高程控制点来实现的。这些网点的设置应视范围的大小和控制的精度而定。在测量放线前，应做好以下几项准备工作。

① 对测量仪器进行检验和校正。

对所用的全站仪、经纬仪、水准仪、钢尺、水准尺等应进行校验。

② 通过设计交底，了解工程全貌和设计意图，掌握现场情况和定位条件，主要轴线尺寸的相互关系，地上、地下的标高以及测量精度要求。

在熟悉施工图纸的过程中，应仔细核对图纸尺寸，对轴线尺寸、标高是否齐全以及边界尺寸要特别注意。

③ 校核红线桩与水准点。

建设单位提供的由城市规划勘测部门给出的建筑红线，在法律上起着建筑边界用地的作用。在使用线桩前要进行校核，施工过程中要保护好桩位，以便将它作为检查建筑物定位的依据。水准点同样要求校测和保护。红线和水准点经校测发现问题，应提请建设单位处理。

④ 制定测量、放线方案。

根据设计图纸的要求和施工方案，制定切实可行的测量、放线方案，主要包括平面控制、标高控制、±0.00 以下施工测量、±0.00 以上施工测量、沉降观测和竣工测量等项目。

建筑物定位放线是确定整个工程平面位置的关键环节，施测中必须保证精度，杜绝错误，否则其后果将难以处理。建筑物定位、放线，一般通过设计图中平面控制轴线来确定，测定并经自检合格后，提交有关部门或甲方（或监理人员）验线，以保证定位的准确性。沿红线建的建筑物放线后，还要由城市规划部门验线，以防止建筑物压线或超红线，为正常顺利地施工创造条件。

5. 临时设施的搭设与修筑

所有宿舍、食堂、办公、仓库、作业棚、临时的水电管线等的搭设以及临时道路等的修筑，其数量、标准及位置，均应按批准的图纸来搭建，不得乱搭乱建。如果永久性工程有可能作为施工用房，则应优先安排施工，充分加以利用，减少临时设施。

现场生活和生产用的临时设施，在布置和安排时，要遵照当地有关规定进行划分布置，如房屋的间距、标准是否符合卫生和防火要求，污水和垃圾的排放是否符合环境的要求等。因此，临建平面布置图及主要房屋结构图，都应报请城市规划、市政、消防、交通、环境保护等有关部门审查批准。特别注意的是，临时设施的搭建应考虑先生产后生活的要求以及尽可能地利用永久设施。

## 7.2 施工技术管理

为保证工程质量目标，必须重视施工技术。因而施工技术管理就显得非常重要，施工管理必须按相关规定做好相关施工技术管理工作。

### 7.2.1 设计交底与图纸会审

【图纸会审】

设计交底由建设单位负责组织，由设计单位向施工单位和承担施工阶段监理任务的监理单位等相关参建单位进行交底。图纸会审由建设单位负责组织施工单位、监理单位、设计单位等相关的参建单位参加。

设计交底与图纸会审通常做法是，设计文件完成后，设计单位将设计图纸移交建设单位，建设单位发给承担施工监理的监理单位和施工单位。由建设单位负责组织参建各方进行图纸会审，并整理成会审问题清单，在设计交底前一周交设计单位。设计交底一般以会议形式进行，先进行设计交底，由设计单位介绍设计意图、结构特点、施工要求、技术措施和有关注意事项，后转入图纸会审问题解释，通过设计、监理、施工三方或参建多方研究协商，确定图纸存在的问题和各种技术问题的解决方案。设计交底应在施工开始前完成。

图纸会审主要有以下内容。

① 设计图纸与说明是否齐全，有无分期供图的时间表。

② 设计地震烈度是否符合当地要求。

③ 几个设计单位共同设计的图纸相互间有无矛盾，专业图纸之间、平立剖面图之间有无矛盾。

④ 总平面与施工图的几何尺寸、平面位置及标高等是否一致。

⑤ 防火、消防是否满足。

⑥ 建筑结构与各专业图纸是否有矛盾，结构图与建筑图尺寸是否一致。

⑦ 建筑图、结构图、水电施工图表达是否清楚，是否符合制图标准。

⑧ 材料来源有无保证，能否代换；施工图中所要求的新材料、新工艺应用有无问题。

⑨ 工艺管道、电器线路、设备装置等布置是否合理。

⑩ 施工安全、环境卫生有无保证。

### 7.2.2 编制施工组织设计

在施工之前，对拟建工程对象从人力、资金、施工方法、材料、机械五方面在时间、空间上做科学合理的安排，使施工能安全生产、文明施工，从而达到优质、低耗地完成建筑产品，这种用来指导施工的技术经济文件称为施工组织设计。施工组织设计按用途分为标前施工组织设计和标后施工组织设计。其中标前施工组织设计为投标前编制的施工组织设计，标后施工组织设计是签订合同后编制的施工组织设计。因此，标前施工组织设计由公司经营部门编制，标后施工组织设计由施工项目部门编制。对于标后施工组织设计编制方法及其详细内容可以参见第 6 章的相关内容。

### 7.2.3 作业技术交底

【施工现场安全技术交底】

1. 作业技术交底的作用

施工承包单位做好技术交底，是取得好的施工质量的条件之一。为此，每一分项工程开始实施前均要进行交底。作业技术交底是对施工组织设计或施工方案的具体化，是更细致、明确、具体的技术实施方案，是工序施工或分项工程施工的具体指导文件。技术交底的内容包括施工方法、质量要求、验收标准、施工过程中需注意的问题和可能出现意外的措施及应急方案。技术交底在紧紧围绕和具体施工有关的操作者、机械设备、使用的材料、构配件、工艺、工法、施工环境、具体管理措施等方面进行，交底要明确做什么、谁来做、如何做、作业标准和要求、什么时间完成等问题。

2. 作业技术交底的种类

施工企业的作业技术交底一般分三级：公司技术负责人对工区技术交底、工区技术负责人对施工队技术交底和施工队技术负责人对班组工人技术交底。

施工现场的作业技术交底主要是施工队技术负责人对班组工人技术交底，其是技术交底的核心，内容主要有以下几方面。

① 施工图的具体要求，包括建筑、结构、水、暖、电、通风等专业的细节，如设计要求中的重点部位的尺寸、标高、轴线，预留孔洞、预埋件的位置、规格、大小、数量等，以及各专业、各图样之间的相互关系。

② 施工方案实施的具体技术措施、施工方法。

③ 所有材料的品种、规格、等级及质量要求。

④ 混凝土、砂浆、防水、保温等材料或半成品的配合比和技术要求。

⑤ 按照施工组织的有关事项，说明施工顺序、施工方法、工序搭接等。

⑥ 落实工程的有关技术要求和技术指标。

⑦ 提出质量、安全、节约的具体要求和措施。

⑧ 设计修改、变更的具体内容和应注意的关键部位。

⑨ 成品保护项目、种类、办法。

⑩ 在特殊情况下，应知应会应注意的问题。

3. 技术交底的方式

施工现场技术交底的方式主要有书面交底、会议交底、口头交底、挂牌交底、样板交底及模型交底等，每种方式的特点及适用范围见表 7－1。

表 7－1 技术交底方式的特点及适用范围

| 交底方式 | 特点及适用范围 |
| --- | --- |
| 书面交底 | 把交底的内容写成书面形式，向下一级有关人员交底。交底人与接受人在弄清交底内容以后，分别在交底书上签字，接受人根据此交底，再进一步向下一级落实交底内容。这种交底方式内容明确，责任到人，事后有据可查，因此，交底效果较好，是一般工地最常用的交底方式 |
| 会议交底 | 通过召集有关人员举行会议，向与会者传达交底的内容，对于多工种同时交叉施工的项目，应将各工种有关人员同时集中参加会议，除各专业技术交底外，还要把施工组织者的组织部署和协作意图交代给与会者。会议交底除了会议主持人能够把交底内容向与会者交底外，与会者也可以通过讨论、问答等方式对技术交底的内容予以补充、修改、完善 |
| 口头交底 | 适用于人员较少、操作时间短、工作内容较简单的项目 |

续表

| 交底方式 | 特点及适用范围 |
| --- | --- |
| 挂牌交底 | 将交底的内容、质量要求写在标牌上，挂在施工现场。这种方式适用于操作内容固定、操作人员固定的分项工程，如混凝土搅拌站，常将各种材料的用量写在标牌上。这种挂牌交底方式，可使操作者抬头可见，时刻注意 |
| 样板交底 | 对于有些质量和外观感觉要求较高的项目，为使操作者对质量指标要求和操作方法、外观要求有直观的感性认识，可组织操作水平较高的工人先做样板，其他工人现场观摩，待样板做成且达到质量和外观要求后，供他人以此为样板施工。这种交底方式通常在装饰质量和外观要求较高的项目上采用 |
| 模型交底 | 对于技术较复杂的设备基础或建筑构件，为使操作者加深理解，常做成模型进行交底 |

## 7.2.4 质量控制点的设置

1. 质量控制点的概念

质量控制点是指为了保证作业过程质量而确定的重点控制对象、关键部位或薄弱环节。设置质量控制点是保证达到施工质量要求的必要前提，在拟定质量控制工作计划时，应予以认真考虑，并以制度来保证落实。对于质量控制点，一般要事先分析可能造成质量问题的原因，再针对原因制定对策和措施进行预控。

承包单位在工程施工前应根据施工过程质量控制的要求，列出质量控制点明细表，表中详细地列出各质量控制点的名称或控制内容、检验标准及方法等，提交监理工程师审查批准后，在此基础上实施质量预控。

2. 选择质量控制点的一般原则

可作为质量控制点的对象涉及面广，它可能是技术要求高、施工难度大的结构部位，也可能是影响质量的关键工序、操作或某一环节。总之，无论是结构部位，还是影响质量的关键工序、操作、施工顺序、技术、材料、机械、自然条件、施工环境等均可作为质量控制点来控制。概括地说，应当选择那些质量难度大、对质量影响大或者是发生质量问题时危害大的对象作为质量控制点。质量控制点应在以下部位中选择。

① 施工过程中的关键工序或环节以及隐蔽工程，如预应力结构的张拉工序、钢筋混凝土结构中的钢筋架立等。

② 施工过程中的薄弱环节，或质量不稳定的工序、部位或对象，如地下防水层施工。

③ 对后续工程施工或对后续工序质量或安全有重大影响的工序、部位或对象，如预应力结构中的预应力钢筋质量、模板的支撑与固定等。

④ 采用新技术、新工艺、新材料的部位或环节。

⑤ 施工上无足够把握的、施工条件困难的或技术难度大的工序或环节，如复杂曲线模板的放样等。

显然，是否设置为质量控制点，主要视其质量特性影响的大小、危害程度以及其质量保证的难度大小而定。表 7 - 2 为建筑工程质量控制点设置的一般位置示例。

表 7－2　建筑工程质量控制点的设置位置

| 分项工程 | 质量控制点 |
| --- | --- |
| 工程测量定位 | 标准轴线桩、水平桩、龙门板、定位轴线、标高 |
| 地基、基础（含设备基础） | 基坑（槽）尺寸、标高、土质、地基承载力，基础垫层标高，基础位置、尺寸、标高，预留洞孔、预埋件的位置、规格、数量，基础标高、杯底弹线 |
| 砌体 | 砌体轴线，皮数杆，砂浆配合比，预留洞孔、预埋件位置、数量，砌体排列 |
| 模板 | 位置、尺寸、标高，预埋件位置，预留洞孔尺寸、位置，模板强度及稳定性，模板内部清理及润湿情况 |
| 钢筋混凝土 | 水泥品种、强度等级，砂石质量，混凝土配合比，外加剂比例，混凝土振捣，钢筋品种、规格、尺寸、搭接长度，钢筋焊接，预留洞、孔及预埋件规格、数量、尺寸、位置，预制构件吊装或出场（脱模）强度，吊装位置、标高、支承长度、焊接长度 |
| 吊装 | 吊装设备起重能力、吊具、索具、地锚 |
| 钢结构 | 翻样图、放大样 |
| 焊接 | 焊接条件、焊接工艺 |
| 装修 | 视具体情况而定 |

## 7.2.5 技术复核工作

凡涉及施工作业技术活动基准和依据的技术工作，都应该严格进行专人负责的复核性检查，以避免基准失误给整个工程带来难以补救的或全局性的危害。例如：工程的定位、轴线、标高，预留孔洞的位置和尺寸，预埋件，管线的坡度、混凝土配合比，变电站、配电站位置，高低压进出口方向、送电方向等。技术复核是承包单位履行的技术工作责任，其复核结果应报送监理工程师复验确认后，才能进行后续相关的施工。监理工程师应把技术复验工作列入监理规划质量控制计划中，并看作一项经常性工作任务，贯穿于整个的施工过程中。

常见的施工测量复核有以下几种。

① 民用建筑的测量复核包括建筑物定位测量、基础施工测量、墙体皮数杆检测、楼层轴线检测、楼层间高程传递检测等。

② 工业建筑的测量复核包括厂房控制网测量、桩基施工测量、柱模轴线与高程检测、厂房结构安装定位检测、动力设备基础与预埋螺栓检测。

③ 高层建筑的测量复核包括建筑场地控制测量、基础以上的平面与高程控制、建筑物的垂直度检测、建筑物施工过程中沉降变形观测等。

④ 管线工程的测量复核包括管网或输配电线路定位测量、地下管线施工检测、架空管线施工检测、多管线交汇点高程检测等。

## 7.2.6 隐蔽工程验收

隐蔽工程验收是指将被其后续工程（工序）施工所隐蔽的分项、分部工程，在隐蔽前

【隐蔽工程验收】

所进行的检查验收。它是对一些已完分项、分部工程质量的最后一道检查，由于检查对象就要被其他工程覆盖，给以后的检查整改造成障碍，故显得尤为重要，它是质量控制的一个关键过程。验收的一般程序如下。

① 隐蔽工程施工完毕，承包单位按有关技术规程、规范、施工图纸先进行自检，自检合格后，填写《报验申请表》，附上相应的工程检查证（或隐蔽工程检查记录）及有关材料证明、试验报告、复试报告等，报送项目监理机构。

② 监理工程师收到报验申请后首先对质量证明资料进行审查，并在合同规定的时间内到现场检查（检测或核查），承包单位的专职质检员及相关施工人员应随同一起到现场检查。

③ 经现场检查，如符合质量要求，监理工程师在《报验申请表》及工程检查证（或隐蔽工程检查记录）上签字确认，准予承包单位隐蔽、覆盖，进入下一道工序施工。

如经现场检查发现不合格，责令承包单位整改，整改后自检合格再报监理工程师复查。

## 7.2.7 成品保护

【施工现场成品保护】

### 1. 成品保护的含义

所谓成品保护一般是指在施工过程中有些分项工程已经完成，而其他一些分项工程尚在施工，或者是在其分项工程施工过程中某些部位已完成，而其他部位正在施工，在这种情况下，承包单位必须负责对已完成部分采取妥善措施予以保护，以免因成品缺乏保护或保护不善而造成操作损坏或污染，影响工程整体质量。因此，承包单位应制定成品保护措施，使所完工程在移交之前完整、不被污染或损坏，从而达到合同文件规定的或施工图纸等技术文件所要求的移交质量标准。

### 2. 成品保护的一般措施

根据需要保护的建筑产品的特点不同，可以分别对成品采取“防护”“包裹”“覆盖”“封闭”等保护措施，以及合理安排施工顺序来达到保护成品的目的。

① 防护：针对被保护对象的特点采取各种防护的措施。例如，对于清水楼梯踏步，可以采取护棱角铁上下连接固定；对于进出口台阶，可采用垫砖或方木搭脚手板供人通过的方法来保护台阶；对于门口易碰部位，可以钉上防护条或槽型盖铁保护；门扇安装后可加楔固定等。

② 包裹：将被保护物包裹起来，以防损伤或污染。例如，镶面大理石柱可用立板包裹捆扎保护，铝合金门窗可用塑料布包扎保护等。

③ 覆盖：用表面覆盖的办法防止堵塞或损伤。例如，对地漏、落水口排水管等安装后可以覆盖，以防止异物落入而被堵塞；预制水磨石或大理石楼梯可用木板覆盖加以保护；地面可用锯末、苫布等覆盖以防止喷浆等污染；其他需要防晒、保温养护等项目也应采取适当的防护措施。

④ 封闭：采取局部封闭的办法进行保护。例如，房间水泥地面或地面砖完成后，可将该房间局部封闭，防止人们随意进入而损害地面；室内装修完成后，应加锁封闭，防止人们随意进入而受到损伤等。

⑤ 合理安排施工顺序：主要通过合理安排不同工作间的施工先后顺序以防止后道工序损坏或污染已完成施工的成品或生产设备。例如，采取房间内先喷浆或喷涂而后装灯具的施工顺序可防止喷浆污染、损害灯具；先做顶棚、装修，后做地坪，也可避免顶棚及装修施工污染、损害地坪。

# 7.3 现场工程材料的质量管理

## 7.3.1 建筑结构材料的质量管理

### 1. 进场材料质量控制要点

① 掌握材料信息，优选供货厂家。

② 合理组织材料供应，确保施工正常进行。

③ 合理组织材料使用，减少材料损失。

④ 加强材料检查验收，严把材料质量关。

⑤ 要重视材料的使用认证，以防错用或使用不合格的材料。

⑥ 加强现场对材料的保护等管理。

### 2. 建筑结构材料质量管理的基本要求

① 建筑结构工程原材料、构配件主要有钢材、水泥、砂、石、砖、商品混凝土和混凝土构件等，它直接决定着建筑结构的安全，因此，建筑结构材料的规格、品种、型号和质量等，必须满足预计和有关规范、标准的要求。

② 材料进场时，应提供材质证明，并根据供料计划和有关标准进行现场质量验证和记录。质量验证包括材料品种、型号、规格、数量、外观检查和见证取样，对取样进行物理、化学性能试验。验证结果报监理工程师审批。

③ 对于项目采购的物资，业主的验证不能代替项目对采购物资的质量责任，而对于业主采购的物资，项目的验证不能取代业主对其采购物资的质量责任。

④ 现场验证不合格的材料不得使用或按有关标准规定降级使用。

⑤ 物资进场验证不齐或对其质量有怀疑时，要单独堆放该部分物资，待资料齐全和复验合格后，方可使用。

⑥ 要严格按施工组织平面布置图进行现场堆料，不得乱堆乱放。检验与未检验物资应标明分开码放，防止非预期使用。

严格检查验收，正确合理使用，建立管理台账，进行收、发、储、运等环节的技术管理，避免混料和将不合格的原材料使用到工程上。

⑦ 应做好各类物资的保管、保养工作，定期检查，做好记录，确保其质量完好。

### 3. 钢材和水泥等主要材料的质量管理要求

(1) 钢材的质量管理要求

① 钢材生产厂家必须具有相应资质证明。

② 每批供应的钢材必须具有出厂合格证。合格证上内容应齐全清楚，具有材料名称、品种、规格、型号、出厂日期、批量、炉号、每个炉号的生产数量、供应数量、主要化学成分和物理机械性能等，并加盖生产厂家公章。

③ 凡是进口的钢材必须有商检报告。

④ 进入施工现场的每一批钢材，应在建设单位代表或监理工程师的见证下，按要求进行见证取样，封样送检复试，检测钢材的物理机械性能（有时还需做化学性能分析）是否满足标准要求。进口的钢材还必须做化学成分分析检测，合格后方可使用。

⑤ 进入施工现场的每一批钢材，应标示品种、规格、数量、生产厂家、检验状态和使用部位，并码放整齐。

(2) 水泥的质量管理要求

① 水泥生产厂家必须具有相应资质证明。

② 每批供应的水泥必须具有出厂合格证。合格证上内容应齐全清楚，具有材料名称、品种、规格、型号、出厂日期、批量、主要化学成分和强度值，并加盖生产厂家公章。

③ 凡是进口的水泥必须有商检报告。

④ 进入施工现场的每一批水泥，应在建设单位代表或监理工程师的见证下，按要求进行见证取样，封样送检复试，主要检测水泥安定性、强度和凝结时间等是否满足规范规定。进口的水泥还需做化学成分分析检测，合格后方可使用。

⑤ 进入施工现场每一批水泥，应标示品种、规格、数量、生产厂家和日期、检验状态和使用部位，并码放整齐。

## 7.3.2 建筑装饰装修材料的质量管理

建筑装饰装修材料主要包括抹灰材料、地面材料、门窗材料、吊顶材料、轻质隔墙材料、饰面板（砖）、涂料、裱糊与软包材料和细部工程材料等。建筑工程专业建造师应根据装饰装修材料对工程项目实施过程、产品质量、环境和职业健康安全的影响程度，控制装饰装修材料供方选择、采购过程及其有关的采购信息、进场检验、保管、使用等环节，确保采购的材料质量符合规定要求。

1. 选择合格供方

① 建筑装饰装修材料采购部门应根据供方评价准则，组织调查、评价、选择供方和重新评价合格供方，建立合格供方档案，并适时评价材料质量及其供应情况。

② 在制定选择、调查和评价材料供方的准则时，应考虑以下内容（但不限于）。

A. 法律、法规规定的资质，包括质量、环境和职业健康安全管理情况（如是否通过体系认证等）。

B. 与其他企业合作的业绩及信誉。

C. 产品质量、环保性、安全性等情况（如涉及人身安全的产品是否通过相关认证）。

D. 供应能力及价格、交货、后续服务情况。

E. 其他针对项目特点的服务要求能否满足，以及与履约有关的其他内容。

F. 所选的重要材料供方应经建设单位、监理单位认可。

2. 控制采购过程

(1) 选择装饰材料的基本要求

① 选择的装饰材料应符合现行国家法律、法规、规范的要求。

② 选择的装饰材料应符合设计的要求，同时应符合经业主批准的材料样板的要求。

③ 应根据材料的特性、使用部位来进行选择。选用装饰材料时，应考虑材料所具有某些基本性质，如一定的强度、耐水性、防火性、耐侵蚀性、防滑性等。外墙的装饰材料更要选用能耐大气侵蚀、不易褪色、不易沾污、不产生霜花的材料。

④ 材料的选择应充分考虑颜色、光泽、透明性、表面组织、形状和尺寸、立体造型等因素。

(2) 采购信息

建筑装饰装修材料的采购应编制采购计划（采购清单），与供方签订采购合同，并在这些文件中规定明确的材料采购信息。与材料采购有关的信息如下。

① 产品的规格、型号。

② 材料的技术要求以及应达到的性能指标。

③ 执行的法律法规以及采用的技术规范、规程。

④ 材料验收标准。

⑤ 验收方式。

⑥ 运输、防护、储存、交付的条件等。

(3) 材料采购合同

材料采购合同应根据上述要求，明确对材料供方及采购产品的要求。实务中建筑工程专业建造师应通过审批采购计划（采购清单）、评审采购合同，实现材料采购信息控制。采购合同评审内容通常包括如下内容。

① 采购的类型、方式、程序、交货或到货地点，产品验收标准以及其他必要内容。产品验收标准应综合考虑安全、环境方面的要求，从源头上尽量减少或消除职业健康安全风险和环境影响。

② 运输、储存。建筑装饰装修工程所使用的材料在运输、储存和施工过程中，必须采取有效措施防止损坏、变质和污染环境。

3. 严格进场检验

① 所有材料进场时应对品种、规格、外观和尺寸进行验收。材料包装应完好，应有以下各种材料。

A. 产品合格证书。

B. 中文说明书及相关性能的检测报告等质量证明文件。

C. 进口产品应按规定进行商品检验。

D. 质量证明文件应与进场材料相符。质量证明文件应为原件；如为复印件，复印件应与原件内容一致，加盖原件存放单位公章，注明原件存放处，并有经办人签字，注明经办时间。

② 建筑工程专业建造师应规定各类材料进行验收的职责权限，组织制订材料检验计划，明确检验方法。材料验收应在满足采购要求的前提下，根据采购产品的特性、重要程

度、验收条件等采用适宜的方法进行检验。装饰装修材料常用的检验方法如下。

A. 书面检验：验证产品质量证明文件。

B. 外观检查：对品种、规格、标志、外形尺寸等进行直观检查，包括设备开箱验收。

C. 取样复验：借助试验设备和仪器对材料样品的化学成分、机械性能等进行科学的理化检验，包括利用超声波、X 射线、表面探伤仪等进行的无损检验。

③ 材料的复验。

A. 要求复验的主要项目：水泥的凝结时间、安定性和抗压强度，人造木板的游离甲醛含量或游离甲醛释放量，室内用天然花岗石石材或瓷质砖的放射性，外墙陶瓷面砖吸水率。

B. 材料的取样。为了达到控制质量的目的，在抽取样品时应首先选取有疑问的样品，也可以由承发包双方商定增加抽样数量。通常建筑装饰装修材料复验的取样原则是同一厂家生产的同一品种、同一类型的进场材料应至少抽取一组样品进行复验，当合同另有约定时应按合同执行；按规定允许进行重新加倍取样复试的材料，两次试验报告要同时保留；当国家规定或合同约定应对材料进行见证检测时或对材料的质量发生争议时，应进行见证检测。见证取样和送检的比例不得低于有关技术标准中规定应取样数量的30%。

4. 材料保管

① 入库材料要分型号、品种、分区堆放、进行标示、分别编号。

② 对易燃易爆的物资，要进行标示，特定场所存放，专人负责，并有相应防护措施和应急措施。

③ 对有防潮、防湿要求的材料，要有防潮、防湿措施，并要有标志。

④ 对有保质期的材料要定期检查，防止过期，并做好标志。

⑤ 对易坏的材料、设备，要保护好外包装，防止损坏。

## 7.4 安全生产

安全生产管理是施工项目管理的一项重要内容。施工中必须做好安全生产、进行安全控制、采取必要的施工安全措施、经常进行安全检查与教育，同时生产中应坚持“安全第一，预防为主，综合治理”的方针。

### 7.4.1 安全控制的概念

安全生产是指生产过程处于避免人身伤害、设备损坏及其他不可接受的损害风险（危险）的状态。

不可接受的损害风险（危险）通常是指超出了法律、法规和规章的要求，超出了方针、目标和企业规定的其他要求，超出了人们普遍接受（通常是隐含的）的要求。因此，安全与否要对照风险接受程度来判定，是一个相对性的概念。

安全控制是通过对生产过程中涉及的计划、组织、监控、调节和改进等一系列致力于满足生产安全所进行的管理活动。

## 7.4.2 安全控制的方针与目标

1. 安全控制的方针

安全控制的目的是安全生产，因此安全控制的方针也应符合安全生产的方针，即“安全第一，预防为主，综合治理”。

“安全第一”是把人身的安全放在首位，安全为了生产，生产必须保证人身安全，充分体现了“以人为本”的理念。

“预防为主”是实现“安全第一”的最重要手段，采取正确的措施和方法进行安全控制，从而减少甚至消除事故隐患，尽量把事故消灭在萌芽状态，这是安全控制最重要的思想。

“综合治理”是从遵循和适应安全生产规律出发，综合运用法律、经济、行政等手段，人管、法管、技防等多管齐下，并充分发挥社会、职工、舆论的监督作用，从责任、制度、培训等多方面着力，形成标本兼治、齐抓共管的格局。

2. 安全控制的目标

安全控制的目标是减少和消除生产过程中的事故，保证人员健康安全和财产免受损失。其具体包括以下内容。

① 减少或消除人的不安全行为的目标。

② 减少或消除设备、材料的不安全状态的目标。

③ 改善生产环境和保护自然环境的目标。

④ 安全管理的目标。

## 7.4.3 施工安全控制措施

1. 施工安全控制的基本要求

【高处作业】

① 必须取得行政主管部门颁发的《施工安全生产许可证》后才可开工。

② 各类人员必须具备相应的执业资格才能上岗。

③ 所有新员工必须经过三级安全教育，即公司、项目和班组的安全教育。

④ 特殊工种作业人员必须持有特种作业操作证，并严格按规定定期进行复查。

⑤ 对查出的安全隐患要做到“五定”，即定整改责任人、定整改措施、定整改完成时间、定整改完成人、定整改验收人。

⑥ 必须把好安全生产“六关”，即措施关、交底关、教育关、防护关、检查关、改进关。

⑦ 施工现场安全设施齐全，并符合国家及地方有关规定。

⑧ 施工机械（特别是现场安设的起重设备等）必须经安全检查合格，经登记备案后方可使用。

2. 施工安全保证计划与技术措施

(1) 施工安全保证计划

施工安全保证计划的内容主要包括工程概况、控制程序、控制目标、组织结构、职责权限、规章制度、资源配置、安全措施、检查评价、奖惩制度等。

编制施工安全保证计划时，对于某些特殊情况应做如下考虑。

① 对于结构复杂、施工难度大、专业性较强的项目，除制订项目总体安全保证计划外，还必须制定单位工程或分部分项工程的安全技术措施。

② 对于高处作业、井下作业等专业性较强的作业，以及从事电气、压力容器等特殊工种的作业，还应制定单项安全技术措施，并应对管理人员和操作人员的安全作业资格和身体状况进行合格审查。

(2) 施工安全技术措施

在编制施工安全技术措施之前，应制定和完善安全操作规程，编制各施工工种，特别是危险性较大工种的安全施工操作要求，为编制具体安全技术措施提供依据。

施工安全技术措施包括安全防护设施的设置和安全预防措施，主要有17个方面的内容，即防火、防毒、防爆、防洪、防尘、防雷击、防触电、防坍塌、防物体打击、防机械伤害、防起重设备滑落、防高空坠落、防交通事故、防寒、防暑、防疫、防环境污染等方面措施。

3. 施工安全技术措施计划的实施

(1) 安全生产责任制

建立安全生产责任制是施工安全技术措施计划实施的重要保证。安全生产责任制是指企业对项目经理部各级领导、各个部门、各类人员所规定的在他们各自职责范围内对安全生产应负责任的制度。

(2) 安全技术交底

① 安全技术交底的基本要求：项目经理部必须实行逐级安全技术交底制度，纵向延伸到班组全体作业人员；技术交底必须具体、明确，针对性强；技术交底的内容应针对分部、分项工程施工中给作业人员带来的潜在危害和存在问题；应优先采用新的安全技术措施；应将工程概况、施工方法、施工程序、安全技术措施等向工长、班组长进行详细交底；定期向由两个以上作业队和多工种进行交叉施工的作业队伍进行书面交底；保持书面安全技术交底签字记录。

② 安全技术交底主要内容：本工程项目的施工作业特点和危险点，针对危险点的具体预防措施，应注意的安全事项，相应的安全操作规程和标准，发生事故后应及时采取的避难和急救措施。

## 7.4.4 安全检查与教育

【三级安全教育】

1. 安全检查的主要内容

① 查思想：主要检查企业的领导和职工对安全生产工作的认识。

② 查管理：主要检查工程的安全生产管理是否有效。其主要内容包

括安全生产责任制、安全技术措施计划、安全组织机构、安全保证措施、安全技术交底、安全教育、持证上岗、安全设施、安全标识、操作规程、违规行为、安全记录等。

③ 查隐患：主要检查作业现场是否符合安全生产、文明生产的要求。

④ 查事故处理：对安全事故的处理应达到查明事故原因、明确责任并对责任者做出处理、明确和落实整改措施等要求。同时还应检查对伤亡事故是否及时报告、认真调查、严肃处理。

安全检查的重点是违章指挥和违章作业。安全检查后应编制安全检查报告，说明已达标项目、未达标项目、存在的问题、原因分析及纠正和预防措施。

2. 安全检查的方法

建筑工程安全检查在正确使用安全检查表的基础上，主要可以采用“听”“问”“看”“量”“测”“运转试验”等方法进行。

①“听”：听取基层管理人员或施工现场安全员汇报安全生产情况，介绍现场安全工作经验、存在的问题、今后的发展方向。

②“问”：主要是指通过询问、提问，对以项目经理为首的现场管理人员和操作工人进行应知应会抽查，以便了解现场管理人员和操作工人的安全意识和安全素质。

③“看”：主要是指查看施工现场安全管理资料和对施工现场进行巡视。例如：查看项目负责人、专职安全管理人员、特种作业人员等的持证上岗情况；现场安全标志设置情况；劳动防护用品使用情况；现场安全防护情况；现场安全设施及机械设备安全装置配置情况等。

④“量”：主要是指使用测量工具对施工现场的一些设施、装置进行实测实量。例如：对脚手架等各种杆件间距的测量；对现场安全防护栏杆高度的测量；对电气开关箱安装高度的测量；对在建工程与外电边线安全距离的测量等。

⑤“测”：主要是指使用专用仪器、仪表等监测器具对特定对象关键特性技术参数的测试。例如：使用漏电保护器测试仪对漏电保护器漏电动作电流、漏电动作时间的测试；使用地阻仪对现场各种接地装置接地电阻的测试；使用兆欧表对电机绝缘电阻的测试；使用经纬仪对塔式起重机、外用电梯安装垂直度的测试等。

⑥“运转试验”：主要是指由具有专业资格的人员对机械设备进行实际操作、试验，检验其运转的可靠性或安全限位装置的灵敏性。例如：对塔式起重机力矩限制器、变幅限位器、起重限位器等安全装置的试验；对施工电梯制动器、限速器、上下极限限位器、门连锁装置等安全装置的试验；对龙门架超高限位器、断绳保护器等安全装置的试验等。

3. 安全检查的主要形式

安全检查的主要形式如下。

① 项目每周或每旬由主要负责人带队组织定期的安全大检查。

② 施工班组每天上班前由班组长和安全值日人员组织的班前安全检查。

③ 季节更换前由安全生产管理人员和安全专职人员、安全值日人员等组织的季节劳动保护安全教育。

④ 由安全管理组、职能部门人员、专职安全员和专业技术人员组成的检查组对电气、机械设备、脚手架、登高设施等专项设施设备、高处作业、用电安全、消防保卫等进行专

项安全检查。

⑤ 由安全管理小组成员、安全专兼职人员和安全值日人员进行日常的安全检查。

⑥ 对塔式起重机等起重设备、井架、龙门架、脚手架、电气设备、现浇混凝土模板及其支撑等施工设备在安装搭设完成后进行安全检查验收。

#### 4. 安全教育

(1) 安全教育的要求

① 广泛开展安全生产的宣传教育，使全体员工真正认识到安全生产的重要性和必要性，懂得安全生产和文明施工的科学知识，牢固树立安全第一的思想，自觉遵守各项安全生产法律、法规和规章制度。

② 把安全知识、安全技能、设备性能、操作规程、安全法律等作为安全教育的主要内容。

③ 建立经常性的安全教育考核制度，考核成绩要记入员工档案。

④ 电工、电焊工、架子工、司炉工、爆破工、机操工、起重工、机械司机、机动车辆司机等特殊工种工人，除一般安全教育外，还要经过专业安全技能培训，经考试合格持证后，方可独立操作。

⑤ 采用新技术、新工艺、新设备施工和调换工作岗位的人员，也要进行安全教育，未经安全教育培训的人员不得上岗操作。

(2) 三级安全教育

三级安全教育是指公司、项目经理部、施工班组三个层次的安全教育。三级教育的内容、时间及考核结果要有记录。

① 公司教育内容包括国家和地方有关安全生产的方针、政策、法规、标准、规程和企业的安全规章制度等。公司安全教育由施工单位的主要负责人负责。

② 项目经理部教育内容包括工地安全制度、施工现场环境、工程施工特点及可能存在的不安全因素等。项目经理部的教育由项目负责人负责。

③ 施工班组教育内容包括本工种的安全操作规程、事故安全剖析、劳动纪律和岗位讲评等。施工班组的教育由专职安全生产管理人员负责。

【文明施工】

## 7.5 文明施工

### 7.5.1 文明施工概述

#### 1. 文明施工的概念

建筑工程施工现场是企业对外的“窗口”，直接关系到企业和城市的文明与形象。文明施工是保持施工现场良好的作业环境、卫生环境和工作秩序。文明施工主要包括以下几个方面的工作。

① 规范场容，保持作业环境整洁卫生。

② 创造文明有序、安全生产的条件。

③ 减少对居民和环境的不利影响。

④ 抓好项目文化建设。

2. 文明施工的意义

① 文明施工能促进企业综合管理水平的提高。保持良好的作业环境和秩序，对促进安全生产、加快施工进度、保证工程质量、降低工程成本、提高经济和社会效益有较大作用。文明施工涉及人、财、物各个方面，贯穿于施工全过程之中，体现了企业在工程项目施工现场的综合管理水平。

② 文明施工是适应现代化施工的客观要求。现代化施工更需要采用先进的技术、工艺、材料、设备和科学的施工方案，需要密切组织、严格要求、标准化管理、较好的职工素质等。文明施工能适应现代化施工的要求，是实现优质、高效、低耗、安全、清洁、卫生的有效手段。

③ 文明施工代表企业的形象。良好的施工环境与施工秩序，可以得到社会的支持和信赖，提高企业的知名度和市场竞争力。

④ 文明施工有利于员工的身心健康，有利于培养和提高施工队伍的整体素质。文明施工可以提高职工队伍的文化、技术和思想素质，培养尊重科学、遵守纪律、团结协作的大生产意识，促进企业精神文明建设，从而促进施工队伍整体素质的提高。

## 7.5.2 文明施工的组织与管理

1. 组织和体制管理

① 施工现场应成立以项目经理为第一责任人的文明施工管理组织。分包单位应服从总包单位的文明施工管理组织的统一管理，并接受监督检查。

② 各项施工现场管理制度应有文明施工的规定，包括个人岗位责任制、经济责任制、安全检查制度、持证上岗制度、奖惩制度、竞赛制度和各项专业管理制度等。

③ 加强和落实现场文明检查、考核与奖惩管理，以促进施工文明管理工作提高。检查范围和内容应全面周到，包括生产区、生活区、场容院貌、环境文明及制度落实等内容。检查发现的问题应采取整改措施。

2. 文明施工的资料及依据

① 关于文明施工的标准、规定、法律法规等资料。

② 施工组织设计（方案）中对文明施工管理的规定，各阶段施工现场文明施工的措施。

③ 文明施工自检资料。

④ 文明施工教育、培训、考核计划的资料。

⑤ 文明施工活动各项记录资料。

3. 加强文明施工的宣传和教育

① 在坚持岗位练兵基础上，要采取派出去、请进来、短期培训、上技术课、持文明施工牌、张贴漫画、网络宣传等方法狠抓宣传和教育工作。

② 要特别注意对临时工的岗前教育。

③ 专业管理人员应熟悉掌握文明施工的规定。

### 7.5.3 现场文明施工的基本要求

① 施工现场出入口应标有企业名称或企业标志，主要出入口明显处应设置工程概况牌，大门内应设置施工现场总平面图和安全生产、消防保卫、环境保护、文明施工和管理人员名单及监督电话牌等制度牌。

② 施工现场必须实施封闭管理，现场出入口应设门卫室，场地四周必须采用封闭围挡，围挡要坚固、整洁、美观，并沿场地四周连续设置。一般路段的围挡高度不得低于1.8m，市区主要路段的围挡高度不得低于2.5m。

③ 施工现场的场容管理应建立在施工现场平面布置图设计的合理安排和物料器具定位管理标准化的基础上，项目经理部应根据施工条件，按照施工总平面布置图、施工方案和施工进度计划的要求，进行所负责区域的施工现场平面布置图的规划、设计、布置、使用和管理。

④ 施工现场的主要机械设备、脚手架、密目式安全网与围挡、模具、施工临时道路、各种管线、施工材料制品堆场及仓库、土方及建筑垃圾堆放区、变配电间、消火栓、警卫室、现场的办公、生产和临时设施等的布置，均应符合施工现场平面布置图的要求。

⑤ 施工现场的施工区域应与办公区、生活区划分清晰，并应采取相应的隔离防护措施。施工现场的临时用房应选址合理，并应符合安全、消防要求和国家有关规定。在建工程内严禁住人。

⑥ 施工现场应设置办公室、宿舍、食堂、厕所、淋浴间、开水房、文体活动室、密闭式垃圾站（或容器）及盥洗设施等临时设施，临时设施所用建筑材料应符合环保、消防要求。

⑦ 施工现场应设置畅通的排水沟渠系统，保持场地道路的干燥坚实，泥浆和污水未经处理不得直接排放。施工场地应硬化处理，有条件时，可对施工现场进行绿化布置。

⑧ 施工现场应建立现场防火制度和火灾应急响应机制，落实防火措施，配备防火器材。明火作业应严格执行动火审批手续和动火监护制度。高层建筑要设置专用的消防水源和消防立管，每层留设消防水源接口。

⑨ 施工现场应设宣传栏、报刊栏，悬挂安全标语和安全警示标志牌，加强安全文明施工宣传。

⑩ 施工现场应加强治安综合治理和社区服务工作，建立现场治安保卫制度，落实好治安防范措施，避免失盗事件和扰民事件的发生。

## 7.6 现场环境保护

### 7.6.1 现场环境保护的意义

环境保护是按照法律法规、各级主管部门和企业的要求，保护和改善作业现场的环境，控制现场的各种粉尘、废水、固体废弃物、噪声、振动等对环境的污染和危害。

① 保护和改善施工环境是保证人们身体健康和社会文明的需要。采取专项措施防止粉尘、噪声和水源污染，保护好现场及其周围的环境，是保证职工和相关人员身体健康、体现社会总体文明礼貌的一项利国利民的重要工作。

② 保护和改善施工现场环境是消除外部干扰、保证施工顺利进行的需要。随着人们的法制观念和自我保护意识的增强，尤其在城市中，施工扰民问题反映突出，应及时采取防治措施，减少对环境的污染和对市民的干扰，也是施工生产顺利进行的基本条件。

③ 保护和改善施工环境是现代化大生产的客观要求。现代化施工广泛应用新设备、新技术、新的生产工艺，对环境质量的要求很高，如果粉尘、振动超标就可能损坏设备、影响功能发挥，使设备难以发挥作用。

④ 节约能源、保护人类生存环境、保证社会和企业可持续发展的需要。人类社会即将面临环境污染和能源危机的挑战。为了保护子孙后代赖以生存的环境条件，每个公民和企业都有责任和义务来保护环境。良好的环境和生存条件，也是企业发展的基础和动力。

## 7.6.2 施工现场空气污染的防治措施

【施工现场污染防治】

大气污染物的种类有数千种，已发现有危害作用的有100多种，其中大部分是有机物。大气污染物通常以气体状态和粒子状态存在于空气中。施工中，防治施工对大气污染的措施主要有以下几种。

① 施工现场垃圾渣土要及时清理出现场。

② 对于细颗粒散体材料（如水泥、粉煤灰、白灰等）的运输、储存要注意遮盖、密封，防止和减少飞扬。

③ 车辆开出工地要做到不带泥砂，基本做到不洒土、不扬尘，减少对周围环境的污染。

④ 除设有符合规定的装置外，禁止在施工现场焚烧油毡、橡胶、塑料、皮革、树叶、枯草、各种包装物等废弃物品以及其他会产生有毒、有害烟尘和恶臭气体的物质。

⑤ 机动车都要安装减少尾气排放的装置，确保符合国家标准。

⑥ 工地茶炉应尽量采用电热水器。若只能使用烧煤茶炉和锅炉，则应选用消烟除尘型茶炉和锅炉，大灶应选用消烟节能回风炉灶，使烟尘降至允许排放范围为止。

⑦ 大城市市区的建设工程已不允许搅拌混凝土。在允许设置搅拌站的工地，应将搅拌站封闭严密，并在进料仓上方安装除尘装置，采用可靠措施控制工地粉尘污染。

⑧ 拆除旧建筑物时，应适当洒水，防止扬尘。

## 7.6.3 施工现场水污染的防治措施

施工中，防治现场污水对大气污染的措施主要有以下几种。

① 禁止将有毒有害废弃物做土方回填。

② 施工现场搅拌站废水、现制水磨石的污水、电石（碳化钙）的污水必须经沉淀池沉淀合格后再排放，最好将沉淀水用于工地洒水降尘或采取措施回收利用。

③ 现场存放油料，必须对库房地面进行防渗处理，如采用防渗混凝土地面、铺油毡

等措施。使用时，要采取防止油料跑、冒、滴、漏的措施，以免污染水体。

④ 施工现场100人以上的临时食堂，污水排放时可设置简易有效的隔油池，定期清理，防止污染。

⑤ 工地临时厕所、化粪池应采取防渗漏措施。中心城市施工现场的临时厕所可采用水冲式厕所，并有防蝇、灭蛆措施，防止污染水体和环境。

⑥ 化学用品、外加剂等要妥善保管，库内存放，防止污染环境。

## 7.6.4 施工现场的噪声控制

【建筑工地噪声及扬尘污染防治】

1. 施工现场噪声的限值

声音是由物体振动产生的，当频率在20～20000Hz时，作用于人的耳膜而产生的感觉，称之为声音。由声构成的环境称为“声环境”。当环境中的声音对人类、动物及自然物没有产生不良影响时，就是一种正常的物理现象。相反，对人的生活和工作造成不良影响的声音称为噪声。

根据国家标准《建筑施工场界环境噪声排放标准》(GB 12523—2011)的要求，对施工作业场界噪声排放要求为昼间不超过**70dB (A)**，夜间不超过**55dB (A)**，夜间噪声最大声级超过限值的幅度不得高于**15dB (A)**。当场界距噪声敏感建筑物较近，其室外不满足测量条件时，可在噪声敏感建筑物室内测量，并将上述相应的限减值10dB (A)作为评价依据。

2. 施工现场的噪声控制措施

施工现场噪声的噪声控制可从声源、传播途径、接收者防护等方面来考虑。

① 声源控制。从声源上降低噪声，这是防止噪声污染的最根本的措施。尽量采用低噪声设备和加工工艺代替高噪声设备与加工工艺，如采用低噪声振捣器、风机、电动空气压缩机、电锯等。

在声源处安装消声器消声，如在通风机、鼓风机、压缩机、燃气机、内燃机及各类排气放空装置等进出风管的适当位置设置消声器。

② 传播途径的控制。在传播途径上控制噪声方法主要有以下几种。

A. 吸声：利用吸声材料(大多由多孔材料制成)或由吸声结构形成的共振结构(如金属或木质薄板钻孔形成的空腔体等)吸收声能，降低噪声。

B. 隔声：应用隔声结构，阻碍噪声向空间传播，将接收者与噪声声源分隔。隔声结构包括隔声室、隔声罩、隔声屏障、隔声墙等。

C. 消声：利用消声器阻止噪声传播。允许气流通过的消声降噪是防治空气动力性噪声的主要装置，如对空气压缩机、内燃机产生的噪声等就采用这种装置控制。

D. 减振降噪：对来自振动引起的噪声，通过降低机械振动减小噪声，如将阻尼材料涂在振动源上，或改变振动源与其他刚性结构的连接方式等。

③ 接收者的防护。让处于噪声环境下的人员使用耳塞、耳罩等防护用品，减少相关人员在噪声环境中的暴露时间，以减轻噪声对人体的危害。

④ 严格控制人为噪声。进入施工现场不得高声喊叫、无故甩打模板、乱吹哨，限制

高音喇叭的使用，最大限度地减少噪声扰民。

⑤ 控制强噪声作业的时间。凡在人口稠密区进行强噪声作业时，必须严格控制作业时间，一般晚10点到次日早6点之间停止强噪声作业。确系特殊情况必须昼夜施工时，尽量采取降低噪声措施，并会同建设单位找当地居委会、村委会或当地居民协调，出安民告示，求得群众谅解。

### 7.6.5 施工现场固体废物的处理

【建筑垃圾全过程处置】

固体废物是生产、建设、日常生活和其他活动中产生的固态、半固态废弃物质。固体废物是一个极其复杂的废物体系。按照其化学组成可分为有机废物和无机废物；按照其对环境和人类健康的危害程度可以分为一般废物和危险废物。

1. 施工工地上常见的固体废物

① 建筑渣土：包括砖瓦、碎石、渣土、混凝土碎块、碎玻璃、废屑、废弃装饰材料等。

② 废弃的散装建筑材料包括散装水泥、石灰等。

③ 生活垃圾：包括炊厨废物、丢弃食品、废纸、生活用具、玻璃、陶瓷碎片、废电池、废旧日用品、废塑料制品、煤灰渣、废交通工具等。

④ 设备、材料等的废弃包装材料。

2. 施工现场固体废物的处理

① 回收利用。回收利用是对固体废物进行资源化、减量化的重要手段之一。对建筑渣土可视其情况加以利用。废钢可按需要做金属原材料，对废电池等废弃物应分散回收，集中处理。

② 减量化处理。减量化是对已经产生的固体废物进行分选、破碎、压实浓缩、脱水等减少其最终处置量，减低处理成本，减少对环境的污染，在减量化处理的过程中，也包括和其他处理技术相关的工艺方法，如焚烧、热解、堆肥等。

③ 焚烧技术。焚烧用于不适合再利用且不宜直接予以填埋处置的废物，尤其是对于受到病菌、病毒污染的物品，可以用焚烧进行无害化处理。焚烧处理应使用符合环境要求的处理装置，注意避免对大气的二次污染。

④ 稳定和固化技术。利用水泥、沥青等胶结材料，将松散的废物包裹起来，减小废物的毒性和可迁移性，使得污染减少。

⑤ 填埋。填埋是固体废物处理的最终技术，经过无害化、减量化处理的废物残渣集中到填埋场进行处置。填埋场应利用天然或人工屏障，尽量使需处置的废物与周围的生态环境隔离，并注意废物的稳定性和长期安全性。

## 7.7 季节性施工

建设项目施工具有露天作业的特点，因而季节变化对施工的影响很大。为了减少自然条件给施工作业带来的影响，需要从技术措施、进度安排、组织调配等方面保证项目施工不受季节性影响，特别是冬期施工、雨期施工的影响。

## 7.7.1 冬期施工

【道路冬期施工】

根据当地多年气温资料，室外日平均气温连续5天稳定低于5℃时，混凝土及钢筋混凝土结构工程的施工应采取冬期施工措施。

1. 冬期施工措施

① 根据工程所在地冬期气温的经验数据和气象部门的天气预报，由项目技术负责人编制该工程的冬期施工方案，经业主和监理工程师审查通过后进行实施。

② 对现场临时供水管、电源、火源及上下人行通道等设施做好防滑、防冻、防雪措施，加强管理，确保冬期施工顺利进行。为保证给水和排水的管线避免冻结的影响，施工中的临时管线埋设深度应在冰冻线以下；外露的水管，应用草绳包扎起来，免遭冻裂。排水管线应保持畅通，现场和道路应避免积水和结冰；必要时应设临时排水系统，排除地面水和地下水。

③ 冬期施工前，应修整道路，注意清除积雪，保证冬期施工时道路畅通。

④ 冬期施工前，要尽可能储备足够的冬期施工所需的各种材料、构件、备品、物资等。

⑤ 冬期施工时，所需保温、取暖等火源大量增多，因此应加强防火教育及防火措施，布置必要的防火设施和消防龙头、灭火器等，并应安排专人检查管理。

⑥ 冬期施工需增加一些特殊材料，如促凝剂、保温材料（稻草、炉渣、麻袋、锯末等）及为冬期施工服务的一系列设备以及劳动保护、防寒用品等。

⑦ 加强冬防保安措施，抓好职工的思想技术教育和专职人员的培训工作。

2. 在冬期施工期间合理安排施工项目

冬期施工工程项目的确定，必须根据国家计划和上级的要求，具体分析研究，既考虑技术上的可能性，又考虑经济上的合理性，综合分析后做出正确的决定。安排工程进度时，应体现以上原则，尽可能减少冬期施工项目。在冬期施工前，要尽快完成工程的主体，以便取得更多的室内工作面，达到良好的技术经济效果。绝大部分工程能在冬期施工，但是各种不同的工程冬期施工的复杂程度有所区别，因冬期施工而增加的费用也不相同，一般在安排工程项目时，可按以下情况安排。

① 受冬期施工影响较大的项目，如土方工程、室外粉刷、防水工程、道路工程等，最好在冬期施工以前完成。

② 成本增加稍大的工程项目，如用蒸汽养护的混凝土工程、室内粉刷等，采取技术措施后，可以安排在冬期施工。

③ 冬期施工费用增加不大的项目，如一般砌砖工程、可用蓄热法养护的混凝土工程、吊装工程、打桩工程等在冬期施工时，对技术要求并不高，但它们在工程中占的比例较大，对进度起着决定性作用，可以列在冬期施工的范围内。

## 7.7.2 雨期施工

【雨期施工的防护措施】

1. 日常防备措施

① 合理布置现场，现场有组织排水，排水通道畅通；严格按照《施工现场临时用电安全技术规范》敷设电缆线路和配置电气设备，防止雨期触电；水泥等防潮、防雨材料库应架空，屋面应防水或用布覆盖。

② 现场清理干净，防雨材料堆码整齐、统一，悬挂物、标志牌固定牢靠，施工道路通畅。

③ 储备水泵、铅丝、篷布、塑料薄膜等备用。

④ 注意天气预报，了解天气动态。

2. 防风雨措施

① 做好汛前和暴风雨来临前的检查工作，及时认真整改存在的隐患，做到防患于未然。汛期和暴风雨期间要组织昼夜值班，做好记录。

② 加固临时设施，大标志牌、临时围墙等处设警告牌。

③ 基坑周围应挖排水沟，与市政雨水排管网接通，防止地表雨水直接汇入基坑、冲刷边坡；基坑底应修集水沟和集水坑并及时排水，集水明沟、集水坑沿现场四周布置，配备足够水泵。

④ 雨天作业必须设专人看护边坡，防止塌方，存在险情的地方未采取可靠的安全措施之前禁止作业施工。

⑤ 钢筋要用枕木或木枋等架高，防止沾泥、生锈。

⑥ 雨量较大时，禁止浇筑大面积混凝土，较小面积浇筑时应准备充足的覆盖材料。

⑦ 在特大暴雨来临前，应停止施工，对简易架采取加固或拆除处理；对新浇筑的混凝土采取塑料薄膜和麻袋保护。

⑧ 雨天或风力达四级以上时，禁止外墙涂料施工。

# 7.8 建设工程文件资料管理

## 7.8.1 建设工程文件整理的一般规定

【《建设工程文件归档规范》】

1. 建设工程文件术语

(1) 建设工程（construction project）

根据国家标准《建设工程文件归档规范》(GB/T 50328—2014) 规定，建设工程是指经批准按照一个总体设计进行施工，经济上实行统一核算，行政上具有独立组织形式，实行统一管理的工程基本建设单位。它由一个或若干个具有内存联系的工程所组成。

(2) 建设工程文件 (Construction Project Document)

建设工程文件是指在工程建设过程中形成的各种形式的信息记录，包括工程准备阶段文件、监理文件、施工文件、竣工图和竣工验收文件，简称为工程文件。

① 工程准备阶段文件，指工程开工以前，在立项、审批、用地、勘察、设计、招投标等工程准备阶段形成的文件。

② 监理文件，指监理单位在工程设计、施工等监理过程中形成的文件。

③ 施工文件，指施工单位在施工过程中形成的文件。

④ 竣工图，指工程竣工验收后，真实反映建设工程施工结果的图样。

⑤ 竣工验收文件，指建设工程项目竣工验收活动中形成的文件。

(3) 其他主要术语

① 建设工程档案 (project archives)。

建设工程档案是在工程建设活动中直接形成的具有归档保存价值的文字、图表、声像等各种形式的历史记录，也可简称工程档案。

② 建设工程电子文件 ( project electronic records)。

建设工程电子文件是在工程建设中通过数字设备及环境生成，以数码形式存储于磁带、磁盘或光盘等载体，依赖计算机等数字设备阅读、处理，并可在通信网络上传送的文件。

③ 案卷 (file)。

案卷是由互有联系的若干文件组成的档案保管单位。

④ 立卷 (filing)。

立卷是按照一定的原则和方法，将有保存价值的文件分门别类整理成案卷，亦称组卷。

⑤ 归档 (putting into record)。

文件形成部门或形成单位完成其工作任务后，将形成的文件整理立卷后，按规定向本单位档案室或向城建档案管理机构移交的过程。

2. 建设工程文件整理的基本规定

① 工程文件的形成和积累应纳入工程建设管理的各个环节和有关人员的职责范围。

② 在工程文件与档案的整理立卷、验收移交工作中，建设单位应履行下列职责。

A. 在工程招标及勘察、设计、施工、监理等单位签订协议、合同时，应明确竣工图的编制单位、工程档案的编制套数、编制费用及承担单位、工程档案的质量要求和移交时间等内容。

B. 收集和整理工程准备阶段、竣工验收阶段形成的文件，并应进行立卷归档。

C. 负责组织、监督和检查勘察、设计、施工、监理等单位的工程文件的形成、积累和立卷归档工作。

D. 收集和汇总勘察、设计、施工、监理等单位立卷归档的工程档案。

E. 收集和整理竣工验收文件，并进行立卷归档。

F. 在组织工程竣工验收前，提请当地的城建档案管理机构对工程档案进行预验收；未取得工程档案验收认可文件，不得组织工程竣工验收。

G. 对列入城建档案管理机构接收范围的工程，工程竣工验收后3个月内，应向当地城建档案管理机构移交一套符合规定的工程档案。

③ 勘察、设计、施工、监理等单位应将本单位形成的工程文件立卷后向建设单位移交。

④ 建设工程项目实行总承包的，总包单位负责收集、汇总各分包单位形成的工程档案，并应及时向建设单位移交；各分包单位应将本单位形成的工程文件整理、立卷后及时移交总包单位。建设工程项目由几个单位承包的，各承包单位负责收集、整理立卷其承包项目的工程文件，并应及时向建设单位移交。

⑤ 城建档案管理机构应对工程文件的立卷归档工作进行监督、检查、指导。在工程竣工验收前，应对工程档案进行预验收，验收合格后，必须出具工程档案认可文件。

## 7.8.2 归档文件及其质量要求

1. 工程文件的归档范围

① 对与工程建设有关的重要活动、记载工程建设主要过程和现状、具有保存价值的各种载体的文件，均应收集齐全，整理立卷后归档。

② 工程文件的具体归档范围应符合《建设工程文件归档规范》（GB/T 50328—2014）附录A和附录B的要求。

2. 归档文件的主要质量要求

① 归档的纸质工程文件应为原件。

② 工程文件的内容及其深度必须符合国家现行有关工程勘察、设计、施工、监理等标准的规定。

③ 工程文件的内容必须真实、准确，应与工程实际相符合。

④ 工程文件应采用碳素墨水、蓝黑墨水等耐久性强的书写材料，不得使用红色墨水、纯蓝墨水、圆珠笔、复写纸、铅笔等易褪色的书写材料，不得使用红色墨水、纯蓝墨水、圆珠笔、复写纸、铅笔等易褪色的书写材料。计算机输出文字和图件应使用激光打印机，不应使用色带式打印机、水性墨打印机和热敏打印机。

⑤ 工程文件应字迹清楚，图样清晰，图表整洁，签字盖章手续完备。

⑥ 工程文件中文字材料幅面尺寸规格宜为A4幅面（297mm×210mm）。图纸宜采用国家标准图幅。

⑦ 工程文件的纸张应采用能够长期保存的韧力大、耐久性强的纸张。

⑧ 所有竣工图均应加盖竣工图章。竣工图章的基本内容应包括：“竣工图”字样、施工单位、编制人、审核人、技术负责人、编制日期、监理单位、现场监理、总监。

⑨ 归档的建设工程电子文件应当采用电子签名等手段，所载内容应真实和可靠。归档的建设工程电子文件的内容必须与其纸质档案一致。

⑩ 存储移交电子档案的载体应经过检测，应无病毒、无数据读写故障，并应确保接收方能通过适当设备读出数据。

## 7.8.3 工程文件立卷

### 1. 工程文件的立卷原则与方法

(1) 立卷原则

① 立卷应遵循工程文件的自然形成规律和工程专业的特点，保持卷内文件的有机联系，便于档案的保管和利用。

② 工程文件应按照不同的形成、整理单位及建设程序，按工程准备阶段文件、监理文件、施工文件、竣工图、竣工验收文件分别进行立卷，并可根据数量多少组成一卷或多卷。

③ 一个建设工程由多个单位工程组成时，工程文件应按单位工程立卷。

④ 不同载体的文件应分别立卷。

(2) 立卷方法

① 工程准备阶段文件应建设程序、形成单位等进行立卷。

② 监理文件应按单位工程、分部工程或专业、阶段等进行立卷。

③ 施工文件应按单位工程、分部（分项）工程进行立卷。

④ 竣工图、竣工验收文件按单位工程分专业进行立卷。

⑤ 电子文档立卷时，每个工程（项目）应建立多级文件夹，应与纸质文件在案卷上设置一致，并应建立相应的标识关系。

⑥ 声像资料应按建设工程各阶段立卷，重大事件及重要活动的声像资料应按专题立卷，声像档案与纸质档案应建立相应的标识关系。

### 2. 施工文件立卷

① 专业承（分）包施工的分部、子分部（分项）工程应分别单独立卷。

② 室外工程应按室外建筑环境和室外安装工程单独立卷。

③ 当施工文件中部分内容不能按一个单位工程分类立卷时，可按建设工程立卷。

### 3. 案卷题名编写

① 建筑工程案卷题名应包括工程名称（含单位工程名称）、分部工程或专业名称及卷内文件概要等内容；当房屋建筑有地名管理机构批准的名称或者正式名称时，应以正式名称为工程名称，建设单位名称可省略；必要时可增加工程地址内容。

② 道路、桥梁工程案卷题名应包括工程名称（含单位工程名称）、分部工程或专业名称及卷内文件概要等内容；必要时可增加工程地址内容。

③ 地下管线工程案卷题名应包括工程名称（含单位工程名称）、专业管线名称及卷内文件概要等内容；必要时可增加工程地址内容。

④ 卷内文件概要应符合《建设工程文件归档规范》（GB/T 50328—2014）附录 A 中所列案卷内容（标题）的要求。

⑤ 外文资料的题名及主要内容应译成中文。

## 7.8.4 工程文件的归档

① 电子文档归档应当包括在线归档和离线两种方式。可根据实际情况选择其中的一种或两种。

② 归档时间应符合下列规定。

A. 根据建设程序和工程特点，归档可分阶段分期进行，也可在单位或分部工程通过验收后进行。

B. 勘察、设计单位应在完成任务后，施工、监理单位应在竣工验收前，将各自形成的有关工程档案向建设单位归档。

③ 工程档案的编制不得少于两套，一套应由建设单位保管，一套（原件）移交当地城建档管理机构保存。

④ 勘察、设计、施工、监理等单位向建设单位移交档案时，应编制移交清单，双方签字，盖章后方可交接。

⑤ 设计、施工及监理单位需要向本单位归档的文件，应按国家有关规定的要求立卷归档。

## 7.8.5 工程档案的验收与移交

① 列入城建档案管理机构接收范围的工程，建设单位在组织工程竣工验收前，应提请城建档案管理机构对工程档案进行预验收。

② 城建档案管理机构在进行工程档案预验收时，应检查验下列主要内容。

A. 工程档案齐全、系统、完整，全面反映工程建设活动和工程实际情况。

B. 工程档案已整理立卷，立卷符合本规范的规定。

C. 竣工图的绘制方法、图式及规格等符合专业技术要求，图面整洁，盖有竣工图章。

D. 文件的形成、来源符合实际，要求单位或个人签章的文件，其签章手续完备。

E. 文件的材质、幅面、书写、绘图、用墨、托裱等符合要求。

F. 电子档案格式、载体等符合要求。

G. 声像档案内容、质量、格式符合要求。

③ 列入城建档案管理机构接收范围的工程，建设单位在工程竣工验收后 3 个月内，必须向城建档案管理机构移交一套符合规定的工程档案。

④ 停建、缓建建设工程的档案，可暂由建设单位保管。

⑤ 对改建、扩建和维修工程，建设单位应组织设计、施工单位对改变部位据实编制新的工程档案，并应在工程验收后 3 个月内向城建档案管理机构移交。

⑥ 建设单位向城建档案管理机构移交工程档案时，应提交移交案卷目录，办理移交手续，双方签字、盖章后交接。

## 本章小结

通过本章学习，学生可以加深对施工现场管理和施工技术管理微观方面的理解，做好施工现场准备工作，把握施工现场管理的责任制度，对施工技术管理常规内容的进一步认识。

现场工程材料质量管理、安全生产、文明施工、冬期施工和雨期施工等是施工管理经常遇到的，通过学习，应系统地把握它们的具体要求。

建设工程文件包括工程准备阶段、施工文件、监理文件、竣工图、竣工验收文件等，通过学习，进一步认识这些建设工程文件归档内容、保存单位和期限的具体要求。

## 习　题

一、单项选择题

1. 建设项目现场管理准备工作中，下列（　　）的收集调查属于资源条件资料收集工作。

A. 地下管线　　B. 当地运输条件　　C. 年、月降水量　　D. 水电供应能力

2. 通常施工中提到的施工现场的“三通一平”中的“三通”是指（　　）。

A. 水通、电通、路通　　B. 水通、信通、气通

C. 水通、电通、气通　　D. 水通、热通、路通

3. 设计交底由（　　）组织。

A. 监理单位　　B. 施工单位　　C. 设计单位　　D. 建设单位

4. 关于隐蔽工程验收说法错误的是（　　）。

A. 隐蔽工程验收应当有施工方提出申请

B. 监理工程师在隐蔽工程验收记录上签字后，方可进入下一道工序

C. 若隐蔽工程验收不合格，施工单位整改后可自行进入下一道工序

D. 隐蔽工程验收前，施工方应当自检

5. （　　）必须经过安全培训，经考试合格持证后才能上岗。

A. 混凝土工　　B. 钢筋工　　C. 抹灰工　　D. 电焊工

6. 按照有关规定，夜间施工场界噪声值一般不超过（　　）dB（A)。

A. 55　　B. 60　　C. 70　　D. 85

二、多项选择题

1. 施工现场技术交底的方式有（　　）。

A. 书面交底　　B. 会议交底　　C. 口头交底　　D. 挂牌交底

E. 图纸交底

2. 下列（　　）属于特种作业工人。

A. 架子工　B. 混凝土工　C. 爆破工　D. 电工
E. 起重机司机

3. 下列有关冬期施工说法正确的有（　　）。
A. 冬期施工应当编制冬期施工方案
B. 受冬期施工影响大的项目如室外粉刷等应尽量在冬期施工前完成
C. 当室外温度连续3天稳定低于5摄氏度，混凝土施工进入冬期施工
D. 冬期施工费用增加不大的项目，如打桩工程等可以安排在冬期施工范围内容
E. 进入冬季施工就进入冬期施工

4. 城建档案管理机构在进行工程档案预验收时，检查的主要内容有（　　）。
A. 工程档案齐全、系统、完整，是否全面反映工程建设活动和工程实际情况
B. 工程档案是否整理立卷，立卷是否符合规范的规定
C. 竣工图上是否盖有竣工图章
D. 工程文件的形成、来源是否符合实际，签章手续是否完备（可以不签名）
E. 工程文件的材质、幅面、书写、绘图、用墨等是否符合要求

三、简答题

1. 施工现场管理的内容有哪些？
2. 图纸会审、作业技术交底的内容有哪些？
3. 作业技术交底的方式有哪些？特点如何？
4. 如何设置质量控制点？
5. 成品保护有哪些措施？
6. 简述安全措施的主要内容。
7. 简述安全教育和安全检查的主要内容。
8. 现场文明施工的措施和内容有哪些？
9. 建设工程文件有哪些？
10. 简述施工文件（建设安装工程）归档内容、保存单位和期限。

# 第8章 施工组织设计实例

## 教学目标

本章主要讲述某现浇混凝土结构施工组织设计及某大体积混凝土施工方案设计的内容。通过本章学习，学生应达到以下目标。

(1) 掌握单位工程施工组织设计编制的主要方法和过程。

(2) 掌握专项施工作业（方案）设计编制的主要方法和过程。

## 教学要求

| 知识要点 | 能力要求 | 相关知识 |
| --- | --- | --- |
| 单位工程施工组织设计编制 | 掌握单位工程施工组织设计编制的主要方法和过程 | (1) 单位工程施工组织设计编制的主要内容<br>(2) 单位工程施工组织设计编制的主要方法和过程 |
| 大体积混凝土施工方案设计编制 | 掌握施工方案设计编制的主要方法和过程 | (1) 施工方案设计编制的主要内容<br>(2) 施工方案设计编制的主要方法和过程 |

## 基本概念

单位工程施工组织设计、大体积混凝土施工方案

## 引例

实施性施工组织主要包括单位工程施工组织设计、作业设计（专项方案编制），主要用于指导具体的施工与作业。单位工程施工组织设计的主要内容包括工程概况、施工方案的确定、施工机械的选择、施工工艺及质量控制措施、进度计划表、资源需求计划表、施工现场平面布置图，以及项目组织管理架构与职能、安全文明施工措施等；作业设计主要针对某具体的分部或分项工程制定作业方案与措施。本章结合某实际现浇框架结构单位工程及某大体积混凝土施工介绍单位施工组织设计和作业设计编制过程与主要内容。

# 8.1 现浇混凝土结构施工组织设计

现浇混凝土结构在实际工程中被广泛应用，因而现浇混凝土结构施工组织设计具有一定的代表性。本节介绍一个实际现浇混凝土结构工程的施工组织设计。

## 8.1.1 工程概况

【一分钟了解框架剪力墙结构】

某综合楼工程位于市中心，现有建筑面积36000m$^2$，裙楼6层，地下2层，主体24层，建筑总高度为90m。主体结构为现浇框架-剪力墙结构，基础采用复合基础，地下室混凝土抗渗等级1.0MPa，地下室砌体为MU10灰砂砖，地上部分砌体材料为加气混凝土砌块。加气混凝土砌块填充墙外墙厚250mm，内墙厚200mm。

### 1. 工程建筑设计概况

(1) 装饰部分

① 外墙：灰白色外墙涂料、外挂铝板、玻璃幕墙。

② 楼地面：水泥砂浆、陶瓷地砖。

③ 墙面：混合砂浆、瓷砖墙面高为1800mm。

④ 顶棚：混合砂浆、轻钢龙骨、石膏板吊顶。

⑤ 楼梯：水泥砂浆。

(2) 防水部分

① 地下：2厚聚氨酯防水涂料。

② 屋面：SBS改性沥青卷材。

③ 卫生间：1.5厚聚氨酯防水涂料。

### 2. 工程结构设计概况

① 基础工程：主体结构24层采取复合基础形式，人工挖孔灌注桩和筏基。

② 主体工程：结构采用框架-剪力墙，抗震设防等级为六级，人防等级为六级。

### 3. 安装工程概况

(1) 给排水工程

本工程主要包括室内给排水系统、消防栓给水及人防预留工程等。本大楼进行分区供水，5层以下由市政供水管直接供水，6～24层以上采用地下贮水池-生活水泵-屋顶水箱联合供水。消火栓系统分高、低两个区，2～10层为低区，11～24层为高区，低区由消防水泵接合器直接供水，高区由地下室消防栓水泵出水经减压阀减压供给。消火栓管道采用无缝钢管，二次镀锌，焊接连接。大楼设生活污废水系统，污废水经室外化粪池处理达标后排入城市污水管网。排水管采用柔性接口排水铸铁管，法兰连接。

(2) 电气系统工程

① 动力照明系统：引入线采用NH-YJV-1KV电缆，电气竖井内的电缆采用托盘式电

缆桥架敷设。支线采用导线穿扣压式薄壁钢管暗敷。

② 防雷保护：本工程采用二级防雷保护，避雷带采用镀锌扁钢 40×4 沿屋面明敷，并形成大 10m×10m 的避雷网。沿屋面平台、女儿墙、屋脊等均安装避雷带，采用 12 镀锌圆钢。突出屋面的金属管道、设备外壳、钢支架等均应与柱内主筋联结，30m 以上，每两层将建筑物每层圈梁内筋（$\phi \geqslant 14mm$）与钢窗及金属构件连成一体。接地装置利用建筑的基础，将基础内的桩承台圈梁底部水平方向的（$\phi \geqslant 14mm$）主筋连成闭合回路。利用建筑物基础地梁内钢筋作为接地装置，要求接地电阻不大于 1Ω。

4. 自然条件

(1) 气象条件

本工程处于市区内，气候差异明显，年平均气温 17～20℃，日最高气温 43℃，每年 7～9 月份气温最高，日最低气温－6.6℃。年正常降雨量 1200～1300mm，年最大降雨量 2000mm，日最大降雨量 260mm，雨季集中在每年的 3 月份。

(2) 工程地质及水文条件

根据专门的水质检验报告及环境水文地质调查报告，判断该地下水对混凝土无腐蚀性，对钢结构具有弱腐蚀性。

(3) 地形条件

场地由于前期土方已开挖完成，场地已基本成型，满足开工要求。

(4) 周边道路及交通条件

该工程位于城市繁华地段，交通道路畅通。工程施工现场“三通一平”已完成，施工用水、用电已经到位，进场道路畅通，具备开工条件。

(5) 场地及周边地下管线

本工程现场施工管线较清晰明朗，对施工的影响可以通过提前解决协调的办法来消除或减小。

(6) 工程特点

工程量大，工期紧，总工期 800 日历天；工程质量要求高；场地狭小，专业工种多，现场配合、协调管理。

## 8.1.2 施工部署

1. 工程目标

以质量为中心，采用先进成熟的新技术、新工艺、新设备、新材料，精心组织、科学管理、文明施工，紧紧围绕工程质量、工期、成本、安全、文明施工和环境保护等几大目标，严格履行合同，安全、优质、高速地完成工程施工任务。

(1) 质量目标

严格按照国家施工规范和施工图纸要求施工，保证单位工程一次交验合格率 100%，杜绝重大质量事故，确保优质工程。

(2) 工期目标

本工程合同有效施工工期为 800 日历天，确保在合同工期内完成所有合同中的工作内容。

(3) 成本目标

统筹策划、规范管理、精心施工，实现“双赢战略”。在不变更工程整体设计的同时，使建设单位与施工单位的成本都获得合理的降低，为建设单位赢得经济效益，进而为自身赢得经济效益和社会信誉。

(4) 安全目标

制定和完善安全管理制度，提高施工人员的安全意识，杜绝重大人员伤亡事故和重大机械安全事故，年度轻伤频率控制在1‰以内。

(5) 文明施工目标

严格执行住建部有关施工现场文明施工管理规定，确保达到市文明施工现场样板工地，争创文明施工工地。

(6) 环境保护目标

根据国家及地方环境保护要求，制订施工现场环境保护方案，严格监控施工过程中的重大环境因素，防止和减轻施工给周围造成粉尘、噪声、振动、废水及废料的污染，不排放未经处理的污水，夜间施工不扰民。

### 2. 施工流水段的划分及施工工艺流程

(1) 施工流水段的划分

本工程在地下室及裙房结构施工时，以地下室及裙房间沉降缝为界划分为Ⅰ、Ⅱ两个施工流水段，在主楼主体结构施工时，以③～④轴之间的后浇带划分为A和B两个施工段，如图8.1所示，并组织流水施工。

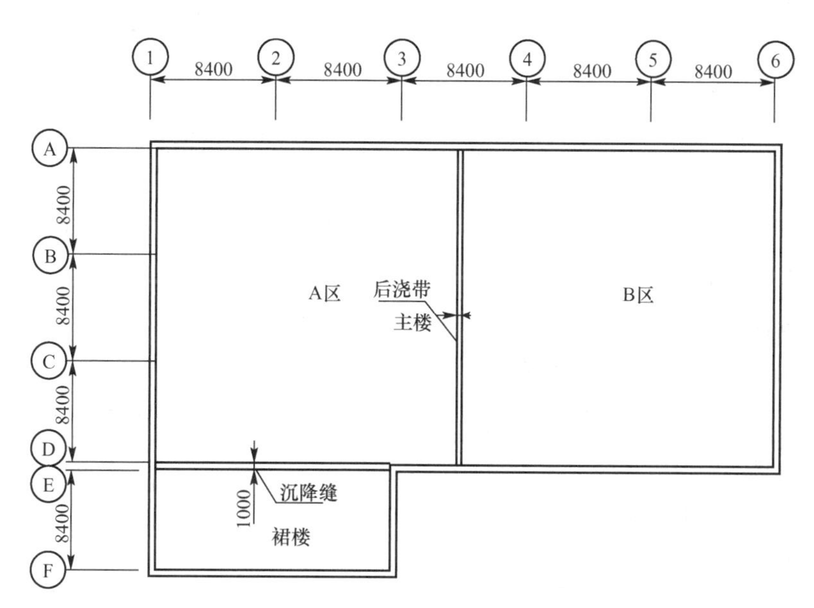


图8.1 主体结构施工段划分示意图

(2) 施工工艺流程

施工准备（桩基已施工完毕）→土方开挖→垫层施工→底板施工→地下室结构→7层结构→主楼结构封顶→屋面工程→外装饰工→内精装工程→总平面工程→竣工验收。

3. 施工准备

(1) 施工技术准备

① 施工图设计技术交底及图纸会审：项目经理负责组织现场管理人员认真审查施工图纸，领会设计意图。结合图纸会审纪要，编制具体的施工方案和进行必要的技术交底，计算并列出材料计划、周转材料计划、机械计划、劳动力计划等，同时做好施工中不同工种的组织协调工作。

② 设备及器具：本工程根据生产的实际需要情况配制设备及器具。主要机械设备有垂直运输机械；根据实际情况，主体结构施工选择一台 TC5613 自升塔式起重机，回转半径 54m，起重能力 80t · m，设置在本工程 C 轴附近的 12 轴外；选择 SCD200×200 型双笼外用电梯一台，主要用于人员上下、材料的运输；选择两台 HBT60 型，最大输送量 $60m^3/h$，最大垂直输送高度 200m 混凝土输送泵。主要施工机械需用计划参见表 8-1。

表 8-1 主要施工机械需用计划

| 序号 | 名称 | 单位 | 数量 | 规格型号 | 备注 |
|---|---|---|---|---|---|
| 1 | 塔式起重机 | 台 | 1 | TC5613 | 75kW |
| 2 | 双笼电梯 | 台 | 1 | SCD200×200 | 44kW |
| 3 | 混凝土输送泵 | 台 | 2 | HBT60 | 45kW |
| 4 | 砂浆搅拌机 | 台 | 2 | 250 型 | 4kW |
| 5 | 钢筋切断机 | 台 | 2 | GO40-2 | 3 kW |
| 6 | 钢筋弯曲机 | 台 | 2 | GJB40 | 3kW |
| 7 | 冷拉卷扬机 | 台 | 2 | JK-2 | 11kW |
| 8 | 木工圆盘锯 | 台 | 2 | MJ105 | 4kW |
| 9 | 插入式振动器 | 台 | 8 | ZN50 | 1.5kW |
| 10 | 交流电焊机 | 台 | 4 | BX3-300 | 15kW |
| 11 | 闪光对焊机 | 台 | 2 | VN-100 | 100KVA |
| 12 | 打夯机 | 台 | 4 | HC700 | 1.5kW |
| 13 | 潜水泵 | 台 | 10 | QJ10-50 | 3kW |
| 14 | 经纬仪 | 台 | 1 |  | 其中激光经纬仪一台 |
| 15 | 水准仪 | 台 | 2 |  | $NA_2$+GPM |
| 16 | S4 自动安平水准仪 | 台 | 2 |  |  |
| 17 | 激光铅直仪 | 台 | 1 |  |  |
| 18 | 全站仪 | 台 | 1 |  |  |

③ 测量基准交底、复测及验收本工程测量基准点。基准点由业主移交给项目，项目测量员应对基准点进行复测，复测合格后将其投测到拟建建筑物四周的建筑物外墙上。轴线定位根据设计图纸进行施工测量，测量员放线后请监理单位验收复测，合格以后方可进行施工测量。

（2）现场准备

① 施工和生活用电、用水由甲方向乙方提供。

② 现场的临时排水，如生产、生活污水经排水管道集中在集水井后，排入市政管网。

（3）各种资源准备

① 劳动力需用量及进场计划。为保证工程施工质量、工期进度要求，根据劳动力需用计划适时组织各类专业队伍进场，对作业层要求技术熟练，平均技术等级达五级，并要求服从现场统一管理，对特殊工种人员需提前做好培训工作，必须做到持证上岗。根据工程需要，将组织素质好、技术能力强的施工队伍进行工程施工，主要施工队伍安排如下：混凝土施工队负责混凝土工程等的施工；钢筋队负责有关钢筋的制作与绑扎；砖工队负责砌体工程及抹灰工程；木工队负责梁、板、墙、柱等模板工作；架子工队负责脚手架施工；电工队负责电气安装；管工队负责管道安装；焊工队负责焊接施工。

② 施工用材料计划。为了搞好本工程的材料准备及市场调研工作，对本工程中将要使用的主要材料提前列出计划。针对本工程的具体特点，本工程需要投入的周转材料有钢管、扣件、普通模板、木枋、竹夹板、安全网、安全带、手推车、对拉螺栓。周转材料需用量计划参见表8－2。

表8－2 周转材料需用量计划

| 序号 | 名称 | 规格 | 数量 | 备注 |
|---|---|---|---|---|
| 1 | 钢管 | $\phi$48×3.5 | 700t | |
| 2 | 扣件 | | 10万套 | 扣件按三种类型备齐 |
| 3 | 普通模板 | 1830mm×918mm×18mm | 10000张 | |
| 4 | 木枋 | 50mm×100mm | 600m$^3$ | |
| 5 | 竹夹板 | | 6200块 | |
| 6 | 安全网 | 密目安全网 | 15600m$^2$ | |
| 7 | 安全带 | | 130副 | |
| 8 | 手推车 | | 60辆 | |
| 9 | 对拉螺栓 | $\phi$14 | 46000根 | |

（4）施工进度控制计划

① 工期目标。本工程工期较为紧张，所以在进度计划的安排上也要在保证质量、安全的基础上，达到最快。为此在充分考虑各方面因素后，对本工程的施工进度节点做如下安排，地下室结构封顶：124日历天；主体结构封顶：462日历天；竣工：总工期734日历天。

在施工进度计划的安排上，计划以734日历天完成本工程合同内的所有施工任务，其中124日历天完成地下室部分的施工工作，462日历天完成地上部分主体结构的施工工作。主楼地下室工程124天完成；主体结构工程462天完成，砌体工程在五层结构完工时插入施工，粗装修跟随砌体插入；精装饰在主体封顶后随外装饰自上而下进行；安装工程在结构施工时进行预留预埋，有了工作面后，即插入设备安装。施工总进度计划时标网络计划如图 8.2 所示。

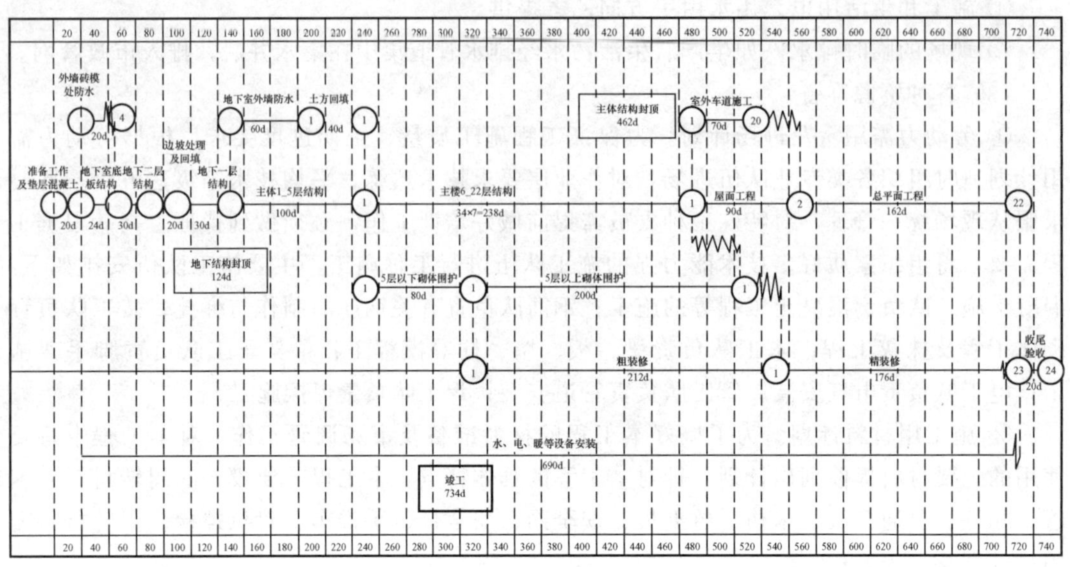

注："d" 代表 "日历天"。

图 8.2　施工总进度计划时标网络计划

② 工期保证措施。为了保证工期，拟加强对工人的培训，为公司培养大量的有经验的技术工人。另外，单位长期和一些相关的劳动力市场联系，了解了农村劳动力的特点，并准备了一些应急措施。

## 8.1.3 施工总平面布置

1. 施工总平面布置依据

本工程总平面布置依据主要有图纸、工程特点、现场条件、业主要求、当地现场施工管理条例以及相关规范、标准和地方法规等。

2. 施工总平面布置图的绘制及布置原则

本工程的施工现场非常狭小，现场临时设施布置尽量集中并本着生产区、生活区相对分开的原则。生产设施的布置考虑施工生产的实际需要，尽量不影响业主方的正常营业与生活。

3. 施工总平面布置图的内容

本工程施工总平面布置图的主要内容有围墙及出入口、施工电梯、塔式起重机、食堂、现场办公室、临时休息室、配电房、钢筋加工房、木工车间、动力车间、库房、原材料堆放场地、成品及半成品堆放场地、周转材料堆场、实验室等，如图 8.3 所示。

(1) 现场道路及排水

现场道路在本项目进场时就已经建好，主要道路是西门通入院内的道路。本工程东、

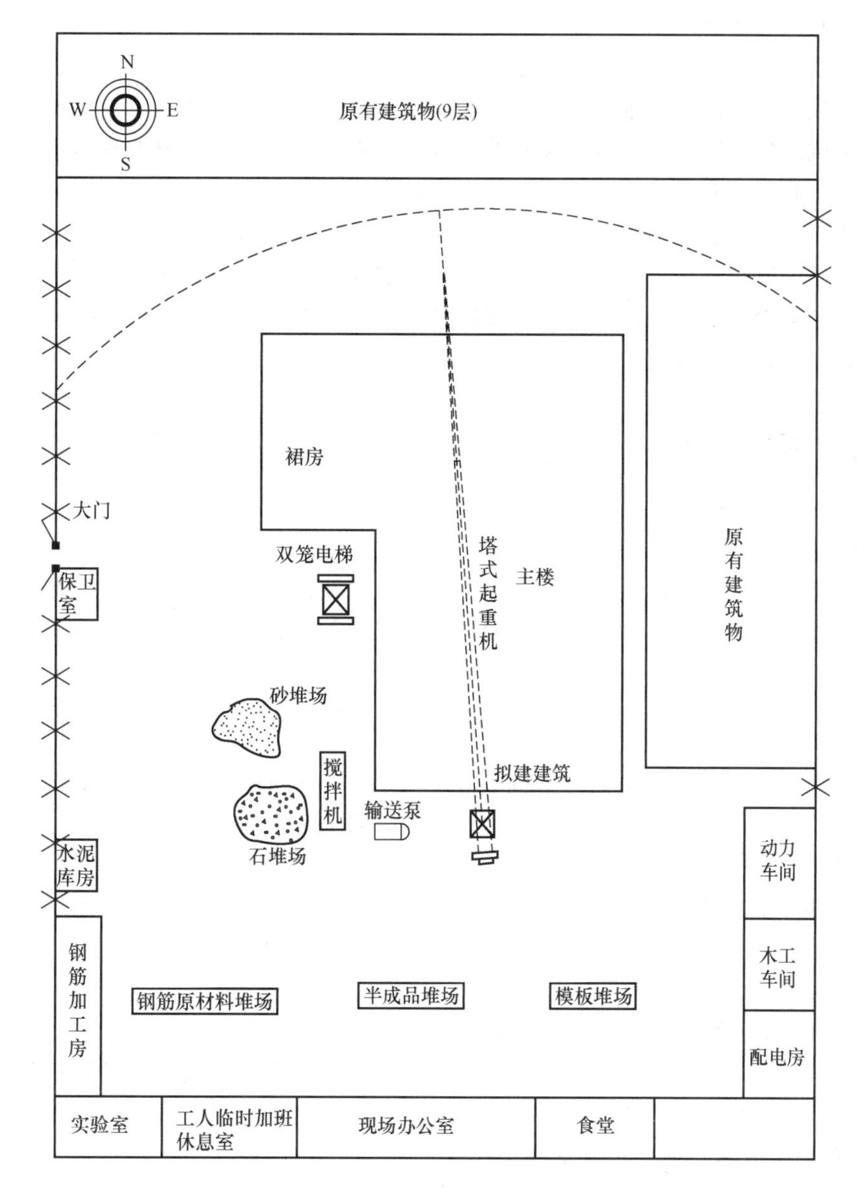


图 8.3 主体工程施工现场平面布置图

北侧有建筑物，已经设有排水沟，现场地表水及生活污水，包括地下室积水，由此排水沟排水。其他地方因无空间不设排水。

(2) 现场机械、设备的布置

钢筋加工房布置在本工程的西面，设有钢筋原材料堆场、钢筋半成品堆场、钢筋拉丝机、闪光对焊机、钢筋弯曲机等钢筋加工机械；塔式起重机设在本工程南面附近，双笼电梯设在本工程西北面，双笼电梯的基础方案和安装方案另详。

(3) 现场办公区、生活区

本工程办公用房主要采用本工程南边办公房，办公房的位置见施工现场平面布置图。现场设厕所和管理人员的食堂。

(4) 临时用水布置

施工现场供水必须满足现场施工生产、生活及临时消防用水的需要。给水系统采用镀锌钢管，直接与甲方提供的水源进行连接，用镀锌钢管接至用水地点。施工现场排水清污分流，在基坑及场地四周接明沟加集水井使施工排水。生活用水、雨水及地下水经过沉积后及时排入市政排水管网。厕所污水经过三次处理后进入市政排污管网。

(5) 临时用电布置

甲方提供的电源在综合楼的东北角。在本工程现场办公室的东南角设置配电房，总配电箱至甲方电源处导线应选用 $95mm^2$ 的铜芯橡皮线（BX 型）。根据施工现场用电设备的布置情况，本工程平面按四个用电回路设计。

## 8.1.4 地下工程

1. 地下工程说明

本工程地下工程中基坑支护、大面积土方开挖以及桩基工程均由业主直接分包给其他单位施工。本节主要就地下室框架柱、梁、板、墙的支模方法及钢筋工程、混凝土工程等主体结构工程的施工方法做一说明。

2. 地下室防水工程

地下室结构为防水混凝土结构，抗渗等级为 P10。建筑防水层参照图集进行，根据业主、设计和监理单位确定，防水材料为水性聚氨酯隔热弹性防水涂料。

(1) 自防水混凝土施工

① 施工材料的准备。本工程应用的混凝土为商品混凝土，在混凝土浇筑前要做好混凝土的试配工作，并提供水泥、砂、石以及配合比与外加剂的检验报告。

② 作业条件。

A. 完成钢筋、模板的隐蔽、预检验收工作。需注意检查固定模板的铅丝和螺栓是否穿过混凝土墙，如必须穿过时应采取止水措施。特别是设备管道或预埋件穿过处是否已做好防水处理。木模板提前浇水湿润，并将落在模内的杂物清净。

B. 根据施工方案，做好技术交底工作。

C. 各项原料需经试配提出混凝土配合比。试配的抗渗标号应按设计要求提高 0.2MPa。每立方米混凝土水泥用量（包括细料在内）不少于 300kg。含砂率为 35%～45%，灰砂比必须保持在 1∶2～1∶2.5，水灰比不大于 0.55，入泵坍落度宜为 100～140mm。

D. 地下防水工程施工期间继续做好降水排水。

③ 操作工艺。

A. 总体要求：底板混凝土整体性要求高，要求混凝土连续浇筑，采取“斜面分层、一次到顶、层层推进”的浇筑方法。本工程整个地下室底板混凝土量约 $1500m^3$，计划 85h 完成，采用一台混凝土输送泵，保证底板混凝土连续浇筑而避免产生施工缝的设计。

B. 混凝土运输：本工程采用混凝土输送泵。按照施工方案布置好泵管，混凝土运到混凝土地点有离析现象时，必须进行第二次搅拌。当坍落度损失后不能满足施工要求时，应加入原水灰比的水泥浆或二次掺加减水剂进行搅拌，严禁直接加水。

C. 混凝土浇灌：底板混凝土在各自的区段内应连续浇灌，不得留施工缝，施工缝必须设在膨胀后浇带两侧。在混凝土底板上浇灌墙体时，需将表面清洗干净，再铺一层2～5cm厚水泥砂浆（即采用原混凝土配合比去掉石子）或同一配合比的减石子混凝土。浇第一步混凝土高度为40cm，以后每步浇灌50～60cm，按施工方案规定的顺序浇灌。为保证混凝土浇灌时不产生离析，混凝土由高处自由倾落，其落距不应超过2m，如高度超过2m，必须要沿串筒或溜槽下落。本工程防水混凝土采用高频机械振捣，以保证混凝土密实。振捣器采用插入式振捣器，插入要迅速，拔出要缓慢，振动到表面泛浆无气泡为止。插入间距应不大于500mm，严防漏振。结构断面较小，钢筋密集的部位严格按分层浇灌、分层振捣的原则操作。振捣和铺灰应选择对称的位置开始，以防止模板走动。浇灌到面层时，必须将混凝土表面找平，并抹压坚实平整。

④ 施工缝的位置及接缝形式。

A. 底板防水混凝土应连续施工，不得随意留施工缝，如需留施工缝，应留在膨胀后浇带或沉降后浇带处。墙体一般只允许留水平施工缝，其位置不应留在底板与墙体交接处，应留在底板以上500mm处的墙身上。

B. 钢板止水带的埋设位置应保持位置正确、固定牢靠。

C. 施工缝新旧混凝土接搓处，继续浇灌前应将表面浮浆和杂物清除，先铺净浆，再铺30～50mm厚的1∶1水泥砂浆并及时浇灌混凝土。

D. 防水混凝土结构内部设置的各种钢筋或绑扎铁丝，不得接触模板。固定模板用的螺栓要加止水环。

E. 地下室外墙墙体模板采用$\phi$12带止水片的螺杆拉结，以保证墙体不渗水。

⑤ 混凝土的养护。

底板混凝土的养护：混凝土终凝后即进行养护。采取保温蓄热浇水养护，待混凝土面压光后立即用一层塑料薄膜加一层麻袋覆盖，以控制混凝土的内外温差在25℃以内，避免产生温度裂缝。竖向结构混凝土的养护：防水混凝土的拆模时间要控制好，因模板起到保温保湿的作用，墙体浇灌3天后将侧模撬松，宜在侧模与混凝土表面缝隙中浇水，保持模板与混凝土之间的空隙的湿度。

浇水养护：常温混凝土浇灌完后4～6h内必须浇水养护，3天内每天浇水4～6次，3天后每天浇水2～3次，养护时间不少于14天。

(2) 涂料防水层

按设计图纸要求选定防水材料，防水材料要有产品合格证，进场后要按要求进行抽样送检，检验合格后才允许施工。防水工上岗必须具有上岗证。根据设计变更的要求，本工程地下室底板、外墙侧壁及顶板外露部分需做2mm厚聚氨酯防水涂料。因本工程地下室外墙施工时，墙外侧有多处无施工面，经设计单位等多家单位的磋商，决定在外墙外侧无施工面的地方，砌砖胎模作为外墙施工时的外侧模板，并在砖胎模上做防水层。施工前，须对防水基层进行检查验收，其基层必须平整、坚实，无麻面、起砂起壳、松动及凹凸不平现象。阴阳角处基层应抹成圆弧形，基层表面应干燥，含水率以小于9%为宜。

① 涂料施工时应遵循“先远后近、先高后低、先细部后大面”的原则进行，以利于涂膜质量及涂膜保护。

② 涂膜应分多遍完成，涂刷前应待前遍涂层干燥成膜后再进行下一次涂膜。

③ 每遍涂刷时应交替改变涂层的涂刷方向，同层涂膜的先后搭茬宽度宜为30～50mm。

④ 涂料防水层的施工缝（甩槎）应注意搭接缝宽度应大于100mm，接涂前应将其甩茬表面处理干净。

⑤ 底板防水施工时，在防水层未固化前不得上人踩踏，涂抹施工过程中应留出施工退路，可以分区分片用后退法涂刷施工。

⑥ 涂料施工时若遇气温较低或混合料搅液流动度低的情况，则应预先在混合料中适当加入二甲苯稀释，用板刷涂抹后，再用滚刷滚涂均匀，涂膜表面即可平滑。

(3) 地下室土方回填

本工程回填土方量较少，所以采用人工填土、半人工半机械夯实的方法进行施工。地下室结构工程验收完毕，外墙防水施工验收合格后，将基坑周围杂物清理干净，并排干积水才能进行土方回填。土方回填的土宜优先利用基槽中挖出的土，但不得含有有机杂质。使用前应过筛，其粒径不大于50mm，含水量应符合规定。回填土应分层铺摊和夯实。每层铺土厚度和夯实遍数应根据土质、压实系数和机械性能确定。回填土取样测定压实后的干土重力密度。其合格率不应小于90%；不合格干土重力密度的最低值的差不应大于0.08g/cm$^3$，且不应集中。使用蛙式打夯机每层铺土厚度为200～250mm；人工打夯每层铺土厚度不得大于200mm。每层至少打夯三遍。分层夯实时，要求一夯压半夯。深浅两基坑相连时，应先填夯深基坑，填至浅基坑标高时，再与浅基坑一起填夯。当必须分段填夯时，交接处应填成阶梯形。上下层错缝距离不小于1.0m。基坑回填土，必须清理到基底标高，才能逐层回填。回填房心及管沟时，为防止管道中心线位移或损坏管道，应用人工先在管子周围填土夯实，并与管道两边填土同时进行，直至管顶0.5m以上时，在不损坏管道的情况下，方可采用蛙式打夯机夯实。在管道接口处、防腐绝缘层或电缆周围，使用细粒料回填。

## 8.1.5 结构工程

1. 钢筋工程

本工程所需钢筋总量约为2150t，其中地下室钢筋为650t。最大钢筋直径为32mm，钢筋级别有HPB300、HRB335和HRB400三种级别。

(1) 钢筋的采购与保管

钢筋的采购严格按审批程序进行，并按要求进行材料复检，严禁不合格钢材用于该工程。钢材出厂厂家和品牌提前向业主、监理报批，严格质量检验程序和质量保证措施，确保钢筋质量；采购的钢筋要求挂牌整齐堆码，并派专人看管。

(2) 主要钢筋规格和材料要求

① 主要钢筋规格。本工程用到的HRB400钢筋有$\phi$32、$\phi$28、$\phi$25、$\phi$22、$\phi$20、$\phi$18、$\phi$16等，HRB335钢筋有$\phi$25、$\phi$22、$\phi$20、$\phi$18、$\phi$16、$\phi$14、$\phi$12等，HPB300钢筋有$\phi$12、$\phi$10、$\phi$8、$\phi$6等。

② 材料要求

A. 钢筋的品种和质量，焊条、焊剂的牌号和性能均必须符合设计要求和有关标准规定。

B. 每批每种钢材应有与钢筋实际质量与数量相符合的合格证或产品质量证明。

C. 电焊条、焊剂应有合格证。电焊条、焊剂保存在烘箱中，保持干燥。

D. 取样数量：每种规格和品种的钢材以60t为一批，不足60t的也视为一批。在每批钢筋中随机抽取两根钢筋取样（$L$=50cm、30cm）进行拉力试验和冷弯试验。

E. 取样部位、方法：去掉钢材端部50cm后切取试样样坯，切取样坯可用断钢机，不允许用铁锤等敲打以免造成伤痕。

F. 钢筋原材料的抗拉和冷弯试验、焊接试验必须符合有关规范要求，并应及时收集整理有关试验资料。

G. 钢筋原材料经试验合格后，试验报告送项目技术负责人、项目质检员。若发现不合格，由项目技术负责人处以退货。

H. 钢筋原材料经试验合格后由项目技术负责人签字同意方可付给供应商款项。

I. 钢筋原材料堆场下面垫以枕木或石条，钢筋不能直接堆在地面上。

J. 每种规格钢筋挂牌，标明其规格大小、级别和使用部位，以免混用。

(3) 钢筋的加工

施工现场设有钢筋加工房。钢筋运至加工场地后，应严格按分批、同等级、牌号、直径、长度分别挂牌堆放，不得混淆。钢筋加工前应认真做好钢筋翻样工作。根据施工工程分区分构件进行加工，并做好半成品标记。所有钢筋加工前应进行除锈与调直，对损伤严重的钢筋应剔除不用。

① 钢筋的切断。

将同规格钢筋根据不同长度长短搭配，一般应先断长料，后断短料，减少短头，减少损耗。为减少下料中产生累积误差，应在钢筋切断机工作台上标出尺寸刻度线并设置控制断料尺寸的挡板。在切断的过程中，如发现钢筋有裂纹缩头或严重的弯头等必须切除，钢筋的断口不得有马蹄形或弯起等现象。

② 钢筋直螺纹的加工。

下料：钢筋下料可用专用切割机进行下料，要求钢筋切割端面垂直于钢筋轴线，端面不准挠曲，不得有马蹄形。

钢筋套丝：钢筋套丝在钢筋螺纹机上进行。加工人员每次装刀与调刀时，前五个丝头应逐个检验，稳定后按10%自检。检测合格的丝头，立即将其一端上塑料保护帽，另一端拧上同规格的连接套筒并拧紧，存放待用。

③ 钢筋弯曲成形。

钢筋弯曲前，根据钢筋配料单上标明的尺寸，用石英笔将各弯曲点位置画出。弯曲细钢筋时，为了使弯弧一侧的钢筋保持平直，挡铁轴宜做成可变挡架或固定档架。弯制曲线形钢筋时，可在原有钢筋弯曲机的工作盘中央，放置一个十丝与钢套。另外在工作盘四个孔内插上短轴与成型钢套，钢筋成型过程中，成型钢套起顶弯作用，十字架协助推进。钢筋弯曲形状必须准确，平面上无翘曲不平现象，弯曲点处不得有裂纹。

④ 制作质量要求。

A. 钢筋形状正确，平面内没有翘曲不平现象。

B. 钢筋末端弯钩的净空直径不小于2.5d。

C. 钢筋弯曲点处没有裂缝，因此，HRB335和HRB400级别钢不能弯过规定角度。

D. 钢筋弯曲成型后的允许偏差：全长为±10mm，弯起钢筋起弯点位移为20mm，弯起钢筋的弯起高度为±5mm，箍筋边长为5mm。

E. 标示：钢筋制作成型后，应挂料牌（竹片300×50），料牌用铁丝绑牢，其上注明钢筋形状、部位、数量、规格等。

(4) 钢筋的运输

钢筋的运输由专人负责。现场钢筋的运输主要用塔式起重机进行。在吊运时，应按施工顺序和工地需要进行，所有钢筋应按部位、尺寸、型号、数量统一吊运，以免将钢筋弄混难找。

(5) 钢筋接长

① 钢筋的连接方式。

A. 柱钢筋：$\phi$16以上钢筋采用A级套筒直螺纹连接。

B. 基础梁、框架梁钢筋：$\phi$18以上钢筋采用A级套筒直螺纹连接，其他采用焊接连接。

C. 板钢筋：采用绑扎搭接连接。

② 钢筋的锚固长度。本工程抗震等级为二级。具体钢筋的最小搭接长度与最小锚固长度见施工图纸说明。

(6) 钢筋的焊接

本工程钢筋的焊接主要采用闪光对焊。施焊时，先闭合一次电路，使两钢筋端面轻微接触，此时端面的间隙中即将喷射出火花熔化的金属微粒闪光，接头徐徐移动钢筋使两端面仍保持轻微接触，形成连续闪光。当闪光到预定的长度，使钢筋端头加热到将近熔点时，就以一定的压力进行顶锻。先带电顶锻，再无电顶锻到一定长度，焊接接头即将告成。为了获得良好的对焊接头，应合理选择焊接参数，并按规范从每批成品中切取六个试样，三个进行拉伸试验，三个进行弯曲试验。

(7) 钢筋的绑扎

① 剪力墙钢筋的绑扎。

剪力墙钢筋的绑扎顺序为清理预留搭接钢筋→焊接（绑扎）主筋→画水平筋间距→绑定位横筋→绑其余横竖钢筋。

钢筋的搭接部位及长度应满足设计要求，双排钢筋之间应绑拉筋，其间距应符合设计要求。为了模板的安装和固定，并确保墙体的厚度，需要在绑扎墙体钢筋时，绑扎支撑筋，支撑筋为$\phi$12@450×450。

② 柱钢筋的绑扎。

柱钢筋的绑扎的顺序为套柱箍筋→焊接立筋→画箍筋间距线→绑箍筋。

柱箍筋与主筋要垂直，箍筋转角与主筋交点均要绑扎。箍筋的弯钩应沿柱竖筋交错布置，并绑扎牢固。柱加密区钢筋从楼面50mm开始绑扎，其长度和间距应符合设计要求。柱的插筋根据设计要求插至基底面。当柱的截面改变时，插筋插至框架梁底以下40d或按照规范要求弯折小于1∶6的坡度后采用直螺纹接头连接。

③ 梁钢筋的绑扎。

梁钢筋的绑扎顺序为画主次梁箍筋间距→放主次梁箍筋→穿主梁底层纵筋及弯起筋→穿次梁底层纵筋并与箍筋固定→穿主梁上层纵向架立筋→按箍筋间距绑扎→穿次梁上层纵筋→按箍筋间距绑扎。

框架梁上部纵筋应贯穿中间接点，下部纵筋伸入中间节点锚固长度及伸过中心线的长度应符合设计要求；框架梁纵筋在端部节点内的锚固长度要符合设计要求，梁端第一个箍筋应在距柱节点边缘50mm处，箍筋加密应符合设计要求。当梁设有两排或三排钢筋时，为保证上下排钢筋间的间距，需在两排钢筋间按$\phi$25@1500设置垫筋。

④ 板钢筋的绑扎。

板钢筋的绑扎为清理模板→模板上画线→绑板底受力筋→绑负弯矩筋。

板筋端部锚固长度要满足设计与规范要求，为了保证板的上部钢筋不被在浇筑混凝土时踩踏，确保板结构的有效截面，需要设置“几”字形马凳筋，马凳筋为$\phi$14@1000×1000梅花形布置。底板的马凳筋为$\phi$18@1000×1000梅花形布置。

⑤ 楼梯钢筋的绑扎。

楼梯钢筋的绑扎为画位置线→绑主筋→绑分布筋→绑负弯矩筋。

⑥ 钢筋保护层控制。

A. 钢筋保护层的厚度。基础梁：迎水面为50mm、背水面为25mm；基础底板、外墙、水池壁：迎水面为50mm、背水面为25mm；梁、柱、内墙：25mm；板：15mm。

B. 钢筋保护层控制方法：钢筋保护层采用绑扎预制混凝土垫块的方法进行控制。混凝土垫块拟在施工现场按保护层厚度预制，其强度等级为与原结构同强度等级的细石混凝土。混凝土垫块要严格按规范要求绑扎在钢筋上。其具体要求有柱绑扎在受力钢筋的主筋上，墙绑扎在外侧水平筋上，板垫于底筋下，梁应垫于梁底受力钢筋的主筋下。

### 2. 模板工程

(1) 模板选型

① 本工程梁、板模板均选用18厚胶合板（规格为1830mm×915mm）；背枋选用50mm×100mm木枋，背枋间距为300mm。墙体模板加固采用$\phi$12对拉螺杆，间距400～500mm，地上部分剪力墙采用大模施工。

② 楼梯模板采用整体式全封闭支模工艺。该工艺是在传统支模施工工艺基础上增加支设楼梯踏面模板，并予以加固，使楼梯预先成型，混凝土浇筑一次完成。该工艺避免了传统支模工艺易出现的质量通病，混凝土拆模后表面光洁平整，观感效果良好，楼梯预埋件位置准确。为满足工期的要求，原则上墙、柱模板按两层配置，框架梁模板按四层配制。

③ 地下室、部分外墙外侧模板采用砖胎模。

④ 底板及地梁模板采用砖模。

⑤ 大于等于700mm的柱采用槽钢进行加固。

⑥ 楼梯模板采用整体全封闭式支模技术。

(2) 主要部位模板的施工方法

① 地下室内墙模板。

内墙模板采用18mm厚的木夹模、50mm×100mm木竖楞，$\phi$48钢管脚手围楞，如图8.4所示。穿墙螺杆采用$\phi$12圆钢制作，地下部分墙螺杆一次性使用，然后割除外露部分。模板竖楞和围楞以及对拉螺杆的设置间距同外墙。为了控制墙体的厚度以及更好地固定模板，需设置墙内支撑筋，支撑筋为$\phi$12@500×500。

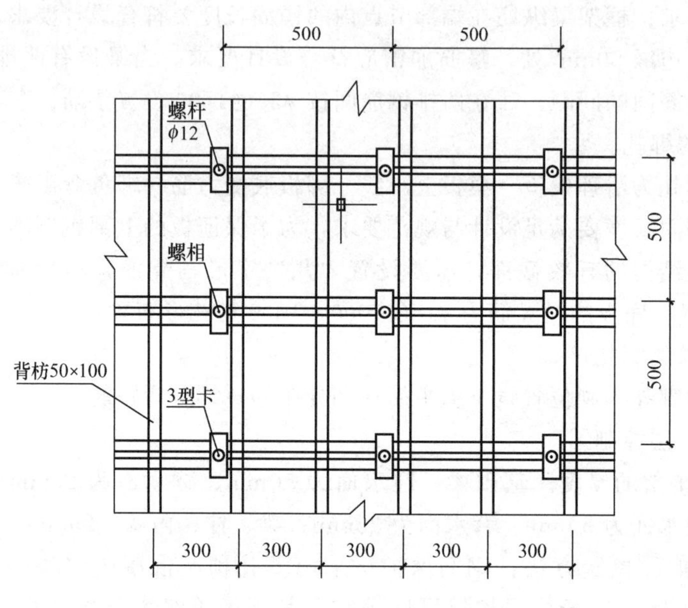


图8.4 剪力墙支模示意图

② 地下室外墙模板。

在地下室底板施工时，地下室外墙应支导墙模板，安装钢板止水带。导墙模板高度为500mm，采用吊模支法，模板底口标高同底板面标高。

地下外墙模板采用18mm厚的木夹板，50mm×100mm木竖楞，$\phi$48钢管脚手围楞。穿墙螺杆采用$\phi$12圆钢制作，中间焊接有止水片，模板竖楞间距按@300布置，$\phi$12穿墙螺杆在模板拆除后，凿除两端小木块后用氧割割除螺杆头，再做防水砂浆施工。留设施工缝处应增设钢板止水带。围楞和对拉螺杆的设置：模板围楞间距底部@400六道，再向上@500，穿墙螺杆底部@400六道，再向上@500双向。

模板的安装：模板安装前应弹出模板边线，以便模板定位，保证墙体尺寸。安装时，应先安放外模，后安放内模，模板就位后，应认真检查其垂直度。

因本工程部分剪力墙离基坑支护边距离较近，外墙模板施工时无工作面。根据要求需在基坑支护边与外墙外侧边之间事先砌筑砖护壁，以形成剪力墙外侧胎模，施工时只需支设内模即可。

因外侧模板为砖护壁胎模，内模加固时无法采用对拉螺杆进行，只能靠内侧支撑进行加固，木竖楞间距按300mm设置，横楞采用钢管按400mm设置。横楞与支设顶模的满堂脚手架固定。为确保内侧模板支设牢固、不发生横向位移，在浇筑底板混凝土前，事先在离外墙内边2000mm及3000mm远处底板钢筋上预埋$\phi$28@800各一排（$L$=800mm，露出板面300mm)，然后将支设顶板模板的钢管插入钢筋头中，最后用钢管支撑将内墙模木楞与之固定，内墙模钢管支撑间距为立杆800mm，水平杆600mm。

③ 地上部分墙体模板。

结合本工程的特征，在模板设计中，将竖向剪力墙结构模板在木工房集中制作成大模板，从而改善混凝土的外观质量，提高模板的周转次数，减少操作层的作业量，加快施工进度。

模板制作时，所有木枋与模板的接触面刨平刨直（当用旧模板，应对尺寸进行复核，已刨平的旧木枋尺寸相同时方可使用，尺寸不同且无法再刨平的木枋单独堆放)，确保木枋平直。模板侧边刨平，使边线平直，四角归方，模板拼缝平整严密，可采用密封胶条。所有模板配制完成后，均要按模板设计平面布置图编号，分类堆码备用。

模板采用18mm厚木夹板，大模板周边采用50mm×100mm木枋作为龙骨。模板制作完成后按规定间距（500mm×500mm）钻孔，作为对拉螺杆的穿墙孔。外墙模板及内墙模板支撑系统采用$\phi$48钢管加快拆头斜撑，间距为3m，在斜撑钢管中部设横向钢管及反拉钢管一道。在楼板上预埋$\phi$25地锚，间距2m，斜撑钢管与地锚通过扫地杆相连。外墙外侧模支撑系统采用钢管脚手架横撑，竖向设水平及竖向钢管各一道，间距为1500mm。

④ 框架柱模板。

框架柱也采用18mm的木夹板、50mm×100mm木竖楞、$\phi$48钢管定位，采取外围10#槽钢（槽钢需进行加强处理）和$\phi$14对拉螺杆双向加箍，保证柱截面美观。模板围楞间距底部@400六道，再向上@500，穿墙螺杆底部@400六道，再向上@500双向。

⑤ 梁、板模板。

梁、板模板采用木夹板，50mm×100mm木楞，梁底及侧模用$\phi$48钢管作为支撑。

梁模板安装：先在板上弹出轴线、梁位置的水平线，钉柱头模板；然后按设计标高调整梁底支撑标高，安装梁底模板，拉线找平；再根据轴线安装梁侧模板、压脚板、斜撑等。当梁高大于750mm时增设一道对拉螺杆。

板模板安装：模板从四周铺起，在中间收口。板底采用主次木楞，主楞间距1000mm，次楞间距300～450mm。

现浇梁板结构当跨度不小于4m时，应按1/1000～3/1000起拱。

楼梯模板：为避免常规现浇楼梯支模工艺中出现的楼梯梯面倾斜、混凝土面不平等情况，楼梯模板均采用全封闭式楼梯支模工艺。

全封闭楼梯模板工艺施工要点如下。

A. 楼梯栏杆预埋件的埋设预先用22#铁丝及铁钉将预埋件先固定在踏步模板上。

B. 封闭模板混凝土浇筑存在一定难度，利用混凝土的流动性，将混凝土从梯梁处下料，用振动棒将混凝土振入梯模内。混凝土的振捣是将振动棒从梯梁处伸入梯模底部进行振捣，同时用另一台振动棒在梯模表面进行振捣，以确保混凝土的密实。

C. 楼梯表面由于四边封死，存在气坑，故在踏面模板每隔三步用电钻钻两个$\phi$20排气孔。

⑥ 后浇带模板。

底板后浇带及外墙后浇带采用钢板网加密用钢丝网封堵，钢板网两层，靠近混凝土一侧为密网，密网紧贴粗网，后面采用$\phi$18钢筋对其加固，确保不漏浆。

(3) 模板拆除

① 内墙、柱模板在混凝土的强度能保证其表面及棱角不因拆模而受损时可以拆除。拆除时间大约在12h。外墙模板的拆模时间大约在24h，即混凝土强度达到1.2MPa。

② 其余现浇结构拆模所需混凝土强度见表8-3。

表8-3 现浇结构拆模所需混凝土强度

| 结构类型 | 结构跨度/m | 按设计的混凝土强度标准的百分比计/(%) |
| --- | --- | --- |
| 板 | ≤2 | 50 |
|  | >2，≤8 | 75 |
|  | >8 | 100 |
| 梁、拱、壳 | ≤8 | 75 |
|  | >8 | 100 |
| 悬臂结构 |  | 100 |

3. 混凝土工程

(1) 设计要求

主体工程混凝土强度等级如下：楼面梁板标高29.40m以下，采用C45混凝土，标高29.40～54.60m采用C40混凝土，标高54.60m以上采用C35混凝土，柱及剪力墙混凝土标高14.370m以下采用C55混凝土，标高14.370～36.570m采用C50混凝土，标高36.570～47.370m采用C45混凝土，标高47.370～58.170m采用C40混凝土，标高58.170m以上采用C35混凝土。节点核芯区混凝土强度等级按柱要求确定。本工程混凝土拟采用商品混凝土，混凝土施工包括混凝土浇筑、混凝土养护等工序。

(2) 混凝土施工缝的留设

为了保证混凝土的施工质量，根据混凝土施工工艺，混凝土施工缝留设如下。

① 地下室及裙楼部分的地板和楼板处，施工缝设在后浇带处。

② 在基础底板上500mm留设施工缝。

③ 剪力墙的施工缝每层按两处设置，留在剪力墙中暗梁下100mm处和结构楼层板面。

④ 为了防止地下室墙体施工缝渗漏，在混凝土墙体施工缝处设3mm厚钢板止水带。

4. 混凝土的浇筑

(1) 混凝土浇筑方式

① 对于基础及主体结构每区混凝土浇筑均采用混凝土送混凝土工艺，底板两台，主体结构一台固定泵通过泵管输送到施工面。

② 仓库基础混凝土浇筑也采用泵送工艺，混凝土浇筑采用两台固定泵通过泵管输送到施工点。

③ 由于本工程竖向结构混凝土与水平结构混凝土标号不同，且竖向结构柱子比较分

散，故竖向结构柱子主要采用塔式起重机配合调运至各施工点。

（2）混凝土浇筑方法（即泵送施工工艺）

① 进行输送管线布置时，应尽可能直，转弯要缓，管道接头要严，以减少压力损失。

② 为减少泵送阻力，用前先泵送适量的水泥砂浆以润滑输送管内壁，然后进行正常的泵送。

③ 泵送的混凝土配合比要符合有关要求：碎石最大粒径与输送管内径之比宜为1∶3，砂宜用中砂，水泥用量不宜过少，最小水泥用量为300kg/m³，水灰比宜为0.4～0.6，坍落度本工程宜控制在100～140mm。

④ 混凝土泵宜与混凝土搅拌运输配套使用，且应使混凝土搅拌站的供应能力和混凝土搅拌运输车的运输能力大于混凝土泵的泵送能力，以保证混凝土泵能连续工作，保证不堵塞。

⑤ 泵送结束要及时清洗泵体和管道。

（3）混凝土浇筑注意的事项

① 混凝土在浇筑过程中应认真对混凝土进行振捣，特别是梁柱底、梁柱交接处、楼梯踏步等部位，避免漏振而造成混凝土蜂窝、麻面，影响结构的安全性及美观。

② 混凝土在振捣过程中应避免过振造成混凝土离析，混凝土振捣应使混凝土表面呈现浮浆和不再沉落。

③ 混凝土振捣过程中，要防止钢筋移位，特别是悬挑构件的钢筋，对于因混凝土振捣而移位的钢筋应及时请钢筋工进行修正。

④ 混凝土振捣应对称均匀进行，防止模板单侧受力而滑移、漏浆及爆模。

（4）混凝土养护

混凝土在浇筑12h后洒无水养生液进行养护。对柱墙竖向混凝土，拆模后用麻袋进行外包浇水养护，对梁、板等水平结构的混凝土进行保水养护，同时在梁板底面用喷管向上喷水养护。

（5）混凝土质量保证措施

① 所使用混凝土，其骨料级配、水灰比、外加剂以及其坍落度、和易性等，应按《普通混凝土配合比设计规程》（JGJ 55—2011）进行计算，并经过试配和试块检验合格后方可确定。

② 严格实行混凝土浇灌令制度，经过技术、质量和安全负责人检查各项准备工作，如施工技术方案准备、技术与安全交底、机械和劳动力准备、柱墙基底处理、钢筋模板工程交接、水电、照明以及气象信息和相应技术措施准备等，经检查合格后方可签发混凝土浇捣令进行混凝土的浇捣。

③ 泵送混凝土机械的现场安装按施工技术方案执行，重视对它的护理工作。

④ 浇筑柱、墙、梁时，混凝土的浇捣必须严格分层进行，严格控制捣实时间，钢筋密实处，尽可能避免浇灌工作在此停歇，确保混凝土的浇捣密实。

⑤ 混凝土浇捣后由专人负责混凝土的养护工作，技术负责人和质量员负责监督其养护质量。

⑥ 按我国现行的《混凝土结构工程施工质量验收规范》（GB 50204—2015）中有关规定进行混凝土试块制作和测试。

5. 砌体工程

本工程砌体填充墙与框架梁柱应有可靠拉结，沿墙设置 2$\phi$6@500 水平方向拉结筋，锚入混凝土柱内 40d，拉筋每边伸入填充墙内≥700mm，且≥$L/5$（$L$ 为墙体长度）。当墙长大于 5m 时，应与墙顶的梁板有可靠的拉结。层高为 5.4m 的填充墙在 1/2 高度或门窗上加一道现浇钢筋混凝土拉结带兼过梁，拉梁高为 180mm，厚度同墙体，拉梁主筋为 4$\phi$12，箍筋为 $\phi$6@250。填充墙中应设置构造柱，主筋 4$\phi$10，箍筋为 $\phi$6@250，构造柱间距不大于 3m，并沿墙设置 2$\phi$6@500 的水平拉筋。砌体工程可在不影响主体施工的情况下提前插入，即在主体施工到第五层时可插入第一层砖砌体，并随主体做自下而上的同步施工，但施工人员数量和作业面应予以一定的限制，以确保主体施工运输和人员安全。砌筑墙体部位的楼地面，凿除高出地面的凝结灰浆，并清扫干净，红砖或砌体在砌筑前洒水湿润。砌筑前在楼板上弹出墙身及门窗洞口的水平位置线，在柱上弹出砖墙立边线。砌体施工时要严格按照图纸及规范进行，注意圈梁、构造柱、过梁、墙拉筋的留设及门窗洞口的处理。管道设备井要待设备或管道安装完毕后再施工砌体。各楼层砌体在相应楼层达到设计强度时即可插入施工，须在每层留出小于 240mm 的空间，并逐层用斜砌法将顶部填实砌满。砌体施工要点如下。

① 砌块排列时，必须根据砌块尺寸和垂直灰缝的宽度和水平灰缝的厚度计算砌块砌筑皮数和排数，以保证砌体的尺寸。砌块排列应按设计要求，从各结构层面开始排列。

② 砌块排列时，尽可能采用主规格和大规格砌块，以提高工程质量。

③ 外墙转角处和纵横墙交接处，砌块应分皮咬槎、交错搭砌，以增加房屋的刚度和整体性。具体做法应按规范要求进行。

④ 对设计规定或施工所需要的孔洞口、管道、沟槽和预埋件等，应在砌筑时预留或预埋，不得在砌筑好的墙体上打洞、凿槽。

⑤ 灰缝应做到横平竖直，全部灰缝均应填铺砂浆。水平灰缝宜用坐浆法铺浆。垂直灰缝可先在砌块端头铺满砂浆（即将砌块铺浆的端面朝上依次紧密排列、铺浆），然后将砌块上墙挤压至要求的尺寸；也可在砌筑端头刮满砂浆，然后将砌块上墙。水平灰缝的砂浆饱满度不得低于 90%。垂直灰缝的砂浆饱满度不得低于 60%。灰缝应控制在 8～12mm，埋设的拉结钢筋，必须放在砂浆中。

⑥ 砌块所采用的砂浆除满足强度要求外，还应具有较好的和易性和保水性。

⑦ 砌筑一定面积的砌体以后，应随时进行砌体勾缝工作。

⑧ 在一般情况下，每天砌筑的高度不宜大于 1.8m。当风压为 400～500N/m² 时，每天的砌筑高度不宜大于 1.4m。

⑨ 砂浆的供应由现场砂浆搅拌机搅拌，并对砂浆进行抽检取样。

⑩ 砌门洞口时，洞口在 2m 内每边预埋 3 块木块，洞口高度大于 2m 时埋 4 块，木块必须经过防腐处理。

⑪ 注意的质量问题：砖在装运过程中，轻装轻放，堆码整齐，防止缺棱掉角；落地砂浆及时清除，以免与地面黏结；搭拆脚手架时，不要碰坏已砌墙体和门窗棱角。

6. 脚手架工程

(1) 脚手架类型的选择

根据本工程的结构特点和钢管刚度好、强度高等优点，结合施工单位丰富的施工经验，本工程内、外脚手架全部采用扣件式钢管脚手架；工程地下部分采用落地式双排扣件式钢管脚手架，搭设最大高度为31m，主要用于地下室外墙及裙楼的施工。脚手架可与围护结构连接，以保证其稳定性。裙楼部分采用双排落地架。地上部分：从第五层结构顶板开始采用悬挑脚手架，脚手架每六层一挑，即在第六层楼板、十二层楼板和十八层楼板分三次挑出。步距内侧为1200mm，外侧为600mm，立杆纵横距为900mm。悬挑外架的支撑为“下撑上拉”式，即下部采用槽钢支撑，上部采用软钢丝绳斜拉。

(2) 脚手架的安全

施工前必须有经过审批的脚手架搭设方案，拆除时必须有详尽的、切实可行的拆除方案，在使用过程中要加强检查，发现不符合方案要求的，立刻勒令整改。进行外架搭设的架子工必须持证上岗，所使用的原材料（扣件、钢管）必须经过检验。

(3) 安全网的搭设要求及注意事项

① 所用进场安全网都要求进行试验，试验合格后方可使用。

② 安装前必须对网和支撑进行下列检查：网的标牌与选用相符，网的外观质量无任何影响使用的瑕疵。支撑物（架）有适合的强度、刚性和稳定性，且系网处无撑角和尖锐边缘。

③ 为保护网不受损坏，应避免把网拖过粗糙的表面或锐边。

④ 安全网安装时，系绳的系结点应沿网边均匀分布，间距为750mm，系结应牢固、易解开和受力后不会松脱。

⑤ 安全网系好后要求整齐、美观。

⑥ 为了防护安全，要求挂安全网高出相应施工作业层1.5m。

⑦ 每施工层脚手架均设挡脚板及防护栏杆，防护居中设置。

⑧ 挡脚板设于外排立杆内侧。

⑨ 整个脚手架外侧满张密目安全网，绑扎牢固，四周交圈设置，网间不得留有缝隙。

⑩ 进入现场的通道上方用钢管搭设防护棚，顶面满铺脚手板防护，并满张密目安全网，侧面亦满张密目安全网。

⑪ 在电梯井口、通风口、管井口等周边搭设脚手架前，应每层用竹夹板进行封闭。

## 8.1.6 屋面工程

1. 屋面保温层施工

应先将屋面清扫干净，并应根据架空板尺寸，弹出支座中线，在支座底面的卷材防水层上应采取加强措施。铺设架空板时，应将灰浆刮平，随时扫净屋面防水层上落灰、杂物等，以保证架空隔热层气流畅通。操作时，不得损坏已完工的防水层。架空板铺设平整、稳固。

2. 屋面防水工程

根据施工图要求，本工程楼梯间及机房层屋面为不上人屋面，属高聚物改性沥青卷材防水屋面，其防水等级为Ⅱ级，具体做法：钢筋混凝土屋面板→表面清扫干净→干铺150加气混凝土砌块→20厚（最薄处）1∶8水泥珍珠岩找坡2%→20厚1∶2.5水泥砂浆找平层→刷基层处理剂一遍→二层3厚SBS卷材，面层带绿页岩保护层。

### 8.1.7 门窗工程

1. 木门安装

木门（连同纱门窗）由木材加工厂提供木门框和门扇，核对型号，检查数量及门框、门扇的加工质量及出厂合格证。门框和门扇进场后应及时组织油漆工将框靠地的一面涂刷防腐涂料，其他各面应涂刷操油一道，刷油后应分类码放整齐，底层应垫平、垫高。每层框间都必须用衬木板通风，不得露天堆放。门扇安装应在室内外抹灰前进行，门扇安装在地面工程完成并达到强度后进行。

2. 塑钢窗安装

塑钢窗的规格、型号应符合设计要求，五金配件配套齐全，并有产品的出厂合格证。在施工前必须准备的防腐材料、保温材料、水泥、砂、连接铁脚、连接板焊条、密封膏、嵌缝材料、防锈漆、铝纱等材料均应符合设计要求，并有合格证。

### 8.1.8 装饰工程

本工程装饰种类较多，主要装饰项目有抹灰工程、外墙塑铝板和玻璃幕墙、内墙刷乳胶漆、楼面贴地砖，天棚为轻钢龙骨石膏板吊顶。玻璃幕墙由甲方另行发包。总的施工顺序为室外装饰自上而下进行；室内粗装修自下而上进行，精装修自上而下进行。

1. 抹灰工程

抹灰前必须先找好规矩，即四角规方、横线找平、立线吊直、弹出准线和墙裙、踢脚板线，每隔2m见方应在转角、门窗口处设置灰饼，确保抹灰墙面平整度、垂直度符合要求；抹灰分三次成活，即通过“基层处理→底灰→中灰→罩面灰”成活。底灰抹完达到初凝强度后，进行罩面灰施工。抹灰过程中，随时用靠尺、阴阳角尺检验表面平整度、垂直度和阴阳角方正。室内墙角、柱面的阳角和门洞的阳角，用1∶2水泥砂浆抹出护角，护角高度应不低于2m，每侧宽度不小于50mm。基层为混凝土时，抹灰前应先刷素水泥浆一道或刷界面剂一层，以保证抹灰层不会空鼓、起壳。

2. 内墙刷乳胶漆

基层先用1∶3水泥砂浆打底15厚，再罩3厚纸筋石灰膏。基层要求坚固和无酥松、脱皮、起壳、粉化等现象。基层表面要求干净、平整而不应太光滑，做到无杂物脏迹，表面孔洞和沟槽提前用腻子刮平。基层要求含水率10%以下、pH 10以下，所以基层施工后至少应干燥10天以上，避免出现粉化或色泽不匀等现象。在刷涂前，先刷一道冲稀的乳胶漆（渗透能力强），使基层坚实、干净，待干燥3天后，再正式涂刷乳胶漆二度。涂刷时要求涂刷方向和行程长短一致，在前一度涂层干燥后才能进行后一度涂刷，前后两度涂刷的相隔时间不能少于3h。

## 8.1.9 季节性施工措施

在施工期间加强同气象部门联系，及时接收天气预报，并结合本地区的气候特点，按照现场有关冬雨期施工规范和措施，做到充分准备，合理安排施工，确保施工质量和施工安全。

1. 冬期施工措施

施工时要采取防滑措施，保障施工安全。大雪后必须及时将架子、大型设备上的积雪清扫干净。进入冬期施工，应编写冬期施工方案和作业指导书，对有关施工人员进行冬期施工技术交底。钢筋低温焊接时，必须符合国家有关规范、规定。混凝土骨料必须清洁，不得含有冰雪和冻块。为保证混凝土冬期施工质量，要求在混凝土中掺加早强防冻剂。搅拌所用砂、石、水要注意保温，必要时进行适当加热，搅拌时间比常温延长50%，使混凝土温度满足浇筑需要。入模时的温度要控制好，采用蓄热养护。混凝土浇筑完毕，混凝土表面即覆盖一层塑料薄膜，上盖两层草带，再加一层塑料薄膜封好，混凝土利用自身的水分和热量达到保温养护效果。砌筑、抹灰应采用防冻砂浆，搅拌用水应预热，要随拉随用，防止存灰多而受冻。合理安排施工生产和施工程序，寒冷天气尽量不做外装修。严格遵循国家现行规范、规定的有关冬期施工规定。

2. 雨期施工措施

做到现场排水设施与市政管理网联通，排水畅通无阻，做好运输道路的维护，保证运输通畅，基坑及场地无积水。对水泥、木制品等材料采取防护措施。尽量避开大雨天施工，遇到雨天施工，应备足遮雨物资，及时将浇筑的混凝土用塑料薄膜覆盖，以防雨水冲刷。下雨后，通知混凝土搅拌站重新测试砂、石含水率，及时调整混凝土、砂浆配合比，以保证水灰比准确。雨天施工钢筋绑扎、模板安装，要及时清理钢筋与模板上携带的泥土等杂物。雨期施工做好结构层的防漏和排水措施，以确保室内施工，如有机电设备应搭好防雨篷，应防止漏水、淹水，并应设漏电保护装置；机电线路应经常检修，下班后拉闸上锁；高耸设备应安装避雷接地装置。

## 8.1.10 项目质量保证体系的构成及分工

项目施工将以项目法施工管理为核心，以GB/T 19002—ISO9002系列标准为贯彻目标，对工程质量进行全面管理，使该工程的全过程均处于受控状态。作为项目施工，项目经理是工程第一质量责任人，项目经理以下分成两个质量体系：以项目生产副经理为首的工程部、物资部为项目质量执行体系，对项目所有材料质量、施工质量直接负责；以项目主任工程师为首的质检部门为项目质量监督体系，对项目的工程质量负监督、控制责任。

在此基础上组织编写并由项目经理签署发布“项目质量计划”，规定本项目质量管理工作程序，明确各有关质量工作人员的具体责任及职权范围，进行质量体系要素分配。

1. 项目主要管理人员质量职责

施工质量检查的组织机构中各部门只有做到职责明确，责任到位，才能便于管理，将质量管理工作落到实处。

2. 项目经理的质量职责

项目经理应对整个工程的质量全面负责，并在保证质量的前提下，衡量进度计划、经济效益等各项指标的完成，并督促项目所有管理人员树立质量第一的观念，确保项目《质量计划》的实施与落实；施工工长作为施工现场的直接指挥者，首先其自身应树立质量第一的观念，并在施工过程中随时对作业班组进行质量检查，随时指出作业班组的不规范操作，质量达不到要求的施工内容，要督促整改。施工工长亦是各分项施工方案作业指导书的主要编制者，并应做好技术交底工作。

3. 质量目标

单位工程一次交验率达100%，杜绝质量事故，确保达到优良等级，为整个工程确保达到市优工程奠定坚实的基础。

4. 施工过程中的质量控制措施

施工阶段的质量控制技术要求和措施主要分事前控制、事中控制、事后控制三个阶段，并通过这三个阶段来对本工程各分部分项工程的施工进行有效的阶段性质量控制。

(1) 事前控制阶段

事前控制是在正式施工活动开始前进行的质量控制，事前控制是先导。事前控制主要是建立完善的质量保证体系，编制《质量计划》，制定现场的各种管理制度，完善计量及质量检测技术和手段，熟悉各项检测标准。对工程项目施工所需的原材料、半成品、构配件进行质量检查和控制，并编制相应的检验计划。进行设计交底、图纸会审等工作，并根据本工程特点确定施工流程、工艺及方法。对本工程将要采用的新技术、新结构、新工艺、新材料均要审核其技术审定书及运用范围。检查现场的测量标桩，建筑物的定位线及高程水准点等。

(2) 事中控制阶段

事中控制是指在施工过程中进行的质量控制。事中控制是质量控制的关键，其主要内容如下。

① 完善工序质量控制，把影响工序质量的因素都纳入管理范围。及时检查和审核质量统计分析资料和质量控制图表，抓住影响质量的关键问题进行处理和解决。

② 严格工序间交换检查，做好各项隐蔽验收工作，加强交检制度的落实，对于达不到质量要求的前道工序决不交给下道工序施工，直至质量符合要求为止。对于完成的分部分项工程，按相应的质量评定标准和办法进行检查、验收、审核设计变更和图纸修改。同时，如施工中出现特殊情况，隐蔽工程未经验收而擅自封闭，掩盖或使用无合格证的工程材料，或擅自变更替换工程材料等，主任工程师有权向项目经理建议下达停工令。

(3) 事后控制阶段

事后控制是指对施工过的产品进行质量控制，是对质量的弥补。按规定的质量评定标准和办法，对完成的单项工程进行检查验收。整理所有的技术资料，并编目、建档。在保修阶段，对工程进行维修。

## 8.1.11 技术资料的管理

在日常的施工管理工作中，为保证项目各项日常技术工作的顺利进行，特要求有关各部门做到以下各条。

① 材料计划编制中必须明确材料的规格及品种、型号、质量等级要求。材料进场以后，严格检验产品的质量合格证（材质证明）。实行严格的原材料送检制度，所有的进场原材料必须在监理单位有关人员的监督下送检，只有检验合格的产品才能使用到工程实体上。各种原材料进场以后必须按照施工现场平面布置图分类、分规格码放，并挂标志牌，以防混用。

② 项目试验人员根据阶段性生产和材料计划，指定检验和试验计划，并按计划规定的内容和批量进行检验和试验，确保检验和试验工作的科学性和真实性、完整性。

③ 土建施工必须为安装单位留设合格的预留孔洞，并统一负责填补洞口，在施工中安装单位一定要和土建施工队伍搞好施工协调工作，防止出现事后补洞。

## 8.1.12 降低成本措施

① 选用先进的施工技术和机械设备，科学地确定施工方案，提高工程质量，确保安全施工，缩短施工工期，从而降低工程成本。

② 全面推广项目法施工，按照本单位推行的《质量管理体系要求》(GB/T 19001—2016) 系列标准严格施工管理，从而提高劳动生产率，减少单位工程用工量。

③ 在广大工程技术人员和职工中展开“讲思想、比贡献”活动，献计献策，推广应用“四新”成果，降低原材料消耗。

④ 合理划分施工区段，优化施工组织，按流水法组织施工，避免窝工，提高工效。

⑤ 加大文明施工力度，周转材料、工具应堆放整齐，模板、架料不得随意抛掷，拆下的模板要及时清理修整，以增加模板的使用周转次数。

⑥ 加强材料、工具、机械的计量管理工作，控制能源、材料的消耗。

⑦ 大力加强机械化施工水平，从而减少用工量，缩短工期，降低管理费用。

⑧ 加强机械设备的保养工作，以减少维修费用，提高其利用率。

## 8.1.13 安全、消防保证措施

1. 安全生产目标

确保无重大工伤事故，轻伤事故频率控制在1.5‰。

2. 确保工程安全施工的组织措施

① 项目经理是安全第一责任人，应对本项目的安全生产管理负完全责任。要建立项目安全保证体系，在签订纵、横向合同时，必须明确安全指标及双方责任，并具有奖罚标准。严格按《质量手册》标准编制施工组织设计和设计方案，同时应具有针对性的安全措施，并负责提足安全技术措施费，满足施工现场达标要求。在下达施工生产任务时必须同时下达安全生产要求，并做好书面安全技术交底。每月组织一次安全生产检查，严格按照建设部安全检查评分标准进行检查，对查出的隐患立即责成有关人员进行整改，做好记录，做到文明施工。负责本项目的安全宣传教育工作，提出全员安全意识，搞好安全生产。发生重大伤亡事故时，要紧急抢救，保护现场，立即上报，不许隐报。严格按照“四不放过”的原则参加事故调查分析及处理。

② 新工人、民建队入场安全教育。凡新分的学生、工人、实习生，都应由人事部门通知质安部门进行安全教育，使接受教育人员了解公司的安全生产制度、安全技术知识、安全操作规程及施工现场的一般安全知识。

凡新进场的民建队，应由劳资部门通知质安部门对其进行安全教育。

③ 变更工种工人的安全教育。凡有变更工种的工人，应由劳资员通知质安部门对其进行安全教育。

④ 班组、建筑队安全活动。各班组、建筑队在每日上班前，结合当天的情况，对本班组或队的人员进行有针对的班前安全教育。

各班组、建筑队不定期地开展安全学习活动。

⑤ 安全生产宣传。施工现场、车间、“四口”、各临边、机械、塔式起重机、施工电梯等地方都要挂设安全警示牌或操作规程牌。项目要充分利用各种条件，如广播、板报、录像等形式对广大职工进行安全教育，并实施以下安全检查制度。

A. 由主管安全工作的经理，每月两次，组织施工工长、安全员、保卫、材料等人员，对本项目经理部的施工现场、生产车间、库房、食堂及生活区域进行安全、防火、卫生检查。检查必须做好记录以备查。对检查出来的安全隐患问题，应制定解决方案，落实整改人，限期整改，消除隐患，保证安全施工生产。

B. 主管安全工作的队长，对检查隐患问题发出的整改通知书，要认真落实和整改；并将整改情况及时反馈到项目经理部。按期上交违章罚款，如果阳奉阴违，拖延不改，造成事故发生，首先追查主管安全施工队长的责任。

C. 由班组长成员分别对工作区域、施工机械、电气设备、防护设备、个人防护用品使用进行班前、班中、班后三检查。发现安全隐患问题的组织班（队）人员及时进行处理。对班（队）不能解决的隐患问题要立即报告工长、安全员处理。安全隐患未消除的，必须停止执行，如果冒险蛮干，造成事故发生，将追究班（队）长的责任。

3. 确保工程施工安全的技术措施

① 有可能产生有害气体的施工工艺，如聚丙烯管道热熔、铜管钎焊等，应加强对施工人员的保护。

② 随时接受环卫局对本工程施工现场大气污染指数的测定检查，若出现超标情况，立即组织整改。

③ 严禁在施工现场煎熬、烧制易产生浓烟和异味的物质（如沥青、橡胶等），以免造成严重的大气污染现象。

④ 严禁在施工现场和楼层内随地大小便，施工现场内设巡查保安，一经发现，将给予重罚。

### 8.1.14 文明施工管理制度

① 施工现场成立以项目经理为组长，主任工程师、生产经理、工程部主任、工长，以及技术、质量、安全、材料、保卫、行政卫生等管理人员为成员的现场文明施工管理小组。

② 实行区域管理制度，划分职责范围，工长、班组长分别是包干区域的负责人，项目按《文明施工中间检查记录》表自检评分，每月进行总结考评。

③ 加强施工现场的安全保卫工作，完善施工现场的出入管理制度，施工人员佩戴证明其身份的证卡，禁止非施工人员擅自进入。

④ 严格遵守国家环境保护的有关法规和该市环境保护条例和公司的工作标准，参照ISO—14000环境管理系列标准的要求，制定本工程防止环境污染的具体措施。

⑤ 建立检查制度。采取综合检查与专业检查相结合、定期检查与随时抽查相结合、集体检查与个人检查相结合等方法。班、组实行自检、互检、交接检制度，做到自产自清、日产日清、工完场清。工地每星期至少组织一次综合检查，按专业、标准全面检查，按规定填写表格，算出结果，制表张榜公布。

⑥ 坚持会议制度。施工现场坚持文明施工会议制度，定期分析文明施工情况，针对实际制定措施，协调解决文明施工问题。

⑦ 加强教育培训工作。采取派出去、请进来、短期培训、上技术课、登黑板报、广播、看录像、看电视等方法狠抓教育工作。要特别注意对民工的岗前教育。专业管理人员要熟练掌握文明施工标准。

## 8.2 大体积混凝土施工方案设计

某工程基础底板厚度最厚达到3m，一次浇筑体积达5000m$^3$，属大体积混凝土。为防止大体积混凝土产生温度裂缝，确保该部分大体积混凝土的施工质量，施工前除必须认真熟悉设计图纸，做到必须严格按设计要求和施工规范组织施工外，必须采取特殊的技术措施，方能确保大体积混凝土的施工质量。本工程计划采用斜面分层、薄层浇筑、循序退打，按设计设置后浇带的方法和“综合温控”施工技术。主要施工措施如下。

### 8.2.1 大体积混凝土施工关键技术措施

① 按设计要求的混凝土强度和抗渗等级，严格选用混凝土的最佳配合比，并根据以往施工经验进行优化。

② 为减少水泥的水化热，选用52.5$^\#$矿渣硅酸盐水泥配制混凝土，混凝土的龄期采用

R45 天的强度代替 R28 天的强度，同时掺加适量 UEA 微膨胀剂，减少水泥用量、降低混凝十内部最高温度、补偿收缩，最终减少混凝土内部产生的热量。

③ 使用洁净的中粗骨料，即选用粒径较大（5～25mm）、级配良、含泥量小于 1%的石子和含泥量小于 2%的中粗砂。掺加磨细Ⅰ级粉煤灰掺合料，以代替部分水泥；掺加适量木质磺酸钙或同类性质减水剂；降低水灰比，控制坍落度。

④ 掺加泵送缓凝剂，降低水灰比，以达到减少水泥用量、降低水化热的目的。施工中加强监控，以保证对混凝土的其他性能不起有害作用。缓凝时间初步定为 6～8h。

⑤ 严格控制混凝土出机温度及浇筑温度，使用商品混凝土时，向供应商事先提出要求。根据混凝土进度计划，大体积混凝土的施工时间在一年当中属气温回升的季节，所以将严格要求商品混凝土供应站控制石子和水的温度，高温天气砂石堆场全部搭设简易遮阳棚并定时淋水降温。

⑥ 加强养护措施：混凝土浇好之后 12h，在混凝土表面覆盖一层塑料薄膜，塑料薄膜上再加盖两层草包以起到保温、保湿、养护的作用，控制混凝土表面与混凝土内部之间的温度差不超过 25℃。

⑦ 混凝土浇筑中，可适当均匀抛填粒径 150～300mm 的石块，掺量不大于混凝土总量的 15%，材质同混凝土用碎石，并选用无裂缝、无夹层的石块，填充前，用水冲洗干净。混凝土分层浇捣，每层厚度为 300～500mm。采用插入式振捣器，插点间距和振捣时间应按施工规范要求执行，待最上一层混凝土浇筑完成 20～30min 后进行二次复捣。

⑧ 采用电阻测温方法，对大体积混凝土的浇筑湿度进行测温。采用昼夜测温连续监测，前 5 天每 3h 测温一次，5 天以后每 6h 测温一次，连续进行不少于 10 天。

## 8.2.2 大体积混凝土施工准备

① 大体积混凝土浇筑前，派专人对混凝土厂家进行实地检查，对商品混凝土供应商进行技术交底，要求统一配合比，统一原材料，专门分仓堆放。督促商品混凝土站搭设遮阳棚，外加剂单独计量，原材料储备必须足量，确保连续供应。要求原材料、外加剂均采用电子计量、微机控制，自动上料。

② 混凝土浇筑时，对混凝土厂家进行监控，派驻技术人员对混凝土生产厂家的原料的质量、坍落度供应速度进行跟踪检查、记录。确保供应的连续、匀速，质量的稳定。

③ 准备充足的施工机械，除现场实际使用的施工机械外，准备足够的备用机械，配备一台备用汽车混凝土输送泵。

④ 在混凝土浇筑前，及时与交通管理部门的有关单位联系提前召开现场协调会。

## 8.2.3 大体积混凝土施工方法

【大体积混凝土施工工艺演示】

### 1. 机械选择

选用两台固定柴油泵，另备 36m 臂长汽车泵一台；插入式振捣器振捣混凝土；多台小型高扬程抽水机辅助抽除浇筑混凝土时产生的泌水。

2. 混凝土浇筑顺序

混凝土浇筑采用分区分层一个坡度，循序退打，一次到顶的方法。商品混凝土由自动搅拌运输车运送，由输送泵车泵送混凝土，从基坑一端推进到另一端，由一个泵负责浇筑一个区进行浇筑。每次浇筑厚度根据混凝土输送能力、施工段宽度及坡度、混凝土初凝时间进行计算，每层厚度30～40cm。若有意外，混凝土输送能力下降，则立刻减小混凝土浇筑厚度，确保在底板混凝土浇筑过程中不出现冷缝。在浇筑混凝土的斜面前中后设置3道振捣器振捣并采用二次振捣。

3. 混凝土浇筑

每层混凝土应振捣密实，前层混凝土必须在初凝前被新浇混凝土所覆盖，振动器应插入下层混凝土5cm，以消除两层间的接缝。振捣时间以混凝土表面泛浆，不再冒气泡和混凝土不再下沉为准。不能漏振和过振。混凝土浇筑到顶后用平板振动器振捣密实。平板振动器移动间距要确保相邻搭接5cm，防止漏振。

4. 泌水排除方法

泌水排除方法为提前在基坑下端外墙模外侧砌筑集水井，混凝土振捣过程中的泌水流入砖砌小井内，用泥浆泵排除。

5. 混凝土上表面标高控制

在浇筑混凝土前，用精密水准仪、经纬仪在墙、柱插筋上测得高出0.5m的标高用红油漆做标志，使用时拉紧细麻线，用1m高的木条量尺寸初步调整标高，全站仪器和水准仪精密复核即可。

6. 混凝土表面二次抹平

混凝土浇筑到顶面，用平板振动器振实后，随即用刮尺刮平，二次铁滚碾压两遍，用铁板抹平整一道，待混凝土终凝前，用木蟹槎一遍，再用铁板收一道。

## 8.2.4 大体积混凝土温度监控

为防止地下室底板出现温度裂缝，应严格控制在混凝土硬化过程中由于水化热而起的内外温差。防止内外温差过大而导致开裂（温差引起的混凝土拉应力大于混凝土抗拉强度时，将出现裂缝），特采用以下措施控制温度裂缝的产生。

1. 优化混凝土配合比

配合比中水泥用量，每增加10kg其水化热将使混凝土温度上升1℃。因此，首要的措施是选定合理的配合比，既要满足设计强度及抗渗要求，还要尽量减少水泥用量，或采用低化热水泥，以控制水化热温升。建议使用矿渣52.5#中热水泥，每立方米混凝土水泥用量控制在400kg以内。

为增加混凝土可泵性，配合比中掺加粉煤灰（按水泥量的10%～20%掺加），也可以减少水泥用量。混凝土配合比中要适当掺加减水剂（按水泥量0.5%～1%掺加）及缓凝剂，可以减少配合比中用水量及增加混凝土和易性。设计配合比要求按以上要求调整试配，并最后选定。

混凝土中掺加微膨胀水泥（水泥量的8%）制成补偿收缩混凝土。混凝土中由于加入微膨胀水泥形成微膨胀混凝土（限制膨胀率为0.02%～0.04%）。混凝土产生微膨胀能转化为自应力（0.2～0.7MPa预压应力），使混凝土处于受压状态，从而提高混凝土的抗裂能力（一般经验，补偿温差可达5～10℃）。

2. 降低混凝土出机温度和浇筑温度

商品混凝土厂生产的混凝土出机温度控制在30℃以内，为此采取以下措施。

① 用低温水拌和（或用冰块融化后的冷水）。

② 对粗骨料淋水降温。为降低浇灌温度，所有搅拌车及仓内泵管均覆盖麻袋，淋水降温。

③ 确定保证混凝土供应强度：台班（8h）500m³，日方量1500m³以加快现场浇灌速度，缩短上下覆盖时间，减少仓内每层混凝土日照时间，控制混凝土浇灌温度（也称入模温度）在35℃以内。

3. 蓄热保温，控制内外温差

采用上述三个措施后，内外温差仍大于25℃，最后一个措施是蓄热保温，控制内外温差，即混凝土浇捣完成后（终凝）混凝土表面覆盖一层薄膜，上部盖二层麻袋（或二层草袋），顶上再盖一层塑料膜，对混凝土进行蓄热保温，达到控制混凝土表面温度，控制降温速率。养护温度梯度［温差梯度控制，按《块体基础大体积混凝土施工技术规程》(YBJ 224—91）规定，混凝土浇筑块体的降温速度不宜大于1.5℃/天。混凝土总体降温缓慢，可充分发挥混凝土徐变特性，减低温度应力］，使混凝土表面温度与混凝土中心温度差始终控制25℃以内。为达此目的，要定时对混凝土温度进行测量，随时测量内外温差以调整覆盖保护厚度。若温差小于25℃，则可以逐步拆除保护层。

实践经验表明，采用二层草袋可满足保温，这也是简易、可行的温控措施，要严格执行。

4. 对混凝土温度进行测量及监控

采用微机控制自动测量系统对混凝土温度进行监控。

埋设有湿度传感器的测温电缆，通过CWS－901网络控制器和一台KD电源进行网络通信连接，用一台计算机带485通信卡配合自动温度检测软件对混凝土进行24h自动测控。

测温时间从混凝土终凝后4h开始。7天内每4h打印一次，7～14天每8h打印一次，并及时进行内外温差计算。查到混凝土内温差小于25℃后，停止测控。

### 8.2.5 大体积混凝土的养护

通过温度理论计算，采用铺一层塑料薄膜加二层草袋进行大体积混凝土养护时，其内、外部温差值可控制在25℃以内，可以满足规范规定的要求。

1. 针对测温情况采取的措施

根据计算机所提供的测温数据，在混凝土升、降温过程中，如混凝土内外温差值超过25℃，而混凝土表面温度与周围环境温差较小，应加盖保温层，以防止贯穿结构裂缝；如混凝土内外温差值较小，而混凝土表面温度与周围环境温差超过25℃，应减少保温层，以防止表面温度裂缝。当两者出现矛盾时，以混凝土内外温差控制为主要矛盾。在混凝土降温过程中，当混凝土内外温差趋于稳定并逐步减少时，将底板混凝土表面逐层取走毛毡，有意识地加快混凝土降温速率，使其逐渐趋于常温，顺利完成大体积混凝土的养护工作。

2. 混凝土养护

① 在混凝土浇筑完毕后，当混凝土表面收水并初凝后，应尽快铺盖一层塑料薄膜和二层草袋并浇水养护。

② 大体积混凝土要加强早期养护，必须保持混凝土表面湿润，养护用水的水温与混凝土表面温差不宜超过10℃。

③ 最初3天内，应每隔2h浇水一次，以后每天至少一次，每日浇水次数还应视气温而定，夏季干燥时，应特别注意必要时采用蓄水养护。

④ 养护中如发现混凝土表面泛白时，应加强覆盖厚度，充分浇水，加强养护。

## 本章小结

通过本章学习，学生可以加深对单位工程施工组织设计内容的理解，特别是通过实例，理论结合实践，进一步把握单位工程施工组织设计中关于施工方案的考虑、施工进度计划的编制和施工现场平面布置图的绘制。

## 习题

简答题

1. 结合本章的实际案例，简述单位工程施工组织设计的内容及编写方法。
2. 结合某实际工程编制一份单位工程施工组织设计。

# 第9章 BIM与施工组织管理简介

## 教学目标

本章主要讲述BIM的基本知识及BIM在施工组织管理中的应用。通过本章学习，学生应达到以下目标。

（1）了解BIM的历史、定义及特点。

（2）熟悉BIM常用软件及其应用。

（3）掌握BIM在施工组织管理中的应用内容。

## 教学要求

| 知识要点 | 能力要求 | 相关知识 |
| --- | --- | --- |
| BIM的历史 | （1）了解BIM技术起源<br>（2）熟悉BIM在国内外的应用情况 | （1）Autodesk公司<br>（2）国内外BIM相关的政策文件 |
| BIM的定义及价值 | （1）掌握BIM定义的基本内涵<br>（2）熟悉BIM在建筑业中的应用价值 | （1）国内BIM相关的应用指南及文件<br>（2）国外BIM相关应用指南及文件 |
| BIM应用软件 | （1）熟悉BIM建模类软件<br>（2）熟悉BIM应用类软件 | （1）BIM建模软件的操作<br>（2）BIM应用类软件的操作 |
| BIM在建设项目各阶段的基本应用 | （1）了解建设项目阶段划分<br>（2）熟悉BIM在建设项目中应用总体流程<br>（3）熟悉BIM在建设项目各阶段应用的主要内容 | （1）建设项目建设程序<br>（2）建设项目各阶段的主要内容 |
| BIM的其他专项应用 | （1）熟悉BIM在自动计算工程量的应用<br>（2）熟悉基于BIM的建设项目协同管理平台的功能 | （1）工程量计算的基本规则<br>（2）项目参建各方及基本职责 |
| BIM在施工组织与管理中的应用 | （1）熟悉施工准备阶段BIM应用及内容<br>（2）掌握施工过程中BIM应用及内容<br>（3）熟悉竣工验收竣工BIM建模 | （1）建设项目质量、进度、成本、物资等管理程序及重点<br>（2）建设项目安全管理内容<br>（3）建设项目竣工验收内容 |

基本概念

BIM、BIM建模、可视化、碰撞检查、三维场地布置、方案模拟、可视化交底、BIM协同管理、竣工模型

# 9.1 BIM简介

## 9.1.1 BIM的历史、定义及特点

【什么是BIM】

1. BIM的历史

(1) BIM

BIM的英文全称是Building Information Modeling，即建筑信息模型，是一个完备的信息模型化的过程，能够将工程项目在全生命周期中各个不同阶段的工程信息、过程和资源集成在一个模型中，方便地被工程各参与方使用。

BIM思想最早可以追溯到1975年，被称为“BIM之父”的Chuck Eastman提出“Building Description System”，其后又有芬兰学者和美国学者分别在20世纪80年代提出“Product Information Model”和“Building Modeling”。

“Building Information Modeling”是由欧特克公司（Autodesk）在2002年向国际建筑师协会（UIA）提出的。2006年，美国国家标准与技术研究院（National Institute of Standards and Technology，NIST）基于IFC（Industry Foundation Classes）标准开始制定美国国家BIM标准（NBIMS），明确描述了BIM的实际内涵和价值意义等。

(2) 国外BIM应用

BIM的概念自2002年提出以来，近20年过去了，BIM在国外已经广泛应用，许多国家或地区立法要求施工项目必须采用BIM创建工程数据模型。

美国的BIM研究和应用都走在世界前列，美国大多建设项目已经应用BIM，成立各种BIM协会，并出台了各种BIM标准。2012年工程建设行业采用BIM的比例就已经达到了71%。

英国在2011年5月发布了“政府建设战略（Government Construction Strategy）”文件，要求到2016年实行全面协同的3D·BIM，并将全部文件进行信息化管理。

北欧国家强制却并未要求全部使用BIM，BIM技术的发展主要是企业的自觉行为，促进了包含丰富数据、基于模型的BIM技术的发展，并导致了这些国家及早地进行了BIM的部署。

日本国土交通省也从2010年开始组织探索BIM在设计可视化、信息整合方面的价值及实施流程，通过持续地推进，取得了明显的效果。

韩国国土交通海洋部于2010年发布了《建筑领域BIM应用指南》。韩国主要的建筑公司都已在积极采用BIM技术，并对建筑设计阶段以及施工阶段的一体化进行研究和实施。

2011年，新加坡建筑管理署（BCA）发布了《新加坡BIM发展路线规划》，规划明确推动整个建筑业在2015年前广泛使用BIM技术。同时BCA将强制要求提交建筑BIM模型（2013年起）、结构与机电BIM模型（2014年起），并且最终在2015年前实现所有建筑面积大于5000平方米的项目都必须提交BIM模型目标。

（3）国内BIM应用

国内BIM技术推广应用起步比国外稍晚一点，但在政府政策的引领和推动下，各类建筑企业（包括建设单位）为适应激烈的建筑市场竞争都开始努力学习和应用BIM技术，使BIM技术的应用得到飞速发展。目前，从国家到地方出台了一系列推广应用政策，并颁布了一系列的应用指南和相应的应用技术标准。

住房和城乡建设部在2011年颁布了《2011—2015年建筑业信息化发展纲要》，明确要求在“十二五”期间，基本实现建筑企业信息系统的普及应用，加快建筑信息模型(BIM)、基于网络的协同工作等新技术在工程中的应用，推动信息化标准建设，在施工阶段开展BIM技术的研究与应用，推进BIM技术从设计阶段向施工阶段的应用延伸，形成一批信息技术应用达到国际先进水平的建筑企业。

自2012年开始，住房和城乡建设部启动了一系列BIM国家标准的编制工作并陆续颁布。通过多年的持续努力，已颁布并实施了包括《建筑工程信息模型应用统一标准》《建筑信息模型施工应用标准》《建筑信息模型分类和编码标准》《建筑工程设计信息模型交付标准》《制造工业工程设计信息模型应用标准》等在内的一系列标准。随着这些标准的出台，为我国建筑业BIM技术的应用提供了技术标准支撑，进一步推动BIM在建筑行业的应用和发展。

2015年，住房和城乡建设部发布了《关于印发推进建筑信息模型应用指导意见》的文件。文件中明确，到2020年年末，建筑行业甲级勘察、设计单位，以及特级、一级房屋建筑工程施工企业应掌握并实现BIM与企业管理系统和其他信息技术的一体化集成应用。

从2014年开始，各地政府关于BIM的讨论和关注更加活跃，上海、北京、广东等各地区相继出台了各类具体的政策推动和指导BIM的应用与发展。其中较为典型的如上海市在2014年下发了《关于在本市推进建筑信息模型技术应用的指导意见》，意见中明确规定到2017年上海市的BIM应用目标；在2015年发布了《上海市建筑信息模型技术应用指南（2015版）》，确定了工程建设全生命周期6个阶段23个BIM应用目标，并在2017年进行了修订，形成了《上海市建筑信息模型技术应用指南（2017版）》。

2. BIM的定义

随着业界对BIM认识的深入，BIM越来趋向于去“BIM化”。从早期认为BIM就是翻模的不当认知到如今认识到BIM的核心是建筑信息集合转变，业界对BIM的定义也在发生变化。国内外不同的标准对BIM的定义（或解释）不尽相同。

住房和城乡建设部《关于推进建筑信息模型应用的指导意见》中指出，BIM是在计算机辅助设计（CAD）等技术基础上发展起来的多维模型信息集成技术，是对建筑工程物理特征和功能特性信息的数字化承载和可视化表达。

住房和城乡建设部《建筑工程信息模型应用统一标准》中定义BIM是建筑及其设施的物理和功能特性的数字化表达，在建筑工程全寿命期内提供共享的信息资源，并为各种决策提供基础信息。

英国《英国BIM实施标准》中定义，建筑信息模型（BIM）不仅包含图形，也包含其上的数据。在设计和施工流程中创建和使用协调、内部一致且可计算的建设项目信息。

美国《美国国家 BIM 标准（NBIMS)》中定义 BIM 由三部分组成：

① BIM 是一个设施（建设项目）物理和功能特性的数字表达；

② BIM 是一个共享的知识资源，是一个分享有关这个设施的信息，为该设施从建设到拆除的全生命周期中的所有决策提供可靠依据的过程；

③ 在项目的不同阶段，不同利益相关方通过在 BIM 中插入、提取、更新和修改信息，以支持和反映其各自职责的协同作业。

虽然不同国家的不同标准对 BIM 的定义不完全相同，但对 BIM 的核心理念的理解基本相同，那就是建筑信息模型（BIM）是一种对建筑设计、施工管理、运维方式的创新；BIM 具有单一工程数据源，可解决分布式、异构工程数据之间的一致性和全局共享问题，支持建设项目生命期中动态的工程信息创建、管理和共享；BIM 同时又是一种应用于设计、建造、管理的数字化方法，这种方法支持建筑工程的集成管理环境，可以使建筑工程在其整个进程中显著提高效率和大量减少风险；BIM 可供工程师、承包商、设备制造商及业主，在各个阶段加入、修改及取得各自所需的信息并更新此模型，从而为建筑工程项目的相关利益方提供一个工程信息交换和共享的平台。

### 3. BIM 的特点

BIM 将给建筑业带来一次巨大变革，在建筑行业的应用，其有以下几个特点。

(1) 可视化

通过建立 BIM 模型，可以将传统的二维图纸以三维的立体实物图进行展示，BIM 技术的可视化是一种能够同构件之间形成互动性和反馈性的可视。在 BIM 中，由于整个过程都是可视化的，所以，可视化的结果不仅可以用来展示效果图及生成报表，更重要的是，项目设计、建造、运营过程中的沟通、讨论、决策都在可视化的状态下进行。

(2) 协调性

通过建立 BIM 模型，可在建筑物建造前期对各专业的碰撞问题进行协调，生成协调数据，且可完成净空要求的协调、设计布置的协调等，提高了项目各参建单位的协调效率。避免一旦项目的实施过程中遇到问题，就要将各相关单位及有关人士组织起来开协调会，寻找各施工问题发生的原因及解决办法，然后做出变更，采取相应的补救措施等进行问题的解决，提高了项目各参建单位的协调效率。

(3) 模拟性

BIM 可以对项目的设计、招投标和施工、后期运营等阶段进行模拟实验，从而预知可能发生的各种情况，以实现节约成本、提高工程质量的效果。在设计阶段，BIM 可以对设计上需要进行模拟的一些东西进行模拟实验，例如：节能模拟、紧急疏散模拟、日照模拟、热能传导模拟等；在招投标和施工阶段可以进行 4D 模拟（三维模型加项目的发展时间），也就是根据施工组织设计模拟实际施工，从而确定合理的施工方案以指导施工，同时还可以进行 5D 模拟（基于 3D 模型的造价控制），从而实现成本控制；后期运营阶段可以模拟日常紧急情况的处理方式，例如地震人员逃生模拟及消防人员疏散模拟等。

(4) 优化性

利用 BIM 技术可以对项目的设计、施工方案等进行优化。BIM 模型能够提供建筑物的实际存在的几何信息、物理信息、规则信息，还能提供建筑物变化以后的实际存在，这样使BIM及与其配套的各种优化工具提供项目优化成为可能。

(5) 可出图性

通过BIM建模对建筑物进行可视化展示、协调、模拟与优化，一方面可以导出设计表达成果（2D图），另一方面可以出一些特殊的图纸，保证设计施工的精准性和高效性，同时为后期项目的运维提供准确信息。

## 9.1.2 BIM的价值

【什么是BIM技术】

将BIM应用于项目全过程、全部参建单位的协同管理，能够更好地发挥BIM的应用价值。利用BIM技术，不仅可以实现项目设计阶段的协同设计，施工阶段的建造全程一体化和运营阶段对建筑物的智能化维护和设施管理，同时可以从根本上将业主、施工单位与运营方之间的隔阂和界限打破，从而真正实现BIM在建造全生命周期中的应用价值。BIM技术的应用价值具体可以体现在以下几点。

(1) 解决当前建筑领域信息化的瓶颈问题

建立统一的工程数据来源和共享平台，实现从设计、施工及运维各阶段的信息的集成化、网络化和智能化收集和管理，真正促进项目全生命周期的管理。

(2) 实现工程的三维、可视化、协同设计

在设计阶段，设计单位利用BIM模型，可实现虚拟设计、智能设计、设计碰撞检测、不同专业协同设计、能耗分析、成本预测等，不仅提高了工作效率，而且提高了设计质量，增强设计企业核心竞争力。

(3) 实现施工集成化管理和集成项目交付

施工阶段利用BIM技术可以实现项目的动态、集成和可视化的多维（*n*D）施工管理，利用BIM模型还可以实现项目各参与方协同工作，包括远程协同工作与管理；同时实现集成项目交付IPD（Integrated Project Delivery）管理。

(4) 提升建筑运营维护管理效率

运维阶段是在建筑全生命期中时间最长、管理成本最高的重要阶段。设计、施工阶段建立了完整的BIM模型，对项目的设计施工信息记录详细，而且可视化，方便建筑运维阶段的管理，可以提高管理效率、提升服务品质及降低管理成本，为项目的保值增值提供可持续的解决方案。

## 9.1.3 BIM常用软件

【零基础学BIM软件】

1. BIM软件概述

与CAD技术比较，BIM不是一个软件能完成的工作，而是一种流程和技术，BIM的实现依赖于多种（而不是一种）软件产品的相互协作。建设项目全生命周期BIM模型的建立与使用，不能期望一

种软件就能完成所有的工作，关键是所有的软件都应该能够依据 BIM 的理念进行数据交流，以支持 BIM 流程的实现，因此 BIM 软件必须符合以下要求。

① 必须保证工程项目信息的完整性，能够对不同层次上的信息进行描述和组织；

② 不同的应用能够根据它提取所需的信息，并衍生出自身所需的模型，且能添加新的信息到模型，保证信息的可重复使用性和一致性；

③ 应该支持自顶向下设计，特别是概念设计和设计变更；

④ 相关的信息和一整套设计文档相互关联，实现了各专业的信息共享。修改或变更在协同工作平台上实现。

2. BIM 建模类软件

(1) BIM 核心建模软件

核心建模软件英文叫"BIM Authoring Software"，是 BIM 建模的基础软件，又称"BIM 核心建模软件"，主要包括以下几类。

① Autodesk 公司的 Revit 建筑、结构和机电系列，在民用建筑市场借助 AutoCAD 的优势，应用非常普及。

② Bentley 的建筑、结构和设备系列，Bentley 产品在工厂设计（石油、化工、电力、医药等）和基础设施（道路、桥梁、市政、水利等）领域有无可争辩的优势。

③ Nemetschek 公司的 ArchiCAD、AllPLAN 和 VectorWorks 三款软件，其中，ArchiCAD 属于一个面向全球市场的产品，是最早的一个具有市场影响力的 BIM 核心建模软件。

④ Dassault 公司的 CATIA，其在复杂形体或超大规模建筑的建模能力、表现能力和信息管理能力方面具有明显的优势。

(2) BIM 方案设计软件

BIM 方案设计软件用在设计初期，其主要功能是把业主设计任务书里面基于数字的项目要求转化成基于几何形体的建筑方案，此方案用于业主和设计师之间的沟通和方案研究论证。BIM 方案设计软件的成果可以转换到 BIM 核心建模软件里面进行设计深化，并继续验证满足业主要求的情况。目前主要的 BIM 方案软件有 Onuma Planning System 和 Affinity 等。

(3) 与 BIM 接口的几何造型软件

当设计初期阶段的形体、体量研究或者遇到复杂建筑造型的情况时，使用几何造型软件会比直接使用 BIM 核心建模软件更方便、更高效，甚至可以实现 BIM 核心建模软件无法实现的功能。同时，几何造型软件的成果可以作为 BIM 核心建模软件的输入。目前常用的几何造型软件有 Sketchup、Rhino 和 FormZ 等。

3. BIM 应用型软件

(1) BIM 可持续（绿色）分析软件

BIM 可持续或者绿色分析软件可以使用 BIM 的信息对项目进行日照、风环境、热工、景观可视度、噪声等方面的分析，主要软件有国外的 Ecotect、IES、Green Building Studio 以及国内的 PKPM 等。

(2) BIM 机电分析软件

BIM 机电分析软件，国内有鸿业、博超、MagiCAD 等，国外有 Designmaster、IES

Virtual Environment、Trane Trace 等。

(3) BIM 结构分析软件

BIM 结构分析软件是目前和 BIM 核心建模软件集成度比较高的产品，基本上两者之间可以实现双向信息交换，即 BIM 结构分析软件可以使用 BIM 核心建模软件的信息进行结构分析，分析结果对结构的调整又可以反馈到 BIM 核心建模软件中去，自动更新 BIM 模型。

目前，国外的 ETABS、STAAD、Robot 等软件以及国内的 PKPM 等软件都可以与 BIM 核心建模软件配合使用。

(4) BIM 可视化软件

有了 BIM 模型以后，对可视化软件的使用可以减少可视化建模的工作量，提高模型的精度和与设计（实物）的吻合度，可以在项目的不同阶段以及各种变化情况下快速产生可视化效果。常用的可视化软件包括 3ds Max、Artlantis、AccuRender 和 Lightscape 等。

(5) BIM 模型检查软件

BIM 模型检查软件既可以用来检查模型本身的质量和完整性，例如空间之间有没有重叠，空间有没有被适当的构件围闭，构件之间有没有冲突等；也可以用来检查设计是不是符合业主的要求，是否符合规范的要求等。目前，具有市场影响的 BIM 模型检查软件是 Solibri Model Checker。

(6) BIM 深化设计软件

深化设计是指在用 BIM 完成设计阶段的基础上进行进一步的细化和完善，以达到现场施工和管理的目的。它不仅完善并补充了原有方案设计上的缺陷，还解决了中期设计与施工的冲突和矛盾，最大限度地充分保障了方案设计的效果还原。目前市场上常见的 BIM 深化设计软件有 Xsteel、SketchUP、Rhino 及 AutoCAD 等。

(7) BIM 模型综合碰撞检查软件

BIM 模型综合碰撞检查软件的基本功能包括集成各种三维软件（包括 BIM 软件、三维工厂设计软件、三维机械设计软件等）创建的模型，进行 3D 协调、4D 计划、可视化、动态模拟等。常见的模型综合碰撞检查软件有 Autodesk Navisworks、Bentley Projectwise Navigator 和 Solibri Model Checker 等。

(8) BIM 造价管理软件

BIM 造价管理软件利用 BIM 模型提供的信息进行工程量统计和造价分析，由于 BIM 结构化数据的支持，基于 BIM 技术的造价管理软件可以根据工程施工计划动态提供造价管理需要的数据，这就是所谓 BIM 技术的 5D 应用。国外的 BIM 造价管理软件有 Innovaya 和 Solibri，国内 BIM 造价管理软件的代表是鲁班、广联达。

(9) BIM 运营管理软件

BIM 运维管理软件把 BIM 模型和设施的实时运行数据相互集成（如仪表、传感器或者其他设施管理系统的运行数据），为设施管理者提供了三维可视化技术。该软件可以对建筑物的性能进行智能分析，提供更好的维护方案，可以提高项目运维管理效率、提升服务品质及降低管理成本。BIM 运营管理类主流软件有 ECODOMUS、ONUMA 和 ArchiBUS 等。

# 9.2 建设项目 BIM 应用概述

【BIM施工组织设计】

## 9.2.1 BIM 在建设项目各阶段的基本应用

1. 建设项目阶段划分

按照项目建设程序，建设项目一般分为概念设计、方案设计、初步设计、施工图设计、施工准备、施工实施、运维等阶段。其中，概念设计阶段一般在建设单位与设计单位签订设计合同前完成，在建设项目规划时进行概念设计，并确定基本方案。它一般划分在设计阶段之前，可理解为立项准备阶段的工作内容，有关项目建设每个阶段的时间界定及具体工作内容可以参见本书1.1.2 节内容。

建设项目各阶段的划分在此主要是以工作内容来定义区分的，显然，在不同的阶段其工作内容不同，对应 BIM 的基本应用内容也不同，同时部分 BIM 基本应用不仅可以在单一阶段实施，也可在其他阶段或全生命周期实施应用。

2. BIM 在建设项目各阶段的应用简介

建设项目各个阶段应用 BIM 的总体流程如图 9.1 示。图中描述了建设项目各个阶段、BIM 应用条件及对应的主要信息交换。建设项目的每个阶段主要工作内容及 BIM 应用项目分述如下。

(1) 方案设计阶段

本阶段目的是为建筑设计后续若干阶段的工作提供依据及指导性的文件。其主要内容是根据设计条件，建立设计目标与设计环境的基本关系，提出空间建构设想、创意表达形式及结构方式的初步解决方法等。BIM 主要应用项目包括场地分析、建筑性能模拟分析、设计方案比选和虚拟仿真漫游等。

(2) 初步设计阶段

本阶段的目的是论证拟建工程项目的技术可行性和经济合理性，是对方案设计的进一步深化。其主要工作内容包括：拟定设计原则、设计标准、设计方案和重大技术问题以及基础形式，详细考虑和研究建筑、结构、给排水、暖通、电气等各专业的基本参数。BIM 主要应用项目包括建筑、结构专业模型构建，建筑结构平面、立面、剖面检查，面积明细表统计和机电专业模型构建等。

(3) 施工图设计阶段

本阶段主要是设计向施工交付设计成果的阶段，主要解决施工中的技术措施、工艺、用料等问题，为施工安装、工程预算、设备及构件的安放、制作等提供完整的模型和图纸依据。BIM 主要应用项目包括各专业模型构建、碰撞检测及三维管线综合、净空优化和二维制图表达等。

(4) 施工准备阶段

本阶段是为建筑工程的施工建立必需的技术和物质条件，统筹安排施工力量和施工现场，使工程具备开工和连续施工的基本条件。其具体工作通常包括技术准备、材料准备、

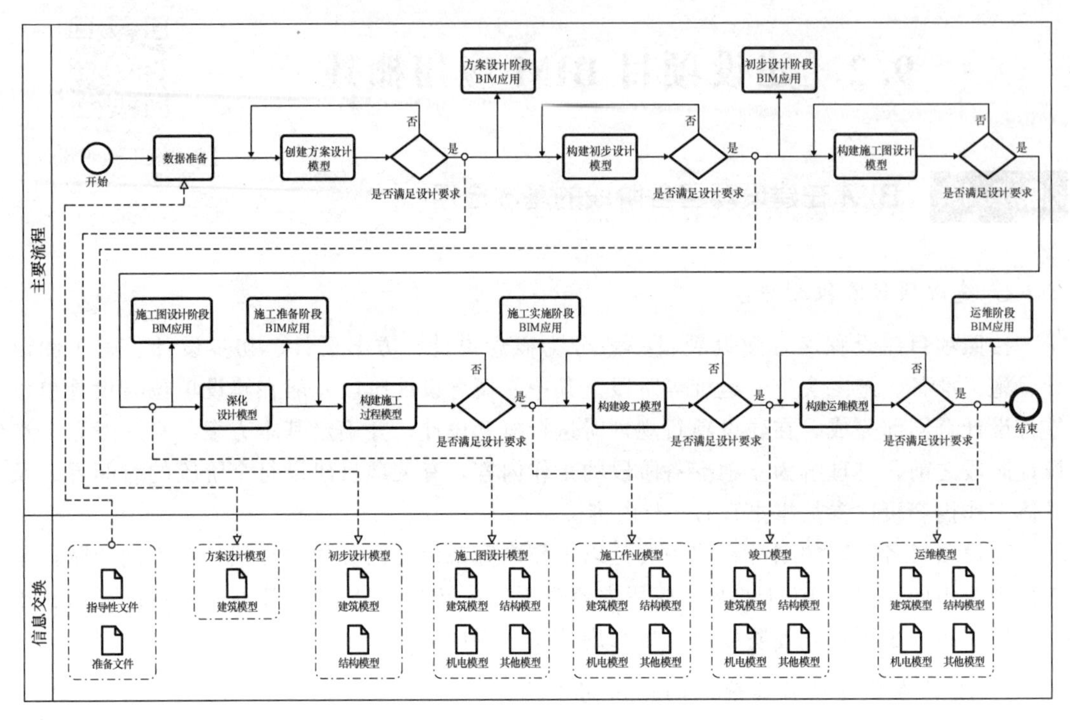


图 9.1　建设项目 BIM 应用总体流程

劳动组织准备、施工现场准备以及施工的场外准备等。BIM 主要应用项目包括施工深化设计、施工场地规划、施工方案模拟和构件预制加工等。

(5) 施工实施阶段

本阶段是指自现场施工开始至竣工的整个实施过程。其中，项目的成本、进度和质量安全等管理是施工过程的主要任务，其目标是完成合同规定的全部施工安装任务，以达到验收、交付的要求。BIM 主要应用项目包括虚拟进度和实际进度比对、设备与材料管理、质量与安全管理和竣工模型构建等。

(6) 运维阶段

本阶段是建筑产品的应用阶段，承担运维与维护的所有管理任务，其目的是为用户(包括管理人员与使用人员)提供安全、便捷、环保、健康的建筑环境。其主要工作内容包括设施设备维护与管理、物业管理以及相关的公共服务等。BIM 主要应用项目包括运维管理方案策划、运维管理系统搭建、运维模型构建、空间管理、资产管理、设施设备管理、应急管理、能源管理和运维管理系统维护等。

## 9.2.2 BIM 的其他专项应用

### 1. 基于 BIM 的工程量计算

(1) 概述

基于 BIM 的工程量计算是指在设计或施工完成的模型基础上，深化和补充相关几何属性数据信息，建立符合工程量计算要求的模型，利用配套软件进行工程量计算的过程，实现模型和工程量计算无缝对接，一键智能化工程量计算，能极大地提高多阶段、多次性、多样性工程量计算的效率与准确性。

如实际工作中，广联达公司推出的广联达 BIM5D 软件，可实现构件与预算文件、分包合同、施工图纸、进度计划等相关联，支持按专业、楼层、进度（时间）、流水段等多维度筛选统计清单工程量、分包工程量，也可以为甲方提取甲供材料的工程量，用于甲方采购材料管理，如图 9.2 所示为某工程基于 BIM5D 软件的工程量清单汇总。

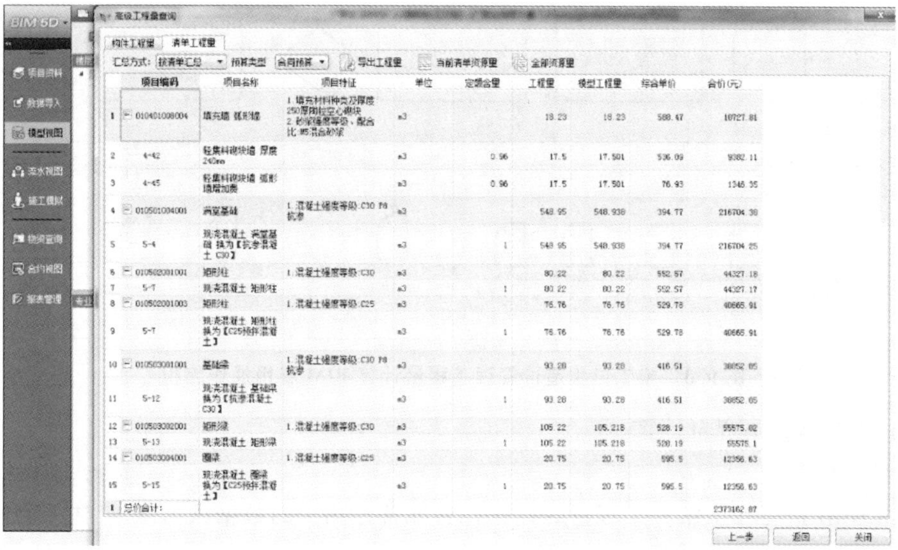

| | 项目编码 | 项目名称 | 项目特征 | 单位 | 定额含量 | 工程量 | 模型工程量 | 综合单价 | 合价(元) |
|---|---|---|---|---|---|---|---|---|---|
| 1 | 010401008004 | 填充墙 弧形墙 | 1.填充材料种类及厚度:250厚陶粒空心砌块 2.砂浆强度等级、配合比:M5混合砂浆 | m3 | | 18.23 | 18.23 | 588.47 | 10727.81 |
| 2 | 4-42 | 轻集料砌块墙 厚度240mm | | m3 | 0.96 | 17.5 | 17.501 | 536.09 | 9382.11 |
| 3 | 4-45 | 轻集料砌块墙 弧形墙增加费 | | m3 | 0.96 | 17.5 | 17.501 | 76.93 | 1346.35 |
| 4 | 010501004001 | 满堂基础 | 1.混凝土强度等级:C30 P8抗渗 | m3 | | 548.95 | 548.938 | 394.77 | 216704.38 |
| 5 | 5-4 | 现浇混凝土 满堂基础 换为【抗渗混凝土 C30】 | | m3 | 1 | 548.95 | 548.938 | 394.77 | 216704.25 |
| 6 | 010502001001 | 矩形柱 | 1.混凝土强度等级:C30 | m3 | | 80.22 | 80.22 | 552.57 | 44327.18 |
| 7 | 5-7 | 现浇混凝土 矩形柱 | | m3 | 1 | 80.22 | 80.22 | 552.57 | 44327.17 |
| 8 | 010502001003 | 矩形柱 | 1.混凝土强度等级:C25 | m3 | | 76.76 | 76.76 | 529.78 | 40665.91 |
| 9 | 5-7 | 现浇混凝土 矩形柱 换为【C25预拌混凝土】 | | m3 | 1 | 76.76 | 76.76 | 529.78 | 40665.91 |
| 10 | 010503001001 | 基础梁 | 1.混凝土强度等级:C30 P8抗渗 | m3 | | 93.28 | 93.28 | 416.51 | 38852.05 |
| 11 | 5-12 | 现浇混凝土 基础梁 换为【抗渗混凝土 C30】 | | m3 | 1 | 93.28 | 93.28 | 416.51 | 38852.05 |
| 12 | 010503002001 | 矩形梁 | 1.混凝土强度等级:C30 | m3 | | 105.22 | 105.218 | 528.19 | 55575.02 |
| 13 | 5-13 | 现浇混凝土 矩形梁 | | m3 | 1 | 105.22 | 105.218 | 528.19 | 55575.1 |
| 14 | 010503004001 | 圈梁 | 1.混凝土强度等级:C25 | m3 | | 20.75 | 20.75 | 595.5 | 12356.63 |
| 15 | 5-15 | 现浇混凝土 圈梁 换为【C25预拌混凝土】 | | m3 | 1 | 20.75 | 20.75 | 595.5 | 12356.63 |
| 1 | 总价合计: | | | | | | | | 2373162.87 |

图 9.2　某工程 BIM5D 工程量清单汇总

基于 BIM 的工程量计算，在不同阶段，存在不同应用内容。招投标阶段主要由建设单位主导，侧重于完整的工程量计算模型的创建与工程量清单的形成；施工实施阶段除体现建设单位的施工过程造价动态成本与招标采购管理外，更侧重于施工单位内部施工过程造价动态工程量监控与统计分析，强调施工单位自身合理有效的动态资源配置与管理；竣工结算阶段，由建设单位和施工单位依据竣工资料进行洽商，最终由结算模型来确定项目最后的工程量数据。采用不同的计量、计价依据，并体现不同的造价管理与成本控制目标。

由于投资估算编制是在项目决策阶段，一般（有达到工程量计算要求模型的除外）模型的深度不满足 BIM 工程量计算的要求，所以投资估算一般不采用 BIM 工程量计算。基于 BIM 的工程量计算一般从设计概算开始应用，鉴于本章重点介绍的是 BIM 在施工阶段的施工组织与管理工作，下面重点介绍施工过程及竣工结算阶段的造价管理。

（2）施工过程造价管理工程量计算

① 数据准备。

利用 BIM 进行施工过程中工程量的计算，要准备好相关的数据（信息），主要包括：

A. 施工图设计模型和施工图预算模型；

B. 与施工过程造价管理动态工程量管理相关的构件属性参数信息文件；

C. 施工过程造价管理动态管理的工程量计算范围、计量要求及依据等文件；

D. 进度计划；

E. 设计变更、签证、技术核定单、工作联系函、洽商等过程资料等。

② 操作流程及成果。

利用 BIM 模型计算工程量，主要的操作流程有收集信息、形成施工过程造价管理模型、维护调整模型和开展模型动态管理，在整个过程中计算相应的工程量。在此基础上形成造价管理模型和施工过程中的工程量报表。

施工过程造价管理工程量计算 BIM 应用操作流程如图 9.3 所示。

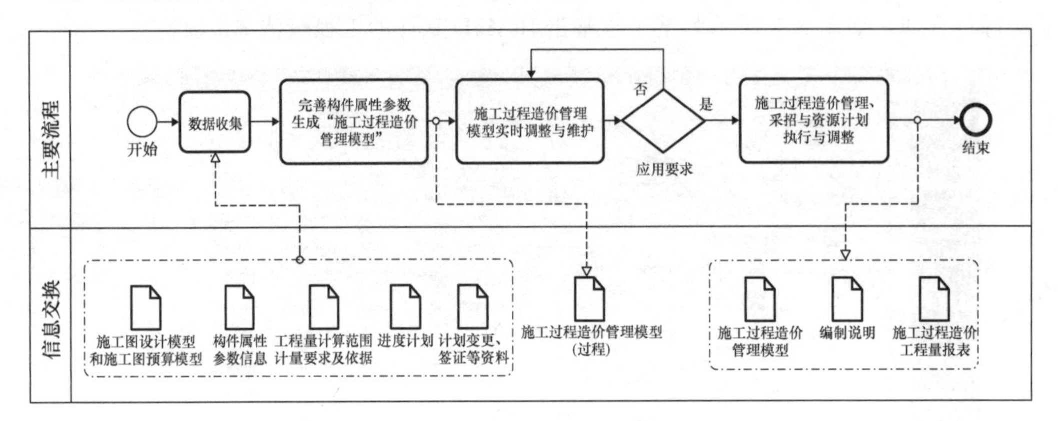


图 9.3　施工过程造价管理工程量计算 BIM 应用操作流程

(3) 竣工阶段工程量计算

① 数据准备。

利用 BIM 进行竣工结算工程量的计算，要准备好相关的数据（信息），主要包括：

A. 施工过程造价管理模型；

B. 与竣工结算工程量计算相关的构件属性参数信息文件；

C. 结算工程量计算范围、计量要求及依据等文件；

D. 结算相关的技术与经济资料等。

② 操作流程与成果。

利用 BIM 模型计算工程量，主要的操作流程有收集信息、形成竣工结算造价管理模型、审核模型信息、进行编码映射及完善模型管理，并最终形成竣工结算工程量报表。在此基础上完成竣工结算模型和结算工程量报表。

竣工结算工程量计算 BIM 应用操作流程如图 9.4 所示。

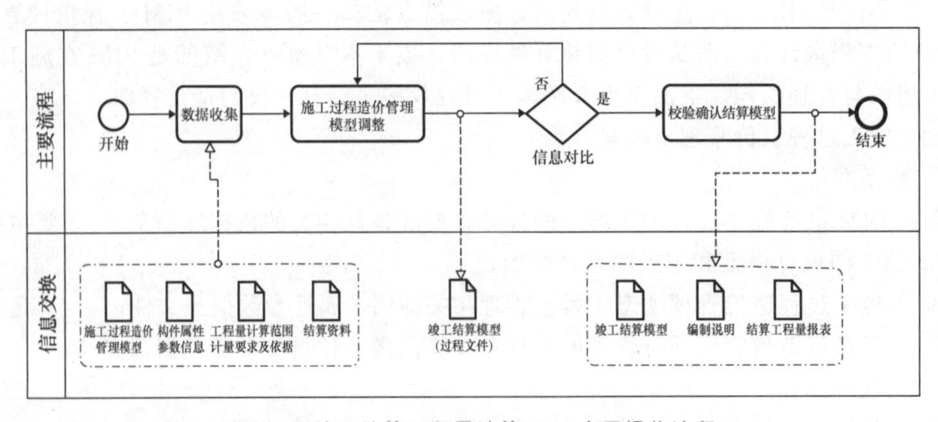


图 9.4　竣工结算工程量计算 BIM 应用操作流程

2. 基于BIM的协同管理平台

(1) 概述

基于BIM的协同管理平台是以建筑信息模型和互联网的数字化远程同步功能为基础，以项目建设过程中采集的工程进度、质量、成本、安全等动态数据为驱动，结合固化了项目建设各参与方管理流程和职责的相关平台进行项目协同管理的过程。协同管理的范围可涵盖业主、设计、施工、咨询等参与方的管理业务，项目各参与方可以根据自身需求和能力建设企业自己的协同管理平台。较为理想的管理平台方式应该做到业主、设计、施工协同管理三者统一。下面重点介绍施工协同管理平台。

(2) 施工协同管理

① 目的与意义。

施工协同管理是以项目BIM为载体，通过标准化项目管理流程，结合移动信息化手段，实现工程信息在各职能角色间高效传递和实时共享，为施工项目决策层提供及时的审批及控制方式，提高项目规范化管理水平和质量。同时，项目建设信息以系统化、结构化方式进行存储，提高数据的安全性以及数据资源的有效复用。

目前在国内，广联达公司开发的BIM施工协同管理系统平台（云协同BIM应用平台）具有一定的代表性，由广联达BIM云平台和基于云平台的BIM5D桌面应用、多方协同的WEB端应用和现场管理的移动应用组成，可以很好地实现项目参与各方对项目的可视化、远程协同管理，其关系如图9.5所示。

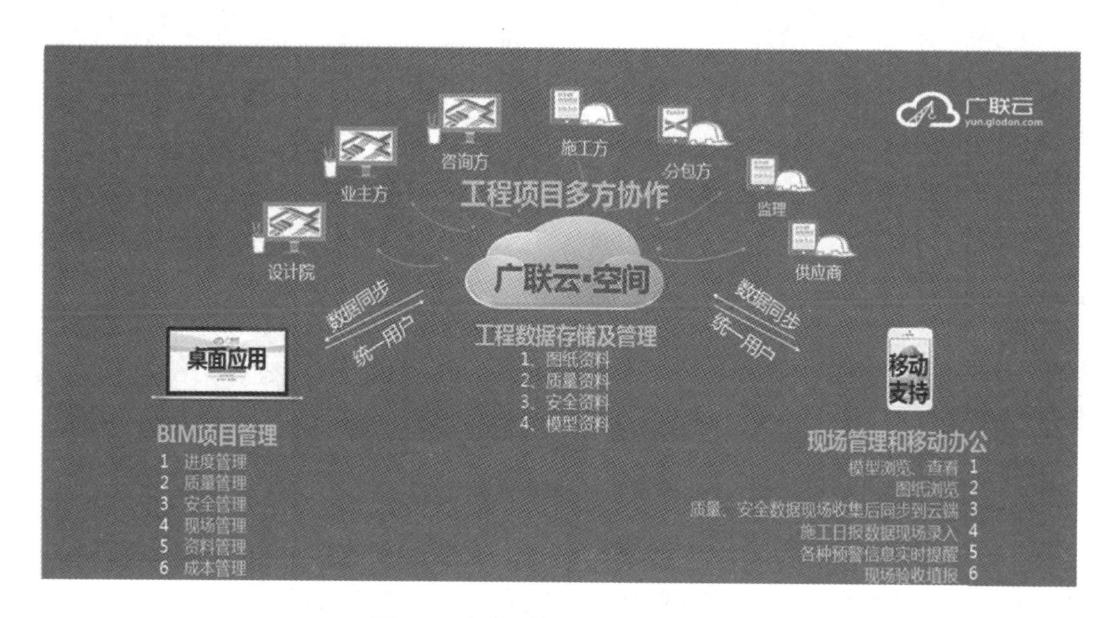


图9.5 广联云协同BIM应用示意图

② 协同管理内容。

A. 设计成果管理。

基于BIM的施工深化设计模型，可进行多专业碰撞检测和设计优化，提前发现设计问题，减少设计变更，提高深化设计质量；模型可视化表达可提高方案论证、技术交底效率，并形成问题跟踪记时，如图 9.6 所示；同时，可进行设计文件的版本、发布、存档等管理。

图 9.6　变更管理

B. 进度管理。

通过 BIM 进度模拟评估进度计划的可行性，可识别关键控制点；以 BIM 为载体集成各类进度跟踪信息，便于全面了解现场信息，客观评价进度执行情况，为进度计划的实时优化和调整提供支持，如图 9.7 所示。

C. 成本管理。

基于施工 BIM 模型，可将成本信息录入并与模型关联，实现快速准确工程量计算，进行不同维度的成本计算分析，及时发现成本异常并采取纠偏措施，对成本进行动态控制，如图 9.8 所示。

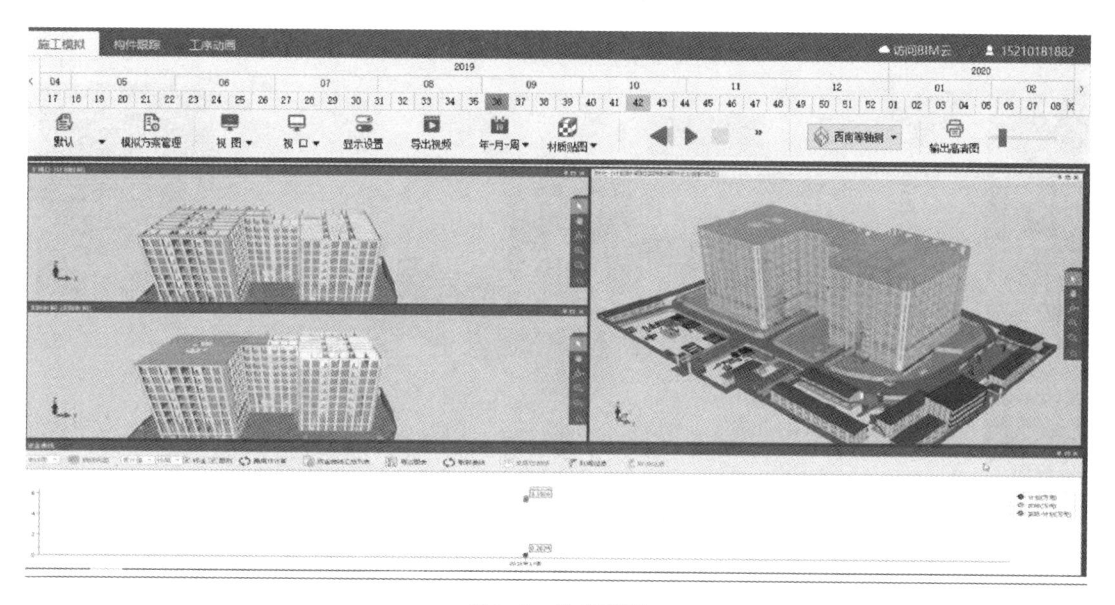


图 9.7　进度管理

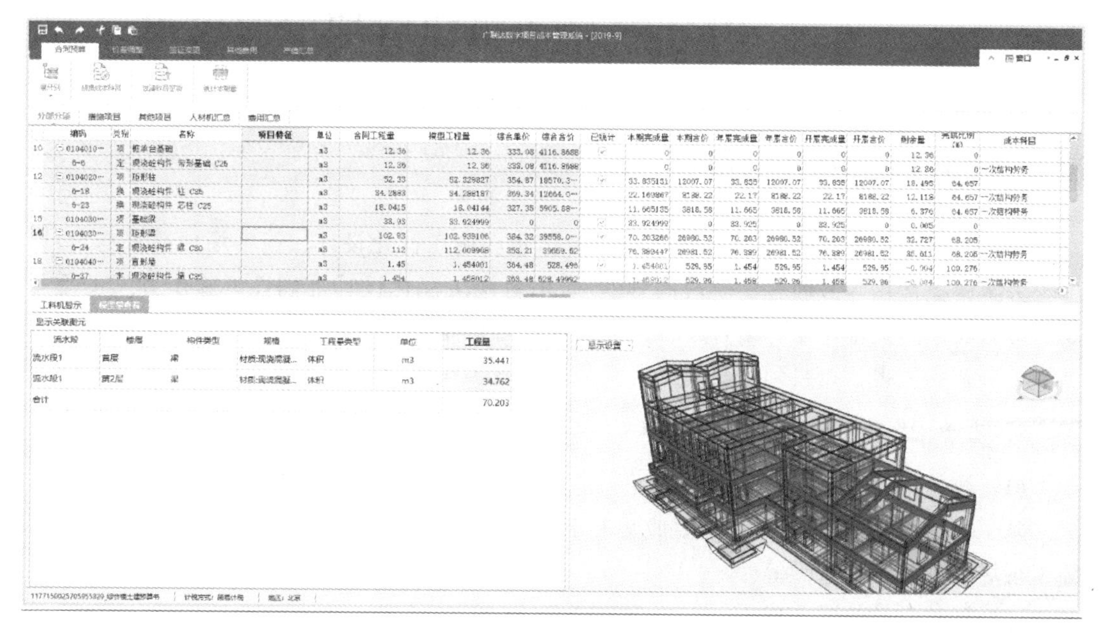

图 9.8　成本管理

D. 质量与安全管理。

基于施工 BIM 模型，可进行三维可视化动态漫游、施工方案模拟、进度计划模拟等预先识别工程质量、安全关键控制点；可将质量、安全管理要求集成在模型中，进行质量、安全方面的模拟仿真以及方案优化，如图 9.9 所示；可依据移动设备搭载的模型进行现场质量安全检查，管理平台与其信息对接，实现对检查验收、跟踪记录和统计分析结果进行管理。

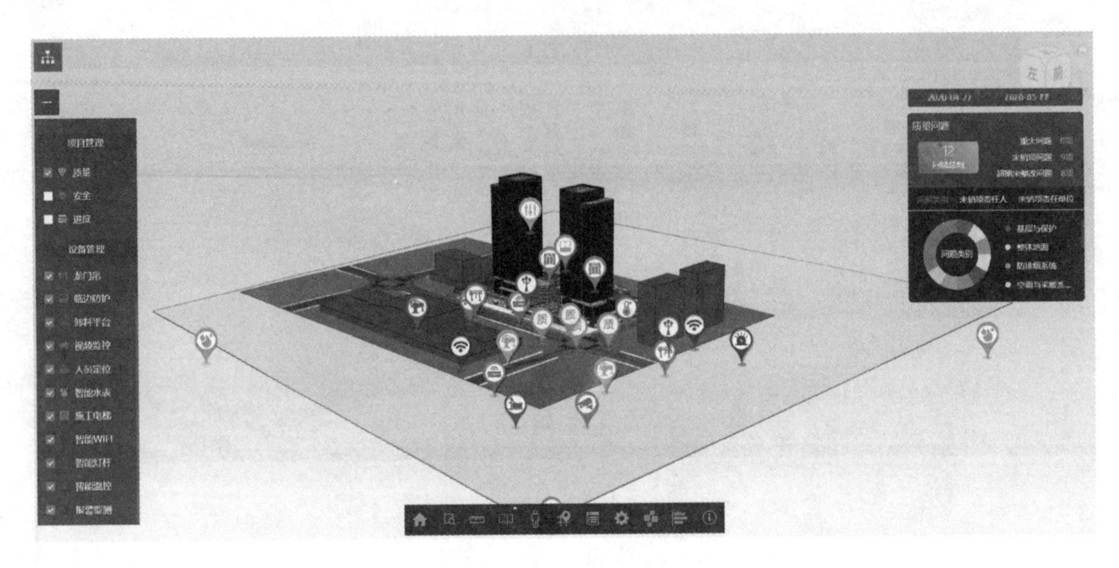


图 9.9　质量与安全管理

【广联达BIM5D】

# 9.3　BIM 在施工组织管理中的应用

## 9.3.1　施工组织准备阶段

施工组织准备阶段的 BIM 应用价值主要体现在施工深化设计、施工场地布置与设计、施工方案模拟优化等方面。该阶段的 BIM 应用对施工深化设计准确性、施工方案的虚拟展示等方面起到关键作用。结合施工工艺及现场管理需求对施工图设计阶段模型进行信息添加、更新和完善，以得到满足施工组织需求的施工作业模型。

1. 基于 BIM 的施工深化设计

(1) 数据准备

基于 BIM 的施工深化设计需要收集和准备的数据包括施工图设计模型、施工图图纸、施工现场条件与设备选型等。

(2) 深化设计流程与成果

施工深化设计 BIM 应用操作流程包括如下内容。

① 收集数据。

② 依据施工图和施工图设计模型及工程施工特点与现场情况，完善建立深化设计模型。

③ BIM 工程师与施工技术人员配合，对建筑信息模型的施工合理性、可行性进行甄别，并进行相应的调整优化，对优化后的模型实施碰撞检测。如利用 BIM 模型开展多专业模型之间的碰撞检查，进行复杂部位多管线的优化布置等。如图 9.10 所示，为某管线布置与土建等专业的碰撞检测示意图。

图 9.10　管线碰撞检测图

④ 生成可指导施工的三维图形文件及二维深化施工图、节点图。

深化设计的最终成果主要有：A. 施工深化设计模型，模型应包含工程实体的基本信息，并清晰表达关键节点施工方法；B. 深化设计图，施工深化设计图宜由深化设计模型输出，满足施工条件，并符合行业规范及合同的要求

施工深化设计 BIM 应用操作流程如图 9.11 所示。

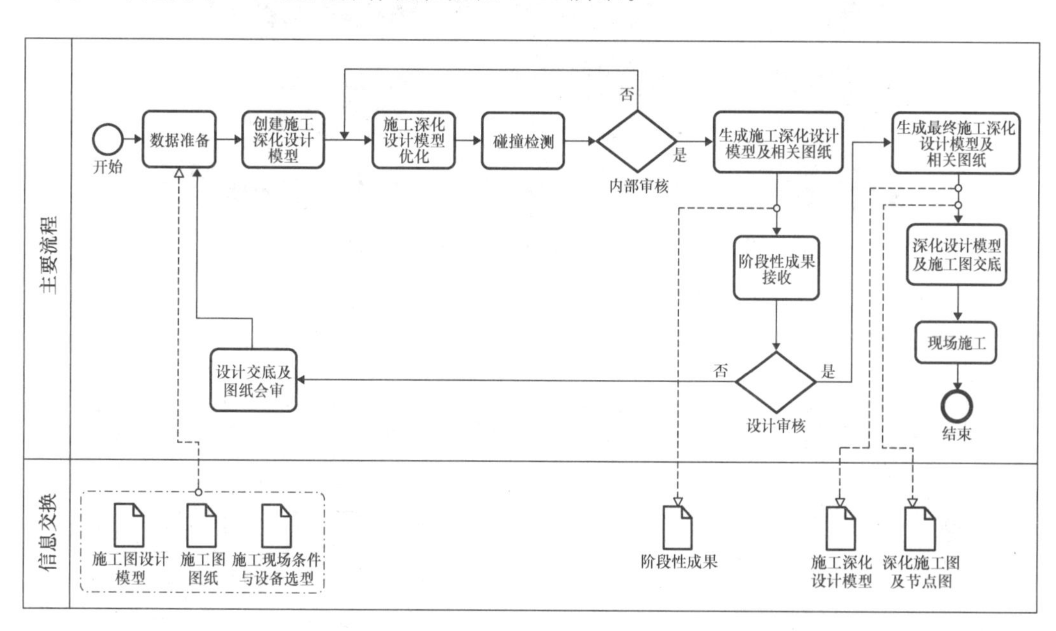


图 9.11　施工深化设计 BIM 应用操作流程

2. 基于 BIM 的施工现场布置与设计

施工现场布置与设计是对施工各阶段的场地地形、既有建筑设施、周边环境、施工区域、临时道路、临时设施、加工区域、材料堆场、临水临电、施工机械、安全文明施工设施等进行规划布置和分析优化，以实现场地布置科学合理。

(1) 数据准备

基于 BIM 的施工现场布置与设计数据准备主要包括施工图设计模型或施工深化设计模型、规划文件、地质勘察报告、GIS 数据、电子地图等施工现场场地信息，施工机械设备选型初步方案及项目的进度计划等信息。

(2) 施工现场布置与设计流程和成果

施工现场平面布置的主要流程如下。

① 收集相关数据与信息。

② 根据收集的数据信息，创建或整合场地地形、既有建筑设施、周边环境、施工区域、临时道路、临时设施、加工区域、材料堆场、临水临电、施工机械、安全文明施工设施等模型，并附加相关信息进行经济技术模拟分析等。

③ 依据模拟分析结果，选择最优施工场地布置方案，生成模拟演示视频。如图 9.12 所示为某项目施工现场三维场地布置模型。

④ 编制场地布置方案并进行技术交底。

图 9.12 某项目施工现场三维场地布置模型

施工场地布置与设计 BIM 应用操作流程如图 9.13 所示。

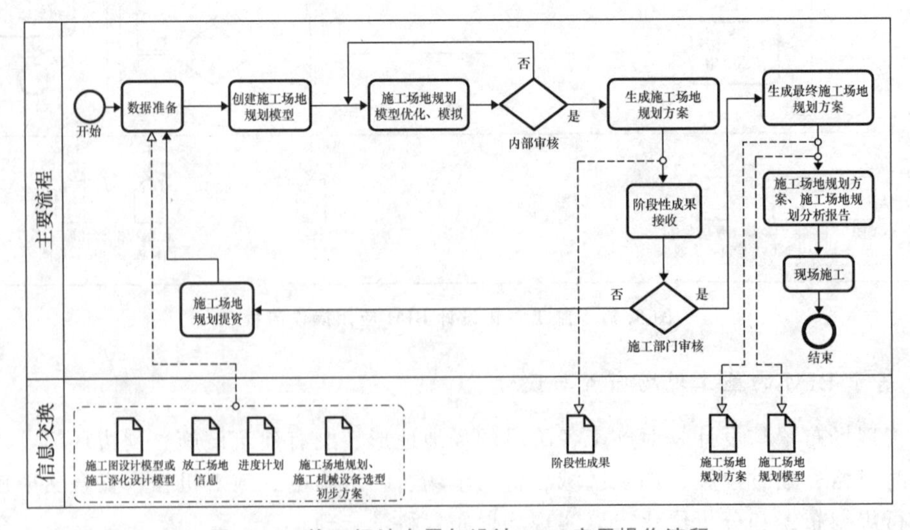


图 9.13 施工场地布置与设计 BIM 应用操作流程

完成主要成果包括：A. 施工场地布置模型，模型应动态表达施工各阶段的场地地形、既有建筑设施、周边环境、施工区域、临时道路、临时设施、加工区域、材料堆场、临水临电、施工机械、安全文明施工设施等规划布置；B. 施工场地布置方案及分析报告。

3. 基于BIM的施工方案模拟

基于BIM的施工方案模拟就是在施工图设计模型或深化设计模型的基础上附加建造过程、施工顺序、施工工艺等信息，对施工过程进行可视化模拟，并充分利用BIM对方案进行分析和优化，从而提高方案的准确性，实现施工方案的可视化交底。

（1）数据准备

基于BIM的施工方案模拟收集的数据及信息包括施工图设计模型或施工深化设计模型，施工方案和相关资料，主要包括工程项目设计施工图纸、工程项目的施工进度和要求、主要施工工艺和施工方案、可调配的施工资源概况（如人员、材料和机械设备）等资料。

（2）施工方案模拟流程与成果

基于BIM的施工方案模拟的主要流程如下。

① 收集数据。

② 在施工方案文件和相关资料的基础上，定义施工过程附加信息并添加到施工图设计模型或深化设计模型中，创建施工过程演示模型。

③ 结合工程项目的施工工艺流程，对施工过程演示模型进行施工模拟、优化，选择最佳施工方案，并生成模拟演示视频。

④ 对局部复杂的施工区域，进行重难点施工方案模拟，编制方案模拟报告。

⑤ 创建优化后的施工过程演示模型，生成模拟演示动画视频，编制施工方案可行性报告。

施工方案模拟BIM应用操作流程如图9.14所示。

施工方案模拟的主要成果包括施工过程演示模型、施工过程演示动画视频及施工方案可行性报告。

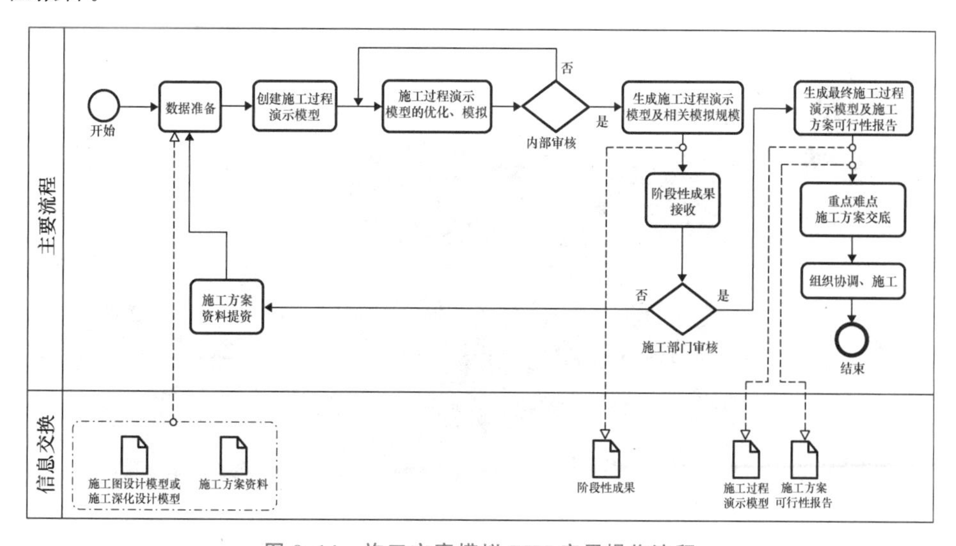


图9.14 施工方案模拟BIM应用操作流程

## 9.3.2 施工组织实施阶段

基于BIM的施工现场组织管理，一般在施工准备阶段完成的模型基础上，配合选用合适的施工管理软件进行集成应用，达到对整个施工过程的优化和控制，提前发现并解决工程项目中潜在的问题，减少施工过程中的不确定性和风险的目的。同时，按照施工顺序和流程模拟施工过程，可以对进度、质量安全、资源（人、机、料等）及环境等进行优化管理与控制，从而实现对工程施工过程交互式的可视化和信息化管理。

1. 基于BIM的进度管理

基于BIM模型实现虚拟进度与实际进度对比，即通过方案进度计划和实际进度的比对，找出差异并分析原因，实现对项目进度的合理控制与优化。

（1）数据准备

通过BIM实现进度管理需要收集的数据信息，主要包括施工深化设计模型、编制的施工进度计划与依据及前期的施工过程演示模型等。

（2）进度管理流程与成果

基于BIM的进度管理的流程如下。

① 收集数据及相关信息。

② 根据不同周期的进度计划要求和施工方案确定各项施工流程及逻辑关系等，制订初步施工进度计划。

③ 与BIM模型关联生成施工进度管理模型。

④ 利用施工进度管理模型进行可视化施工模拟。检查施工进度计划是否满足约束条件、是否达到最优状况，否则进行计划的调整。

⑤ 结合相关技术（如AR、LS等）实现可视化项目管理，对项目进度进行跟踪和控制，图9.15所示为某项目利用BIM5D模型进度跟踪界面示意图。

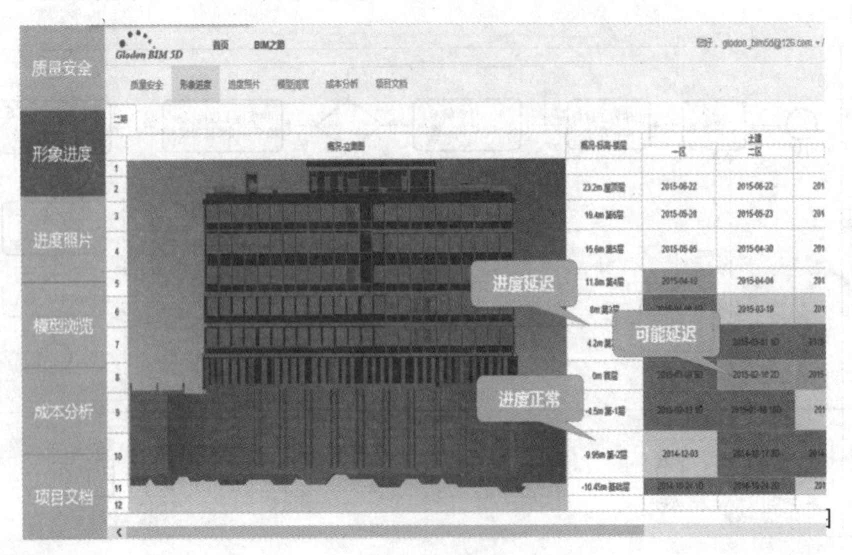


图9.15 进度跟踪

⑥ 将项目实际进度与项目计划进行对比分析，发现偏差及时调整，最后生成施工进度控制报告。对进度滞后的构件可用醒目的标识进行进度预警，如图 9.16 所示，图中黄色部分表示进度滞后。

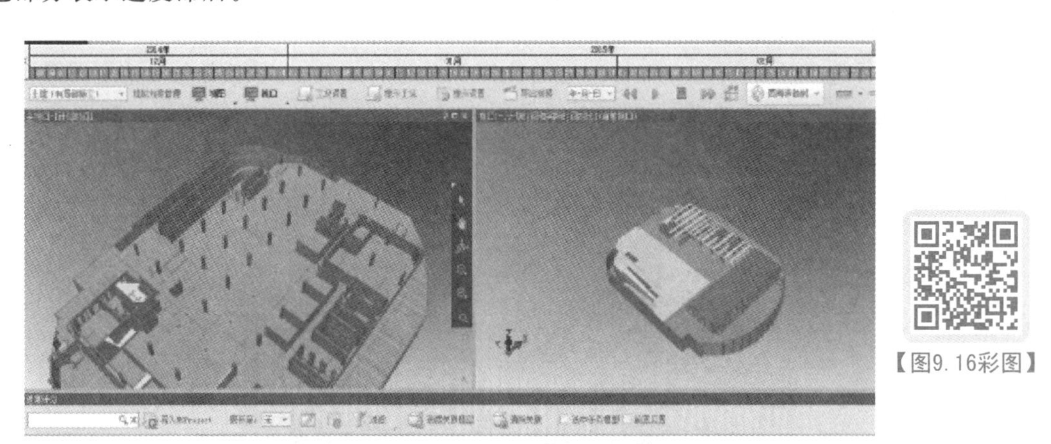

【图9.16彩图】

图 9.16　实际进度与计划进度对比

进度管理 BIM 应用操作流程如图 9.17 示。进度管理的成果主要有进度管理模型和进度管理报告。

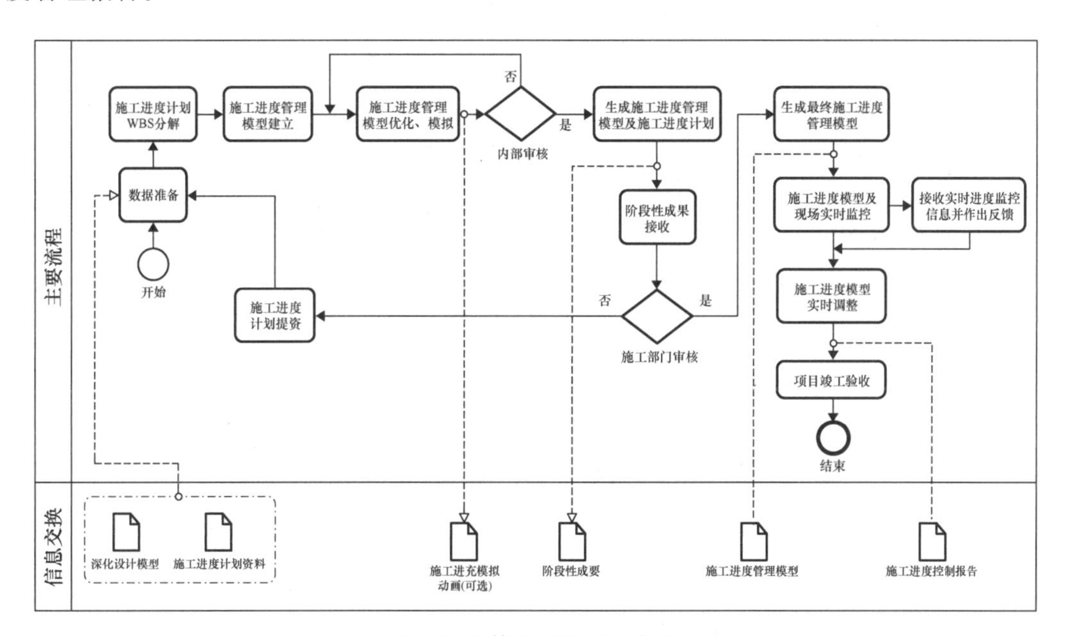


图 9.17　进度管理 BIM 应用操作流程

2. 基于 BIM 的质量与安全管理

基于 BIM 的质量与安全管理是通过现场施工情况与模型的比对，提高质量检查的效率与准确性，并有效控制危险源，进而实现项目质量与安全可控的目标。

(1) 数据准备

利用 BIM 进行项目施工阶段的质量与安全管理主要准备的数据及信息有施工深化设

计模型、项目的质量管理方案、计划及项目的安全管理方案、计划等。

(2) 质量与安全管理的流程与成果

质量与安全管理 BIM 应用操作流程如下。

① 收集数据及相关信息。

② 根据项目施工质量安全方案修改完善施工深化设计，生成施工安全设施配置模型。

③ 利用 BIM 的可视化功能向施工人员进行设计交底，特别是复杂部位，利用施工过程模拟，向施工人员进行施工技术交底。如图 9.18 所示，利用 BIM 进行复杂节点交底，利用 BIM 中的漫游功能进行安全技术交底。

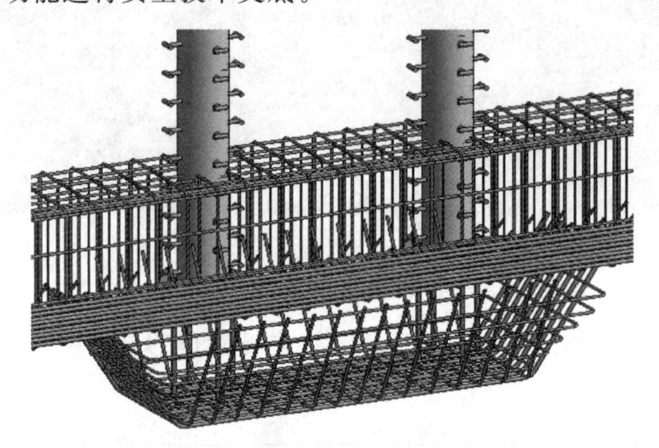

图 9.18 某复杂节点钢筋配置模型

④ 实时监控现场施工质量、安全管理情况，并更新施工安全设施配置模型。

⑤ 对出现的质量、安全问题，在 BIM 模型中通过现场相关图像、视频、音频等方式关联到相应构件与设备上，记录问题出现的部位或工序，分析原因，进而制订并采取解决措施。如图 9.19 所示，施工过程中利用移动终端上传到 BIM 模型中，同时下发至相关区域责任人，以便及时消除安全隐患，并对安全隐患整改情况进行记录，事后可追溯并积累类似问题的管理经验。

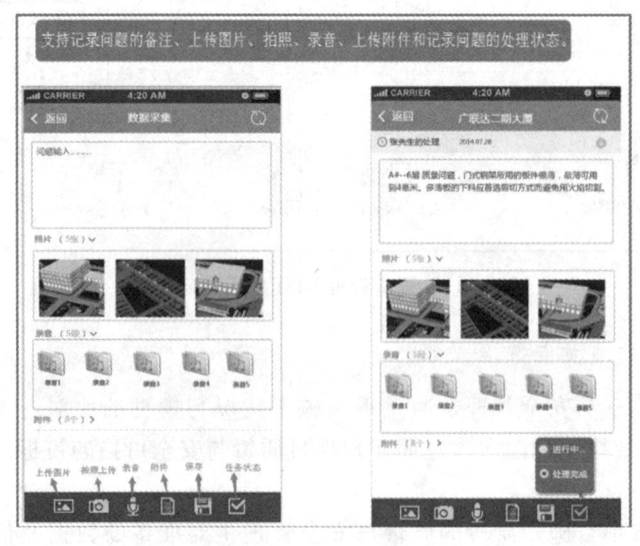


图 9.19 移动终端上传安全隐患记录

质量与安全管理 BIM 应用操作流程如图 9.20 所示。基于 BIM 的质量与安全管理成果主要体现在形成安全设施配置模型和提供质量检查与安全分析报告。

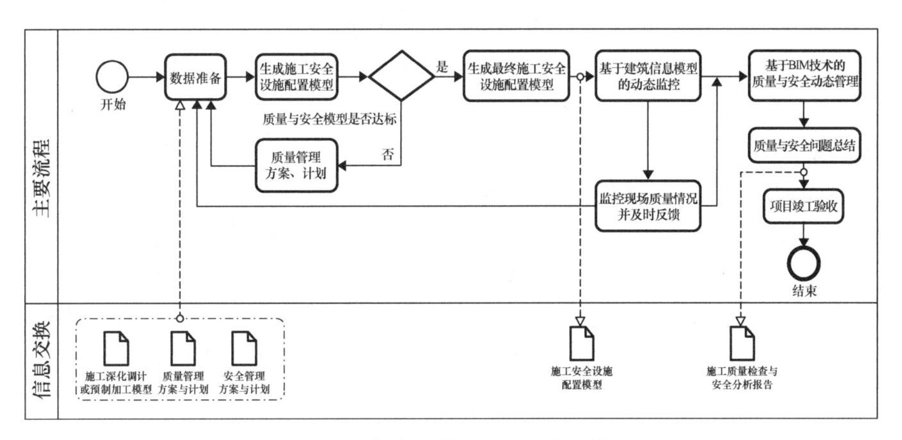


图 9.20　质量与安全管理 BIM 应用操作流程

(3) 质量与安全管理 BIM 具体应用

① 基于 BIM 的质量管理。

在工程质量管理体系的总领下，利用 BIM 可以进行以下几个方面的质量管理工作。

A. 施工图会审。

施工图会审是解决施工图纸设计本身所存在问题的有效方法，在传统的施工图会审的基础上，利用 BIM 模型对照施工设计图相互排查，在确保 BIM 模型是完全按照施工设计图纸搭建的基础上，运用 Revit 运行碰撞检查，找出各个专业之间以及专业内部之间设计上发生冲突的构件，并采用 3D 模型配以文字说明的方式提出设计修改意见和建议。

B. 技术交底。

利用 BIM 生成 4D 施工模拟，对参与施工的所有管理人员和作业人员，进行可视化的交底，确保参与施工的每一个人都要在施工前对施工的过程认识清晰。如图 9.21 所示，为某钢结构施工交底 BIM 模型。

图 9.21　某钢结构施工交底 BIM 模型

C. 材料质量管理。

利用BIM模型快速提取构件基本属性的优点，可将进场材料的各项参数整理汇总，并与进场材料进行一一比对，保证进场的材料与设计相吻合，检查材料的产品合格证、出厂报告、质量检测报告等相关材料是否符合要求，并将其扫描成图片加载给BIM模型中与材料使用部位相对应的构件。

D. 施工过程跟踪。

基于BIM模型可在移动设备终端上快速读取的优点，在施工过程中，施工管理人员可以利用各种终端（如iphone、ipad等）随时读取施工作业部位的详细信息、相关施工规范以及工艺标准，检查现场施工是否是按照技术交底和相要求施工、所采用的材料是否合格以及使用部位是否正确等。若发现有不符合要求的，立即查找原因，制定整改措施和整改要求，利用BIM模型签发整改通知单并跟踪落实，同时可采用拍摄照片的方式予以记录并将照片等资料加载给BIM模型中的相应构件或部位。

E. 成品保护。

利用BIM模型，分析可能受到下一道工序或其他施工活动破坏或污染的部位，对其制定切实有效的保护措施并实施，保证成品的完好，从而保证施工的质量。

② 基于BIM的安全管理。

BIM模型中集成了所有建筑构件及施工方案的信息，建筑本身的相关信息作为一个相对静态的基础数据库，为施工过程中危害因素和危险源识别提供了全面而详尽的信息平台。利用BIM模型可以完成以下几个方面的安全管理。

A. 安全区域识别和安全防护。

通过BIM的可视化和虚拟施工结合施工进度计划，可以在BIM模型中对危险区域及其影响范围进行定位，根据施工进度对安全区域进行动态管理更新，并将影响区域和影响程度的评价结果反馈到BIM界面，以不同颜色来反映不同区域的危险程度以指导施工，防止安全事故发生。

B. 可视化安全交底。

在进行安全技术交底时，通过BIM5D平台提供的漫游浏览等功能，形象地展示出项目情况及作业环境，也可模拟安全行走路线以及“跌落”等行为，对施工人员进行安全教育，同时利用“视点”功能，对高危区域进行安全强化教育。如图9.22所示，可通过漫游功能提前识别施工危险部位与风险隐患点。

图9.22　某项目施工危险部位示意图

C. 施工机械设备碰撞检测。

大型机械设备在工程建筑施工中不可或缺，施工中若施工方案存在施工工序、流程不合理，施工现场空间布局或时间安排存在冲突，可能会导致建筑构件与机械或者机械之间产生冲突碰撞，这种物的不安全状态很有可能会引发重大安全事故和严重经济损失。因此，在施工之前，利用 BIM 对机械运行状态进行动态模拟，确定科学合理的机械运输路线和安全的施工作业人员活动范围，做到实际施工运行时避免机械之间、机械和建筑构件之间碰撞，从而控制安全事故发生。

通过各专业信息模型合并成一个完整的 BIM 模型，导入 Navisworks 软件进行碰撞检查并生成相应报告，实现机械之间、机械与建筑的合理排布，从而得到最优方案。

如图 9.23 所示，某施工现场布置两台塔式起重机，在两台塔式起重机施工现场位置确定后，根据建立的 BIM 模型及塔式起重机的运行时间安排对两台塔式起重机进行模拟碰撞检测，根据模拟碰撞检测报告对施工提出建议，如对两台塔式起重机在重叠区域作业时间进行合理安排，根据模拟结果对塔式起重机爬升制订合理的计划，避免发生安全事故。

图 9.23 塔式起重机模拟碰撞检测示意图

D. 模板及架体优化。

基于 BIM 模型的模板脚手架设计软件，一方面实现灵活布置各类模板及架体，精确统计各类模板、支架、扣件等材料的用量；另一方面，通过对模板及架体自动进行安全计算，保证模板及架体安全，如图 9.24 示。

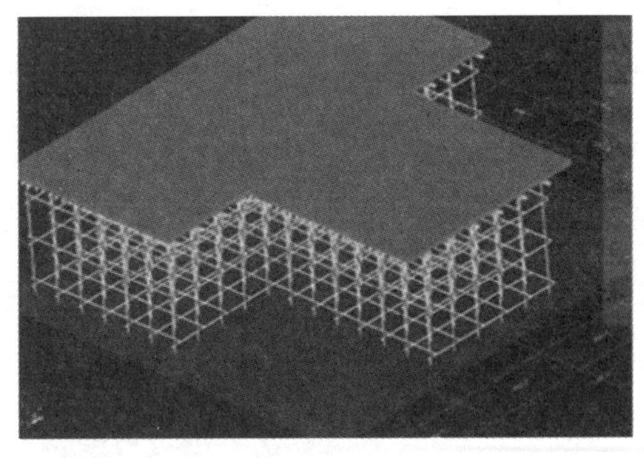

图 9.24 模板及架体优化

在实际施工时，先根据 BIM 模型中模板模型的位置进行精准放线，控制好模板安装轴线、边线、标高等，严格按照模板及架体BIM模型中所示拼装加固方式和要求进行安装，从而控制模板及架体的坍塌风险。

E. 安全教育培训。

对施工人员进行安全教育是安全管理的一项重要工作，做好安全教育培训，首先要使施工人员能够识别危险源。由于施工人员的流动性大，为了让施工人员识别危险源，每次有新的施工人员进场就建造一个遍布危险源的施工现场明显是不可能的，而只是口述或者直接发放安全宣传册对于文化水平普遍比较低的施工人员来说教育效果又不太理想。

利用BIM模型让施工人员在虚拟环境中漫游，直观识别危险源、熟悉机械设备操作方法、了解施工流程，能够使施工人员更好地识别危险，掌握预防控制措施，深刻地了解不同施工阶段不同施工过程需要注意的安全问题，提高安全教育培训效果。如图9.25所示，利用漫游技术，可以让施工人员感知现场存在的危险部位。同时，基于BIM可以观察施工人员在虚拟环境中的操作过程和结果，并根据标准对施工人员进行标记，评估是否需要对其再次进行安全教育，并将评估信息反馈到安全检查结果之中，作为安全评估的数据。

图9.25 漫游环境下的安全教育

3. 基于BIM的设备与材料管理

基于BIM技术有助于实现按施工作业面配料的目的，实现施工过程中设备、材料的有效控制，提高工作效率，减少浪费。

(1) 数据准备

利用BIM进行施工过程中的设备与材料管理，收集的数据信息主要包括前述施工深化设计模型及施工中用到的设备与材料信息。

(2) 设备与材料管理的流程与成果

设备与材料管理的BIM应用流程如下。

① 收集数据。

② 在深化设计BIM模型中加载或完善楼层信息、构件信息、进度表、报表等设备与材料信息，建立可以实现设备与材料管理和施工进度协同的BIM模型，并通过BIM追溯

大型设备及构件的物流与安装信息。

③ 施工中，按作业面划分，从 BIM 模型输出相应的设备、材料信息，通过内部审核后，提交给现场施工管理部门，保证限额配置设备与材料，做好物资管控，如图 9.26 所示为基于 BIM5D 模型输出的材料使用清单。

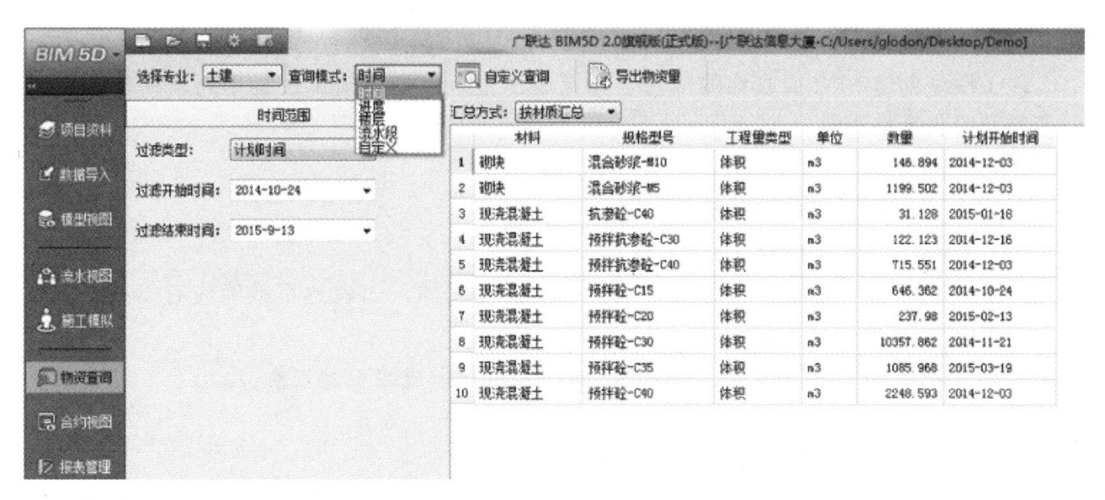


图 9.26　基于 BIM5D 模型输出的材料使用清单

④ 根据工程进度实时输入变更信息，包括工程设计变更、施工进度变更等。动态输出所需的设备与材料信息表，并按需要获取已完工程消耗的设备与材料信息，以及下个阶段工程施工所需的设备与材料信息。

设备与材料管理 BIM 应用操作流程如图 9.27 所示。主要的成果有施工设备与材料管理模型和施工作业面设备与材料表。利用 BIM 实现按阶段、区域、专业类别等输出不同作业面的设备与材料表。

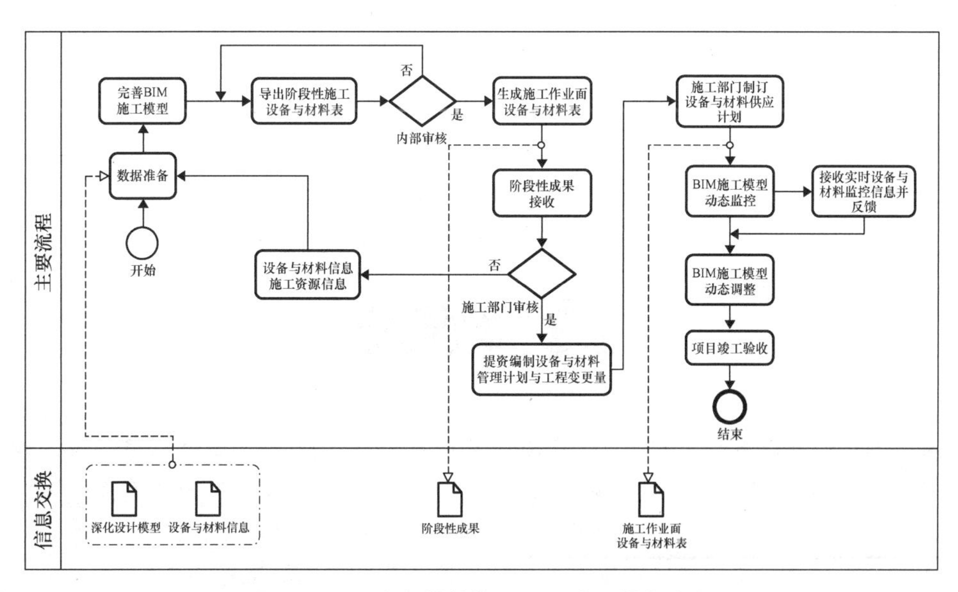


图 9.27　设备与材料管理 BIM 应用操作流程

4. 构建竣工 BIM 模型

在建设项目竣工验收时，将竣工验收信息加载到施工过程模型，并根据项目实际情况进行修正，以保证模型与工程实体的一致性，进而形成竣工模型，为项目的运维提供详细的信息，在运维阶段可依据竣工 BIM 模型对项目实施科学有效的管理。

(1) 收集数据

竣工模型创建 BIM 应收集的信息，包括施工过程模型、施工过程中新增和修改变更的资料及验收合格资料。

(2) 操作流程及成果

创建竣工 BIM 模型的主要流程如下。

① 收集数据及相关信息。

② 检查施工过程模型是否能准确表达竣工工程实体，如表达不准确或有偏差，应修改并完善 BIM 模型中的相关信息，以形成竣工模型。

③ 将验收合格资料、相关信息加载至竣工模型，形成竣工验收模型。

④ 通过竣工验收模型进行检索、提取竣工验收资料。

⑤ 进行项目竣工交付并提交竣工 BIM 模型。

竣工模型创建 BIM 应用操作流程如图 9.28 所示。主要的成果包括竣工模型和竣工资料。其中，竣工模型应准确表达构件的外表几何信息、材质信息、厂家信息，以及实际安装的设备几何和属性信息等，对于不能指导施工、对后期运维无指导意义的内容，应进行轻量化处理；竣工资料可通过竣工验收模型输出。

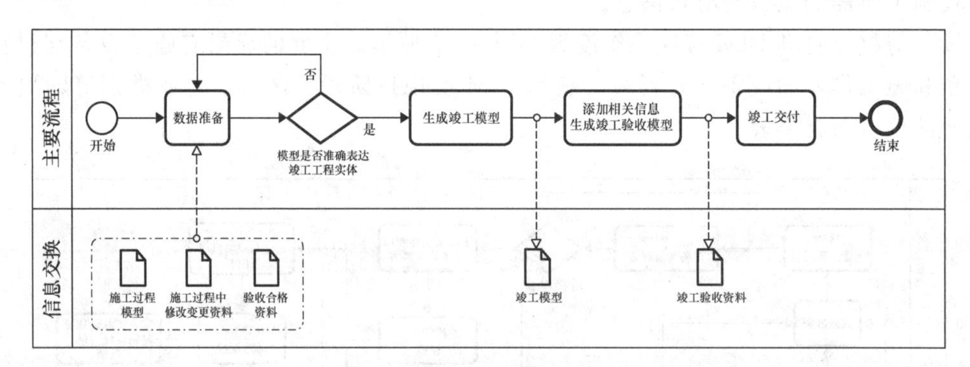


图 9.28 竣工模型创建 BIM 应用操作流程

## 本章小结

通过本章学习，学生可以了解 BIM 的发展历程、在建筑行业的应用价值，理解 BIM 的内涵，熟悉 BIM 应用常用的软件。

熟悉建设项目建设程序、阶段及在每个阶段 BIM 应用的内容；掌握 BIM 在建设项目施工准备阶段及施工组织管理阶段的应用内容及应用组织流程与成果。

## 习　题

1. 解释 BIM 的含义。

2. BIM 有哪些特点？在建筑业其应用价值表现在哪些方面？

3. 简述 BIM 常用的软件。

4. 简述建设项目建设各个阶段 BIM 应用的主要内容。

5. 简述建设项目施工进度管理 BIM 应用流程。

6. 简述建设项目施工质量安全管理 BIM 应用流程。

7. 简述构建竣工 BIM 模型的程序。

8. 结合你对 BIM 的认识，谈谈你认为 BIM 在建设项目质量、安全、成本管理方面有哪些具体应用。

# 参 考 文 献

全国一级建造师执业资格考试用书编写委员会，2019. 建设工程施工管理［M］. 北京：中国建筑工业出版社.

中华人民共和国住房和城乡建设部，中华人民共和国质量监督检验检疫总局，2017. 建设信息模型施工应用标准：GB/T 51235—2017［S］. 北京：中国建筑工业出版社.

重庆大学，同济大学，哈尔滨工业大学，2016. 土木工程施工［M］. 3版. 北京：中国建筑工业出版社.

余群舟，高洁，周诚，2016. 建设工程合同管理［M］. 北京：北京大学出版社.

中华人民共和国住房和城乡建设部，2015. 工程网络计划技术规程：JGJ/T 121—2015［S］. 北京：中国建筑工业出版社.

中华人民共和国住房和城乡建设部，中华人民共和国质量监督检验检疫总局，2014. 建筑工程施工质量验收统一标准：GB 50300—2013［S］. 北京：中国建筑工业出版社.

中华人民共和国住房和城乡建设部，2014. 建设工程文件归档规范：GB/T 50328—2014［S］. 北京：中国建筑工业出版社.

建筑施工手册编写组，2013. 建筑施工手册［M］. 5版. 北京：中国建筑工业出版社.

中华人民共和国住房和城乡建设部，2009. 建筑工程施工组织设计规范：GB/T 50502—2009［S］. 北京：中国建筑工业出版社.